책 구입 시 드리는 혜택
❶ 필기 이론 동영상 강의 평생 무료 제공
❷ 최근 CBT 시험 복원 문제 수록
❸ 우수회원 인증 후 2018년 ~ 2020년
  3개년 기출문제(해설 포함) 추가 제공

2026 개정 16판

평생무료

평생 무료 동영상과 함께하는

가스기능사 필기

(CBT 시험 대비)

이론+5개년기출문제+필기무료강의

가스연구회 편

2025년 1회·2회 3회·4회 복원 기출문제 수록

전 과목 핵심 이론 동영상 강의 평생 제공 / 전 과목 필기 이론 핵심 요약
최근 기출문제 수록 및 완벽 해설 / 문제 해설을 이해하기 쉽도록 자세히 설명
질의응답 카페 운영 http://cafe.daum.net/gaslicense(인터넷 가스 무료 교육 방송)

무료 동영상 강의

Daum 인터넷 가스 무료 교육방송 http://cafe.daum.net/gaslicense

www.sejinbooks.kr

머리말

우리나라의 가스사용은 너무 빠르게 진행되었다. 가정용 가스 사용가구수가 2000만 가구 이상, LPG차량 200만대 이상으로 세계 1위이며 천연가스차량[N.G.V] 사용과 사용기술의 발전, 가스보일러 사용 등 최근 20년 사이에 급격히 늘어난 것이 오늘의 현실이다.

이와 같이 가스사용은 취사용, 난방용, 연료용뿐만이 아니라 의료용, 공업용, 반도체 분야 등에서도 용도가 날로 증가되고 있으나 가스를 이용하는 것에 비해 안전한 관리부분에서의 교육은 너무 미비한 현실이다.

특히 가스3법[고압가스안전관리법, 액화석유가스의 안전관리 및 사용법, 도시가스 사업법]에서 규정한 국가기술자격증 교육 및 취득은 공교육에서는 외면하고, 사설학원 등에서 이루어져 온 것이 사실이고 현실이다.

필자가 어느덧 이 분야에 들어 선지도 30년이 되었다. 나름대로의 가스분야 국가기술자격증 취득에 있어서 일조를 했음을 자부하여 본다. 필자는 여기에서 만족하지 않고 자격증취득의 길잡이 역할은 물론이고 현장 실무자들과 연계하여 이론과 실무와 상호 보완할 수 있는 통로역할을 계속 할 것임을 다짐한다.

본서가 가스분야 국가기술자격증 취득의 역할을 할 것임을 확신하며 기존 출판사의 관행을 벗어나 뉴미디어 시대에 맞는 경영방식과 현실에 맞는 출판경영법으로 2009년 창설한 세진북스에 가스시리즈 책자를 집필하게 된 것을 기쁘게 생각하며 감사를 드린다.

저자 드림

가스기능사
필기

1. 필 기

직무분야	안전관리	중직무분야	안전관리	자격종목	가스기능사	적용기간	2025.1.1.~2028.12.31.

• **직무내용** : 가스 시설의 운용, 유지관리 및 사고예방조치 등의 업무를 수행하는 직무이다.

필기검정방법	객관식	문제수	60	시험시간	1시간

필기과목명	문제수	주요항목	세부항목	세세항목
가스법령활용, 가스사고예방, 가스시설 유지관리, 가스특성활용	60	1. 가스 법령 활용	1. 가스제조 공급 · 충전	1. 고압가스 특정 · 일반 제조시설 2. 고압가스 공급 · 충전시설 3. 고압가스 냉동제조시설 4. 액화석유가스 공급 · 충전시설 5. 도시가스 제조 및 공급시설 6. 도시가스 충전시설 7. 수소 제조 및 충전시설
			2. 가스저장 사용시설	1. 고압가스 저장 · 사용시설 2. 액화석유가스 저장 · 사용시설 3. 도시가스 저장 · 사용시설 4. 수소 저장 · 사용시설
			3. 고압가스 관련 설비 등의 제조 · 검사	1. 특정설비 제조 및 검사 2. 가스용품 제조 및 검사 3. 냉동기 제조 및 검사 4. 히트펌프 제조 및 검사 5. 용기 제조 및 검사
			4. 가스판매, 운반, 취급	1. 가스 판매시설 2. 가스 운반시설 3. 가스 취급
			5. 가스관련법 활용	1. 고압가스안전관리법 활용 2. 액화석유가스의 안전관리 및 사업법 활용 3. 도시가스사업법 활용 4. 수소경제육성 및 수소안전관리법률 활용
		2. 가스사고 예방 · 관리	1. 가스사고 예방 · 관리 및 조치	1. 사고조사 보고서 작성 2. 사고조사 장비 관리 3. 응급조치
			2. 가스화재 · 폭발 예방	1. 폭발범위 · 종류 2. 폭발의 피해 영향 · 방지대책 3. 위험장소 및 방폭구조 4. 위험성 평가
			3. 부식 · 비파괴 검사	1. 부식의 종류 및 방식 2. 비파괴 검사의 종류
		3. 가스시설 유지관리	1. 가스장치	1. 기화장치 및 정압기 2. 가스장치 요소 및 재료 3. 가스용기 및 저장탱크 4. 압축기 및 펌프 5. 저온장치
			2. 가스설비	1. 고압가스설비 2. 액화석유가스설비 3. 도시가스설비 4. 수소설비
			3. 가스계측기기	1. 온도계 및 압력계측기 2. 액면 및 유량계측기 3. 가스분석기 4. 가스누출검지기 5. 제어기기
		4. 가스 특성 활용	1. 가스의 기초	1. 압력 2. 온도 3. 열량 4. 밀도, 비중 5. 가스의 기초 이론 6. 이상기체의 성질
			2. 가스의 연소	1. 연소현상 2. 연소의 종류와 특성 3. 가스의 종류 및 특성 4. 가스의 시험 및 분석 5. 연소계산
			3. 고압가스 특성 활용	1. 고압가스 특성 및 취급 2. 고압가스의 품질관리, 검사기준 적용
			4. 액화석유가스 특성 활용	1. 액화석유가스 특성 및 취급 2. 액화석유가스의 품질관리, 검사기준 적용
			5. 도시가스 특성 활용	1. 고압가스 특성 및 취급 2. 고압가스의 품질관리, 검사기준 적용
			6. 독성가스 특성 활용	1. 독성가스 특성 및 취급 2. 독성가스 처리

2. 실기

직무분야	안전관리	직무분야	안전관리	자격종목	가스기능사	적용기간	2025.1.1.~2028.12.31.

- **직무내용**: 가스 시설의 운용, 유지관리 및 사고예방조치 등의 업무를 수행하는 직무이다.
- **수행준거**: 1. 가스시설에 대한 기초적인 지식과 기능을 가지고 각종 가스 장치를 운용할 수 있다.
  2. 가스설비에 대한 운전·저장·취급과 유지관리를 할 수 있다.
  3. 가스기기와 설비에 대한 검사업무 및 가스안전관리 업무를 수행할 수 있다.
  4. 가스로 인한 질식·화재·폭발사고를 예방·관리할 수 있다.

실기검정방법	복합형	시험시간	2시간 정도 (필답형: 1시간, 작업형: 1시간 정도)

실기과목명	주요항목	세부항목	세세항목
가스 안전 실무	1. 가스 특성 활용	1. 가스 특성 활용하기	1. 가스의 종류별 물리·화학적 기초지식을 이해하고 취급할 수 있다. 2. 고압가스의 위험 특성을 이해하고 취급할 수 있다. 3. 액화석유가스의 위험 특성을 이해하고 취급할 수 있다. 4. 도시가스의 위험 특성을 이해하고 취급할 수 있다.
	2. 가스시설 유지관리	1. 가스설비 운용하기	1. 제조, 저장, 충전장치의 종류별 작동원리를 이해하고 운용할 수 있다. 2. 기화장치의 종류별 작동원리를 이해하고 운용할 수 있다. 3. 저온장치의 종류별 작동원리를 이해하고 운용할 수 있다. 4. 가스용기, 저장탱크를 관리 및 운용할 수 있다. 5. 펌프 및 압축기의 종류별 작동원리를 이해하고 운용할 수 있다.
		2. 가스설비 작업하기	1. 가스설비 설치를 할 수 있다. 2. 가스설비 유지관리를 할 수 있다.
		3. 가스안전설비, 제어 및 계측기기 운용하기	1. 온도계의 구조 및 원리를 이해하고, 유지 보수할 수 있다. 2. 압력계의 구조 및 원리를 이해하고, 유지 보수할 수 있다. 3. 액면계의 구조 및 원리를 이해하고, 유지 보수할 수 있다. 4. 유량계의 구조 및 원리를 이해하고, 유지 보수할 수 있다. 5. 가스검지기의 구조 및 원리를 이해하고, 유지 보수할 수 있다. 6. 각종 제어기기의 구조 및 원리를 이해하고, 유지 보수할 수 있다. 7. 각종 안전장치의 구조 및 원리를 이해하고, 유지 보수할 수 있다.
	3. 가스 법령 활용	1. 고압가스안전관리법 활용하기	1. 고압가스안전관리법을 활용하여 고압가스 시설의 운용, 유지관리 할 수 있다.
		2. 액화석유가스의 안전관리 및 사업법 활용하기	1. 액화석유가스의 관리 및 사업법을 활용하여 액화석유가스 시설의 운용, 유지관리 할 수 있다.
		3. 도시가스사업법 활용하기	1. 도시가스사업법을 활용하여 도시가스 시설의 운용, 유지관리 할 수 있다.
		4. 수소경제육성 및 수소안전 관리법률 활용하기	1. 수소경제육성 및 수소안전관리법률을 활용하여 수소관련 시설의 운용, 유지관리 할 수 있다.
	4. 가스사고 예방·관리	1. 가스시설 안전관리하기	1. 가스 사고예방 작업을 할 수 있다. 2. 가스 안전장치를 유지관리를 할 수 있다. 3. 가스 연소기기의 구조 및 기능에 대하여 알 수 있다. 5. 가스화재·폭발의 위험 인지와 응급대응을 할 수 있다.

가스기능사 필기

차 례

핵심 요점정리 및 예상문제

제1편 가스의 기초
제 1 장 용어와 단위 ·· 11
제 2 장 주요 가스의 특성 ·· 19
   ✪ 기출문제와 예상문제 / 32

제2편 가스 안전 관리
제 1 장 고압가스 ·· 65
제 2 장 액화석유가스 ·· 76
제 3 장 도시가스 ·· 82
   ✪ 기출문제와 예상문제 / 86

CONTENTS

최근 기출문제

2021년도
- 2021년 2월 CBT 시행 ∗ 177
- 2021년 4월 CBT 시행 ∗ 191
- 2021년 6월 CBT 시행 ∗ 204
- 2021년 10월 CBT 시행 ∗ 219

2022년도
- 2022년 1월 CBT 시행 ∗ 237
- 2022년 3월 CBT 시행 ∗ 250
- 2022년 7월 CBT 시행 ∗ 262
- 2022년 10월 CBT 시행 ∗ 275

2023년도
- 2023년 1월 CBT 시행 ∗ 291
- 2023년 4월 CBT 시행 ∗ 307
- 2023년 6월 CBT 시행 ∗ 324
- 2023년 9월 CBT 시행 ∗ 340

2024년도
- 2024년 1월 CBT 시행 ∗ 359
- 2024년 4월 CBT 시행 ∗ 376
- 2024년 6월 CBT 시행 ∗ 394
- 2024년 9월 CBT 시행 ∗ 413

2025년도
- 2025년 1월 CBT 시행 ∗ 433
- 2025년 4월 CBT 시행 ∗ 457
- 2025년 6월 CBT 시행 ∗ 480
- 2025년 9월 CBT 시행 ∗ 504

가스기능사

필기

핵심 요점정리 및 예상문제

01 가스의 기초

1 용어와 단위

1.1 고압가스의 적용범위

① 상용의 온도, 35℃에서 1 MPa (10 kg/cm^2) 이상인 압축가스
② 상용의 온도, 35℃ 이하에서 0.2 MPa (2 kg/cm^2) 이상인 액화가스
③ 35℃에서 0 Pa (0 kg/cm^2)을 초과하는 액화 시안화수소, 액화브롬화메탄 및 액화산화에틸렌가스
④ 15℃에서 0 Pa을 초과하는 아세틸렌가스

1.2 성질에 의한 분류

① 가연성 가스 : 폭발범위 하한이 10 % 이하이거나 상한과 하한의 차가 20 % 이상인 가스
② 독성 가스 : 허용 농도가 200 ppm 이하인 가스 (1 ppm = $\frac{1}{10^6}$)
③ 불연성 가스 : 산화작용을 일으키지 않는 것 (CO_2, N_2, Ar 등)
④ 불활성 가스 : 반응을 하지 않는 가스 (Ar, He, Ne, Xe, Kr 등)
⑤ 지연성 가스 : 연소를 도와주는 가스 (O_2, O_3, air 등)

1.3 용어의 정의

① 액화석유가스 (LPG) : 주성분은 C_3H_8 (프로판)과 C_4H_{10} (부탄)이며, 탄소수가 3∼4개인 탄화수소를 말한다.
② 액화천연가스 (LNG) : 주성분은 CH_4 (메탄)이며, 도시가스에 주로 쓰인다.

③ 저장탱크 : 가스를 충전·저장하는 것으로 지상이나 지하에 고정 설치된 것
④ 용기 : 가스를 충전·저장하는 것으로 이동 운반 가능한 것
⑤ 가스용품 : 가스를 사용하기 위한 것으로 밸브, 압력 조정기, 호스, 호스 밴드, 콕, 연소기, 다기능 계량기, 연료전지 등
⑥ 특정 설비 : 저장 탱크 및 자동차용 주입기, 안전밸브, 역류 방지 밸브, 긴급 차단장치, 역화 방지 밸브, 기화 장치 등을 말한다.
⑦ 폭발범위 : 가연성 가스가 공기 또는 산소와 혼합되었을 때 폭발할 수 있는 가연성 가스의 부피
⑧ 허용 농도 : 건강한 성인남자가 1일 8시간 근무해도 인체에 해를 끼치지 않는 농도
⑨ 임계압력 : 가스를 압력에 의해 액화시킬 때 가해야 할 최소의 압력
⑩ 임계온도 : 가스를 압력에 의해 액화시킬 수 있는 최고의 온도

1.4 기본 단위

(1) 온도 (차고 따뜻한 정도)

① 섭씨온도(℃) : 표준 대기압하에서 물의 빙점 0℃, 비점을 100℃로 하여 그 사이를 100등분한 것
② 화씨온도(℉) : 표준 대기압하에서 물의 빙점 32℉, 비점을 212℉로 하여 그 사이를 180등분한 것
③ 절대온도 : 이상기체의 분자 운동이 완전 정지된 온도를 0으로 정하고 그 이상을 나타낸 온도 (0 K = -273℃, 0°R = -460℉)

> **요점정리** ✿ 관계식
> $$°F = \frac{9}{5}℃ + 32 \quad ℃ = \frac{5}{9}(°F - 32)$$
> $$K = ℃ + 273$$
> $$°R = K \times 1.8 \quad °R = °F + 460$$

(2) 압력 (단위면적당 작용하는 힘)

① 게이지 압력 : 압력계가 지시하는 압력. 표준 대기압을 0으로 정하고 그 이상을 나타낸다.

　　　단위 : $kg/cm^2 \cdot g$, $lb/in^2 \cdot g$ (psig), 0 Pa

② 절대압력 : 완전 진공일 때를 0으로 정한 압력

　　　단위 : $kg/cm^2 a$, $lb/in^2 a$ (psia)

③ 표준 대기압 : 대기권에서 지구의 평균 표면까지 공기가 누르는 힘

　　　　　　수은주 760 mmHg이며, $1.033 kg/cm^2 \cdot a$가 된다.

　　　단위 : $14.7 lb/in^2 \cdot a$, 1 atm, 30 inHg, 101325 Pa

④ 진공압력 : 대기압보다 낮은 압력. 수은주로 표기한다.

✿ 관계식
절대압력 = 게이지 압력 + 대기압
게이지 압력 = 절대압력 − 대기압
$1 kg/cm^2 = 14.2 lb/in^2$

(3) 열량

① 1 kcal : 표준 대기압하에서 물 1 kg을 1℃ 변화시키는 열량

② 1 BTU : 표준 대기압하에서 물 1 lb를 1℉ 변화시키는 열량

③ 1 CHU : 표준 대기압하에서 물 1 lb를 1℃ 변화시키는 열량

④ 비열 : 어떤 물질 1kg을 1℃ 변화시킬 수 있는 열량

　　　단위 : $kcal/kg \cdot ℃$, 1 cal = 4.2 J, $1 J = 1 N \cdot m$

　㉮ 정압비열 : 기체의 압력을 일정하게 하고 측정한 비열 (C_p)

　㉯ 정적비열 : 기체의 체적을 일정하게 하고 측정한 비열 (C_v)

✿ 비열비
$K = C_p / C_v$ (C_p는 C_v보다 크다.)

⑤ 열량식

감열 : $Q = W \cdot C \cdot \Delta T$

여기서, Q : 열량 [kcal], W : 질량 [kg], C : 비열상수 [kcal/kg · ℃]
ΔT : 온도차 (7℃), γ : 잠열 [kcal/kg]

잠열 : $Q = W \cdot \gamma$

㉮ 감열 : 상태는 변하지 않고 온도 변화에 필요한 열
㉯ 잠열 : 온도는 변하지 않고 상태 변화에 필요한 열

요점정리

✿ **열역학**
- 제 1 법칙 : 에너지 불변의 법칙이며, 열과 일 사이에는 일정한 관계가 있다.
  즉, 1 kcal = 427 kg · m
- 제 2 법칙 : 열은 고온에서 저온으로 흐른다.
  일은 열로 바꾸기 쉬우나 열을 일로 바꾸기 위해서는 장치가 필요하다.

✿ **관계식**

$Q = A \cdot W$ Q : 열량 [kcal]
$W = J \cdot Q$ W : 일량 [kg · m]
　　　　　　　　A : 일의 열당량 1/427 [kcal/kg · m]
　　　　　　　　J : 열의 일당량 427 [kg · m/kcal]

⑥ 엔탈피 : 단위중량당 열에너지

$I = U + APV$

여기서, I : 엔탈피 [kcal/kg], U : 내부 에너지 [kcal/kg]
A : 일의 열당량 [kcal/kg · m], P : 압력 [kg/m^2], V : 비체적 [m^3/kg]

⑦ 엔트로피 : 일정 온도하에 얻은 열량을 절대온도로 나눈 값. 단위는 kcal/kg · K이다.

(4) 가스 밀도 (단위체적당 질량)

STP에서 가스 밀도 $= \dfrac{\text{분자량}}{22.4}$

(표준상태)

단위는 g/L, kg/m^3

* 액밀도는 물이 기준이다.

(5) 가스 비중

STP에서 공기의 질량을 1로 하고 동일 체적의 가스 질량과의 비

가스 비중 = $\dfrac{\text{가스 분자량}}{29}$ (단위는 없다)

(6) 가스 비체적 (단위질량당 체적)

표준상태에서 비체적 = $\dfrac{22.4}{\text{분자량}}$

단위는 L/g, m^3/kg

* 밀도와의 역수이다.

1.5 기초 공식 및 법칙

(1) 아보가드로의 법칙

STP 하에서 모든 기체 1몰 (mol)의 부피는 22.4L이다.

$$PV = nRT \text{(이상기체 상태 방정식)}$$

- 기체상수 $R = \dfrac{PV}{nT} = \dfrac{1\,\text{atm} \times 22.4\,\text{L}}{1\,\text{mol} \times 273\text{K}} = 0.082\,\text{L} \cdot \text{atm/mol} \cdot \text{K}$

여기서 n은 몰 수이므로 $n = \dfrac{W}{M}$ (W: 질량)

* $PV = \dfrac{WRT}{M} \rightarrow PVM = WRT$ (M: 분자량)

그러므로, $M = WRT/PV = dRT/P$

밀도 $d = MP/RT = g/L$

그러므로 $d = MP/RT$

(2) 보일의 법칙

일정 온도하에서 기체의 체적은 절대압력에 반비례한다.

T 일정시 $P'V' = PV$

여기서, P, V : 최초의 압력, 체적
P', V' : 변화 후의 압력, 체적

* 이때 P는 반드시 절대압력이어야 한다.

$$V' = \frac{PV}{P'}$$

(3) 샤를의 법칙

정압하에서 기체의 부피는 절대온도에 비례한다.

P 일정시 $V/T = V'/T'$

여기서, T, V : 최초의 온도, 체적
T', V' : 변화 후의 온도, 체적

* 이때 T는 절대온도 K이다.

$$V' = \frac{T'V}{T}$$

(4) 보일·샤를의 법칙

기체의 체적은 압력에 반비례하고 온도에 비례한다.

$$PV/T = P'V'/T'$$

여기서, P, V, T : 최초의 압력, 체적, 온도
P', V', T' : 변화 후의 압력, 체적, 온도

* $V' = \dfrac{PVT'}{TP'}$

(5) 실제기체 상태식 (반데르발스 식)

$$(P + a/V^2)(V - b) = RT$$

여기서, a : 기체 분자간 인력. 반데르발스 정수 [$L^2 \cdot atm/mol^2$]
b : 기체 자신이 차지하는 부피 [L/mol]

$$P = \frac{nRT}{V - nb} - \frac{n^2 a}{V^2}$$

* a와 b값은 실전 문제에서 주어짐.

(6) 기체의 압축계수

등온 등압하에서 이상기체 체적과 실제기체 체적과의 비
(실제기체는 저온에서 압력이 증가하면 작아진다.)

- 실제기체 = 이상기체 × 압축계수

$$PV = ZnRT$$
$$Z = \frac{PV}{nRT}$$

여기서, Z : 압축계수

(7) 가스정수

$$PV = GRT$$

여기서, R : 가스정수. 848/분자량, G : 가스질량 [kg]

$$R = \frac{1033 \text{ kg/cm}^2 \cdot a \times 10^4 \times 22.4 \text{ m}^3}{1 \text{ kmol} \times 273\text{K}} = 848 \text{ kg} \cdot \text{m/kmol} \cdot \text{K}$$

(8) 팽창계수

정압하에서 물체 팽창의 비율은 온도에 비례한다.

- 팽창계수 $a = \dfrac{\Delta V}{Vt}$

여기서, ΔV : 늘어난 부피, V : 최초 부피, t : 상승된 온도 [℃], a : 팽창계수 1/℃

(9) 압축률

압력이 증가하면 액체의 체적은 감소된다.

- $V/V = BP$
  $B = \dfrac{\Delta V}{VP}$

여기서, V : 최초 부피, ΔV : 압축시 줄어든 부피, P : 증가된 압력 [atm], B : 압축률 1/atm

따라서 일정 공간 하에서

$a/B =$ atm/℃ 즉, 1℃ 상승시 상승된 압력이 계산된다.

(10) 기체의 용해도 (헨리의 법칙)

정온하에서 액체에 용해되는 기체의 무게는 압력에 비례한다.

$$P = HX$$

여기서, P : 기체의 분압 [atm], H : 전압, X : 액체 중에 용해된 몰분율

(11) 돌턴의 분압 법칙

혼합기체가 나타내는 전압은 각 기체의 분압의 합과 같다.

$$P = P_1 + P_2 + P_3$$

여기서, P : 혼합기체의 전압, $P_1 + P_2 + P_3$: 각 단독 성분의 분압

$$몰분율 = \frac{N_1}{N_1 + N_2 + N_3} \qquad 몰\% = V\% = P\%$$

(12) 증기압

용기에 액체 충전시 액의 증발이 정지되었을 때의 증기의 압력
(C_3H_8 20℃ 8.6 kg/cm·a)

(13) 그레이엄의 확산 속도

기체의 확산 속도는 분자량의 제곱근에 반비례한다.

$$\frac{V_B}{V_A} = \sqrt{\frac{M_A}{M_B}}$$

여기서, V_A : A 기체의 확산 속도, V_B : B 기체의 확산 속도
M_A : A 기체의 분자량, M_B : B 기체의 분자량

2 주요 가스의 특성

2.1 아세틸렌 (C_2H_2)

(1) 성 질

① 무색 기체로서 순수한 것은 에테르와 같은 향기가 있으나 불순물 (H_2S, PH_3, NH_3, SiH_4 등)로 인하여 악취가 난다.
② 융점과 비점이 비슷하여 고체 아세틸렌은 융해하지 않고 승화한다.
③ 액체 아세틸렌보다 고체 아세틸렌이 안전하다.
④ 물에는 15℃에서 1.5배, 아세톤에서는 25℃에서 25배 용해한다.
⑤ 산소와 연소시키면 3000℃ 이상의 고열을 얻을 수 있다.

$$C_2H_2 + 2\frac{1}{2} O_2 \rightarrow 2 CO_2 + H_2O \text{ (폭발범위 2.5~81 \%)}$$

⑥ 흡열 화합물이므로 압축하면 폭발을 일으킬 우려가 있다 (분해 폭발).

$$C_2H_2 \rightarrow 2 C + H_2 + 24.1 \text{ kcal}$$

⑦ 아세틸렌을 500℃ 정도로 가열된 철관을 통과시키면 3분자가 중합하여 벤젠으로 된다.

$$3 C_2H_2 \xrightarrow{\text{니켈}} C_6H_6$$
(아세틸렌)   (벤젠)

⑧ 염화제1구리의 암모니아 용액에 아세틸렌을 통하면 황색의 구리아세틸라이드 (Cu_2C_2)가 침전한다 (동 또는 62 % 이상 동합금은 사용 금지).
⑨ 암모니아성 질산은용액에 아세틸렌을 통하면 백색 침전하며 은아세틸라이드 (Ag_2C_2)를 얻는다.
⑩ 황산수은을 촉매로 하여 수화하면 아세트알데히드가 된다.

$$C_2H_2 + H_2O \xrightarrow{\text{황색수은}} CH_3CHO$$
(아세틸렌) (물)   (아세트알데히드)

⑪ 염화철 등의 촉매를 사용하여 액상으로 반응을 억제하면서 아세틸렌과 염소를 반응시키면 사염화에탄을 얻는다.

$$C_2H_2 + 2 Cl_2 \xrightarrow{\text{염화철}} CHCl_2CHCl_2$$
(아세틸렌)(염소)   (사염화에탄)

(2) 제조법

① 칼슘카바이드에 물을 작용시켜 제조한다.

$$CaC_2 + 2\,H_2O \longrightarrow Ca(OH)_2 + C_2H_2$$

② 탄화수소에서의 제조 메탄 또는 나프타를 열분해함으로써 얻어진다.

(3) 용 도

① 산소 아세틸렌 불꽃으로 금속의 절단, 용접에 사용된다.

② 화학 공업용 원료로 이용된다.

1. 충전 중의 압력은 $25\,kg/cm^2$ 이하로 할 것[2.5MPa]
2. 충전 후의 압력은 15℃에서 $15.5\,kg/cm^2$ 이하로 할 것[1.5MPa]
3. 충전 후 24시간 정치할 것
4. 분해 폭발을 방지하기 위해 CH_4, CO, C_2H_4, N_2, H_2, C_3H_8 등의 안정제를 첨가할 것

2.2 수소 (H_2)

(1) 성 질

① 상온에서 무색, 무미, 무취의 기체이며, 모든 가스 중에서 가장 가볍다.

② 폭발범위 : 4~75 %

③ 수소폭명기 : 산소와 혼합하여 점화하면 격렬히 폭발하며 물을 생성한다.

수소와 산소가 2 : 1로 혼합된 가스를 수소 폭명기라 한다.

$$2\,H_2 + O_2 \rightarrow 2\,H_2O + 136.6\,kcal$$

④ 염소폭명기 : 상온에서 염소와 촉매에 의해 격렬히 반응한다.

$$H_2 + Cl_2 \rightarrow 2\,HCl + 44\,kcal$$

$$H_2 + F_2 \rightarrow 2\,HF$$

[참고] 이 식은 실험에 의해 만들어진 것이면 kg 또는 g의 의미가 없다.

⑤ 수소는 고온 고압에서 탈탄 작용을 일으켜 수소취성을 일으킨다.

$$Fe_3C + 2\,H_2 \rightarrow CH_4 + 3\,Fe$$

(2) 제조법

① 물의 전기분해법 : 농도 20 % 정도의 수산화나트륨 (NaOH) 용액을 전해액으로 하여 물을 전기분해시키면 음극에서 수소가 생성된다.

$2\,NaOH + 2\,H_2O \rightarrow 2\,NaOH + Cl_2 + H_2$

② 수성가스법 : 1400℃ 정도로 적열된 코크스에 수증기를 통과시킨다.

$C + H_2O \rightarrow CO + H_2 - 31.4\,kcal$

③ 천연가스 분해법

④ 석유 분해법

⑤ 일산화탄소 전화법 : $CO + H_2O \rightarrow H_2 + CO_2$

(3) 용 도

① 암모니아 제조, 메탄올 제조, 경화유 제조
② 나프타, 등유, 중유의 수소화 탈황, 윤활유의 정제
③ 환원성을 이용한 금속 제련 (텅스텐, 몰리브덴)
④ 산소, 수소 불꽃을 이용한 인조 보석 및 석영유리 제조 · 가공

2.3 산소 (O_2)

(1) 성 질

① 상온에서 무색, 무미, 무취의 기체이며, 공기 속에 21 % 함유되어 생물의 생존과 연료의 연소에 필요하다.
② 스스로 연소하지 않으나 가연물질의 연소를 돕는 지연성 (조연성) 가스이다.
   ㉮ 산소 농도가 높아짐에 따라 연소속도의 증가, 발화 온도의 저하, 화염 온도의 상승, 화염 길이의 증가를 가져온다.
   ㉯ 폭발 한계 및 폭굉 한계도 공기에 비해 산소 중에서 현저하게 넓고, 물질의 점화 에너지도 저하하여 폭발 위험성이 증대된다.
   ㉰ 산소 용기나 그 기구류에는 기름, 그리스가 묻지 않도록 해야 하며, 묻어 있을 때는 사염화탄소로 세척한다.
   ▶ 유지류, 용제 등이 혼입하면 폭발 위험이 있다.

③ 산소 부족 현상은 18 % 이하에서 일어나므로 그 이상 유지해야 한다.
④ 금속은 산소와 작용하여 산화물을 만든다. 내산화성이 강한 재료에는 30 % 크롬강이 적당하다.

(2) 제조법

① 물의 전기분해법 : 양극에서 산소가 생성된다 (수소 제조법 참조).
② 공기의 액화 분리
  ㉮ 액체 공기의 비점은 -194℃, 질소는 -195.8℃, 산소는 -183℃이므로, 비점이 낮은 질소를 먼저 쫓아낸 후 산소를 얻는 것이 공기의 액화 분리 방법이다.
  ㉯ 제조 공정은 일반적으로 다음과 같다.
    먼지 여과 → CO_2 흡수 → 공기 압축 → 건조 → 냉각 액화 → 정류

(3) 용 도

산소 용접 및 절단, 제철, 산소 호흡용기 등에 사용된다.

2.4 질소 (N_2)

(1) 성 질

① 공기의 주성분으로서 78.1 %를 차지하며, 상온에서 무색, 무미, 무취의 기체이다.
② 상온에서 대단히 안정된 불연성 가스이다.
③ 고온 고압 (550℃, 250 atm) 하에서 수소와 작용하여 암모니아를 생성한다.
  $N_2 + 3H_2 \rightarrow 2NH_3$
④ 전기 불꽃 등으로 극히 높은 온도에서는 산소와 화합하여 산화질소를 만든다.
  $N_2 + O_2 \rightarrow 2NO$

(2) 제조법

액체 공기 분리법 (산소 제조법 참고)

(3) 용 도

① 암모니아 합성에 대부분 사용된다.
② 가연성 가스 장치의 치환용 가스로 쓰인다.

③ 극저온 냉동기의 냉매로 쓰인다.

공기의 조성

성 분	부피(%)	무게(%)	성 분	부피(%)	무게(%)
질 소	78.03	75.47	이산화탄소	0.03	0.046
산 소	20.99	23.20	수소	0.01	0.001
아르곤	0.933	1.28			

2.5 희가스

(1) 성 질

① 주기율표의 0족에 속하며, 다른 원소와는 거의 화합하지 않는 불활성 기체이다.
② 상온에서 무색, 무미, 무취이다.
③ 희가스를 방전관 속에서 방전시키면 특유의 빛을 발한다.
  (He : 황백색, Ne : 주황색, Ar : 적색, Kr : 녹자색, Xe : 청자색, Rn : 청록색)

희가스의 종류 및 성질

원소명	기호	분자량	공기중 존재 비율 (부피 %)	융점(℃)	비점(℃)	임계온도(℃)	임계압력(atm)
아르곤	Ar	39.94	0.93	-189.2	-185.87	-122.0	40
네 온	Ne	20.18	0.0015	-248.67	-245.9	-228.3	26.9
헬 륨	He	4.033	0.0005	-272.2	-268.9	-267.9	2.26
크립톤	Kr	83.7	0.00011	-157.2	-152.9	-63	54.3
크세논	Xe	131.3	0.000009	-111.8	-108.1	16.6	58.2
라 돈	Rn	222	-	-71	-62	104.0	66

(2) 제조법

① 아르곤 : 공기 액화 분리
② 네온 : 액체 공기에서 얻은 불순한 아르곤을 다시 정류하여 얻는다.

(3) 용도

① 네온 가스로 사용된다.
② 전구용 봉입 가스 (아르곤), 형광등의 방전관용 가스로 사용된다.
③ 열처리 용접에서 공기와의 접촉을 방지하는 보호 가스로 쓰인다.
④ 헬륨은 가스 크로마토그래피 분석용 캐리어 가스로 쓰인다.

2.6 염소 (Cl_2)

(1) 성질

① 상온에서 강한 자극성 냄새가 나는 황록색의 기체로, $-34℃$ 이하로 냉각시키거나 6~8 기압의 압력을 가하면 액화하여 갈색의 액체가 된다.
② 극히 유독하다 (허용 농도 1 ppm).
③ 수분이 포함된 염소가스는 철 등의 금속을 부식시킨다.
④ 수소와 염소가 1 : 1로 혼합된 기체를 염소 폭명기라고 하며, 직사광선, 점화 등의 변화를 주면 격렬히 폭발한다.
$$H_2 + Cl_2 \rightarrow 2\,HCl$$

(2) 제조법

① 수은법에 의한 소금의 전기분해
② 격막법에 의한 소금의 전기분해
③ 염산의 전기분해

(3) 용도

① 상수도의 살균, 염화비닐의 원료, 표백분 제조, 펄프 제조 등에 사용된다.
② 금속 티탄, 알루미늄 공업에 이용된다.

2.7 암모니아 (NH₃)

(1) 성 질

① 상온 상압에서 강한 자극성이 있고 무색의 기체로서 물에 잘 녹는다 (상온 상압에서 물의 약 800배, 0℃ 1기압에서 물의 약 1146배 정도 녹는다).
② 공기와 혼합하면 폭발하는 경우가 있다 (폭발범위 15~28 %).
③ 유독하다 (허용 농도 25 ppm).
④ 증발 잠열이 크므로 냉매로 이용된다 (기화열 : 301.8 cal/g).
⑤ 동이나 동합금을 부식시킨다 (철 및 철 합금 사용).
⑥ 금속 이온 (Zn, Cu, Ag 등)과 반응하면 착이온을 생성한다.

(2) 제조법

① 합성법 (하버법) : 반응 압력에 따라 세 가지로 나눈다.
$$3\,H_2 + N_2 \rightleftarrows 2\,NH_3 + 23\,kcal$$
㉮ 고압법 : 600~1000 kg/cm² 이며 클로드법, 카자레법이 있다.
㉯ 중압법 : 300 kg/cm² 전후이며, IG법, 뉴 파우더법, 뉴우데법, 케미크법, JCI법이 있다.
㉰ 저압법 : 150 kg/cm² 전후이며 구데법, 켈로그법이 있다.
② 석화질소법이 있으나 거의 사용되지 않는다.

(3) 용 도

① 질소 비료 제조, 요소 제조에 쓰인다.
② 냉동용 냉매로 이용된다.
③ 나일론 및 각종 아민류의 원료로 쓰인다.

2.8 이산화탄소 (CO_2)

(1) 성 질

① 무색, 무미, 무취의 기체로 공기 중에 약 0.03 % 함유되어 있으며 불연성 가스이다.
② 액화시켜 저장·운반할 수 있으며, 더 냉각시켜 드라이아이스를 얻을 수도 있다.
③ 석회수 $Ca(OH)_2$ 중에 불어 넣으면 흰 침전이 생기므로 이산화탄소 검출에 쓰인다.
④ 물에 녹으면 약산성을 나타낸다.

(2) 제조법

① 수소 가스 제조시 부산물로 얻어진다. $CO + H_2O \rightarrow CO_2 + H_2$
② 알코올 발효시 부산물로 얻어진다.
③ 석회석을 가열하여 얻을 수 있다. $CaCO_3 \rightarrow CaO + CO_2 \uparrow$
④ 코크스를 연소시켜 연소가스로 얻어진다.
⑤ 드라이아이스는 이산화탄소를 100기압까지 압축한 뒤에 −25 ℃까지 냉각시키고 단열 팽창시키면 얻어진다 (이론수율 47 %, 실제수율 36 %).

(3) 용 도

① 청량음료에 사용된다.
② 액체 탄산으로 하여 소화기에 쓰인다.
③ 냉매 또는 한제로 쓰인다.

2.9 일산화탄소 (CO)

(1) 성 질

① 무색, 무취의 독성가스이며, 공기 중에서 잘 연소한다 (허용 농도 50 ppm, 폭발범위 12.5~74.2 %).
② 철족의 금속과 반응하여 금속 카르보닐을 생성한다.
   $Ni + 4 CO \rightarrow Ni(CO)_4$
   $Fe + 5 CO \rightarrow Fe(CO)_5$

③ 염소와 반응하여 독가스인 포스겐을 만든다.

$$CO + Cl_2 \rightarrow COCl_2$$

(2) 제조법

① 천연가스에서 채취한다.
② 석탄의 고압 건류에 의해 제조된다.
③ 석유 정제의 분해가스에서 얻어진다.

(3) 용 도

메탄올 합성 원료, 아크릴산·부탄올 합성, 포스겐 합성

2.10 메탄 (CH_4)

(1) 성 질

① 무색, 무취의 기체로서 잘 연소하며 액화천연가스 (LNG)의 주성분이다 (폭발범위 5 ~15 %).

$$CH_4 + 2\,O_2 \rightarrow CO_2 + 2\,H_2O\,(L) + 212.8\,kcal\ (발열량 : 12402\,kcal/kg)$$

② 고온에서 수증기와 작용하여 일산화탄소와 수소를 발생시킨다.
③ 염소와 반응시키면 염소화합물을 만든다 (CH_3Cl, CH_2Cl_2, $CHCl_3$, CCl_4 등).

(2) 제조법

① 천연가스에서 직접 얻는다.
② 석유 정제의 분해가스에서 얻는다.
③ 석탄의 고압 건류에서 얻는다.
④ 유기물의 발효에 의하여 얻는다.

(3) 용 도

연료로 대부분 사용하며, 아세틸렌 및 카본 블랙 제조 등에 사용된다.

2.11 액화석유가스 (LPG, Liquified Petroleum Gas)

액화석유가스란 프로판, 부탄, 프로필렌, 부틸렌 등을 주성분으로 하는 석유계 저급 탄화수소의 혼합물을 말하며, 통상 LPG는 프로판과 부탄을 지칭한다.

프로판 · 부탄 · 프로필렌 · 부틸렌의 특성

가스명	구 분	프로판	부 탄	프로필렌	부틸렌
분자식		C_3H_8	C_4H_{10}	C_3H_6	C_4H_8
분자량		44	58	42	56
가스 비중		1.5	2	1.4	1.9
비점 (0℃)		−42.1	−0.5	−47.7	−6.26
임계온도 (0℃)		96.8	152	91.9	146.4
임계압력 (atm)		42	37	45.4	39.7
임계밀도 (kg/L)		0.220	0.228	0.233	0.238
증발잠열 (kcal/kg)		101.8	92	104.6	93.3
폭발범위 (%)	상한	9.5	8.4	10.3	9.3
	하한	2.1	1.8	2.4	1.6

(1) 성 질

① 일반적 성질

㉮ 공기보다 무거우므로 누설시 대기중으로 확산되지 않고 낮은 곳으로 모여 인화하기 쉽다.

㉯ 액체 상태의 LPG는 물보다 가볍다.

㉰ 기화, 액화가 용이하다.

㉱ 기화하면 체적이 커진다 (프로판은 약 250배, 부탄은 약 230배).

㉲ 증발 잠열 (기화열)이 크다.

㉳ 온도가 상승하면 용기 내의 증기압은 상승한다.

⑷ 온도 상승에 따라 액체 체적이 커지므로 용기는 40℃를 넘지 않게 한다.
⑻ LPG는 무색, 무취, 무독하나 많은 양을 흡입하면 중추신경 마비를 일으킨다.
㉔ 천연고무를 용해시키므로 합성고무 (Si 고무)를 사용해야 한다.

② 연소성
㉮ 발화점이 다른 연료보다 높으므로 안전성이 있다.
㉯ 발열량이 크다 (12000 kcal/kg).
㉰ 연소시 많은 공기가 필요하다.

$C_3H_8 + 5\,O_2 \rightarrow 3\,CO_2 + 4\,H_2O + 530\,kcal$

$C_4H_{10} + 6.5\,O_2 \rightarrow 4\,CO_2 + 5\,H_2O + 700\,kcal$

프로판은 약 24배, 부탄은 약 31배의 공기가 필요하다.
㉱ 폭발범위가 좁다.
㉲ 연소속도가 늦다.

(2) 제조법

① 습성 천연가스 및 원유에서의 제조 : 유전 지대에 채취되는 습성 천연가스 및 원유에서 액화가스를 회수하는 방법이다.
㉮ 압축 냉각법 (진한 가스에 응용된다.)
㉯ 흡수유 (경유)에 의한 흡수법
㉰ 활성탄에 의한 흡착법 (희박 가스에 응용된다.)

② 정유소 제조 : 석유 정제 공정에서 상압 증류 장치, 접촉 분해 장치, 수소화 탈황 장치, 코킹 장치, 비스브레이킹 장치에서 발생하는 수소 및 저급 탄화수소를 분리하여 얻는다.

③ 나프타 분해 생성물에서 얻는다.

④ 나프타의 수소화 분해 생성물에서 얻는다.

(3) 용 도

가정용 연료, 자동차용 연료, 용접용, 연료 가스, 공업용 연료 등으로 사용된다.

2.12 시안화수소 (HCN)

(1) 성 질

① 독성이 강하고 쉽게 액화되며 무색투명하다 (허용 농도 : 10 ppm, 복숭아 냄새).
② 오래된 시안화수소는 급격한 중합에 의해 폭발의 위험이 있으므로 충전 후 60일을 넘지 않게 한다 (폭발범위 6~41 %, 순도 98 % 이상, 즉 수분이 2 % 이상 있어서는 안 된다).
③ 중합을 방지하는 안정제로 황산, 염화칼슘, 인산, 오산화인, 동망 등이 있다.

(2) 제조법

① 앤드루소법 : 메탄과 암모니아 및 공기의 혼합가스를 약 1100℃의 온도에서 백금, 로듐 촉매에 통과시켜 제조한다.
② 포름아미드법 : 일산화탄소와 암모니아에서 포름아미드를 거쳐 제조하는 것이며 포름아미드의 생성과 탈수 공정으로 되어 있다.

(3) 용 도

살충용, 메타크릴 수지 합성용 (MMA) 원료, 아크릴계 합성섬유의 원료

2.13 산화에틸렌 (C_2H_4O)

(1) 성 질

① 상온에서 무색, 유독한 기체이며, 10℃ 이하에서는 액체이다 (허용 농도 : 50 ppm).
② 폭발범위가 3~100 %이므로 공기가 혼입되지 않아도 열이나 충격에 의해 폭발을 하며, 액체일 때는 분해 폭발하지 않는다.
③ 용기 내에 질소, 이산화탄소, 수증기를 희석제로 하여 미리 충전해 두면 폭발범위가 좁아져 폭발을 피할 수 있다 (45℃에서 $4 \, kg/cm^2$ 이상의 압력).

(2) 용 도

폴리에스테르 섬유 공업에 이용되고, 메탄올아민의 원료로 쓰인다.

2.14 프레온

(1) 성 질
① 불소 (F) 또는 불소와 수소를 함유한 탄화수소이며, 무색, 무취, 무독, 불연성이다.
② 액화하기 쉽고 증발 잠열이 크고 화학적으로 안정하여 200℃ 이하에서는 대부분의 금속과 반응하지 않는다.
③ 800℃ 불꽃에 접촉하면 포스겐 ($COCl_2$)이라는 맹독 가스를 발생시킨다.
④ 천연고무, 수지를 용해시키므로 인조고무를 사용한다. 수분이 있으면 불산 (HF)이 되어 유리를 녹임.

(2) 용 도
① 냉동 장치의 냉매로 쓰인다.
② 테플론 제조에 이용된다.

2.15 아황산가스 (SO_2 : 이산화황)

① 강한 자극성 냄새를 가진 독성 가스이다 (허용 농도 5 ppm).
② 물에 용해되어 산성을 나타 낸다. $SO_2 + H_2O \rightarrow H_2SO_2$
③ 황을 연소시키면 발생한다. $S + O_2 \rightarrow SO_2$
④ 대부분 황산 제조에 쓰인다.
⑤ 장치 부식과 공해의 원인

2.16 황화수소 (H_2S)

① 무색이며 계란 썩은 냄새가 나는 독성 가스이다 (허용 농도 10 ppm).
② 공기 중에서 잘 연소된다 (폭발범위 4.3~45.5 %).
③ 습기를 함유한 공기 중에서 금, 백금 이외의 모든 금속과 반응한다.
④ 탈황 장치에서 얻어진다.

제1편 기출문제와 예상문제

01 LPG의 장점이 아닌 것은?

㉮ 점화, 소화가 용이하며 온도의 조절이 간단하다.
㉯ 발열량이 높다.
㉰ 직화식으로 사용할 수 있다.
㉱ 열효율이 낮다.

> ① C_3H_8의 발열량 12000 kcal/kg
>   24000 kcal/m³
> ② 열효율＝연소효율×전열효율
>   LPG의 열효율은 높다.

02 가연성 가스의 연소에 대하여 옳은 것은?

㉮ 공기는 없어도 가스만으로 잘 연소된다.
㉯ 폭발하한계 이하에서 공기가 존재하면 연소된다.
㉰ 산소가 없는 상태에서 온도가 높으면 연소된다.
㉱ 폭발한계 내에서만 연소된다.

> ① 연소 : 가연성 가스＋지연성 가스＋점화원
> ② 빛과 열을 동시에 수반
> ③ 화염의 전파 속도에 따라
>   연소 → 폭발 → 폭굉

03 LPG 충전용기 안전밸브는 주로 무슨 형식인가?

㉮ 중추식   ㉯ 스프링식
㉰ 수동식   ㉱ 가용전식

> ① 스프링식 안전밸브
>   안전밸브 작동압력 : $TP \times 0.8$ 이하
>   안전밸브 정지압력 : 작동압력×0.8 이상
> ② 중추식 : 대형 보일러
> ③ 가용전식 : C_2H_2 용기의 안전밸브
>   가용전의 주성분은 Pb, Sn 등으로 녹아서 가스가 빠져 나가는 것이다.
> C_2H_2에서는 105±5℃에서 가용전이 녹는다.

정답 1. ㉱   2. ㉱   3. ㉯

04 어느 액체에 가해지고 있는 압력이 감소할 때 증발온도는?

㉮ 상승한다. ㉯ 저하한다.
㉰ 변하지 않는다. ㉱ 상승했다 저하한다.

📌 반대로 압력이 상승하면 액체의 증발온도는 상승된다.

05 용기에 안전밸브를 붙이는 이유 중 옳은 것은?

㉮ 가스 충전구가 막혔을 때 대신 사용한다.
㉯ 용기 내의 가스압력의 이상상승시 용기의 파열을 방지한다.
㉰ 용기 내의 가스압력을 일정하게 유지한다.
㉱ 용기가 충격을 받을 때 가스가 안 나오도록 안전하게 조정한다.

📌 안전장치

06 다음 열거한 가스 중 공기 속에서 폭발한계가 가장 넓은 것은?

㉮ 프로판 ㉯ 수소
㉰ 아세틸렌 ㉱ 부탄

📌 C_3H_8 (2.1~9.5 %), H_2 (4~75 %), C_2H_2 (2.5~81 %), C_4H_{10} (1.8~8.4 %)
폭발한계가 가장 넓은 순서대로는 $C_2H_2 > C_2H_4O > H_2 > CO$ 등이다.

07 독성 가스와 그 허용 농도를 표시한 것으로 틀린 것은?

㉮ HCN (시안화수소) 1 ppm ㉯ Cl_2 (염소) 1 ppm
㉰ C_2H_4O (산화에틸렌) 50 ppm ㉱ NH_3 (암모니아) 25 ppm

📌 HCN : 10 ppm

08 아세틸렌가스의 폭발범위는 2.5~81 %이다. 위험도는?

㉮ 39.25 ㉯ 31.4
㉰ 26 ㉱ 19

📌 $H = \dfrac{U-L}{L}$ 여기서, H : 위험도, U : 폭발범위 상한, L : 폭발범위 하한
C_2H_2 (2.5~8.1 %)
$H = \dfrac{81-2.5}{2.5} = 31.4$

09 액체 LPG가 손 같은 피부에 닿으면 어떻게 될까?
  ㉮ 동상을 입는다.　　　　　　㉯ 화상을 입는다.
  ㉰ 아무렇지 않다.　　　　　　㉱ 뜨겁다.

　📌 LPG는 기화열이 크다.

10 가연성 가스가 공기 또는 산소에 혼합되었을 때 폭발위험은?
  ㉮ 공기보다 산소에 혼합했을 때 폭발범위가 넓어진다.
  ㉯ 공기보다 산소에 혼합했을 때 폭발범위가 좁아진다.
  ㉰ 공기와 산소가 동일하다.
  ㉱ 가스의 종류에 따라 그 범위가 좁아지는 경우도 있고 넓어지는 경우도 있다.

　📌 하한보다는 상한이 커진다.

11 가스시설 중에서 가스가 누설되고 있을 때의 조치 순서는?

> 1. 용기밸브를 잠근다.　　　2. 중간밸브를 잠근다.
> 3. 창문을 열어 통풍시킨다.　4. 판매점에 연락한다.

  ㉮ 1 - 2 - 3 - 4　　　　　　㉯ 3 - 4 - 2 - 1
  ㉰ 2 - 3 - 4 - 1　　　　　　㉱ 1 - 3 - 2 - 4

　📌 제일 먼저 주밸브를 잠근다.

12 고압가스의 적용 범위 규정에서 제외되는 고압가스는?
  ㉮ 상용의 온도에서 압력이 10 kg/cm² 이상 되는 압축가스
  ㉯ 35℃의 온도에서 압력이 0 kg/cm² 넘는 아세틸렌가스
  ㉰ 상용의 온도에서 압력이 2 kg/cm² 이상 되는 액화가스
  ㉱ 상용의 온도에서 압력이 0 kg/cm² 넘는 액화가스 중 액화 브롬화메탄

　📌 상용의 온도에서 압력이 0 kg/cm²를 넘는 아세틸렌가스 → 고압가스

13 고압가스 종류의 제조자가 아닌 자는?

㉮ 일반고압가스 제조자　　　　㉯ 특정가스 제조자
㉰ 냉동 제조자　　　　　　　　㉱ 일반도매가스 제조자

14 특정고압가스 중에서 흡수장치 및 재해장치를 해야 할 가스만으로 된 것은?

㉮ H_2, Cl_2　　　　　　　　　㉯ 액화 암모니아, 염소
㉰ LPG, 염소　　　　　　　　　㉱ 산소, 액화 암모니아

> 📌 특정고압가스
> H_2 (4~75 %)　┐
> O_2　　　　　 ┘ 압축가스
> Cl_2 독성 (1 ppm)　　　　　┐
> NH_3 (15~28 %), 독성 (25 ppm)　┘ 액화가스
> C_2H_2 (2.5~81 %) − 용해가스

15 처리설비 또는 감압설비의 처리용적에서 처리능력의 기준은?

㉮ 0℃, 1 kg/cm² · g　　　　　㉯ 20℃, 0 kg/cm²
㉰ 0℃, 0 kg/cm²　　　　　　　㉱ 20℃, 0 kg/cm² · a

16 LPG 저장탱크에 가스를 충전할 때 공간용적은?

㉮ 90 %　　　　　　　　　　　㉯ 60 %
㉰ 30 %　　　　　　　　　　　㉱ 10 %

> 📌 LPG는 액체의 온도에 의한 부피 변화가 크므로 액의 팽창률을 고려하여 용기에 충전할 때 안전공간을 둔다.
> ┌ 대형 : 10 % 이상
> └ 소형 : (3 TON 미만) : 15 % 이상

정답 13. ㉱　14. ㉯　15. ㉰　16. ㉱

17 가연성 및 독성 가스에 각각 색깔을 표시하는데 수소용기의 표시는?
㉮ 적색
㉯ 녹색
㉰ 황색
㉱ 흰색

> 보통 가연성 가스의 '연'자는 적색으로 표시하지만 LPG는 쓰지 않고 수소용기의 경우는 흰색으로 '연'자를 표시한다. 수소용기의 도색은 주황색이다.

18 가연성 물질을 공기로 연소시키는 경우 공기 중의 산소 농도를 높게 하면 연소속도와 발화온도는 어떻게 되는가?
㉮ 연소속도는 증가하고 발화온도도 상승한다.
㉯ 연소속도는 증가하고 발화온도는 낮아진다.
㉰ 연소속도는 감소하고 발화온도는 상승한다.
㉱ 연소속도는 감소하고 발화온도도 낮아진다.

> 공기 중의 산소 농도를 높게 하면 연소할 때 연소속도 증가, 발화온도 저하, 화염온도 상승, 화염길이의 증가 등을 일으킨다.

19 LPG는 무엇으로 생기는가?
㉮ 석유의 열분해
㉯ 석유의 화학분해
㉰ 석유의 응축
㉱ 석유의 약품처리

> 원유 정제시 나프타, 가솔린, 등유, 경유, 중유 등으로 분리된다. 이때 발생되는 가스가 석유가스, 즉 LPG이다.

20 LPG 사용자는 LPG의 성질을 잘 알고 있어야 한다. 다음 중 맞는 것은?
㉮ 공기보다 가벼워 위로 올라간다.
㉯ 공기보다 무거워 바닥면에 고인다.
㉰ 누설되면 즉시 날아간다.
㉱ 바람이 없는 한 공중에 구름같이 떠 있다.

> LPG는 공기보다 무거워 누설할 경우 낮은 곳에 체류하여 화재의 위험이 있다. 따라서, 가스 누설 검지장치는 지면에서 30 cm 이내에 설치한다.

정답 17. ㉱ 18. ㉯ 19. ㉮ 20. ㉯

21 다음 가스용기 밸브 중 충전구 나사를 '왼나사'로 정한 것은?

① C₂H₂ ② H₂ ③ N₂ ④ O₂
⑤ C₃H₈ ⑥ Cl₂ ⑦ N₂O

㉮ ①, ②, ③ ㉯ ④, ⑤
㉰ ①, ②, ⑤ ㉱ ③, ④, ⑦

> 가연성 가스 → 왼나사
> 예외) NH₃, CH₃Br

22 다음 가스 중 폭발범위가 가장 넓은 것은?

㉮ 프로판 ㉯ C₂H₂
㉰ 메탄   ㉱ NH₃

> C₃H₈ (2.1~9.5 %)   C₂H₂ (2.5~81 %)
> CH₄ (5~15 %)   NH₃ (15~28 %)

23 용기에서 탄소, 인 및 황의 함유량은 각각 얼마인가?

㉮ 0.33 % (이음새 없는 용기는 0.55 %), 0.04 %, 0.05 %
㉯ 0.55 % (이음새 없는 용기는 0.33 %), 0.04 %, 0.05 %
㉰ 0.1 %, 0.04 %, 0.05 %
㉱ 0.1 %, 0.33 %, 0.05 %

> 탄소는 저온취성, 인은 상온취성, 황은 적열취성이 있으므로 용기에 있어서 함유량을 제한한다.

구 분	탄소	인	황
계목	0.33 %	0.04 %	0.05 %
무계목	0.55 %	0.04 %	0.05 %

24 독성 가스임이면서 동시에 가연성 가스인 것은?

㉮ 벤젠, 시안화수소, 일산화탄소, 석탄가스
㉯ 메탄, 시안화수소, 일산화탄소, 석탄가스
㉰ 메탄, 시안화수소, 아세틸렌, 에틸렌
㉱ 벤젠, 시안화수소, 아세틸렌, 에틸렌

정답 21. ㉰ 22. ㉯ 23. ㉮ 24. ㉮

25 내용적 117.5 L의 LPG 용기에 상온에서 액화 프로판 50 kg을 충전하였다. 이 용기 내의 안전공간은 대개 몇 % 정도인가? (단, 액화 LPG 비중은 20℃에서 약 0.5 %이다.)

㉮ 10 %   ㉯ 15 %
㉰ 20 %   ㉱ 24 %

> $\dfrac{50 \text{ kg}}{0.5 \text{ kg/L}} = 100 \text{ L}$
> ∴ 117.5 − 100 L = 약 15 %
> 용기 내의 안전공간은
> ┌ 대형 : 10 % 이상
> └ 소형 (3 t 미만) : 15 % 이상

26 냉매 (R − 22) 500 kg을 내용적 50 L 용기에 충전하려면 최저 몇 개의 용기가 필요한가? (단, 가스정수 0.98)

㉮ 8개   ㉯ 9개
㉰ 10개   ㉱ 11개

> $w = \dfrac{V}{c}$, $V = wc$ $\dfrac{500 \times 0.98}{50} = 9.8$
> ∴ 10개

27 고온, 고압의 수소설비에 탄소강을 쓸 수 없는 이유는?

㉮ 분해폭발   ㉯ 중합폭발
㉰ 탈탄작용   ㉱ 연소반응

> $Fe_3C + 2H_2 \rightarrow CH_4 + 3Fe$
> 고온, 고압에서 탈탄작용으로 취성이 생긴다.
> 방지 : W, V, Cr, Ti, Mo

28 수소와 산소의 비가 얼마일 때 폭명기라고 부르는가?

㉮ 2 : 1   ㉯ 1 : 1
㉰ 1 : 2   ㉱ 3 : 2

> $2H_2 + O_2 \rightarrow 2H_2O$
> 550℃에서 폭발
> • 염소 폭명기 (1 : 1)
> $H_2 + Cl_2 \rightarrow 2HCl$
>   ↑ 직사광선

정답 25. ㉯   26. ㉰   27. ㉰   28. ㉮

29 위험도를 내는 공식 중 맞는 것은? (H : 위험도, U : 상한, L : 하한)

㉮ $H = \dfrac{U-L}{U}$ ㉯ $H = \dfrac{U-L}{L}$

㉰ $H = \dfrac{U+L}{U}$ ㉱ $H = \dfrac{U+L}{L}$

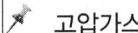 $H = \dfrac{U-L}{L}$ (H : 위험도, U : 상한, L : 하한)

보기) C_2H_2 (2.5~81 %)

$H = \dfrac{81-2.5}{2.5} = 31.4$

---

30 고압가스 관계법으로 규정하는 고압가스는 35℃ 이하의 온도에서 압력이 ( ) 이상이 되는 액화가스를 말한다. ( )안에 맞는 것은?

㉮ 0 Pa ㉯ 0.2 Pa
㉰ 5 Pa ㉱ 10 Pa

고압가스

① 상용의 온도나 35℃에서 1 MPa 이상이 되는 압축가스
② 상용의 온도나 35℃ 이하에서 0.2 MPa 이상이 되는 액화가스
③ 15℃에서 0 Pa을 초과하는 아세틸렌가스
④ 35℃에서 0 Pa을 초과하는 액화가스 중 액화 시안화수소, 액화 브롬화메탄, 액화 산화에틸렌가스
※ 0.2 MPa 이상 [액화가스], 1 MPa [압축가스] 이상시 고압

---

31 다음 중 올바르게 연결되어 있는 것은?

㉮ 아세틸렌 - C_2H_4 - 가연성 ㉯ 암모니아 - NH_3 - 불연성, 독성
㉰ 일산화탄소 - CO_2 - 독성 ㉱ 메탄 - CH_4 - 가연성

C_2H_2 - 아세틸렌, 가연성
NH_3 - 암모니아, 가연성
CO - 일산화탄소, 독성

정답 29. ㉯ 30. ㉯ 31. ㉱

32 고압가스는 가연성 가스, 조연성 가스, 독성 가스로 분류할 수 있다. 다음 중 가연성 가스가 아닌 것은?

㉮ 부탄 ㉯ 포스겐
㉰ 메탄 ㉱ 프로판

> 포스겐은 독성 가스로 허용 농도는 0.1 ppm이다.

33 다음 열거한 가스 중 폭발한계가 가장 넓은 것은?

㉮ 프로판 ㉯ 수소
㉰ 아세틸렌 ㉱ 부탄

> C_2H_2 (2.5~81 %)

34 다음 가스 중 불연성 가스가 아닌 것은?

㉮ 아르곤 ㉯ 이산화탄소
㉰ 질소 ㉱ 일산화탄소

> CO는 가연성 가스
> 폭발 범위 (12.5~74 %)

35 일반가스를 액화시키는 데 필요한 조건으로 옳은 것은?

㉮ 임계온도 이상으로 가열해 주고 압력은 낮추어 준다.
㉯ 임계압력 이하로 압축 후 냉각제를 사용한다.
㉰ 임계온도 이상이라도 고압이면 가스는 액화된다.
㉱ 임계온도 이하로 온도를 낮추고 임계압력 이상으로 압축한다.

> 액화조건 : 임계온도 이하로 낮추고 임계압력 이상으로 압축한다.

36 내용적 50 L인 산소용기에 150 기압의 산소가 들어 있다. 1시간에 300 L를 소모하는 토치를 사용하여 중성불꽃으로 작업하면 몇 시간이나 사용할 수 있겠는가?

㉮ 5시간 ㉯ 10시간
㉰ 20시간 ㉱ 25시간

> $50 \times 150 = 300 \times h$
> $\therefore h = 25$

정답 32. ㉯ 33. ㉰ 34. ㉱ 35. ㉱ 36. ㉱

37 다음 가스 중에서 공기 중에 누설되면 낮은 곳으로 흘러 고이는 가스로만 된 것은?

㉮ 프로판, 수소, 아세틸렌   ㉯ 프로판, 염소, 포스겐
㉰ 아세틸렌, 염소, 암모니아   ㉱ 아세틸렌, 포스겐, 암모니아

> 비중이 1보다 큰 것 [공기(29) 기준]
> 프로판 : $\frac{44}{29} = 1.52$
> 염소 : $\frac{71}{29} = 2.45$
> 포스겐 : $\frac{99}{29} = 3.41$

38 온도와 관계가 적은 것은?

㉮ 0℃   ㉯ 32°F
㉰ 273.15K   ㉱ 459.69°R

> 0℃ = 32°F = 273.15K = 491.69°R

39 다음 식은 온도를 환산할 때 사용하는 식이다. 맞지 않는 식은?

㉮ K = 273.15 + ℃   ㉯ °R = 459.69 + °F
㉰ ΔK = 1.8Δ°R   ㉱ ℃ = 459.69 + °F

> °F = 1.8℃ + 32

40 순수한 액체 프로판 92 kg의 부피는 표준상태에서 얼마인가?

㉮ 53.2 m³   ㉯ 48.5 m³
㉰ 46.8 m³   ㉱ 41.2 m³

> C_3H_8 ┌ 44 kg
>   └ 22.4 m³
> 44 : 22.4 = 92 : x
> ∴ 46.8 m³

정답 37. ㉯ 38. ㉱ 39. ㉱ 40. ㉰

41 비중이 0.8인 어느 액체의 높이가 8 m이면 수은주로 몇 mm가 되겠는가? (단, 수은의 비중은 13.6이다.)

㉮ 320 mmHg ㉯ 48.5 mmHg
㉰ 460 mmHg ㉱ 471 mmHg

$\dfrac{800 \times 8}{13600} = 471$ mmHg

42 수은을 U자 관에 넣었더니 그림과 같았다. 이때, P_2의 절대압력은 몇 kg/cm²인가? (단, P_1 : 1 kg/cm² 절대압력, H : 500 mmHg)

㉮ 1 kg/cm²
㉯ 1.7 kg/cm²
㉰ 2 kg/cm²
㉱ 2.5 kg/cm²

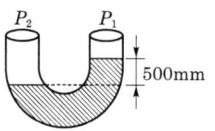

$P_2 = P_1 + H$
$= 1 + 1.033 \times \dfrac{500}{760} = 1.679$ kg/cm²

43 500 kg의 액화가스를 내용적 50 L들이의 용기에 충전할 때, 용기 몇 개가 필요한가? (단, 가스정수 : 0.8)

㉮ 5개 ㉯ 7개
㉰ 8개 ㉱ 10개

$W = \dfrac{V}{C}$ 에서 $V = 500 \times 0.8 = 400$ L
$\dfrac{400}{50} = 8$ ∴ 8개

44 어떤 액의 비중이 2.5이다. 이 액의 높이가 6 m이면 압력은 얼마인가?

㉮ 1.5 kg/cm² ㉯ 120 cmHg
㉰ 17 mHg ㉱ 1.7 atm

$2.5 \times 6 = 15$ mH$_2$O $= 1.5$ kg/cm²

정답 41. ㉱ 42. ㉯ 43. ㉰ 44. ㉮

45 다음은 압력에 관한 사항이다. 이 중 틀린 것은?

㉮ 1 기압은 1.033 kg/cm² 이다.
㉯ 물기둥 10 m의 압력은 1 kg/cm² 이다.
㉰ 용기압력 = 게이지 압력 + 대기압
㉱ 게이지 압력 = 절대압력 + 대기압

📌 절대압력 = 대기압 + 게이지 압력

46 1 kg중은 몇 dyne인가?

㉮ 9.8
㉯ 980
㉰ 9.8×10^5
㉱ 9.8×10

📌 1 kg중 = 9.8 N = 9.8×10^5 dyne

47 열역학 제 1 법칙에 어긋나는 것은?

㉮ 에너지보존의 법칙이다.
㉯ 열은 고온체에서 저온체로 흐른다.
㉰ 계가 한 일은 계가 받은 참열량과 같다.
㉱ 열량은 내부에너지와 절대일과의 합이다.

📌 열은 고온에서 저온으로 흐른다 : 열역학 제 2 법칙

48 일의 열상당량은?

㉮ 1/427 kcal/kg · m
㉯ 427 kcal/kg · m
㉰ 632.3 kcal/kg · m
㉱ 860 kcal/kg · m

📌 1 kcal = 427 kg · m
∴ 일의 열상당량은 $\frac{1}{427}$ kcal/kg · m

49 이상기체에서 정적비열과 정압비열과의 관계는? (단, R은 기체상수이다.)

㉮ $C_p / C_v = R$
㉯ $C_v / C_p = R$
㉰ $C_p - C_v = R$
㉱ $C_v / C_p = R$

📌 $C_p - C_v = AR$ (A : 일의 열당량, R : 가스정수)

정답 45. ㉱ 46. ㉰ 47. ㉯ 48. ㉮ 49. ㉰

50 3 kg/cm²는 몇 lb/in²인가?

㉮ 44.1 lb/in²　　㉯ 42.66 lb/in²
㉰ 43.07 lb/in²　　㉱ 41.627 lb/in²

> 1.033 kg/cm² : 14.7 PSI = 3 kg/cm² : x
> ∴ 42.66 PSI (1b/in²)

51 26 cmHgV인 압력은 몇 kg/cm² · a인가?

㉮ 0.676 kg/cm² · a　　㉯ 0.353 kg/cm² · a
㉰ 0.134 kg/cm² · a　　㉱ 1.911 kg/cm² · a

> 절대압력 = 대기압 − 진공압
> ∴ $1.033 - \dfrac{260\ \text{cmHg}}{} \Big| \dfrac{1\ \text{in}}{2.54\ \text{cm}} \Big| \dfrac{1.033\ \text{kg/cm}^2}{29.92\ \text{inHg}}$
> 1.033 − 0.353 ≒ 0.676 kg/cm² · a

52 표준대기압은?

㉮ 1.033 kg/cm²　　㉯ 0 kg/cm² · a
㉰ 14.7 lb/in²　　㉱ 0 mmHgV

53 복합압력계가 20 inHg를 가리키고 있다. 이때의 압력 lb/in² · a은?

㉮ 4.9 lb/in² · a　　㉯ 0.34 lb/in² · a
㉰ 8.89 lb/in² · a　　㉱ 9.8 lb/in² · a

> 절대압력 = 대기압 − 진공압력
> ∴ $14.7 - 14.7 \times \dfrac{20}{30}$ ≒ 4.9 lb/in² · a

54 각 압력과의 관계가 맞는 것은?

㉮ 절대압력 = 게이지 압력 − 대기압
㉯ 절대압력 = 대기압 − 게이지 압력
㉰ 게이지 압력 = 대기압 − 절대압력
㉱ 게이지 압력 = 절대압력 − 대기압

정답　50. ㉯　51. ㉮　52. ㉮㉰　53. ㉮　54. ㉱

> 📌 절대압력＝대기압＋게이지 압력

55 다음은 진공도에 관한 문제이다. 틀린 것은？

㉮ 38 cmHgV＝0.5 lbkg/cm² · a ㉯ 10 cmHg＝0.136 kg/cm² · a
㉰ 30 inHgV＝0 lb/in² · a ㉱ 30 inHg＝14.2 lb/in²

> 📌 30 inHg＝76 cmHg＝1.033 kg/cm²＝14.7 PSI

56 절대압력과 게이지 압력에 대한 설명으로 옳은 것은？

㉮ 게이지 압력 0 kg/cm²은 완전진공이다.
㉯ 게이지 압력 1 kg/cm²은 수은주 76 cmHg이다.
㉰ 절대압력 0.76 kg/cm²은 복합 게이지 눈금으로 약 20 cmHg이다.
㉱ 절대압력 1.033 kg/cm²은 게이지 압력으로 2.033 kg/cm²이다.

> 📌 절대압력이 0.76 kg/cm²이면 진공압력은 대기압－절대압력이므로
> $1.033\left(1-\dfrac{20}{76}\right)=0.76$ kg/cm² · a

57 밀폐형 용기 속에 있는 기체를 압축하여 그 용적을 1/2로 하면 압력은 어떻게 변하는가？

㉮ 1/4이 된다. ㉯ 1/2이 된다.
㉰ 변하지 않는다. ㉱ 2배가 된다.

> 📌 일정한 온도에서 기체의 체적은 압력에 반비례하므로 압력은 2배가 된다.

58 일정한 압력에서 20℃인 기체의 부피가 2배 되었을 때의 온도는？

㉮ 313℃ ㉯ 329℃
㉰ 586℃ ㉱ 600℃

> 📌 $\dfrac{V}{T}=\dfrac{V'}{T'}$ 에서 $\dfrac{1}{293}=\dfrac{2}{273+x}$
> ∴ 313℃

59 대기압에서 1.5 m³의 용적을 가진 기체를 동일온도에서 용적 40 L의 용기에 충전한다면 그 압력은? (단, 대기압은 1 kg/cm² · a로 한다.)

㉮ 35.5 kg/cm² · a ㉯ 37.5 kg/cm² · a
㉰ 39.5 kg/cm² · a ㉱ 41.5 kg/cm² · a

> $PV = P'V'$
> $1.5 \times 10^3 = 40 \times x$
> $\therefore 37.5 \text{kg/cm}^2 \cdot a$

60 다음 중 가장 압력이 큰 것은?

㉮ 1000 g/mm² ㉯ 1 g/mm²
㉰ 10 kg/mm² ㉱ 수주 10 m

> $1000 \text{ g/mm}^2 = 100 \text{ kg/cm}^2$, $\quad 1 \text{ g/mm}^2 = 0.1 \text{ kg/cm}^2$
> $10 \text{ g/mm}^2 = 1000 \text{ kg/cm}^2$ $\quad 10 \text{ mH}_2\text{O} = 1 \text{ kg/cm}^2$

61 LPG의 액체 1 L는 약 250 L의 가스가 된다. 20 kg의 LPG를 가스로 고치면 다음의 어느 것에 해당되는가? (단, 액비중은 0.5라고 한다.)

㉮ 1 m³ ㉯ 5 m³
㉰ 7.5 m³ ㉱ 10 m³

> $\dfrac{20}{0.5} = 40$ L에서 $1 : 250 = 40 : x$
> $\therefore x = 10000 \text{ L} = 10 \text{ m}^3$

62 15℃, 1기압의 기체를 정압에서 가열할 때 체적의 2배가 되게 하려면 액을 몇 ℃까지 가열해야 하는가?

㉮ 180℃ ㉯ 203℃
㉰ 253℃ ㉱ 303℃

> $\dfrac{V}{T} = \dfrac{V'}{T'}$에서 $\dfrac{1}{273+15} = \dfrac{2}{273+x}$
> $\therefore x = 303℃$

정답 59. ㉯ 60. ㉰ 61. ㉱ 62. ㉱

63 다음 중 옳은 것은?

㉮ 절대압력 = 대기압 - 게이지 압력
㉯ 절대압력 = 게이지 압력 + 대기압
㉰ 대기압 = 게이지 압력 + 상대압력
㉱ 대기압 = 게이지 압력 - 절대압력

64 내압시험 압력 350 kg/cm² · abs의 오토클레이브에 20℃로 수소가 100 kg/cm² · abs으로 충전되어 있다. 이것을 가열하자 안전밸브가 (작동압력은 내압시험 압력의 8/10배) 분출하였다면, 이때의 온도는?

㉮ 737℃ ㉯ 682℃
㉰ 614℃ ㉱ 547℃

$\dfrac{P}{T} = \dfrac{P'}{T'}$ 에서 $\dfrac{100}{293} = \dfrac{350 \times 8/10}{273 + x}$ ∴ $x = 547℃$

65 내용적 50 L인 산소용기에 150 기압의 산소가 들어있다. 1시간에 300 L를 소모하는 토치를 사용하여 중성불꽃으로 작업하면 몇 시간이나 사용할 수 있겠는가?

㉮ 5시간   ㉯ 10시간
㉰ 20시간 ㉱ 25시간

$\dfrac{50 \times 150}{300} = 25 \text{ h}$

66 고압용기에 산소가 충전되어 있다. 이 용기의 온도가 15℃일 때의 압력이 130 kg/cm² · a이 되었다. 이 용기가 직사광선을 받아서 용기의 온도가 50℃로 상승되었다면 그 때의 압력은?

㉮ 146 kg/cm² · a ㉯ 165 kg/cm² · a
㉰ 180 kg/cm² · a ㉱ 220 kg/cm² · a

$\dfrac{P}{T} = \dfrac{P'}{T'}$ 에서 $\dfrac{130}{273 + 15} = \dfrac{P'}{273 + 50}$
∴ 145.8 kg/cm² · a

67 20℃의 어느 가스용기를 80℃로 가열하면 압력은 몇 배로 높아지는가?

㉮ 1배   ㉯ 1.2배
㉰ 1.4배 ㉱ 1.8배

$\dfrac{353}{293} = 1.2$ 배

정답 63. ㉯ 64. ㉱ 65. ㉱ 66. ㉮ 67. ㉯

68 일반가스를 액화시키는 데 필요한 조건은?

㉮ 임계온도 이상으로 가열해 주고 압력은 내려 준다.
㉯ 임계압력 이하로 압축 후 냉각제를 사용한다.
㉰ 임계온도 이상이라도 고압이면 가스는 액화된다.
㉱ 임계온도 이하로 해주고 임계압력 이상으로 압축한다.

69 고압가스 중 가장 액화되기 힘든 것은?

㉮ 산소　　　　　　　　　㉯ LPG
㉰ 수소　　　　　　　　　㉱ 질소

70 기체가 상압일 때에는 거의 이상기체법칙에 따르는 데 반하여 고압의 기체는 이상기체의 법칙에 어긋나는 이유로서 가장 알맞은 것은?

㉮ 기체가 일부 액화되기 때문이다.
㉯ 기체분자의 운동에너지가 커지기 때문이다.
㉰ 기체분자의 모양이 변형되기 때문이다.
㉱ 기체분자 사이에 충돌이 심하기 때문이다.

71 200 kg의 철괴(비열 0.113 kcal/kg·℃)를 온도 20℃에서 85℃까지 높이는 데 소용되는 열량은?

㉮ 1469 kcal　　　　　　　㉯ 1732 kcal
㉰ 1836 kcal　　　　　　　㉱ 1845 kcal

$Q = W \cdot C \cdot \Delta T$
$= 0.113 \times 200 \times (85 - 20)$
$= 1469 \text{ kcal}$

정답　68. ㉱　69. ㉰　70. ㉮　71. ㉮

72 10 atm의 공기 중의 질소와 산소의 분압은? (단, 산소와 질소의 체적비는 1 : 4로 한다.)

㉮ 질소 6 atm, 산소 4 atm ㉯ 질소 8 atm, 산소 2 atm
㉰ 질소 4 atm, 산소 6 atm ㉱ 질소 5 atm, 산소 5 atm

  질소 : $10 \times \dfrac{4}{5} = 8$기압   산소 : $10 \times \dfrac{1}{5} = 2$기압

부피 % = 몰 % = 압력 %

73 1 kcal에 대한 정의로 맞는 것은?

㉮ 물 1 kg을 1℃ 높이는 데 필요한 열량
㉯ 순수한 물 1 g을 14.5℃에서 15.5℃까지 높이는 데 필요한 열량
㉰ 물 1 cm³를 1 g만큼 변화시키는 데 필요한 열량
㉱ 순수한 물 1 kg을 14.5℃에서 15.5℃까지 높이는 데 필요한 열량

74 다음 세 종류의 물질에 동일한 양의 열량을 흡수시켰을 때 그 최종온도가 높은 것으로부터 낮은 것의 순으로 나열된 것은? (단, 최초온도는 모두 동일한 것으로 본다.)

① 비열 0.8인 물질 50 kg
② 비열 1인 물질 10 kg
③ 비열 1.3인 물질 2 kg

㉮ ① – ② – ③ ㉯ ③ – ② – ①
㉰ ① – ③ – ② ㉱ ② – ① – ③

① $0.8 \times 50 = 40$
② $1 \times 10 = 10$
③ $1.3 \times 2 = 2.6$
$Q = W \cdot C \cdot \Delta T$에서 Q는 같으므로 ΔT는 $W \cdot C$에 반비례한다.
∴ $W \cdot C$값이 작은 것이 온도 변화가 가장 크다.

정답 72. ㉯ 73. ㉱ 74. ㉯

75 −15℃의 얼음 10 kg을 1기압에서 증기로 변화시킬 때, 필요한 열량은? (단, 얼음의 비열은 0.5 kcal/kg · ℃, 물은 1 kcal/kg · ℃이다.)

㉮ 5375 kcal ㉯ 5465 kcal
㉰ 5990 kcal ㉱ 7265 kcal

> $Q = 10 \times 0.5 \times 15 + 10 \times 80 + 10 \times 1 \times 100 + 10 \times 539$
> $= 7265$ kcal

76 어느 액체에 걸리는 압력이 감소할 때 증발온도는?

㉮ 상승한다. ㉯ 저하한다.
㉰ 변하지 않는다. ㉱ 상승했다 저하한다.

> 압력감소시 증발온도는 감소하며 대기압에서 증발온도 100℃ 기준으로 한다.

77 액화 프로판 16 kg을 −42.6℃에서 기화시키는데 도시가스 몇 kg이 소요되는가? (단, 도시가스 발열량 : 700 kcal/kg, 프로판가스 기화열 : 95 kcal/kg, 80 g %)

㉮ 13.7 kg ㉯ 25.7 kg
㉰ 1.7 kg   ㉱ 2.7 kg

> $\dfrac{16 \times 95}{700 \times 0.8} = 2.7$ kg

78 온도 T_2인 저온체에서 열량 Q_A를 흡수해서 온도가 T_1인 고온체로 열량 Q_B를 방출할 때 냉동기의 성능계수는?

㉮ $\dfrac{Q_A - Q_B}{Q_A}$ ㉯ $\dfrac{T_2 - T_1}{T_1}$

㉰ $\dfrac{T_2}{T_1 - T_2}$ ㉱ $\dfrac{Q_A}{Q_A - Q_B}$

> 또는 $\dfrac{Q_A}{Q_B - Q_A}$

정답 75. ㉱ 76. ㉯ 77. ㉱ 78. ㉰

79 산소가스가 20°C에서 120 kg/m² · g의 압력으로 100 kg이 충전되어 있다. 이때의 체적은 몇 m³인가? (단, 산소의 가스정수는 26.5이다.)

㉮ 0.2 m³   ㉯ 0.64 m³
㉰ 1.2 m³   ㉱ 1.64 m³

$PV = GRT$
$$V = \frac{GRT}{P} = \frac{100 \times 26.5 \times 293}{121.033 \times 10^4} = 0.64 \text{ m}^3$$

80 공기 20 kg과 수증기 5 kg이 혼합하여 20 m³의 탱크에 들어 있다. 이 혼합기체의 온도를 80°C라고 하면 탱크 내의 압력은 얼마나 되는가?

㉮ 1.030 kg/cm²   ㉯ 0.415 kg/cm²
㉰ 1.445 kg/cm²   ㉱ 2.475 kg/cm²

$$P = \frac{GRT}{V} = \frac{\left(20 \times \frac{848}{29} + 5 \times \frac{848}{18}\right) \times 353}{20 \times 10^4} = 1.44 \text{ kg/cm}^2$$

81 이상기체를 단열팽창시켰을 때 온도는 어떻게 되는가?

㉮ 알 수 없다.   ㉯ 변하지 않는다.
㉰ 올라간다.   ㉱ 내려간다.

① 이상기체는 단열팽창시에는 온도가 내려간다.
② 이상기체는 단열과정에서는 엔트로피의 변화가 없다.

82 반데르발스 식을 나타낸 것은?

㉮ $\left(P + \frac{a}{V^2}\right)(V - b) = RT$ ㉯ $\left(P - \frac{a}{V^2}\right)(V - b) = RT$

㉰ $\left(P + \frac{V^2}{a}\right)(V - b) = RT$ ㉱ $\left(P - \frac{V^2}{a}\right)(V - b) = RT$

반데르발스 식
$$\left\{P + n\left(\frac{a}{V}\right)^2\right\}(V - bn) = nRT$$

정답 79. ㉯ 80. ㉰ 81. ㉱ 82. ㉮

83 포화온도에 대한 설명으로 알맞은 것은?
㉮ 액체가 증발현상 없이 기체로 변하기 시작할 때의 온도
㉯ 액체와 증기가 공존할 때 그 압력에 상당한 일정한 값의 온도
㉰ 액체가 증발하여 어떤 용기 안이 증기로 꽉 차 있을 때의 온도
㉱ 액체가 증발하기 시작할 때의 온도

84 임계압력에 대한 설명으로 알맞은 것은?
㉮ 액체가 끓는점에 도달했을 때의 압력
㉯ 액체와 증기가 공존할 때의 모든 압력
㉰ 액체가 증발하기 시작할 때의 압력
㉱ 액체가 증발현상 없이 기체로 변할 때의 압력

> 액체밀도와 증기밀도가 같을 때의 압력이다.

85 고압가스의 범위에 들어가는 것은?
㉮ 가연성 가스와 액화가스   ㉯ 지연성 가스와 독성 가스
㉰ 압축가스와 액화가스   ㉱ 독성 가스와 압축가스

> 압축가스와 액화가스 : 고압가스 안전관리법

86 프로판의 공기 중 1 atm에 대한 폭발범위는 몇 %인가?
㉮ 2.5~81.0 %   ㉯ 4.0~75.0 %
㉰ 2.1~9.5 %   ㉱ 3.0~8.0 %

> 프로판의 연소 범위 : 2.1~9.5

87 액체공기 50 kg 속에는 산소가 몇 kg 정도 들어 있는가?
㉮ 11.6 kg   ㉯ 10.5 kg
㉰ 43.1 kg   ㉱ 37.8 kg

> $\frac{32}{29} \times 0.21 = 0.232$ $0.232 \times 50 = 11.6$ kg

88 일정한 온도에서 5 기압이 차지하는 부피는 20 L이었다. 부피가 60 L가 되려면 압력은 몇 기압이 되어야 하겠는가?

정답 83. ㉯ 84. ㉱ 85. ㉰ 86. ㉰ 87. ㉮ 88. ㉮

㉮ 1.67기압 ㉯ 2.5기압
㉰ 3기압 ㉱ 3.5기압

📌 $PV = P'V'$
$5 \times 20 = P' \times 60$
$P' = 1.67$기압

89 25℃, 4 기압에서 100 L인 산소는 25℃, 2 기압에서 그 부피는 몇 L가 되겠는가?

㉮ 100 L ㉯ 200 L
㉰ 250 L ㉱ 300 L

📌 $PV = P'V'$에서 $4 \times 100 = 2 \times V'$
∴ 200 L

90 27℃에서 60 mL의 부피를 차지하는 기체의 경우 온도를 127℃로 하면 부피는 몇 mL가 되겠는가? (단, 압력은 일정하다.)

㉮ 500 mL ㉯ 600 mL
㉰ 700 mL ㉱ 800 mL

📌 $\dfrac{V}{T} = \dfrac{V'}{T'}$에서, $\dfrac{600}{273+27} = \dfrac{x}{273+127}$
∴ $x = 800$ mL

91 27℃, 2 기압하에 있는 4 L의 산소(기체)를 0℃, 1 기압으로 변화시켜 주면 그 부피는?

㉮ 4 L ㉯ 5 L
㉰ 6.23 L ㉱ 7.28 L

📌 $\dfrac{PV}{T} = \dfrac{P'V'}{T'}$에서, $\dfrac{2 \times 4}{273+27} = \dfrac{1 \times x}{273}$
∴ $x = 7.28$ L

92 28.3 L의 용기에 수소 26 g이 충전되어 있다. 10℃에서 그 압력은 몇 기압이 되겠는가?

㉮ 10.7 기압 ㉯ 10.4 기압
㉰ 20.7 기압 ㉱ 20.4 기압

📌 $PV = \dfrac{w}{M}RT$에서, $P = \dfrac{wRT}{MV} = \dfrac{26 \times 0.082 \times 283}{2 \times 28.3} ≒ 10.7$ 기압

정답 89. ㉮ 90. ㉯ 91. ㉱ 92. ㉱

93 질소 8.4 g과 수소 2 g을 혼합하여 내용적 1 L의 고압용기에 충전할 때 용기의 온도가 200℃이면 그 때의 압력은?

㉮ 60.2 기압 ㉯ 50 기압
㉰ 60.8 기압 ㉱ 55 기압

전체 몰수는 $\dfrac{8.4}{28}+\dfrac{2}{2}=1.3$ 몰

$PV=nRT$에서, $P=\dfrac{nRT}{V}=\dfrac{1.3\times 0.082\times 473}{1}$

≒ 50 기압

94 1 atm, 20℃에서 어느 기체 10 L의 질량이 30 g이다. 이 기체의 분자량은?

㉮ 37 ㉯ 72
㉰ 118 ㉱ 180

$PV=\dfrac{w}{M}RT$

$M=\dfrac{wRT}{pV}=\dfrac{30\times 0.082\times 293}{1\times 10}=72$

95 기체의 물에 대한 용해도가 가장 좋은 상태는?

㉮ 온도가 높고 압력이 높을 때 ㉯ 온도가 높고 압력이 낮을 때
㉰ 온도가 낮고 압력이 높을 때 ㉱ 온도가 낮고 압력도 낮을 때

기체의 용해도는 온도가 낮고 압력이 높을 때 가장 좋다.

96 압력 1 atm, 온도 27℃에서 어느 기체의 밀도가 1.3 g/L였다면, 이 기체의 종류는?

㉮ 산소 ㉯ 질소
㉰ 이산화탄소 ㉱ 일산화탄소

$PV=\dfrac{w}{M}RT$에서, $P=\dfrac{\rho}{M}RT$

$M=\dfrac{\rho RT}{P}=\dfrac{1.3\times 0.082\times (273+27)}{1}≒32$

∴ 산소, O_2 (32)

정답 93. ㉯ 94. ㉯ 95. ㉰ 96. ㉮

97 압축기와 고압가스 충전장소 사이에 설치해야 하는 것은?

㉮ 가스방출장치 ㉯ 방호벽
㉰ 안전밸브 ㉱ 압력계와 액면계

> 📌 방호벽 설치장소
> ① 압축기와 충전장소 사이 (압축가스 $100\ kg/cm^2$ 이상)
> ② 압축기와 용기보관실 사이

98 아세틸렌가스를 $25\ kg/cm^2$의 압력으로 압축할 때에 필요한 조치는?

㉮ 용기의 온도를 $-5°$ 이하로 유지한다.
㉯ 수소, 에틸렌 등의 희석제를 첨가한다.
㉰ 압축기의 회전을 고속으로 한다.
㉱ 충전 후 30시간 정치한다.

> 📌 CH_4, N_2, CO, C_2H_4, CH_2, C_3H_8

99 아세틸렌 용기의 기밀시험압력에 대한 설명으로 맞는 것은?

㉮ 내압시험압력의 8/10의 압력 ㉯ 최고충전압력으로 한다.
㉰ 최고충전압력의 1.1배 압력 ㉱ 최고충전압력의 1.8배 압력

> 📌 C_2H_2 용기
> 내압시험 : $F_p \times 3$
> 기밀시험 : $F_p \times 1.8$

100 동일 차량에 적재하여 운반할 수 없는 사항은?

㉮ 질소와 수소 ㉯ 산소와 암모니아
㉰ 액화석유가스와 염소 ㉱ 염소와 아세틸렌

정답 97. ㉯ 98. ㉯ 99. ㉱ 100. ㉱

101 시안화수소를 장기간 저장하지 못하게 하는 이유와 관계있는 것은 ?

㉮ 중합폭발   ㉯ 산화폭발
㉰ 분해폭발   ㉱ 기타 일반폭발

> HCN : 수분 2 % 또는 소량의 알칼리성 물질과 중합폭발, 희석제 첨가 (인, 인산, 오산화인, 염화칼슘, 구리, 동망, 아황산가스, 황산 등)

102 품질검사를 할 때에 C_2H_2와 O_2의 순도는 ?

㉮ 98 % 이상, 99.5 % 이상   ㉯ 99 % 이상, 98.5 % 이상
㉰ 97.5 % 이상, 98.5 % 이상   ㉱ 97 % 이상, 99.9 % 이상

> 품질검사 - 1일 1회 이상
> ① O_2 : 99.5 % 이상, 동암모니아 시약 → 35℃ 120 kg/cm^2
> ② H_2 : 98.5 %, 피로갈롤히드로술파이트 → 35℃ 120 kg/cm^2
> ③ C_2H_2 : 98 %, 발연황산 → 3 kg 이상

103 보통의 용기에는 동판의 두께를 표시하지 않으나 내용적이 몇 L 이상인 경우에 두께를 표시하는가 ?

㉮ 120 L   ㉯ 380 L
㉰ 480 L   ㉱ 500 L

104 초저온 용기의 열침입량 계산식 $Q = Wq/H \cdot \triangle t \cdot V$ 이다. 각 기호의 설명이 잘못된 것은?

㉮ Q : 침입 열량 (kcal/h · ℃ · L)
㉯ W : 측정 중의 증발잠열 (kg/kcal)
㉰ $\triangle t$: 시험용 저온액화가스의 비점과 외기와의 온도차 (℃)
㉱ q : 시험용 액화가스의 기화잠열 (kcal/kg)

> $Q = \dfrac{Wq}{H \triangle t V}$ (kcal/h · ℃ · L)
> 여기서, W : 증발량 (kg), 여기서, q : 증발잠열 (kcal/kg), H : 측정시간 (h)
> $\triangle t$: 비점과 외기온도차 (℃)
> V : 내용적 (L)

정답 101. ㉮   102. ㉮   103. ㉱   104. ㉯

105 다음 경계표지를 설명한 것 중 틀린 것은?

㉮ 용기보관소 또는 용기보관실의 출입구마다 표시한다.
㉯ 가스의 성질에 따라 '연' 자 또는 '독' 자를 부기하거나 성질을 별도로 표시하고, 빈 용기와 충전용기를 구분한다.
㉰ 운반차량의 경계표지는 차량 전후에서 '고압가스'라 표시하고, 황색 삼각기를 운전석 외부의 보기 쉬운 곳에 게양한다.
㉱ 도로를 따라 지하에 설치된 도관의 경우 1000m 간격을 표준으로 하여 필요한 수의 표지판을 설치한다.

> 경계표시 : '위험 고압가스' 황색 바탕에 적색 글씨. 발광도료 KS M 5334호
> 가로치수는 차체폭의 30 % 이상
> 세로치수는 가로치수의 20 % 이상 → 직사각형
> 삼각형 : 면적이 600 cm² 이상
> A : 30 cm, B : 40 cm

106 그림과 같은 적색 삼각기(경계 표시)의 크기를 옳게 나타낸 것은?

㉮ A : 20 cm, B : 30 cm
㉯ A : 20 cm, B : 40 cm
㉰ A : 30 cm, B : 40 cm
㉱ A : 10 cm, B : 20 cm

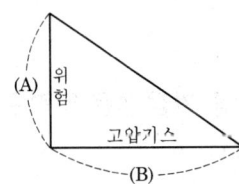

107 독성 가스의 위험표지 문자 크기와 식별 가능거리는?

㉮ 가로 세로 10 cm 이상 30 m   ㉯ 가로 세로 5 cm 이상 10 m
㉰ 가로 세로 10 cm 이상 10 m   ㉱ 가로 세로 5 cm 이상 30 m

> 독성 가스 제조설비는 식별표지 및 위험표지를 할 것

	문자 크기	식별 가능거리	적 색
식별표지	가로세로 10 cm 이상	30 m	가스명
위험표지	가로세로 5 cm 이상	10 m	주의

제 1 편 가스의 기초

108 사무소와 사무소 간에 구비해야 할 통신설비로 맞지 않는 것은 ? (단, 1500 m² 이상인 사업소)

㉮ 구내 방송설비 ㉯ 구내전화
㉰ 페이징설비 ㉱ 메가폰

> 긴급사태 발생시를 대비하여 통신시설 구비 : 구내전화, 방송설비, 인터폰, 페이징설비, 사이렌, 메가폰 (1500 m² 미만)

109 압력의 단위가 아닌 것은 ?

㉮ PSIA ㉯ PSIG
㉰ dyne/cm² ㉱ dyne·cm

> ㉮ 14.7 PSIA = 14.7 1b/in²A
> ㉯ 14.7 PSIG = 14.7 1b/in²G
> ㉰ 힘/면적 = 압력
> ㉱ 힘 × 거리 = 일

110 다음 압력 중 가장 높은 압력은 ?

㉮ 8 mH₂O ㉯ 0.82 kg/cm²
㉰ 9000 kg/m² ㉱ 600 mmHg

> ㉮ 8 mH₂O = 0.8 kg/cm²
> ㉯ 0.82 kg/cm²
> ㉰ 9000 kg/m² = 0.9 kg/cm²
> ㉱ $X = \dfrac{600 \times 1.033}{760} = 0.815$ kg/cm²

111 다음 중 옳은 것은 ?

㉮ 절대압력 = 대기압 - 게이지 압력 ㉯ 절대압력 = 게이지 압력 + 대기압
㉰ 대기압 = 상대압력 + 게이지 압력 ㉱ 대기압 = 게이지 압력 - 절대압력

> 절대압력 = 게이지 압력 + 대기압
> 게이지 압력 = 절대압력 - 대기압

정답 108. ㉱ 109. ㉱ 110. ㉰ 111. ㉯

112 76 [cmHgV]는 어느 압력과 같은가?

㉮ 0 kg/cm²
㉯ 1.033 kg/cm²
㉰ 0 kg/cm² · a
㉱ 14.7 lb/in² · a

> 76 cmHgV = 완전진공을 의미한다.

113 대기압을 0으로 하여 측정한 압력은?

㉮ 대기압
㉯ 절대압력
㉰ 진공도
㉱ 계기압력

114 다음 중 맞는 것은?

㉮ 절대압력 = 대기압 – 게이지 압력
㉯ 게이지 압력 = 절대압력 – 대기압
㉰ 절대압력 = 게이지 압력 – 대기압
㉱ 게이지 압력 = 절대압력 + 대기압

> 절대압력 = 게이지 압력 + 대기압

115 대기압이 700 mmHg이고 진공압력이 0.8 kg/cm²일 때 진공도는 몇 %인가?

㉮ 90 %
㉯ 84 %
㉰ 80 %
㉱ 74 %

> 진공도 = $\dfrac{\text{진공압}}{\text{대기압}} \times 100$
>
> $\dfrac{0.8}{0.951} \times 100 = 84.12\,\%$

116 다음 온도 중 서로 같지 않은 것은?

㉮ 0 ℃
㉯ 270 K
㉰ 32 °F
㉱ 460 °R

> 0 ℃ = 273 K = 32 °F = 492 °R

정답 112. ㉰ 113. ㉱ 114. ㉯ 115. ㉯ 116. ㉱

117 다음 온도 중 가장 높은 온도는?
- ㉮ -40 ℃
- ㉯ -40 °F
- ㉰ 420 °R
- ㉱ 234 K

118 4.5 kg의 0 ℃ 얼음을 융해하기 위해서는 얼마의 잠열이 필요한가?
- ㉮ 320 kcal
- ㉯ 360 kcal
- ㉰ 380 kcal
- ㉱ 400 kcal

📌 4.5 × 80 = 360 kcal

119 다음 중 제일 값이 큰 것은?
- ㉮ 물의 증발잠열
- ㉯ 얼음의 비열
- ㉰ 얼음의 융해잠열
- ㉱ 물의 응고잠열

📌 ㉮ 539 kcal/g ㉯ 0.5
　 ㉰, ㉱ 79.68 kcal/kg

120 열에 대한 설명 중에서 틀린 것은?
- ㉮ 고체에서 액체로 변화 시 가해 줄 열량을 융해열이라 한다.
- ㉯ 고체에서 기체로 변화 시 가해 줄 열량을 승화열이라 한다.
- ㉰ 기체에서 액체로 변화 시 제거해 줄 열량을 증발열이라 한다.
- ㉱ 액체에서 고체로 변화 시 제거해 줄 열량을 응고열이라 한다.

📌 ㉰ 응축열

121 다음 중 비열의 단위를 나타내는 것은?
- ㉮ kcal/kg · K
- ㉯ kcal/m · h · ℃
- ㉰ kcal/kg · ℃
- ㉱ kcal/kg

📌 ㉮ 엔트로피 ㉯ 열전도율 ㉰ 비열 ㉱ 엔탈피

122 동력을 나타낸 것 중 틀린 것은?
- ㉮ 힘×거리/시간
- ㉯ 일÷시간
- ㉰ 힘×속도
- ㉱ 일×힘

123 10 kW는 몇 kcal/h인가?
- ㉮ 6420 kcal/h
- ㉯ 750 kcal/h
- ㉰ 8600 kcal/h
- ㉱ 1020 kcal/h

📌 $860 \times 10 = 8600$

124 절대습도의 단위는?
- ㉮ %
- ㉯ kg/℃
- ㉰ kg/kg DA
- ㉱ 없다.

📌 절대습도 : 건조공기 1 kg에 대한 수증기량

125 온도가 상승하면 감소하는 것은?
- ㉮ 상대습도
- ㉯ 절대습도
- ㉰ 엔탈피
- ㉱ 엔트로피

📌 상대습도의 단위는 %이다.

126 1몰의 기체의 압력을 P, 체적을 V, 절대온도를 T로 나타내면 이상기체 상태식은?
- ㉮ $\dfrac{PV}{T} =$ 일정
- ㉯ $\dfrac{TV}{T} =$ 일정
- ㉰ $\dfrac{PT}{V} =$ 일정
- ㉱ 정답이 없다.

📌 $\dfrac{PV}{T} = R$ (일정)

정답 122. ㉱ 123. ㉰ 124. ㉰ 125. ㉮ 126. ㉮

127 1기압하에서 10 L의 기체가 300 L로 팽창하는 경우의 압력은 몇 기압이 될까? (단, 온도 변화는 없는 것으로 한다.)

㉮ 1/10 atm ㉯ 10 atm
㉰ 1/30 atm ㉱ 30 atm

$P = \dfrac{10}{300} = \dfrac{1}{30}$ atm

128 1기압에서 100 L를 차지하는 공기를 부피가 5 L 되는 용기에 넣으면 압력은 몇 기압이 되겠는가? (단, 온도는 일정하다.)

㉮ 2기압 ㉯ 20기압
㉰ 0.2기압 ㉱ 200기압

$P_1V_1 = P_2V_2 \rightarrow 1 \times 100 = P_2 \times 5$ [L]
$P_2 = \dfrac{100}{5} = 20$기압

129 일정량의 기체가 차지하는 부피는 온도가 일정할 때 여기에 가해지는 압력에 반비례하여 변한다. 이 법칙은?

㉮ 보일의 법칙 ㉯ 샤를의 법칙
㉰ 보일-샤를의 법칙 ㉱ 헨리의 법칙

㉮ 보일의 법칙 : 정온하에서 부피는 절대압력에 반비례한다.
㉯ 샤를의 법칙 : 정압하에서 부피는 절대온도에 비례한다.
㉱ 헨리의 법칙 : 용해하는 기체의 질량은 압력에 비례한다.

130 0 ℃, 1 atm에서 4 L이던 기체가 273 ℃, 1 atm일 때, 몇 L가 되는가?

㉮ 4 L ㉯ 8 L
㉰ 2 L ㉱ 12 L

샤를의 법칙
$V_2 = \dfrac{4 \times 546}{273} = 8$ L

정답 127. ㉰ 128. ㉯ 129. ㉮ 130. ㉯

131 2atm의 N₂ 4L와 3atm의 O₂ 4L를 5L의 통에 넣었을 때 이 혼합기체가 나타내는 전압력은?

㉮ 2 atm   ㉯ 3 atm
㉰ 4 atm   ㉱ 5 atm

전압력 = $\dfrac{(2\times 4)+(3\times 4)}{5}=4$ atm

132 공기로부터 질소와 산소를 잘 분리하는 방법은 어느 차이를 이용한 것인가?

㉮ 밀도   ㉯ 반응성
㉰ 굴절률 ㉱ 비등점

N₂의 비점 : $-196\,℃$
O₂의 비점 : $-183\,℃$

133 20 L들이 봄베(bomb)에 채워진 200기압의 산소를 1기압으로 했을 때 (같은 온도에서) 차지하는 체적은 얼마인가?

㉮ 100 L   ㉯ 200 L
㉰ 2000 L ㉱ 4000 L

$P_1V_1 = P_2V_2 \rightarrow 200\times 20 = 1\times V_2$
$V_2 = 4000$ L

134 내용적 45 L의 용기에 온도 30 ℃, 절대압력 110 atm으로 충전되어 있는 가스의 온도가 올라가 압력이 130 atm이 되었다. 용기 내 온도는 약 몇 ℃인가?

㉮ 25 ℃   ㉯ 45 ℃
㉰ 55 ℃   ㉱ 85 ℃

$T_2 = \dfrac{303\times 130}{110}=358.09\,°K-273=85\,℃$

135 0℃, 2기압하에서 3 L의 산소와 0℃ 3기압에서 5 L의 질소를 혼합하여 3 L로 하면 압력은 몇 기압으로 되겠는가?

㉮ 5기압   ㉯ 3기압
㉰ 7기압   ㉱ 6.5기압

$\dfrac{(2\times 3)+(3\times 5)}{3}=7$기압

정답 131. ㉰ 132. ㉱ 133. ㉱ 134. ㉱ 135. ㉰

136 열역학 1법칙을 나열한 것 중 맞는 것은?

㉮ 열은 절대로 없어지거나 파괴되지 않는다.
㉯ 일은 열로 변하기 쉬우나 열이 일로 변하기는 어렵다.
㉰ 기계적 일은 열로 변하고 열은 기계적 일로 변하는 비율은 일정하다.
㉱ 열은 어떠한 경우에도 그 절대온도에 도달할 수 없다.

> **열역학 제1법칙**(The first law of thermodynamics)
> ① 열과 일은 모두 하나의 에너지 형태로서 서로 교환하는 것이 가능하다. 이 법칙을 에너지 보존의 법칙이라고도 한다.
> ② 그때의 열량과 일량과의 관계는 일정하다.

137 30℃, 2기압에서 80 L를 차지하고 있는 공기를 15℃ 내용적 4 L의 용기에 넣으면 용기 내의 압력은 몇 기압인가?

㉮ 15
㉯ 20
㉰ 38
㉱ 44

> $$\frac{P_1 V_1}{T_1} = \frac{P_2 V_2}{T_2}$$
> $$P_2 = \frac{(2 \times 80 \times 288)}{303 \times 4} = 38$$

138 기체를 완전가스라 가정했을 때 온도 1℃ 변화에 0℃, 1기압일 때의 체적에 비하여 얼마씩 변하는가?

㉮ 273배
㉯ 237배
㉰ 1/273배
㉱ 1/237배

정답 136. ㉮ 137. ㉰ 138. ㉰

가스 안전 관리

1 고압가스

(1) 안전거리

저장 및 처리 설비 외면으로부터 1종 2종 보호 시설과 유지해야 할 거리를 말한다.

구 분	처리 및 저장 능력/clay	1종 보호 시설(m)	2종 보호 시설(m)
산 소	1만 이하	12	8
	1만 초과~2만 이하	14	9
	2만 초과~3만 이하	16	11
	3만 초과~4만 이하	18	13
	4만 초과	20	14
독성, 가연성	1만 이하	17	12
	1만 초과~2만 이하	21	14
	2만 초과~3만 이하	24	16
	3만 초과~4만 이하	27	18
	4만 초과	30	20
	5만 초과~99만 이하	30	20
	가연성 가스 저온 저장, 탱크	$\frac{3}{25} \times \sqrt{X+10000}$	$\frac{2}{25} \times \sqrt{X+10000}$
	99만 초과	30	20
	가연성 가스 저온저장 탱크	120	80
기타 가스	1만 이하	8	5
	1만 초과~2만 이하	9	7
	2만 초과~3만 이하	11	8
	3만 초과~4만 이하	13	9
	4만 초과	14	10

☞ 단위 및 X는 압축가스 m^3
　　　　　액화가스 kg

(2) 저장 능력 선정기준

① $Q = (10P+1)V$　　　　$(10P+1)$일 때의 P는 MPa
　　여기서, Q : 저장 능력 $[m^3]$, P : 충전 압력 $[kg/cm^2]$

② $W = \dfrac{V_2}{C}$ 여기서, V : 내용적 [m³]

③ $W = 0.9\, dV_2$ 여기서, V_2 : 내용적[L], W : 저장능력[kg], d : 액비중[kg/L], C : 충전지수

요점정리

C의 값 C_3H_8 : 2.35 C_4H_{10} : 2.05 NH_3 : 1.86 CO_2 : 1.34 N_2 : 1.47
R-12 : 0.86
R-22 : 0.98

④ 냉동 능력 선정 기준

㉮ 원심식 : 정격 출력 1.2 kW를 1 톤

㉯ 흡수식 : 발생기 가열량 시간당 6640 kcal를 1 톤

㉰ 나머지 R(톤) = $\dfrac{V}{C}$

요점정리

※ **C 의 값은 기통의 체적이 5000 cm³ 기준으로 하여 정해진다.**
  예 NH_3 5000 초과 7.9
         이하 8.4
※ **다단 압축 방식이나 다원 냉동 설비** $V_H + 0.08 V_L$
 • 회전식 압축기 $60 \times 0.785 \times t \times n \times (D_2 - d_2)$
 • 스크루 압축기 $K \times D_3 \times \dfrac{L}{D} \times n \times 60$
   여기서, V_H : 최종단 최종 원기통의 압축기 배출량 [m³/h]
       V_L : 최종단 최종 원기통 앞의 압축기 배출량 [m³/h]
       t : 회전 피스톤의 두께 [m], n : rpm
       D : 기통의 내경 (스크루는 로터 직경) [m]
       d : 회전자 외경 [m], L : 로터의 유효한 거리 [m], K : 치형계수

(3) 가스 제조 시설

특정 가스 제조 · 기술 기준

① 안전 구역 내의 설비 사이 거리 30 m 이상 유지

② 제조 설비는 제조소의 경계까지 20 m 이상 유지

③ 가연성 탱크는 20만 m³ 이상 압축기와 30 m 이상 유지

④ 가연성가스 저장탱크(저장능력이 300m³ 또는 3톤 이상인 탱크만을 말한다)와 다른 가연성 가스 저장탱크 또는 산소저장탱크 사이에는 두 저장탱크 최대지름을 더한 길이의 4분의 1 이상의 거리를 유지하며, 1m 미만일 때는 1m를 유지한다(탱크를 지하에 설치시 1m 이상을 유지한다).

⑤ 폭발 가능성이 큰 반응 설비는 온도, 압력, 유량을 감시할 수 있는 장치
⑥ 가연성 독성 가스는 누설 경보 장치를 설치
    ㉮ 체류의 우려가 있는 장소
    ㉯ 설치 수는 신속하게 감지할 수 있는 숫자
    ㉰ 기능은 가스 종류에 적합할 것
⑦ 밴트스택 : 폐기 가스를 그대로 방출 (속도 : 150m/s 이상)
    ㉮ 벤트스택의 착지농도가 폭발하한계(가연성가스)또는 허용농도(독성가스) 미만이 되도록 충분한 높이가 되어야 한다.
    ㉯ 긴급용 벤트스택 : 10m
    ㉰ 기타 벤트스택 : 5m
    ㉱ 기액분리기 설치 : 액화가스 방출, 급랭될 우려가 있는 장소
⑧ 플레어스택 : 폐기 가스를 연소시켜 방출 (복사열이 $4000\,kcal/m^2 \cdot h$ 이하로 되게 높이 조절)
⑨ 방류둑 설치 : 액화가스 유출 방지
    ㉮ 특정 제조 : 연 : 500 t 이상   독 : 5 t 이상 O_2 : 1000 t 이상
    ㉯ 일반 제조 : O_2 : 1000 t 이상   독 : 5 t 이상
    ㉰ 냉동기는 독성인 수액기 10000 L 이상
    ㉱ LPG tank 연 1000 t 이상
    ㉲ 일반 도시가스사업 : 저장능력 1000톤 이상
       가스 도매사업 : 저장능력 500톤 이상
⑩ 공기보다 무거운 가스 계기실은 이중문으로 할 것 (입구 위치가 지상에서 2.5 m 이하인 경우)
⑪ 배관 접합부는 용접으로 하고 지하에 매설할 것
    ㉮ 독 : 건축물 1.5 m 수평 거리
         지하 터널 10 m 수평 거리
         수도 시설 300 m 수평 거리
    ㉯ 다른 시설물 0.3 m 유지
    ㉰ 지면과의 거리 : 산, 들 1 m 이상, 나머지 1.2 m
    ㉱ 도로 밑 매설시 배관 외경 +10 cm 두께의 판을 배관 정상 +30 cm 이상 직상부에 설치

㉮ 시가지 도로 밑 매설시 1.5 m 유지 (방호 구조물 1.2 m)
㉯ 시가지 외는 1.2 m
㉰ 포장 차도 0.5 m
㉱ 철도 부지는 궤도 중심과 4 m 이상 부지 경계와 1 m 이상 유지 (지하 1.2 m)
㉲ 지상 설치

2 kg/cm³ 미만 공지 폭	5 m 이상	▶ 공업 전용 지역의 경우는 1/3
2 이상 10 kg/cm³ 미만	9 m 이상	▶ 2 kg/cm² = 0.2 MPa
10 kg/cm³ 이상	15 m 이상	▶ 10 kg/cm² = 1 MPa로 환산

㉳ 해저 설치시 30 m 이상 유지
㉴ 피뢰 설비 KS C 9609

일반 가스 제조 · 기술 기준

① 가연성 가스 저장 탱크는 은백색으로 하고 가스 명칭은 적색으로 표시할 것
② 5 m³ 이상 탱크는 가스 방출 장치 설치
③ 저장 탱크 지하 설치시
  ㉮ 천장, 벽, 바닥 두께 30 cm 이상
  ㉯ 주위는 모래, 정상부와 지면 60 cm 이상
  ㉰ 탱크 사이 1 m 이상 유지, 지상에 경계표지
  ㉱ 지상에서 5 m 이상 방출구
④ 긴급 차단 장치 (5000 L 미만 제외)
  5 m 이상에서 조작, 3곳에 설치 (작동원 : 전기식, 공기압, 유압)
⑤ 설비의 내압시험은 상용 압력 × 1.5배
  기밀시험은 상용압력 이상으로 할 것
⑥ 설비와 화기와의 거리 8 m 이상 유지
⑦ 설비 두께는 상용 압력 × 2배에서 항복을 일으키지 않는 두께로 할 것
⑧ 지반 침하 방지 조치 (100 m³, 1 t 이상 탱크)
⑨ 압력계 눈금 범위는 상용 압력의 1.5~2배로 설치
⑩ 가스 방출구 높이는 지상에서 5 m나 탱크 정상부에서 2 m 중 높은 위치에 설치
⑪ 가연성 제조 설비와 다른 가연성 제조 설비와는 5 m 이상 유지

가연성 제조 설비와 산소 제조 시설과는 10 m 이상 유지

⑫ 가연성 제조 설비는 방폭 구조로 할 것 (NH_3, CH_3Br 제외)

⑬ 독성 가스설비는 중화 장치나 흡수 장치 설치

⑭ C_2H_2 압축기 또는 100 kg/cm² (9.8 MPa) 이상인 압축기와 충전 장소 사이, 충전 용기 보관 장소 사이, 충전 장소와 용기 보관 장소 사이, 충전 장소와 충전용 주간 밸브 사이에 방호벽 설치

⑮ 정전기 제거 조치 (가연성 설비)

⑯ 긴급 사태 발생시를 대비하여 통신 시설 (구내전화, 방송 설비, 인터폰, 페이징 설비, 사이렌 등)을 갖출 것

⑰ 안전밸브의 작동 압력은 $TP \times 0.8$배 이하에서 작동하도록 설치 (액화 산소 탱크는 상용 압력×1.5배이다.)

⑱ 역류 방지 밸브 설치

   ㉮ 가연성 가스 압축기와 충전용 주관 사이

   ㉯ C_2H_2 유 분리기와 고압 건조기 사이

   ㉰ NH_3, CH_3OH 합성탑 또는 정제탑과 압축기 사이

⑲ 역화 방지 밸브 설치

   ㉮ 가연성 압축기와 오토클레이브 사이

   ㉯ C_2H_2 고압 건조기와 충전용 교체 밸브 사이, 충전용 지관

⑳ 독성가스 제조 설비는 식별표지 및 위험표지를 할 것

㉑ 독성가스 배관은 용접 이음을 원칙으로 할 것 (부득이한 경우 플랜지로 갈음)

㉒ 독성가스 배관은 가스의 종류에 따라 이중관으로 할 것

㉓ 1일 처리 능력이 100 m³ 이상인 사업소는 표준 압력계 2개 이상 설치

㉔ 액화공기 탱크와 액화산소 증발기 사이에는 석유류나 유지를 제거하는 여과기를 설치할 것 (1000 m³/h 이하인 압축기는 제외)

㉕ 살수 장치 설치 – C_2H_2 충전 장소나 용기 보관소

㉖ C_2H_2 접촉 부분은 동 함유량이 62 % 미만의 강 사용 (충전용 지관은 C 함유량 0.1 % 이하의 강 사용)

㉗ 에어로졸 누설 시험 46℃ 이상 50℃ 미만 온수 탱크

㉘ C_2H_2 발생 장치는 25 kg/cm² (2.5 MPa) 이하로 하고 CH_4, N_2, CO, C_2H_4 등의 희석제 첨가 (습식 C_2H_2 발생기는 70℃ 이하 유지)

제2편 가스 안전 관리

>
> **요점정리**
> * 용기 충전시 다공 물질의 다공도는 75 % 이상 92 % 미만이 되어야 하며, 아세톤이나 DMF (디메틸포름아미드)를 침윤시킨 후 충전
>
> $$다공도 = \frac{V-E}{V} \times 100$$
>
> V : 다공물의 용적
> E : 침윤 잔용적 아세톤이나 DMF의 비중은 0.795 이하로 한다.
>
> * 충전 중 압력은 25 kg/cm² 이하[2.5MPa]
>   충전 후 압력은 15℃, 15.5 kg/cm² 이하가 되도록 24시간 정지[1.5MPa]

㉙ 가연성 가스나 산소 제조시 1일 1회 이상 분석

㉚ 압축 금지 사항 : 가연성 가스 중 산소 4 % 이상 (상대적), 산소 중에 H_2, C_2H_2, C_2H_4 2 % 이상 (상대적)

㉛ 공기 액화 분리장치 1일 1회 이상 분석 (1000 m³/h 이하, 압축기는 제외)

액화산소 5 L 중 C_2H_2 5 mg, 탄화수소 중 탄소의 질량이 500 mg 초과시 압축 중지

C의 질량이 1 % 이하	인화점 200℃ 이상	170℃에서 8시간 교반시 분해되지 않아야 함.
C의 질량이 1 % 초과 1.5 % 미만	인화점 230℃ 이상	170℃에서 12시간 교반시 분해되지 않을 것

㉜ 공기 압축기 윤활유

㉝ 충전용 주관 압력계는 매월 1회 이상 기능 검사, 그 밖의 압력계는 3월에 1회 이상 기능 검사

㉞ 안전밸브 : 압축기 최종단 것은 6개월, 그 밖의 것은 1년에 1회 이상 작동, 압력 조정

㉟ HCN (시안화수소)

　㉮ 순도 98 % 이상이고 SO_2, H_2SO_4 등의 안정제 첨가

　㉯ 용기 충전 후 24시간 정지하고 60일이 경과하기 전에 다른 용기에 충전

㊱ C_2H_4O (산화에틸렌) : 탱크 내부를 N_2, CO_2로 치환 후 N_2, CO_2가스 충전 후 5℃ 이하로 유지

㊲ 용기 충전시 45℃에서 4 kg/cm² (0.4 MPa) 이상이 되도록 N_2, CO_2 충전

㊳ 무계목 용기에 충전시 음향 검사 → 조명 검사 후 충전

㊴ 차량 정지목 설치 내용적 = 2000 L 이상시 (LPG 로리는 5000 L 이상)

㊵ 충전용기

　㉮ 40℃ 이하 유지

㉯ 주위 2 m 이내 화기 금지

㉰ 프로텍터 및 캡 설치 (5 L 미만 제외)

㉱ 가열시 40℃ 이하 열습포 사용

㊷ 에어로졸

㉮ 내용적이 1 L 미만 100 cm³ 초과 용기는 강이나 경금속 사용

㉯ 금속제 용기 두께 0.125 mm 이상 사용

㉰ 13kg/cm²(1.3MPa) 변형, 15kg/cm²(1.5MPa) 파열 불합격 : 50℃에서 용기 내 압력 ×1.5했을 때 변형되지 말아야 하고, 용기 내 압력×1.8했을 때 파열되지 말 것

㉱ 300 cm³ 이상 용기는 재사용된 일이 없는 것이어야 하며, 100 cm³ 초과 용기는 제조자 명칭이나 기호를 표시할 것

㉲ 인화성, 발화성 물질과는 8 m 이상 우회 거리 유지

㉳ 용기 내압은 35℃에서 8 kg/cm² 이하로 하고, 용량이 90 % 이하로 할 것

㉴ 온수 시험 탱크 수온 46℃ 이상 50℃ 미만

㉵ 300 cm³ 이상 용기는 제조자 성명, 기호 등 표시

㉶ 인체에서 거리 20cm 이상 유지하여 사용한다.

㊸ O_2, H_2, C_2H_2 품질 검사 : 1일 1회 이상   ▶ 120 kg/cm² = 11.8 MPa

구 분	시 약	순 도	충전 P, W
O_2	동, 암모니아 (오르자트법)	99.5 %	35℃에서 120 kg/cm² 이상
C_2H_2	발연황산 (오르자트법), 브롬 시약 (뷰렛법), 질산은 시약 (정성법)	98 % 이상	3 kg 이상
H_2	피로카롤 하이드로설파이드 시약	98.5 %	35℃에서 120 kg/cm² 이상

냉동 제조 시설 기준

① 가연성, 독성 냉매인 경우 지상에서 5 m 이상 높이로 방출구 설치

② 가연성, 독성 냉매 설비 중 수액기는 환형 유리관 액면계를 사용하지 말 것

③ 방류둑 설치 : 독성인 냉매 수액기의 내용적이 10000 L 이상

④ TP = 설계 압력 × 1.5

   기밀시험 = 설계 압력 이상

⑤ 가연성 독성인 수액기 액면계는 상하에 자동이나 수동 스톱 밸브를 설치할 것

⑥ 안전밸브는 압축기용 : 1년에 1회 이상 TP × 0.8 이하에서 작동하도록 할 것

압축 천연가스 자동차 충전소 고정식 자동차 충전소 (배관, 탱크로 공급)

① 설비 외면은 사업소 경계까지 10 m 이상 안전거리 유지, 방호벽 설치시는 5 m
② 설비 30 m 이내에 보호 시설이 있을 시는 방호벽을 설치할 것
③ 충전 설비는 도로 경계로부터 5 m 유지
④ 모든 설비는 철도로부터 30 m 유지
⑤ 설비는 고압 전선(직류 750 V, 교류 600 V 초과)과 5 m 유지, 저압 전선과는 1 m 이상 유지
⑥ 모든 설비는 화기 취급 장소와 8 m 우회 거리 유지
⑦ 모든 설비는 가연성·인화성 물질과는 8 m 유지
⑧ 설비 및 부속품 주위 1 m 안전 공간 확보
⑨ 설비의 환기구 면적은 바닥 1 m^2당 300 cm^2, 환기 능력은 0.5 m^3/분 이상일 것

액화천연가스 자동차 충전

① 안전거리

저장 능력 [kg]	사업소 경계와 안전거리 [m]
25 t 이하	10
25 t 초과 50 t 이하	15
50 t 초과 100 t 이하	25
100 t 초과	40

$W = 0.9dV$ 여기서, W : 용량 [kg], d : 액비중 [kg/L], v : 내용적 [L]

② 설비는 사업소 경계까지 10 m 유지
  방호벽 설치시는 5 m
③ "충전 중 엔진 정지" 표지는 황색 바탕에 흑색으로
  "화기 엄금" 표지는 백색 바탕에 적색으로
④ 호스 길이는 8 m 이내
⑤ 5000 L 이상 차량 탱크는 정지목 설치
⑥ 설비 외면으로부터 8 m 이내에는 화기 취급을 금할 것
⑦ 충전 설비 작동 상황을 1일 1회 이상 점검 확인

(4) 저장 시설

① 저장 탱크 지하 설치시 안전거리를 유지하지 않아도 된다.
② 경계 표시 : 탱크 외부는 백색 도료, 가스 명칭은 적색으로 표시
③ 1,2종 시설과의 사이에 방호벽 설치
④ 가연성, 독성, 산소 시설은 구분하고, 지붕은 난연성의 가벼운 재료로 설치
⑤ 저장실 주위 2 m, 산소, 가연성은 8 m 우회 거리 → 인화성 물질 보관 금지
⑥ 100 m^3, 1 t 이상인 탱크는 지반 침하 방지 조치
⑦ 용기는 40℃ 이하 유지
⑧ HCN은 1일 1회 이상 질산구리 벤젠 등의 시험지로 누설 검사를 할 것

(5) 판매 시설

① 방호벽 : 용기 보관실 벽
   안전거리 : 300 m^3, 3 t 이상시 유지
② 압력계 및 계량기 설치
③ 용기 보관실 주위 2 m 이상 화기와의 거리 유지
④ 용기 보관실은 휴대용 손전등만 휴대
⑤ 용기 기간 경과시, 도색 불량시 충전자에게 반송

(6) 용기 제조

① 노내 용기 가열시 각부 온도차가 25℃ 이하가 되도록 유지
② V가 250 L 미만인 경우 자동 용접 설비
③ V가 125 L인 LPG 용기는 자동 부식 방지 도장 설비

구 분	C	P	S
무계목	0.55%	0.04%	0.05%
계목	0.33%	0.04%	0.05%

④ 탄소, 인, 황 : 취성의 원인
⑤ 용기 동판의 두께 차는 평균 두께의 20 % 이하로 할 것
⑥ 초저온 용기는 오스테나이트계 STS강이나 Al 합금으로 할 것
⑦ 용접 용기 동판 두께는 3.2~3.6 mm 철판 사용 (20 L 이상~125 L 미만)

⑧ 동판 두께 계산식

$$t = \frac{PD}{2S\eta - 1.2P} + C \Rightarrow \frac{PD}{2S\eta - 1.2P} + C \text{일 때는}$$

여기서, t : 두께 [mm], P : 최고충전압력 [MPa], S : N/mm^2

D : 내경 [mm], S : 재료의 허용 응력 [N/mm^2] = 인장강도 $\times \frac{1}{4}$

η : 용접 효율, C : 부식 여유 수치 [mm]

⑨ LPG 20 L 이상 125 L 미만 용기는 스커트 부착
⑩ 프로텍터, 캡은 고정식이나 체인식 (재료는 KS D 3503)
⑪ 납붙임, 접합용기는 1 L 미만에만 사용

(7) 냉동기 제조

① 용접부는 인장, 굽힘 시험 등을 할 것 (필요한 부분은 방사선 투과 시험)
② 진동의 우려가 되는 배관은 방진 조치 (플렉시블 관등)를 할 것

(8) 기타 사항

① 두께 8 mm 이상 판은 펀칭 가공으로 하지 않을 것 (펀칭 가공시 가장자리를 1.5 mm 깎을 것)
② 두께 13 mm 이상의 용기는 충격 시험을 행한다 (초저온 용기는 1.3 mm 이상).
③ 용기 내압시험시 영구 증가율 10 % 이하가 합격 (5 L 미만 용기는 가압 시험)
④ V가 500 L 이상인 용접 용기는 매 용기마다 방사선 검사
⑤ 초저온 용기 단열 성능 시험 합격 기준
  ㉮ 1000 L 이상 0.002 kcal/h · ℃ [L] 이하
  ㉯ 1000 L 미만 0.0005 kcal/h · ℃ [L] 이하
⑥ 용기 부속품의 충격 시험은 5 kg · m/cm^2 (50 J/cm^2) 이상을 합격으로 한다 (인장강도 32 kg/mm^2 (313.6 N/mm^2) 이상 연신율 15 % 이상).
⑦ 용기 재검사시 질량은 최초 질량의 95 % 이상을 합격으로 한다 (팽창률이 6 % 이하인 것은 최초 질량의 90 % 이상을 합격).
⑧ C_2H_2 용기 다공물질 충전시 용기 직경의 1/200 또는 3 mm의 틈을 초과해서는 안 됨.
⑨ 비열처리 재료 : 오스테나이트계 스테인리스강, 내식성 Al 합금판, 내식성 알루미늄 합금 단조품 외 유사한 것

구 분	TP (내압시험)	기밀시험
압축가스 액화가스 용기	FP×5/3	FP 이상
초저온 저온 용기	FP×5/3	FP×1.1
C_2H_2 용기	FP×3	FP×1.8

⑩ 각종 용기의 압력 시험

⑪ 비파괴 : 방사선 투과 시험, 초음파 탐상 시험, 자분 탐상 시험, 형광 침투 탐상 시험, 음향 검사, 외관검사 등

⑫ 액화염소 500 kg 이상의 시설은 안전거리 유지

⑬ 액화가스 300 kg, 압축가스 60 m^3 이상인 용기 보관실 벽은 방호벽으로 할 것

⑭ H_2, O_2, C_2H_2 화염 시설. 배관에는 역화 방지를 설치할 것

⑮ 차량 적재 운반시 "위험 고압가스"라는 경계표지를 차량 전후에 설치 (RTC 차량은 좌우)

⑯ 자전거나 오토바이로 이동시 20 kg 이하 1개만 가능

⑰ 혼합 적재 금지 : Cl_2, NH_3, C_2H_2, H_2

독 성	100 m^3 1000 kg 이상
가연성	300 m^3 3000 kg 이상
지연성	600 m^3 6000 kg 이상

⑱ 운반 책임자 동승

⑲ 차량 탱크 내용적 제한

  ㉮ 가연성, O_2 : 18000 L (LPG 제외)

  ㉯ 독성 : 12000 L (NH_3 제외)

⑳ 주밸브 설치

  ㉮ 주밸브 : 후범퍼와 수평 거리 40 cm 이상

  ㉯ 후부 취출식 이외 : 후범퍼와 수평 거리 30 cm 이상

  ㉰ 조작상자 설치시 : 후범퍼와 수평 거리 20 cm 이상

1. 독성가스

(1) 독성가스의 정의

"독성가스"란 아크릴로니트릴·아크릴알데히드·아황산가스·암모니아·일산화탄소·이황화탄소·불소·염소·브롬화메탄·염화메탄·염화프렌·산화에틸렌·시안화수소·황화수소·모노메틸아민·디메틸아민·트리메틸아민·벤젠·포스겐·요오드화수소·브롬화수소·염화수소·불화수소·겨자가스·알진·모노실란·디실란·디보레인·세렌화수소·포스핀·모노게르만 및 그 밖에 공기 중에 일정량 이상 존재하는 경우 인체에 유해한 독성을 가진 가스로서 허용농도(해당 가스를 성숙한 흰쥐 집단에게 대기 중에서 1시간 동안 계속하여 노출시킨 경우 14일 이내에 그 흰쥐의 2분의 1 이상이 죽게 되는 가스의 농도를 말한다.)가 100만분의 5000 이하인 것을 말한다.

(2) 독성가스 : LC50 허용농도 5000ppm 이하

가스명	허용 농도(ppm) TLV-TWA	허용 농도(ppm) LC 50
이산화황	10	2520
요오드화수소	0.1	2860
모노메틸아민	10	7000
디에틸아민	5	11100
염소	1	293
염화수소	5	3120
불화수소	3	966
황화수소	10	712
브롬화메탄	20	850
암모니아	25	7338
일산화탄소	50	3760
산화에틸렌	50	2900

(3) 맹독성 가스 : LC50 허용농도 200ppm 이하

가스명	허용 농도(ppm) TLV-TWA	허용 농도(ppm) LC 50
디보레인	0.1	80
세렌화수소	0.05	2
불소	0.1	185
시안하수소	10	140
알진	0.05	20
포스겐	0.1	5
니켈카르보닐		35
포스핀	0.3	20
오존	0.1	9

2. 고압가스 특정제조 설비의 물분무장치의 설치기준

저장탱크의 내화 구조상 구분	시설비	노출된 경우	준내화구조 저장탱크 (암면 : 두께 25mm 이상)	내화구조 저장탱크 주변 화재를 고려하여 충분한 내화성능을 갖는 것	비고
저장탱크 간의 간격이 1m 이내 또는 최대직경을 합산한 것이 1/4 중 큰 치수 이상을 이격하지 않은 경우	물분무장치(표면적 1m² 당의 분무량)	8 l/분	6.5 l/분	4 l/분	• 소화전 ㉮ 호스 끝 수압은 0.35MPa 이상 ㉯ 방수능력은 400 l/분 이상 ㉰ 최대수량은 40m 이내에 설치 • 물분무장치 ㉮ 탱크외면(방류제 외측) 15m 이상의 위치에서 조작 ㉯ 최대 수량은 동시방사 30분 이상의 수원에 접속
	소화전(소화전 1개 당의 표면적)	30m²	38m²	60m²	
저장탱크 간이 인접한 경우 또는 산소저장탱크와 인접하여 두 탱크의 최대직경을 합한 것의 1/4보다 적게(위 ①에 해당하면 제외) 이격한 경우	물분무장치(표면적 1m² 당의 분무량)	7 l/분	4.5 l/분	2 l/분	
	소화전(소화전 1개 당의 표면적)	350m²	55m²	125m²	

2 액화석유가스

(1) 용어의 정의

① LPG : C_3H_8, C_4H_{10} 주성분으로 하는 액화가스 (기화된 것도 포함)

② 저장탱크 : 액화가스를 저장하기 위한 것으로 지상, 지하에 설치된 것 (3 t 미만은 소형탱크)

③ 충전용기 : 질량이 1/2 이상인 용기 (1/2 미만은 잔가스용기)

④ 가스설비 : 배관을 제외한 충전, 공급, 사용을 하기 위한 설비

⑤ 불연 재료 : 콘크리트, 벽돌, 기와, 철재, 알루미늄, 유리, 모르타르 등
⑥ LPG 충전업 : 용기에 충전하는 사업 (1 L 미만 용기나 라이터 제외)
⑦ LPG 집단 공급시설 : 배관을 통하여 연료로 공급하는 사업 (가스미터까지)
⑧ LPG 판매업 : 충전된 가스를 판매하는 업 (1 L 미만 제외)
⑨ LPG 저장소 : 5 t 이상을 저장하는 장소 (1 L 미만 용기에 충전된 질량의 합이 250 kg 이상도 해당)
⑩ 가스용품 제조업 : 가스를 사용하기 위한 기기 제조업 (LPG, 도시가스용 포함, 연소기, 조정기, 밸브, 호스, 콕, 기화기 등)

(2) 시설 기술 기준

① 지상 탱크 지주는 내열성 구조로 하고 5 m 이상에서 조작 가능한 살수 장치 설치
② 지하 탱크 기준은 고압가스와 동일 (강제 통풍 장치 설치)
③ 탱크 외부는 은백색 도료를 칠하고, LPG, 액화석유가스라고 적색으로 표시
④ 배관 지하 매설시 1 m 이하 깊이
⑤ 배관에 설치된 안전밸브 분출 면적은 배관 지름 최대 단면적의 1/10 이상
⑥ 충전시설의 탱크 능력은 연간 10,000m^3 이상 처리할 수 있는 시설로 해야 하며 탱크 능력은 1/50 이상일 것
⑦ 지상에 설치된 10 t 이상 탱크에는 폭발 방지 장치를 할 것
⑧ 자동차 용기 충전시설에는 황색 바탕에 흑색 글씨로 "충전 중 엔진 정지"라는 표지판과 백색 바탕에 적색 글씨로 "화기 엄금"이라고 쓴 게시판 설치
⑨ 충전기는 원터치형으로 하고, 호스 길이는 5 m 이내로(배관 중 호스 길이 3m) 할 것
⑩ 충전기 상부에는 닫집 차양을 하고, 크기는 공지 면적의 1/2 이하
⑪ 공기 중 비율이 1/1000 상태에서 감지하도록 부취제를 첨가할 것
⑫ 충전용 주관의 압력계는 매월 1회 (나머지는 3월에 1회)
⑬ 차량 탱크 내용적이 5000 L 이상시 차량 정지목 설치
⑭ 설비 치환시 불활성가스 → 공기 재치환 후 산소 농도가 18 % 이상으로 할 것
⑮ 충전용기는 전도, 전락 방지 조치 (5 L 이하 제외)
⑯ 탱크로리는 저장 탱크에서 3 m 이상 떨어져 정차할 것
⑰ 납붙임 접합 용기에 충전시 35℃에서 4 kg/cm^3 (0.4 MPa) 이하가 되도록 할 것
⑱ 저장 설비 주위에는 1.5 m 이상의 경계책 설치
⑲ 배관 지하 매설시 폴리에틸렌 피복 강관이나 가스용 폴리에틸렌관을 사용할 것

⑳ 지상 배관은 황색, 매몰관은 적색이나 황색으로 할 것 (황색 띠로 표시할 경우 바닥에서 1 m 높이에 폭 3 cm 띠를 이중으로 할 것)

㉑ 지하 매몰시 1 m 이상 깊이 (도로 밑 1.2 m나 이중관)

㉒ 배관 고정 장치

지름 13 mm 미만 : 1 m마다

13 이상 33 mm 미만 : 2 m마다

33 mm 이상 : 3 m마다 설치

㉓ 탱크는 내용적의 90 %를 넘지 않도록 할 것 (소형 85 %)

㉔ 조정기에서

Q : 용량 [kg/h]

P : 입구 압력 [MPa]

R : 조정 압력 [MPa, kPa]

㉕ 볼 밸브는 90° 회전시 완전히 개폐되는 구조일 것

㉖ 밸브 수압 시험 30 kg/cm^2 (3 MPa), 밸브 기밀 시험 18 kg/cm^2 (1.8 MPa) (공기, 질소)

㉗ 염화비닐 호스 : 안지름 6.3 mm (1종), 안지름 9.5 mm (2종), 안지름 12.7 mm (3종) 허용차는 ±0.7 mm

㉘ 연소기와 용기는 직결되지 않는 구조로 할 것 (3 kg 이하 이동식은 제외)

㉙ 안전밸브는 TP × 0.8 이하에서 작동되도록 1년에 1회 이상 조정

㉚ 저장 능력 300 kg 이상시 압력 상승 방지를 위한 안전 장치 구비

㉛ 20 L 이상 용기 이동시 견고한 조치

㉜ 가스 사용 시설 내압시험 저압부 8 kg/cm^2, 고압측 용기 내압시험과 동일

㉝ 가스 사용 시설의 호스 길이는 3 m 이내로 하고, 호스는 T형으로 접속하지 말 것

㉞ 액화석유가스 기화 장치는 직화식으로 하지 말 것

㉟ 가스 사용시설의 기밀 시험 조정기 → 연소기 840~1000 mmH$_2$O, 준저압 조정기는 3500 mmH$_2$O (3.5 kPa)

㊱ 가스계량기와 화기는 2 m 이상 우회 거리를 유지하고, 설치 높이는 1.6 m 이상 2 m 이내에 수직·수평으로 설치

■ 액화석유가스

(1) ① LPG는 탄화수소 중 탄소수가 3~4개인 것을 총칭한 것으로 프로판, 부탄 이외에 C$_4$H$_8$ (부틸렌), C$_4$H$_6$ (부타디엔), C$_3$H$_6$ (프로필렌)이 있다.

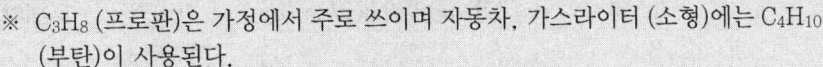

※ C₃H₈ (프로판)은 가정에서 주로 쓰이며 자동차, 가스라이터 (소형)에는 C₄H₁₀ (부탄)이 사용된다.
② 압축가스는 충전 압력의 1/2을 기준으로 구분된다.
③ 가스미터에서 콕, 연소기 등은 사용자 시설이다.
④ 조정기는 조정 압력에 따라 여러 가지가 있으나 가정용 단단 감압 저압 조정기는 출구 압력이 280±50 mmH₂O 범위이다 (2.8±0.5 kPa).
  ㉮ 콕은 90° 회전시 개폐되는 구조로 해야 하며, 배관과 수평일 때에 열리는 것이다.
  ㉯ 기화기는 절대 직화식으로 해서는 안 된다.
    C₃H₈ : 자연 기화, C₄H₁₀ : 강제 기화
(2) ※ 안전거리는 고압가스의 가연성과 같고, 탱크 설치 기준 등도 LPG가 가연성이므로 고압가스의 가연성과 모든 기준이 같다.
① 소화전 호스 수압은 0.35MPa 이상, 방수 능력 400 L/분, 30분 이상 방사할 수 있는 능력을 갖추어야 한다.
② 통풍구 면적은 바닥 면적 1 m²당 300 cm³, 통풍 능력은 1 m²당 0.5 m³/분 이상
③ 단면적 $A\,\text{cm}^2 = \dfrac{\pi D^2}{4}$
  예 최대 지름부의 직경이 10 cm일 때 안전밸브의 분출 면적은?
    $\dfrac{3.14 \times 10^2}{4} \times 0.1 = 7.85\,\text{cm}^3$
④ 정전기 제거 조치를 해야 한다 (접지선 단면적 5.5 mm² 이상 저항치 100 Ω 이하, 피뢰 설비 설치시 10 Ω 이하).
⑤ 부취제 구비 조건
  ㉮ 독성이 없을 것
  ㉯ 일상 생활의 냄새와 구분되고 저농도에서도 식별 가능할 것
  ㉰ 완전 연소 후 유해가스를 발생시키지 말고 응축되지 않을 것
  ㉱ 부식성이 없고 화학적으로 안정할 것
  ㉲ 물에 녹지 않고 토양에 대해 투과성이 있을 것
  ㉳ 종 류
    ㉠ THT (테트라히드로티오펜) : 석탄가스 냄새
    ㉡ TBM (터시어리부틸메르캅탄) : 양파 썩는 냄새
    ㉢ DMS (디메틸설파이드) : 마늘 냄새
⑥ 가연성 LPG인 경우 폭발 하한의 1/4 농도 이하
⑦ 프로텍터나 캡을 설치

각종 가스의 내압

① 내압시험이란 기기, 기구 등 압력 용기에 대하여 제작 회사에서 완성 제품에 대하여 최초로 행하는 시험으로 액체 (물, 오일)로써 가압하며, 그 시험 압력에서 누설, 파괴, 변형 등이 없어야 합격하는 것으로 다음과 같이 각각 다르다.

가스명	내압시험압력 (kg/cm^3)	가스명	내압시험압력 (kg/cm^3)
산 소	250	액화염소	26
수 소	250	액화석유가스	30
질 소	250	액화산화에틸렌	10
액화탄산가스	200	액화부탄	9
아세틸렌	46.5	액화시안화수소	6
액화암모니아	37		

TP (내압) = FP (최고충전압력)의 5/3 배

∴ FP = TP × 3/5

※ C_2H_2는 제외 : TP = FP × 3

산소의 경우 FP = 250 × 3/5 = 150 kg/cm^2이 된다.

기밀시험 : FP 이상, C_2H_2 FP × 1.8배, 저온 초저온 용기 FP × 1.1배

② 모든 가스는 임계온도 이하에서 액화한다.

액화 가능한 가스의 임계온도와 임계압

구 분	임계온도	임계압
탄산가스 (CO_2)	31℃	72.9kg/cm^2
암모니아 (NH_3)	132.3℃	111.3kg/cm^2
에탄 (C_2H_6)	32.2℃	48.2kg/cm^2
에틸렌 (C_2H_4)	9.2℃	50kg/cm^2
프로판 (C_3H_8)	96.8℃	42kg/cm^2
부탄 (C_4H_{10})	152℃	37.5kg/cm^2
염소 (Cl_2)	144℃	76.1kg/cm^2
시안화수소 (HCN)	183.5℃	53kg/cm^2
프레온 12 (CCl_2F_2)	111.7℃	39.6kg/cm^2
포스겐 ($COCl_2$)	183℃	56kg/cm^2

③ 임계온도가 높은 가스가 액화 범위가 넓은 것이기 때문에 임계온도가 높은 가스가 액화가 용이하다. 반대로 임계압력이 낮은 가스는 적은 동력으로 액화시킬 수 있는 것이므로 임계압력이 낮은 가스가 액화하기 쉽다.

가스명	검지법	흡수 (중화)제
암모니아	① 염산에 의한 백염 ② 유황 불꽃에 의한 백염 ③ 리트머스 시험지 ④ 검지관, 청색(물色) 시약품(검지색)	① 물 ② 황산이나 희염산

가스명	검지법	흡수 (중화)제
염 소	① 암모니아에 의한 백염 ② 요오드화칼륨 전분지 ③ 검지관, 청색 시약품 (검지색)	① 소석회 ② 석회유 ③ 가성소다 용액 ④ 경우에 따라서 물 또는 티오화산 소다액
시안화수소	① 초산벤젠 검지기 ② 메틸오렌지, 염화제2수은 검지기 ③ 알칼리 피크 레드 검지기 ④ 검지관, 청색 시약품 (검지색) ⑤ 전기전도법	① 다량의 물 ② 황산철의 가성소다 용액
포스겐	① 암모니아 용액에 의한 백염 ② 해리슨씨 시약지 ③ 검지관, 청색 시약품 (검지색)	① 가성소다 또는 탄산소다의 알칼리 용액 ② 물
황화수소	① 초산염 검지기 ② 유광 광도법	① 다량의 물 ② 가성소다의 알칼리 용액

요점정리

1. 충전시설 중 저장설비의 경계거리

① 액화석유가스 충전시설 중 저장설비는 그 외면으로부터 사업소경계(사업소경계가 바다 · 호수 · 하천 · 도로 등과 접한 경우에는 그 반대편 끝을 경계로 본다. 이하 같다)까지 다음 표에 따른 거리 이상을 유지할 것

저장능력	사업소경계와의 거리
10톤 이하	24 m
10톤 초과 20톤 이하	27 m
20톤 초과 30톤 이하	30 m
30톤 초과 40톤 이하	33 m
40톤 초과 200톤 이하	36 m
200톤 초과	39 m

② 액화석유가스 충전시설 중 충전설비는 그 외면으로부터 사업소경계까지 24 m 이상을 유지할 것

2. LPG 시설과 화기의 우회거리

저장능력	화기와의 우회거리
1톤 미만	2m
1톤 이상 3톤 미만	5m
3톤 이상	8m

비고: 2개 이상의 저장설비가 있는 경우에는 그 설비별로 각각 거리를 유지하여야 한다.

3. LPG 판매설비
(1) 배관이음매(용접이음매 제외)와 안전거리
① 60cm : 배관이음부 ⇔ 전기계량기, 전기 개폐기
② 30cm : 배관이음부 ⇔ 굴뚝, 전기점멸기, 전기접속기, 절연조치를 하지 않는 전선
③ 10cm : 배관이음부 ⇔ 절연조치를 한 전선

4. LPG 사용시설
(1) 배관이음매(용접이음매 제외)와 안전거리
① 60cm : 배관이음부 ⇔ 전기계량기, 전기 개폐기
② 30cm : 배관이음부 ⇔ 굴뚝, 전기점멸기, 전기접속기, 콘센트
③ 15cm : 배관이음부 ⇔ 절연조치를 하지 않는 전선
(2) 가스계량기
① 60cm : 가스계량기 ⇔ 전기계량기, 전기 개폐기, 전기 안전기
② 30cm : 가스계량기 ⇔ 굴뚝, 전기점멸기, 콘센트
③ 15cm : 가스계량기 ⇔ 절연조치를 하지 않는 전선

3 도시가스

(1) 용어의 정의

① 도시가스 사업 : 수요자에게 연료용 가스를 배관에 의해 공급하는 사업
  ㉮ 도매 사업 : 일반 가스 사업자나 대량 사용자에게 공급하는 업
  ㉯ 일반 사업 : 제조하거나 공급받아 배관으로 수요자에게 직접 공급하는 업

② 시설 구분
  ㉮ 공급 시설 : 제조·공급을 위한 시설 (가스미터까지)
  ㉯ 사용 시설 : 사용자 시설

③ 배관의 구분
  ㉮ 본관 : 사업소에서 정압기까지
  ㉯ 공급관 : 정압기에서 사용자의 토지 경계까지
  ㉰ 내관 : 토지 경계에서 연소기까지

④ 압력 구분
  ㉮ 고압 : 1 MPa 이상, 기화된 액화가스 0.2 MPa 이상
  ㉯ 중압 : 0.1 MPa 이상 10 MPa 미만, 기화된 액화가스 0.01 MPa 이상 0.2 MPa 미만
    A : 3 이상 10 kg/cm² 미만[0.3～1MPa]
    B : 1 이상 3 kg/cm² 미만[0.3MPa]
  ㉰ 저압 : 1 kg/cm² 미만, 기화된 액화가스 0.1 kg/cm² 미만

(2) 시설·기술

[도매가스 사업]

제조소 외면으로부터 50 m, $L = C^3\sqrt{143000\,W}$ 중 큰 폭과 동등 이상 안전거리 유지 (52500 m³/day 이하인 펌프 압축기, 응축기, 기화기 제외)

여기서, L : 유지해야 할 거리 [m], C : 지하 탱크는 0.24 이외는 0.576
W : 저장 탱크톤의 제곱근 이외는 t

㉮ 500 t 이상 방류둑 설치
㉯ 5000 L 이상 탱크는 10 m 이상에서 조작 가능한 긴급 차단 장치 설치
㉰ 배관 해저에 설치시 30 m 수평 거리 유지

[일반가스 사업]

 ㉮ 안전거리 : 고압 20 m 이상 유지, 중압 10 m 이상 유지, 저압 5 m 이상 유지 발생기 홀더에서 사업소 경계까지
 ㉯ 시 험
  ㉠ 내압시험 : 최고 사용 압력×1.5
  ㉡ 기밀시험 : 최고 사용 압력×1.1
 ㉰ 300 m² 이상인 홀더는 안전거리 유지
 ㉱ 긴급 차단 장치 5 m 이상 조작
 ㉲ 100 mm 이상의 노출 배관은 충격 손상 방지 조치
 ㉳ 누설 검사 : 매몰된 배관은 3년에 1회 이상, 고압인 경우는 1년에 1회 이상 (특정 가스 시설)
 ㉴ 가스 계량기는 최대 소비량의 1.2배 이상일 것 (화기는 2 m, 전선과는 15 cm, 개폐기 안전기 60 cm 거리 유지)
 ㉵ 가스 사용 시설은 최고 사용 압력의 1.1배나 840 mmH₂O (8.4 kPa)

(3) 기타 사항

① 정압기 입출구에는 차단 장치, 출구에는 압력 상승시를 대비해서 경보 장치, 지하설치시 침수 방지 조치를 할 것 (입구측에는 수분이나 불순물 제거 장치)
② 일반 도시가스 사업의 정압기(도시가스사업법 시행규칙 [별표6])
 정압기는 설치 후 2년에 1회 분해점검, 일주일에 1회 이상 작동 상황 점검
 [참고] 도시가스 사용시설의 정압기 필터(도시가스사업법시행규칙 제17조 [별표7])
③ 열량 측정 (융커스식) : 매일 오전 6시 30~9시, 오후 17시~20시 30분
④ 압력 측정
 • 위치 : 가스홀더 출구, 정압기 출구, 공급 시설의 끝부분
  ▶ 100~250 mmH₂O(1kPa~2.5kPa)
⑤ 연소성 측정
 • 매일 6시 30분~9시, 17시~20시 30분

$$C_P = K \frac{1.0 H_2 + 0.6(CO + C_m H_n) + 0.3 CH_4}{\sqrt{d}}$$

 여기서, C_P : 연소속도, H_2 : 수소 함유율 %
  CO : 일산화탄소 함유율 [용량 %], $C_m H_n$: 탄화수소 함유율 [용량 %]

CH_4 : 메탄 함유율 [용량%], d : 도시가스 비중

K : 산소 함유율에 따른 수치. 값이 클수록 연소속도가 빠르다.

✿ 웨버지수

$$W_I = \frac{H_g}{\sqrt{d}}$$

여기서, W_I : 웨버지수

H_g : 총발열량 [kcal/m^3]

d : 도시가스의 공기에 대한 비중

수치가 클수록 속도가 빠른 것이며, 표준 웨버지수의 ±4.5% 이내로 유지

⑥ 정압기, 필터는 설치 후 3년까지는 1회 이상, 그 이후에는 4년에 1회 이상 분해점검을 실시하고 사고예방설비는 점검분해 및 작동상황을 주기적으로 점검한다.

유해성분 (주 1회 측정)

㉮ 가스홀더나 정압기 출구에서 측정

㉯ 0℃, 1.013250bar의 압력에서 건조한 가스 1m^{3}당 S : 0.5 g, NH$_3$: 0.2 g, H$_2$S : 0.02 g을 초과하면 안 된다.

⑦ 압력조정기기는 매 1년에 1회 이상(필터나 스트레이너의 청소는 설치 후 3년까지는 1회 이상, 그 이후에는 4년에 1회 이상) 안전점검을 실시한다.

[참고] 일반도시가스 사업의 정압기와 도시가스 사용시설의 정압기 필터는 다름(별표6과 별표7 차이가 있음)

(1) ①의 도매 가스 사업자는 한국가스공사이며, 일반 사업자는 각 지역의 도시가스 회사들

※ 대량 사용자 : 월 10만 m^3 이상 사용자, 발전용으로 사용하는 자, LNG 탱크를 설치하고 사용하는 자

(2) 중압 구분

㉮ A : 3 이상 10 미만 ㉯ B : 1 이상 3 미만

1. 압력조정기 설치 기준

(1) 도시가스 공동주택의 압력조정기 설치 기준

① 중압인 경우 : 150세대 미만

② 저압인 경우 : 250세대 미만

(2) 도시가스 배관의 설치 안전 기준

① 배관을 매설하는 경우에는 설치 환경에 따라 다음 기준에 따른 적절한 매설 깊이나 설치간격을 유지할 것

㉮ 공동주택등의 부지 안에서는 0.6m 이상

㉯ 폭 8m 이상의 도로에서는 1.2m 이상. 다만, 도로에 매설된 최고사용압력이 저압인 배관에서 횡으로 분기하여 수요가에게 직접 연결되는 배관의 경우에는 1m 이상으로 할 수 있다.
㉰ 폭 4m 이상 8m 미만인 도로에서는 1m 이상으로 한다.
(다만, 다음 어느 하나에 해당하는 경우에는 0.8m 이상으로 할 수 있다.)

2. 도시가스 사용시설 안전 거리 기준

(1) 배관이음매(용접이음매 제외)와 안전거리
   ① 60cm : 배관이음부 ⇔ 전기계량기, 전기 개폐기
   ② 30cm : 배관이음부 ⇔ 굴뚝, 전기점멸기, 전기접속기, 콘센트
   ③ 15cm : 배관이음부 ⇔ 절연조치를 하지 않는 전선
   ④ 10cm : 배관이음부 ⇔ 절연조치를 한 전선

(2) 가스계량기
   ① 60cm : 가스계량기 ⇔ 전기계량기, 전기 개폐기
   ② 30cm : 가스계량기 ⇔ 굴뚝, 전기점멸기, 콘센트, 전기접속기
   ③ 15cm : 가스계량기 ⇔ 절연조치를 하지 않는 전선

(3) 도시가스공급시설 기준(배관이음매(용접이음매 제외)와 안전거리)
   ① 30cm : 배관이음부 ⇔ 절연조치를 하지 않는 전선
   ② 10cm : 배관이음부 ⇔ 절연조치를 한 전선

✿ 법령관련 자료

(1) 정압기/압력조정기 분해점검 관련법
   ① 도시가스사업법 시행규칙 제17조 [별표 7]
   ② 가스사용시설의 시설 · 기술 · 검사기준

(2) 압력조정기 안전점검 관련 규정
   ① 압력조정기 안전점검 관련 규정
      1. 배관 및 배관설비
         나. 기술기준
            2) 가스사용시설에 설치된 압력조정기는 매 1년에 1회 이상(필터나 스트레이너의 청소는 설치 후 3년까지는 1회 이상, 그 이후에는 4년에 1회 이상) 압력조정기의 유지 · 관리에 적합한 방법으로 안전점검을 실시할 것
   ② 정압기 분해점검 관련 규정
      1. 정압기
         나. 기술기준
            2) 정압기와 필터의 경우에는 설치 후 3년까지는 1회 이상, 그 이후에는 4년에 1회 이상 분해점검을 실시하고, 사고예방설비 중 도시가스의 안전을 확보하기 위하여 필요한 시설이나 설비에 대하여는 분해 및 작동상황을 주기적으로 점검하고, 이상이 있을 경우에는 그 시설이나 설비가 정상적으로 작동될 수 있도록 필요한 조치를 할 것

제 2 편 기출문제와 예상문제

01 LPG 용기 보관실의 바닥면적이 30 m²이라면 통풍구의 크기는 얼마로 하여야 하는가?

㉮ 3000 cm² ㉯ 6000 cm²
㉰ 8000 cm² ㉱ 9000 cm²

> 통풍구의 크기는 바닥면적의 3 % 이상으로 한다.
> 300000 × 0.03 = 9000 cm²

02 고압가스 취급장치로부터 미량의 가스가 대기 중에 누설됨을 감지하기 위하여 사용되는 시험지와 변색이 옳게 연결된 것은?

㉮ NH_3 – KI 전분지 – 적변 ㉯ CO – 염화팔라듐지 – 청변
㉰ C_2H_2 – 염화제일구리 착염지 – 적변 ㉱ Cl_2 – 적색 리트머스지 – 청변

> 누설검사
> NH_3 : 적색 리트머스지 → 청변, CO : 염화팔라듐지 → 흑색
> Cl_2 : KI전분지 → 청변, HCN : 질산구리벤젠 → 청변

03 독성 가스 검지방법 중 암모니아수로 검지하는 가스는?

㉮ SO_2 ㉯ HCN
㉰ NH_3 ㉱ CO

> 암모니아수로 검지할 수 있는 가스는 SO_2와 HCl이다. → 흰 연기 발생

04 다음 가연성 가스 중 순수한 단일가스만으로 분해폭발을 일으키지 않는 것은?

㉮ C_2H_2 ㉯ C_2H_4
㉰ C_2H_4O ㉱ HCN

05 가스누설검지 경보장치의 설계기준 중 틀리는 것은?

㉮ 통풍이 잘 되는 곳에 설치할 것
㉯ 설치 수는 가스의 누설을 신속하게 검지하고 경보하기에 충분한 수일 것

정답 1. ㉱ 2. ㉰ 3. ㉮ 4. ㉯ 5. ㉮

㉰ 그 기능은 가스의 종류에 적절한 것일 것
㉱ 체류할 우려가 있고 장소에 적절하게 설치할 것

> 가스누설 검지경보장치의 설치장소는 가스가 누설될 때 체류할 우려가 있는 장소이다.

06 고압가스 안전관리법 시행규칙에서 사용하는 용어의 정의이다. 잘못된 것은?

㉮ '감압설비'라 함은 고압가스의 압력을 낮추는 설비를 말한다.
㉯ '고압가스설비'란 가스설비 중 고압가스가 통하는 부분을 말한다.
㉰ '방호벽'이란 높이 1.5 m 이상, 두께 10 m 이상의 구조의 벽을 말한다.
㉱ '저장탱크'란 고압가스를 충전, 저장하기 위하여 지상 또는 지하에 고정 설치된 탱크를 말한다.

> 방호벽은 높이 2 m 이상, 두께 12 cm 이상의 구조의 벽을 말한다.

07 흡수식 냉동설비에서 1일 냉동능력 1 t으로 보는 것은 발생기를 가열하는 1시간의 입열량이 몇 kcal인 것으로 하는가?

㉮ 5540 ㉯ 6640
㉰ 7200 ㉱ 3400

> 냉동능력 산정
> 원심식 : 정격출력 1.2 kW → 1 t
> 흡수식 : 발생기 가열량 6640 kcal/h → 1 t
> 기타 : $R = \dfrac{V}{C}$
> NH_3 5000 cm³
> 초과 : $C = 7.9$
> 이하 : $C = 8.4$

08 고압가스 제조장치의 취급에 관한 설명으로 틀린 것은?

㉮ 압력계의 지변은 서서히 연다.
㉯ 액화가스를 탱크에 최초로 통과할 때에는 당해 가스 상용압력의 1/2의 압력 정도로 서서히 올려놓고 서서히 넣는다.
㉰ 안전밸브는 서서히 작동한다.
㉱ 제조장치의 압력을 상승시키는 경우 서서히 상승시킨다.

정답 6. ㉰ 7. ㉯ 8. ㉰

09 가스설비의 개방검사의 가스치환에 관한 설명이 맞지 않는 것은?

㉮ 가연성 가스일 때는 불활성 가스로 치환하여 잔류가스가 폭발하한계 이하이어야 한다.
㉯ 독성 가스일 때는 질소로 치환하여 가스농도가 허용 농도 이하이어야 한다.
㉰ 산소일 때는 공기로 치환하여 산소농도가 21 % 이하이어야 한다.
㉱ 질소와 다른 불활성 가스일 때는 공기로 치환하여 산소농도가 18 % 이하이어야 한다.

> 산소 농도가 18 % 이상 22 % 이내

10 고압가스 일반제조시설의 충전용 주관압력계는 매월 (①) 회 이상, 기타의 압력계는 3월에 (②) 회 이상 표준압력계로 그 기능을 검사하여야 하는가?

㉮ ① : 1, ② : 1　　　㉯ ① : 1, ② : 3
㉰ ① : 2, ② : 6　　　㉱ ① : 1, ② : 2

11 다음은 용접용기의 동판 최소두께를 구하는 공식이다. 여기서 아세틸렌가스 용기인 경우 P는 얼마인가?

$$t = \frac{PD}{200S\eta - 1.2P} + C$$

㉮ 최고충전압력　　　　　　㉯ 최고충전압력의 1.5배
㉰ 최고충전압력의 1.62배　　㉱ 최고충전압력의 2배

> 용접용기의 동판 두께
> $$t = \frac{PD}{200S\eta - 1.2P} + C$$
> S : 허용응력 (kg/mm^2) = $\frac{1}{4}$ 인장 강도, η : 용접효율
> D : 안지름 (mm), P : 최고충전압력 (kg/cm^2)[단, C$_2$H$_2$일 때는 FP×1.62배]
> C : 부식 여유수치
> ※ 과거 공식이나 기출문제 등에 있음. 값은 같은 것임

12 액화 석유가스 저장탱크 2기의 최대지름이 각각 2 m, 1 m일 때 상호간의 이격거리는?

㉮ 0.75 m　　　㉯ 0.8 m
㉰ 1 m　　　　㉱ 3 m

> 가연성 탱크와 가연성 탱크 (산소탱크)와의 거리는 1 m나 두 지름의 합의 $\frac{1}{4}$ 중 큰 거리를 유지한다.

정답　9. ㉱　10. ㉮　11. ㉰　12. ㉰

13 고압설비에 압력계를 설치하려고 한다. 상용압력이 200 kg/cm² 이라면 게이지의 최고눈금은 어떤 것이 가장 좋은가?

㉮ 200~250 kg/cm²   ㉯ 300~400 kg/cm²
㉰ 400~500 kg/cm²   ㉱ 100~200 kg/cm²

> 📌 압력계의 눈금범위는 상용압력의 1.5~2배로 한다.

14 소형 저장탱크에 설치하는 액면계의 표시눈금의 최소눈금은 용적의 몇 % 범위로 표시하는가?

㉮ 10 % 이하   ㉯ 5 % 이하
㉰ 10 % 이상   ㉱ 5 % 이상

15 용기 부속품의 기밀시험시 기밀시험압력에 도달한 후 몇 초 이상 유지해야 하는가?

㉮ 10초   ㉯ 20초
㉰ 30초   ㉱ 60초

16 1.64 g의 산화구리 (CuO)를 수소로 환원한 결과 1.31 g의 구리를 얻었다. 이 산화물에서 구리 1 g당량은 몇 g인가?

㉮ 6.35 g   ㉯ 63.5 g
㉰ 3.175 g   ㉱ 31.75 g

> 📌 $0.33 : 1.31 = 8 : x$
> ∴ 31.75 g (1 g 당량 : 산소 8 g과 결합하는 물질의 질량)

17 고압가스를 운반하는 차량의 경계표시 크기의 가로치수는 차체 폭의 몇 % 이상으로 하는가?

㉮ 5 %   ㉯ 10 %
㉰ 20 %   ㉱ 30 %

> 📌 차량의 경계표시 크기
> ① 가로치수는 차체 폭의 30 % 이상
> ② 세로치수는 가로치수의 20 % 이상

18 내화구조의 가연성 가스의 저장탱크 상호간의 거리가 1 m 또는 두 저장탱크의 최대지름을 합산한 길이의 1/4 길이 중 큰 쪽의 거리를 유지하지 아니한 경우 물 분무장치의 수량으로서

정답 13. ㉯   14. ㉮   15. ㉰   16. ㉱   17. ㉱   18. ㉮

옳은 것은?

㉮ 4 L/m² · min ㉯ 5 L/m² · min
㉰ 6 L/m² · min ㉱ 7 L/m² · min

> 8 L/min · m²
> (내화구조 : 4 L, 준내화구조 : 6.5 L)

19 아세틸렌의 정성시험에 사용되는 시약은?

㉮ 구리암모니아 시약 ㉯ 질산은 시약
㉰ 발연황산 시약 ㉱ 피로갈롤 시약

20 가연성 가스를 압축하는 압축기와 오토클레이브와의 사이의 배관에 설치하여야 하는 설비는?

㉮ 가스방출장치 ㉯ 역류방지밸브
㉰ 역화방지장치 ㉱ 안전밸브

> 역화방지장치 설치장소
> ① 가연성 가스 저장탱크와 충전구 주관
> ② 아세틸렌 충전용 지관
> ③ 가연성 가스 압축기와 오토클레이브 사이
> ④ C_2H_2 고압건조기와 충전용 교체밸브 사이
> ⑤ 수소, 산소, 아세틸렌 화염시설

21 고압가스 안전관리법상 방호벽의 규격은?

㉮ 높이 2 m 이상, 두께 12 cm 이상의 철근 콘크리트
㉯ 높이 2.5 m 이상, 두께 15 cm 이상의 철근 콘크리트
㉰ 높이 2.5 m 이상, 두께 12 cm 이상의 철근 콘크리트
㉱ 높이 2 m 이상, 두께 15 cm 이상의 철근 콘크리트

> 방호벽 – 높이 2 m 이상
> ① 철근 콘크리트 12 cm 두께
> ② 콘크리트 블록 15 cm 두께 9 mm 철근
> ③ 박강판 3.2 mm 이상 (30×30 앵글강)
> ④ 후강판 6 mm 이상, 지주 1.8 m 이하

22 특정 고압가스가 아닌 것은?

㉮ 수소   ㉯ 산소
㉰ 질소   ㉱ 액화 암모니아

> 특정 고압가스 : H_2, O_2, Cl_2, C_2H_2, NH_3

23 도시가스사업법에서 고압 또는 중압의 가스 공급의 내압시험압력은 얼마로 규정되어 있는가?

㉮ 최고사용압력의 1.1배 이상   ㉯ 최고사용압력의 1.2배 이상
㉰ 최고사용압력의 1.5배 이상   ㉱ 최고사용압력의 1.8배 이상

> 도시가스사업법
> ① 내압시험압력 : $FP \times 1.5$배 이상
> ② 기밀시험압력 : $FP \times 1.1$배 이상

24 부식 여유의 두께가 올바르게 된 것은?

㉮ 암모니아를 충전하는 용기 내용적이 600 L인 것은 2 mm
㉯ 염소를 충전하는 용기 내용적이 600 L인 것은 2 mm
㉰ 암모니아를 충전하는 용기 내용적이 1500 L인 것은 2 mm
㉱ 염소를 충전하는 용기 내용적이 1500 L인 것은 2 mm

> 부식 여유 수치
> ① NH_3 1000 L 이하 : 1 mm   ② Cl_2 1000 L 이하 : 3 mm
>   초과 : 2 mm   초과 : 5 mm

25 액화석유가스 사용시설의 압력이 230~330 mmH_2O인 경우 기밀시험압력으로 옳은 것은?

㉮ 420 mmH_2O 이상   ㉯ 420~840 mmH_2O 이상
㉰ 840~1000 mmH_2O 이상   ㉱ 2 kg/cm^2 이상

26 고압가스 안전관리법상 공기액화분리기의 (압축량이 1000 m^3 초과의) 액화 산소통 내의 액화산소 5 L 중 아세틸렌 또는 탄화수소의 탄소의 질량이 규정값을 넘을 때에는 그 액화산소를 방출하도록 규정한 바, 다음 중 규정값으로 옳은 것은?

㉮ 아세틸렌의 질량이 5 mg 초과
㉯ 탄화수소의 탄소의 질량이 50 mg 초과

㉰ 아세틸렌의 질량이 2.5 mg 초과
㉱ 탄화수소의 탄소의 질량이 100 mg 초과

> 액화산소 5 L 중
> ① C_2H_2의 질량이 5 mg 초과
> ② 탄화수소 중 탄소의 질량이 500 mg 초과시에는 압축 금지

27 고압가스 용기를 내압시험한 결과 전 증가량은 200 mL이고, 영구증가량은 18 mL였다. 항구증가율을 계산하고, 그 값에 의거해 내압시험에 합격 가능 여부를 판단한다면?

㉮ 항구증가율 : 11.1 % 불합격　　㉯ 항구증가율 : 0.09 % 합격
㉰ 항구증가율 : 9 % 합격　　㉱ 항구증가율 : 11.1 % 합격

> 항구증가율 = $\dfrac{\text{항구증가량}}{\text{전증가량}} \times 100$
> 10 % 이하 → 합격
> ∴ $\dfrac{18}{200} \times 100 = 9$ ∴ 합격

28 안전관리자가 상주하는 사무소와 현장사무소와의 사이 또는 현장사무소 상호간 신속히 통보할 수 있도록 통신시설을 갖추어야 하는데, 다음 중 이에 해당되지 않는 것은?

㉮ 구내 방송시설　　㉯ 메가폰
㉰ 인터폰　　㉱ 페이징 설비

> 긴급사태 발생시를 대비하여 통신시설 (구내전화, 방송설비, 인터폰, 페이징설비, 사이렌 등)을 갖춘다. 단, 사업소면적이 1500 m^2 이하일 때는 메가폰을 설치한다 (단, 메가폰은 한 사무소 안에서 사용).

29 프로판가스의 위험도(H)는 얼마인가? (단, 폭발범위는 공기와의 용량)

㉮ 3.5　　㉯ 3.3
㉰ 31.4　　㉱ 17.7

> $H = \dfrac{U - L}{L}$
> 여기서, H : 위험도, U : 폭발범위 상한, L : 폭발범위 하한
> C_3H_8 (프로판)의 폭발범위는 (2.1~9.5 %)
> 따라서, $H = \dfrac{9.5 - 2.1}{2.1} = 3.5$

정답 27. ㉰　28. ㉯　29. ㉮

30 도시가스 배관의 접합시공방법 중 원칙적인 접합 시공방법은?
㉮ 나사접합 ㉯ 용접접합
㉰ 기계적 접합 ㉱ 플랜지접합

> 배관접합부는 용접으로 하는 것이 원칙이다.

31 액화석유가스 사용시설의 가스계량기 설치에 있어서 굴뚝과의 최소이격거리는 얼마인가?
㉮ 25 cm ㉯ 30 cm
㉰ 15 cm ㉱ 20 cm

> 굴뚝이나 콘센트는 30 cm 이상

32 고압가스를 제조하는 경우 압축하여도 되는 것은?
㉮ 가연성 가스 (아세틸렌, 에틸렌, 수소 제외) 중 산소 용량이 전용량의 4 % 이상
㉯ 산소 중의 가연성 가스 (아세틸렌, 에틸렌, 수소 제외)의 용량이 전용량의 4 % 이상
㉰ 아세틸렌, 에틸렌 또는 수소 중의 산소용량이 전용량의 2 % 미만
㉱ 산소 중의 아세틸렌, 에틸렌 및 수소의 용량합계가 전용량의 2 % 이상

> 압축 금지사항
>
> 가연성 가스 $\underset{4\,\%}{\overset{4\,\%}{\rightleftharpoons}}$ 산소
>
> 산소 $\underset{2\,\%\ C_2H_2\ C_2H_4}{\overset{2\,\%}{\rightleftharpoons}}$ H₂ 각각 또는 합이
>
> 액화산소 5 L당 ┌ C_2H_2 5 mg
>   └ 탄화수소 중 탄소의 질량 50 mg

정답 30. ㉯ 31. ㉯ 32. ㉰

33 액화석유가스 저장설비의 강제통풍시설에 관한 기준에 적합하지 않은 것은?

㉮ 환기구의 면적은 바닥면적 $1\ m^2$마다 $300\ cm^2$의 비율로 계산한 면적 이상이어야 한다.
㉯ 통풍능력은 바닥면적 $1\ m^2$마다 $0.5\ m^3$/분 이상으로 한다.
㉰ 흡입구는 바닥면 가까이에 설치한다.
㉱ 배기가스 방출구는 지면에서 $5\ m$ 이상의 높이에 설치한다.

> 자연통풍 : 환기구의 면적은 바닥면적의 3 % 이상

34 아세틸렌가스 압축기의 냉각에 사용되는 냉각수의 온도는?

㉮ 20℃ 이하
㉯ 30℃ 이하
㉰ 40℃ 이하
㉱ 50℃ 이하

35 특정설비의 범위에 해당되지 않는 것은?

㉮ 저장탱크
㉯ 저장탱크의 안전밸브
㉰ 조정기
㉱ 저장탱크의 긴급차단장치

> 특정설비 : 저장탱크, 안전밸브, 역화방지밸브, 긴급차단장치, 기화기

36 정전기 제거기준 중 가연성 가스 제조설비의 접지저항값은 총합 몇 Ω 이하이어야 하는가? (단, 피뢰설비를 설치한 것이다.)

㉮ 10 Ω 이하
㉯ 20 Ω 이하
㉰ 50 Ω 이하
㉱ 100 Ω 이하

> 접지선
> 단면적 : $5.5\ mm^2$ 이상
> 저항 : 100 Ω 이하 (피뢰설비가 있을 경우는 10 Ω 이하)

37 포스겐의 허용한도 (ppm)는?

㉮ 0.5
㉯ 1
㉰ 0.1
㉱ 5

> 허용한도 (ppm)
> 포스겐 (0.1), 염소 (1), 황화수소 (10), 시안화수소 (10), 암모니아 (25), 벤젠 (25), 산화에틸렌 (50), 일산화탄소 (50)

정답 33. ㉮ 34. ㉮ 35. ㉰ 36. ㉮ 37. ㉰

38 배관을 철도부지 밑에 매설할 경우 배관의 외면과 지면과의 거리는 몇 m인가?
㉮ 1.5 m 이상
㉯ 1.4 m 이상
㉰ 1.3 m 이상
㉱ 1.2 m 이상

39 액화석유가스 저장설비와 제1종 보호시설까지의 안전거리는? (단, 이 저장설비 내의 액화석유가스는 부탄 (C_4H_{10})으로 비중 0.52, 저장탱크의 내용적은 50 m³이다.)
㉮ 12 m
㉯ 14 m
㉰ 16 m
㉱ 24 m

> 저장량 : $0.9 \times 0.52 \times 50 \times 10^3 = 23400$
> 3만 이하

40 일산화탄소의 경우 가스누설 검지경보장치의 검지에서 발신까지 걸리는 시간은 경보농도의 1.6배 농도에서 몇 초 이내이어야 하는가?
㉮ 10초
㉯ 20초
㉰ 30초
㉱ 60초

> CO, NH_3 — 60초, 일반적인 것은 30초 이내에 경보

41 다음 시설 중 양호한 통풍구조로 하여야 할 곳은?
㉮ 산소저장소
㉯ 공기액화분리기 설치실
㉰ 아세틸렌가스의 발생장치
㉱ 공기액화실

42 허용농도의 수치가 옳지 않은 것은?
㉮ CH_3Cl — 100 ppm
㉯ 브롬화메틸 — 25~40 ppm
㉰ 산화에틸렌 — 50 ppm
㉱ C_6H_6 (벤젠) — 50 ppm

> 벤젠의 허용농도 : 25 ppm

정답 38. ㉱ 39. ㉱ 40. ㉱ 41. ㉰ 42. ㉱

43 액화석유가스 저장용 저장탱크에 가스를 충전하고자 한다. 내용적이 10 t인 탱크에 안전하게 충전할 수 있는 가스의 최대용량은?

㉮ 10 t   ㉯ 9 t
㉰ 8.5 t ㉱ 7 t

> 내용적의 90 % 이하 ∴ 9 t

44 다음 가스의 성분 중 흡수제로서 틀린 것은?

순 서	가스명	흡수제
㉮	CO_2	33 % KOH 용액
㉯	에틸렌	진한 질산
㉰	산 소	피로갈롤의 알칼리 용액
㉱	CO	염화제일구리암모니아 용액

> C_2H_2의 흡수제 – 발연황산 ($H_2SO_4 + SO_3$)

45 압력 250 kg/cm²로 내압시험을 하는 용기에 가스를 충전할 때 그 최고충전압력은 얼마인가?

㉮ 417 kg/cm²   ㉯ 313 kg/cm²
㉰ 150 kg/cm²   ㉱ 200 kg/cm²

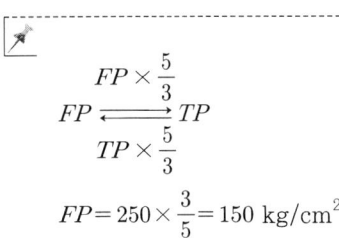

$$FP \xrightleftharpoons[TP \times \frac{5}{3}]{FP \times \frac{5}{3}} TP$$

$$FP = 250 \times \frac{3}{5} = 150 \text{ kg/cm}^2$$

46 안전밸브 점검사항이 아닌 것은?

㉮ 가스분출 파이프의 지름   ㉯ 분출전개압력
㉰ 분출정지압력   ㉱ 안전밸브의 누설

정답 43. ㉯   44. ㉯   45. ㉰   46. ㉮

47 1일 처리할 수 있는 산소의 용적이 200 m³인 사업소에 설치될 표준압력계는 최저 몇 개 이상이어야 하는가?

㉮ 2개 ㉯ 1개
㉰ 4개 ㉱ 3개

> 100 m³ 이상 – 표준압력계 2개 이상 설치

48 액화석유가스 제조시설기준 중 고압가스 설비의 기초는 부동침하하여 당해 고압가스 설비에 유해한 영향을 끼치지 않도록 해야 하는데, 이 경우 저장탱크의 저장능력이 몇 t 이상일 때를 말하는가?

㉮ 1 t 이상 ㉯ 2 t 이상
㉰ 5 t 이상 ㉱ 10 t 이상

49 상용압력이 15.6 kg/cm²인 액화석유가스가 통하는 배관에 안전밸브를 설치할 경우 안전밸브의 작동압력은 몇 kg/cm² 이하인가?

㉮ 10.61 kg/cm² ㉯ 28.42 kg/cm²
㉰ 18.72 kg/cm² ㉱ 20.80 kg/cm²

> 안전밸브 작동압력 = $TP \times 0.8$
> ∴ $15.6 \times 1.5 \times 0.8 = 18.72$ kg/cm²

50 저장탱크의 용접시공 후의 용접검사법으로서 적당하지 않은 것은?

㉮ 기밀시험 ㉯ 수압시험
㉰ 방사선 검사 ㉱ 초음파 탐상검사

51 특정설비에 해당되지 않는 것은?

㉮ 안전밸브 ㉯ 기화장치
㉰ 용기용 밸브 ㉱ 자동차용 가스자동주입기

> 특정설비 : 저장탱크, 안전밸브, 역화방지밸브, 긴급차단장치, 기화기, 자동차용 주입기

제 2 편 가스 안전 관리

52 납붙임 및 접합용기의 고압가압시험은 동일 용기 제조소에서 동일 연월일에 납붙임 또는 접합된 용기로서 두께 및 동체의 바깥지름과 형상이 동일한 것 몇 개 이하를 1조로 하여, 그 조에서 임의로 채취한 1개의 용기에 대하여 실시하는가?

㉮ 5000개 ㉯ 3000개
㉰ 1500개 ㉱ 1000개

53 차량에 고정된 용기의 내용적은 독성 가스에서는 ( )를 초과하지 아니하여야 한다. ( )에 맞는 것은?

㉮ 18000 L ㉯ 15000 L
㉰ 12000 L ㉱ 10000 L

> ※ 내용적 제한 (철도차량 제외)
> ① 독성 : 12000 L(예외 : NH_3)
> ② 가연성 : 18000 L(예외 : LPG)

54 고압가스 운반기준 중 후부취출식 탱크에서는 탱크의 후면 및 차량의 후면과 후 범퍼와의 수평거리가 몇 이상이 되도록 탱크를 차량에 고정시켜야 하는가?

㉮ 40 cm ㉯ 30 cm
㉰ 20 cm ㉱ 10 cm

55 압축가스 중 가연성 가스는 ( ), 독성 가스는 ( ) 이상의 고압가스를 운반할 때는 운반책임자를 동승시켜 운반에 대한 감독을 해야 한다. 다음 중 ( ) 내에 알맞은 것은?

㉮ 300 m³, 100 m³ ㉯ 200 m³, 500 m³
㉰ 100 m³, 300 m³ ㉱ 500 m³, 200 m³

> 고압가스 운반시 운반책임자 동승
> 독성 — 100 m³ (1000 kg)
> 가연성 — 300 m³ (3000 kg)
> 지연성 — 600 m³ (6000 kg)

56 액화석유가스의 집단공급 시설기준에서 저장 설비의 주위에는 높이 얼마 이상의 경계책을 설치하여 외부인의 출입을 방지하는가?

㉮ 1 m ㉯ 1.5 m
㉰ 2 m ㉱ 3 m

57 냉동제조시설기준을 설명한 것 중 틀린 것은?

㉮ 냉매설비에는 압력계를 달아야 한다.
㉯ 독성 가스를 사용하는 냉동제조설비에서 흡수장치가 되어 있으면 안전거리 유지가 필요없다.
㉰ 압축기, 유분리기와 이들 사이의 배관은 화기를 취급하는 곳에 인접 설치하지 않는다.
㉱ 방호벽이나 자동 제어장치를 설치한 경우에는 안전거리 12 m 이상을 유지한다.

> 방호벽이나 자동제어장치를 설치한 경우에는 안전거리를 유지할 필요가 없다.

58 액화석유가스를 용기 보관장소에 보관할 때의 기준을 설명한 것으로 틀린 것은?

㉮ 화기 또는 인화성 물질은 2 m 이상 격리할 것
㉯ 가스충전용기는 직사광선을 받지 않도록 조치할 것
㉰ 휴대용 전등 이외의 등화를 휴대하고 들어가지 않도록 할 것
㉱ 작업에 필요한 물건 이외에는 두지 말 것

> 화기 또는 인화성 물질은 8 m (우회거리) 이상 격리할 것

59 염화비닐호스의 안지름이 2종이라 함은 몇 mm인가?

㉮ 9.0 mm   ㉯ 8.5 mm
㉰ 9.5 mm   ㉱ 10 mm

> 염화비닐 호스
> 1종 : 안지름 6.3 mm, 2종 : 안지름 9.5 mm, 3종 : 안지름 12.7 mm

60 에어로졸 제조용 용기는 ( ) 이상의 압력으로 행하는 가압시험에 합격한 것일 것 ( ) 내에 맞는 것은?

㉮ 1000 kg/cm^2 ㉯ 100 kg/cm^2
㉰ 15.5 kg/cm^2 ㉱ 13 kg/cm^2

61 용접용기의 신규검사 항목에 해당하지 않는 것은? (단, 용기의 재질은 강으로 제조한 것)

㉮ 인장시험   ㉯ 압궤시험
㉰ 기밀시험   ㉱ 파열시험

> 외관검사, 재료시험, 인장시험 및 연신율, 충격시험, 성분검사, 내압시험, 기밀시험, 성능시험

정답 57. ㉱ 58. ㉮ 59. ㉰ 60. ㉱ 61. ㉱

62 공기액화분리기에 설치된 액화 산소탱크 내의 액화산소는 월간 몇 회 이상 검사를 실시해야 하는가?

㉮ 1일 1회 이상으로 30회
㉯ 1주일에 3회 정도로 약 12회 이상
㉰ 격일에 1회 정도로 하여 15회 전후
㉱ 1주일에 3회 정도로 연간 약 60회 이상

63 내용적이 500 L인 초저온용기의 단열성능시험은 용기마다 행하는데, 그 침입열량이 매시 몇 kcal/h · ℃ · L 이하인 경우에만 합격한 것으로 하는가?

㉮ 0.0005
㉯ 0.001
㉰ 0.002
㉱ 0.01

> 초저온용기 단열성능시험 합격기준
> 1000 L 이상 : 0.002 이하
> 1000 L 미만 : 0.0005 이하

64 고압가스 특정제조시설에서 배관을 해저에 설치하는 경우 다음 기준에 적합하지 않은 것은?

㉮ 배관은 매설할 것
㉯ 배관은 원칙적으로 다른 배관과 교차하지 아니할 것
㉰ 배관은 원칙적으로 다른 배관과 수평거리로 20 m 이상을 유지할 것
㉱ 배관의 입상부에는 보호시설물을 설치할 것

> 30 m

65 고압인 가스공급시설 중 설비에서 발생한 사고가 즉시 다른 설비에 파급될 우려가 있는 것에는 무엇을 설치해야 하는가?

㉮ 경보기
㉯ 긴급차단장치
㉰ 역화방지기
㉱ 역류방지밸브

66 눈에 프레온가스가 들어갔을 때의 응급 치료법은?

㉮ 약한 수산화나트륨 용액으로 씻는다.
㉯ 100 % 산소로 불어 씻는다.
㉰ 레몬주스 또는 20 %의 식초로 씻는다.
㉱ 약한 붕산수 또는 2 %의 소금물로 씻는다.

정답 62. ㉮ 63. ㉮ 64. ㉰ 65. ㉯ 66. ㉱

67 용기 신규검사기준에 해당하지 않는 것은?
㉮ 용기가 부식되어 있지 않을 것
㉯ 금이 있거나 주름이 없을 것
㉰ 다듬질이 매끈할 것
㉱ 반드시 열처리 가공할 것

> 열처리가공 → 용접용기

68 고압가스를 운반할 때 운반책임자 또는 운전자에게 휴대시키지 않아도 되는 것은?
㉮ 고압가스 성질
㉯ 고압가스 명칭
㉰ 소방서 위치 도면
㉱ 재해방지 주의사항

69 다음 배관의 매설에 대한 설명 중 틀리는 것은?
㉮ 배관은 그 외면으로부터 도로의 경계와 수평거리로 1 m 이상을 유지할 것
㉯ 배관의 외면과 지면과의 거리는 산이나 들에서는 1.2 m 이상으로 할 것
㉰ 배관은 지반의 동결에 의하여 손상을 받지 않도록 적절한 깊이에 매설할 것
㉱ 배관은 자동차 하중의 영향이 적은 곳에 매설할 것

> 배관의 외면과 지면과의 거리는 산과 들에서는 1 m 이상으로 할 것

70 35℃에서 게이지 압력이 0.5 kg/cm^{2}인 액화가스로서 고압가스안전관리법의 저촉을 받지 않는 것은?
㉮ 시안화수소
㉯ 에틸렌
㉰ 브롬화메탄
㉱ 산화에틸렌

71 가스설비의 배관을 2중관으로 해야 할 가스의 대상이 아닌 것은?
㉮ 암모니아 (NH$_3$)
㉯ 불소 (F$_2$)
㉰ 산화에틸렌 (C$_2$H$_4$O)
㉱ 염화메탄 (CH$_3$Cl)

> 독성 가스 중 2중 배관을 해야 할 것 : SO$_2$, Cl$_2$, COCl$_2$, H$_2$S, NH$_3$, HCN, C$_2$H$_4$O, CH$_3$Cl
> 내관의 바깥지름 (d)과 외관의 안지름 (D) 비가 $d : D = 1 : 1.2$가 되도록 한다.

정답 67. ㉱ 68. ㉰ 69. ㉯ 70. ㉯ 71. ㉯

제 2 편 가스 안전 관리

72 물 분무장치에서 소화전의 방수능력 및 호스 끝 수압에 대한 설명으로 맞는 것은?

㉮ 방수능력 : 300 L/min, 호스 끝 수압 : 4.5 kg/cm² 이상
㉯ 방수능력 : 400 L/min, 호스 끝 수압 : 3.5 kg/cm² 이상
㉰ 방수능력 : 200 L/min, 호스 끝 수압 : 4.5 kg/cm² 이상
㉱ 방수능력 : 300 L/min, 호스 끝 수압 : 3.5 kg/cm² 이상

> 방수능력 : 400 L/min
> 호스 끝 수압 : 3.5 kg/cm² 이상
> 30분 동안 분무

73 고압가스 용기를 보수할 때의 주의사항으로 옳지 않은 것은?

㉮ 가스를 안전한 방법으로 방출할 것
㉯ 가스 방출 후 가연성 가스로 치환할 것
㉰ 용기 보수 전에 공기로 다시 치환할 것
㉱ 보수 후 가스 충전 전에 불활성 가스로 치환할 것

> 방출 → 치환(N_2, CO_2) → 공기로 재치환 → 농도 분석 → 수리
> • 농도 분석
>   가연성 : 폭발범위 하한의 $\frac{1}{4}$ 이하
>   독 성 : 허용농도 이하
>   산 소 : 18 % 이상 22 % 미만

74 정전기 제거기준과 틀린 것은?

㉮ 접지저항값의 총합 : 100 Ω 이하
㉯ 피뢰 설비를 설치할 경우 접지저항값의 총합 : 10 Ω 이하
㉰ 본딩용 접속선 및 접지접속선 : 단면적 5.5 mm² 이상인 것
㉱ 적용대상은 LPG, 독성 가스 제조시설이다.

> 정전기 제거기준
> ① 대상 : 가연성 가스
> ② 접지선의 단면적 5.5 mm² 이상
>   접지저항값의 총합은 100 Ω 이하 (피뢰 설비 있을 경우는 10 Ω 이하)

75 액화석유가스의 저장설비 바닥면적이 90 m²일 때 통풍구의 전체면적과 강제통풍능력은 얼마 이상이어야 하는가?

㉮ 9 m² 이상과 9 m³/min 이상 ㉯ 4.5 m² 이상과 8.1 m³/min 이상
㉰ 2.7 m² 이상과 45 m³/min 이상 ㉱ 9 m² 이상과 18 m³/min 이상

① 통풍구 : 바닥면적의 3 % 이상, 강제 통풍일 경우 0.5 m³/m² · min (가스농도 0.5 % 이상시 누설로 간주)
② 방출구 : 지상에서 5 m 이상인 안전한 위치

76 다음 가스 중 물을 재해제로 사용하는 가스가 아닌 것은?

㉮ 암모니아 ㉯ 염화메탄
㉰ 산화에틸렌 ㉱ 시안화수소

77 초저온 용기의 기밀시험용 저온 액화가스가 아닌 것은?

㉮ 액화아르곤 ㉯ 액화공기
㉰ 액화산소 ㉱ 액화질소

78 내용적 300 L인 액화질소의 초저온용기에 단열성능시험을 하기 위하여 최초에 1500 kg을 충전하여 2시간이 경과한 후 잔량이 1448 kg이었다면 이 용기의 침입열량에 따른 합격 여부로 옳은 것은? (단, 시험시 외기의 온도는 20℃이며, 액화질소의 비등점은 −196℃, 기화잠열 48 kcal/kg이다.)

㉮ 0.0032 kcal/h · ℃ · L로 합격 ㉯ 0.019 kcal/h · ℃ · L로 불합격
㉰ 0.0019 kcal/h · ℃ · L로 합격 ㉱ 0.0024 kcal/h · ℃ · L로 불합격

초저온용기 단열성능시험

$$Q = -\frac{Wq}{H \Delta T V} \text{ (kcal/h · ℃ · L)}$$

W : 기화량 (kg), q : 기화잠열 (kcal/kg)
H : 측정시간 (h), V : 내용적 (L)
ΔT : 비점과 외기 온도차 (℃)

합격 → 1000 L 초과 : 0.002 이하
      이하 : 0.0005 이하

$$Q = \frac{(1500 - 1448) \times 48}{2 \times (20 + 196) \times 300} = 0.019$$

∴ 불합격

제 2 편 가스 안전 관리

79 긴급차단밸브의 동력원이 아닌 것은?

㉮ 액압 ㉯ 기압
㉰ 전기 ㉱ 차압

> 동력원 : 액압, 기압, 전기, 스프링식 (수동식)

80 기화장치의 성능기준에 맞지 않는 것은?

㉮ 온수가열방식의 온수는 80℃ 이하
㉯ 증기가열방식의 온도는 100℃ 이하
㉰ 접지저항값은 10 Ω 이하
㉱ 안전장치는 내압시험 (TP)의 8/10 이하에서 작동

> 증기가열방식의 온도는 120℃ 이하

81 당해 설비 내의 압력이 사용압력을 초과할 경우, 즉시 사용압력 이하로 되돌릴 수 있는 안전장치의 종류에 해당하지 않는 것은?

㉮ 안전밸브 ㉯ 바이패스 밸브
㉰ 파열판 ㉱ 감압밸브

> 고압설비의 안전장치 : 안전밸브, 파열판, by - pass 밸브, 자동제어장치

82 부취제의 구비조건으로 맞지 않는 것은?

㉮ 화학적으로 안정할 것
㉯ 가스배관, 가스미터 중에 흡착되지 않을 것
㉰ 물에 잘 녹고 독성이 없을 것
㉱ 가격이 저렴할 것

> 부취제는 1/1000 누설시 감지할 수 있어야 하며, 물에 흡수되지 않고 토양 투과성이 좋으며 연소 후 유해가스가 발생되지 않아야 한다.

83 배관재료의 구비조건에 해당되지 않는 것은?

㉮ 배관의 가스유통이 원활할 것
㉯ 절단가공이 용이할 것
㉰ 토양 지하수에 대하여 내식성을 가질 것
㉱ 관의 접합이 용이하고 가스의 누설을 방지할 수 없을 것

정답 79. ㉱ 80. ㉯ 81. ㉱ 82. ㉰ 83. ㉱

84 C_2H_2 압축기에서 사용하는 희석제가 아닌 것은?

㉮ N_2 ㉯ CH_4
㉰ O_2 ㉱ CO

📌 C_2H_2 압축시의 희석제 : CH_4, N_2, CO, C_2H_4, H_2, C_3H_8

---

85 구형 저조(球刑貯槽)의 특징에 관한 사항 중 틀린 것은? (단, 동일용량의 가스를 동일압력 및 재료하에서 저장하는 경우)

㉮ 형태가 아름답다.
㉯ 기초 구조가 단순하며 공사가 용이하다.
㉰ 보존이 유리하고 누설을 완전히 방지할 수 있다.
㉱ 표면적이 크므로 강도가 높다.

---

86 고압액의 배관 위치는?

㉮ 증발기에서 압축기까지 ㉯ 압축기에서 응축기까지
㉰ 응축기에서 팽창밸브까지 ㉱ 팽창밸브에서 증발기까지

📌 응축기 → 팽창밸브 : 고압액체관   팽창밸브 → 증발기 : 저압액체관
　 증발기 → 압축기 : 저압기체관   압축기 → 응축기 : 고압기체관

---

87 다음 가스 중 폭발범위가 넓은 것부터 좁은 쪽으로 순서가 나열된 것은?

㉮ H_2, C_2H_2, CH_4, CO ㉯ CH_4, CO, C_2H_2, H_2
㉰ C_2H_2, H_2, CO, CH_4 ㉱ C_2H_2, CO, H_2, CH_4

📌 C_2H_2 (2.5~81 %)
　 C_2H_4O (3~80 %)
　 H_2 (4~75 %)
　 CO (12.5~74 %)
　 CH_4 (5~15 %)

제2편 가스 안전 관리

88 용기 부속품의 종류별 기호를 표시한 것 중 압축가스를 충전하는 용기의 부속품을 나타낸 것은?

㉮ LG ㉯ PG
㉰ LT ㉱ AG

📌 ㉮ 액화가스
㉯ 초저온 및 저온용기
㉱ C_2H_2 용기를 충전하는 용기의 부속품

89 고압가스 저장능력 산출계산식이다. 잘못된 것은?

> V_1 : 내용적 (m^3)
> V_2 : 내용적 (L)
> Q : 저장능력 (m^3)
> P : 35℃에서의 최고충전압력 (kg/cm^2)
> W : 저장능력 (kg)
> C : 가스의 종류에 따르는 정수
> d : 상용온도에서 액화 가스의 비중 (kg/L)

㉮ 압축가스의 저장탱크 : $Q = \dfrac{(P+1)}{V_2}$

㉯ 액화가스의 저장탱크 : $W = 0.9dV_2$

㉰ 액화가스의 용기 및 차량에 고정된 탱크 : $W = \dfrac{V_2}{C}$

㉱ 압축가스의 저장탱크 및 용기 : $Q = (P+1)V_1$

📌 ㉯ 액화가스탱크
㉰ 액화가스 용기

90 암모니아 냉매누설 검지법으로 잘못된 것은?

㉮ 불쾌한 냄새로 발견 ㉯ 황을 태우면 흰 연기가 발생
㉰ 페놀프탈레인을 홍색으로 변화 ㉱ 적색 리트머스 시험지를 갈색으로 변화

📌 NH_3는 적색 리트머스지를 청색으로 변화시킴.

91 큰 고압용기나 탱크 및 라인(line) 등의 퍼지(purge)용에 쓰이는 기체는?
   ㉮ 질소 또는 산소
   ㉯ 산소 또는 수소
   ㉰ 이산화탄소 또는 산화질소
   ㉱ 질소 또는 이산화탄소

92 같은 강도이고 같은 두께의 재료로 원통형 용기를 만들 경우 원통 부분의 내압성능에 관한 설명으로 옳은 것은?
   ㉮ 지름이 작을수록 강하다.
   ㉯ 지름이 클수록 강하다.
   ㉰ 길이가 길수록 강하다.
   ㉱ 길이와 지름에 무관하다.

93 웨버지수의 산식을 옳게 나타낸 것은? (단, H_g : 도시가스의 총 발열량, d : 도시가스의 공기에 대한 비중)
   ㉮ $W_I = \dfrac{H_g}{\sqrt{d}}$
   ㉯ $W_I = \sqrt{H_g} \, overd$
   ㉰ $W_I = 1 - \dfrac{H_g}{\sqrt{d}}$
   ㉱ $W_I = 1 + \dfrac{H_g}{\sqrt{d}}$

94 일반 공업용 용기의 도색 중 잘못된 것은?
   ㉮ 액화염소 – 갈색
   ㉯ 액화 암모니아 – 백색
   ㉰ 아세틸렌 – 황색
   ㉱ 수소 – 회색

   📌 수소용기는 주황색

95 폭발 종류의 관계가 틀린 것은?
   ㉮ 화학적 폭발 : 화약의 폭발
   ㉯ 압력폭발 : 보일러의 폭발
   ㉰ 촉매폭발 : C_2H_2의 폭발
   ㉱ 중합폭발 : HCN의 폭발

   📌 C_2H_2 폭발
   • 산화폭발 : $C_2H_2 + 2\frac{1}{2}O_2 \to 2CO_2 + H_2O$
   • 분해폭발 : $C_2H_2 \to 2C + H_2 + 54.1 \, kcal/mol$
       온도 – 110℃ 이상 ⎤ 폭발
       압력 – 1.5 기압 이상 ⎦
   • 화학폭발 : $C_2H_2 + 2Cu \to Cu_2C_2 + H_2$
       폭발성이 강한 구리아세틸라이트 생성

정답 91. ㉱ 92. ㉮ 93. ㉮ 94. ㉱ 95. ㉰

96 0℃, 1 atm에서 4 L이던 기체가 273℃, 1 atm일 때 몇 L가 되는가?

㉮ 4 L ㉯ 8 L
㉰ 2 L ㉱ 12 L

$\dfrac{PV}{T} = \dfrac{P'V'}{T'}$ 에서 $P = P' = $ const.

$V' = \left(\dfrac{T'}{T}\right) \times V = 4 \times \dfrac{546}{273} = 8$ L

97 내용적 45 L의 용기에 온도 30℃, 절대압력 110 ata으로 충전되어 있는 가스의 온도가 올라가 압력이 130 ata이 되었다. 용기 내 온도는 약 몇 ℃인가?

㉮ 25℃ ㉯ 45℃
㉰ 55℃ ㉱ 85℃

$\dfrac{P}{T} = \dfrac{P'}{T'}$

$T' = \left(\dfrac{P'}{P}\right) \times T = 303 \times \dfrac{130}{110} ≒ 358$ K

∴ 358 − 273 = 85℃

98 액화석유가스 고압설비를 기밀시험하려고 할 때 사용해서는 안 되는 가스는?

㉮ Ar ㉯ CO_2
㉰ O_2 ㉱ N_2

99 응축기용 냉각수로 적당한 것은?

㉮ 상수도 ㉯ 보일러 폐수
㉰ 바닷물 ㉱ 혼탁된 하천수

100 일산화탄소는 상온에서 염소와 반응하여 무엇을 생성하는가?

㉮ 포스겐 ㉯ 카르보닐
㉰ 카르복실산 ㉱ 사염화탄소

$CO + Cl_2 \rightarrow COCl_2$ (포스겐 생성) : 촉매는 활성탄

101 안지름 10 cm인 파이프를 플랜지이음 하였다. 이 파이프 내에 50 kg/cm²의 압력을 걸었을 때 볼트 1개에 걸리는 힘을 400 kg 이하로 하고 싶다면 볼트의 수는 최소한 몇 개 소요되겠는가?

㉮ 6개 ㉯ 8개
㉰ 10개 ㉱ 12개

$P\,[\text{kg/cm}^2] = \dfrac{F}{A}$

$F = P \times A = 50 \times \dfrac{\pi}{4}(10)^2 = 3925\ \text{kg}$

$\dfrac{3925}{400} = 9.8 \quad \therefore\ 10개$

102 LPG가 충전된 납붙임 용기 또는 접합용기는 몇 도의 온도에서 가스누설시험을 할 수 있는 누설시험장치를 설치하여야 하는가?

㉮ 20~32℃ ㉯ 35~45℃
㉰ 46~50℃ ㉱ 52~60℃

103 공기 중에 78 %가 존재하고 −195.8℃의 비점을 가진 기체는?

㉮ 산소 ㉯ 질소
㉰ CO   ㉱ 수소

104 20 kg LPG 용기의 내용적 (L)은 얼마인가? (단, 충전상수 C는 2.35)

㉮ 47 ㉯ 30
㉰ 25 ㉱ 43

$W\,[\text{kg}] = \dfrac{V[\text{L}]}{C}$

$V = 2.35 \times 20 = 47\ \text{L}$

정답 101. ㉰ 102. ㉰ 103. ㉯ 104. ㉮

제 2 편 가스 안전 관리

105 가스미터의 기밀시험압력은 얼마인가?

㉮ 1000 mmH₂O 이내   ㉯ 840∼1000 mmH₂O 이내
㉰ 420∼550 mmH₂O 이내   ㉱ 420 mmH₂O 이내

> 가스사용시설의 기밀시험압력
> ① 조정기 → 연소기 : 840∼1000 mmH₂O
> ② 준저압조정기 : 3500 mmH₂O

106 액화석유가스 사용시설의 저압 부분의 배관은 몇 kg/cm² 이상의 압력으로 하는 내압시험에 합격한 것이어야 하는가?

㉮ 8 kg/cm² 이상   ㉯ 26 kg/cm² 이상
㉰ 15 kg/cm² 이상   ㉱ 3 kg/cm² 이상

> 호스는 2 kg/cm² 이상

107 도시가스 연소성의 측정시기는?

㉮ 매일 1회 이상   ㉯ 매일 2회 이상
㉰ 매주 1회 이상   ㉱ 매월 1회 이상

> 웨버지수
> $$W_I = \frac{H_g}{\sqrt{d}}$$
> H_g : 총발열량 [kcal/m³]
> d : 공기에 대한 가스의 비중
>   표준웨버지수의 ±4.5%일 때 합격이다.

108 도시가스는 무색, 무취, 무미이기 때문에 누설시 가스중독이나 폭발사고를 미연에 방지하기 위하여 부취제를 혼합시킨다. 부취제의 공기 중 용량은?

㉮ 1/200   ㉯ 1/500
㉰ 1/700   ㉱ 1/1000

> 부취제는 공급하는 가스에 공기 중의 혼합비율이 1/1000인 상태에서 감지할 수 있어야 한다.

정답 105. ㉮ 106. ㉮ 107. ㉯ 108. ㉱

109 다음 중 도시가스 부취제가 아닌 것은?
- ㉮ 티시어리부틸메르카부탄 (TBM)
- ㉯ 테트라히드로티오펜 (THT)
- ㉰ 디메틸술파이드 (DMS)
- ㉱ 아우트터믹프로세스 (ATP)

> 부취제는 공급하는 가스에 공기 중의 혼합비율이 1/1000 상태에서 감지할 수 있어야 한다.

110 LPG 저장탱크 긴급차단장치에 대한 설명 중 잘못된 것은?
- ㉮ 동력원은 전기식, 스프링식, 유압식, 공기압식 등이 있다.
- ㉯ 온도에 의해 작동되는 온도는 110℃
- ㉰ 조작위치는 10 m 이상
- ㉱ 액 인입관의 긴급차단밸브는 역지밸브로도 가능

> 긴급차단장치 : − 500 L 이상의 저장탱크에 설치 조작위치 : 5 m 이상 (특정, 도매 : 10 m 이상)

111 도시가스 제조에서 정기적으로 검사해야 할 사항이 아닌 것은?
- ㉮ 열량 측정
- ㉯ 압력 측정
- ㉰ 연소성 측정
- ㉱ 온도 측정

112 도시가스 유해성분의 측정은 얼마마다 실시하는가?
- ㉮ 1일 1회 이상
- ㉯ 1일 2회 이상
- ㉰ 매월 1회 이상
- ㉱ 매주 1회 이상

> 유해성분 검사 − 1주에 1번 이상
> 0℃ 101325 Pa에서 건조한 도시가스 1 m³당 H_2S : 0.02 g ⎫
> NH_3 : 0.2 g ⎬ 초과 금지
> S : 0.5 g ⎭

113 비중이 0.55이며 총 발열량이 9000 kcal/m³일 때 웨버지수는?
- ㉮ 9000
- ㉯ 9500
- ㉰ 12100
- ㉱ 13100

정답 109. ㉱ 110. ㉰ 111. ㉱ 112. ㉱ 113. ㉰

$$W_I = \frac{H_g}{\sqrt{d}} = \frac{9000}{\sqrt{0.55}} = 12100$$

114 액화염소가스의 1일 처리능력이 38000 kg일 때, 수용 정원이 350명인 공연장과의 안전거리는 얼마를 유지해야 하는가?

㉮ 11 m ㉯ 18 m
㉰ 27 m ㉱ 30 m

> 독성 1종 1일 처리능력이 4만 kg 이하이므로 안전거리는 27 m

115 지하에 저장탱크를 설치할 때의 시설기준으로 옳지 않은 것은?

㉮ 지하에 묻는 저장탱크의 외면에는 부식방지 코팅을 할 것
㉯ 저장탱크의 주위에는 마른 모래를 채울 것
㉰ 저장탱크의 정상부와 지면과의 거리는 50 cm 이상으로 할 것
㉱ 저장탱크를 묻는 곳의 주위에는 지상에 경계를 표시할 것

> 저장탱크 지하 설치시
> ① 천장, 벽, 바닥두께 30 cm 이상
> ② 주위는 모래, 정상부와 지면 60 cm 이상
> ③ 탱크 사이 1 m 이상 유지, 지상에 경계표지
> ④ 지상에서 5 m 이상 방출구

116 고압가스 사용시설 및 액화석유가스 사용시설의 기술상 기준에 맞는 항목은?

㉮ 산소의 저장설비 주위 10 m 이내에서는 화기를 취급해서는 안된다.
㉯ 고압가스 충전용기는 항상 50℃ 이하를 유지한다.
㉰ 액화석유가스 사용시설 중 배관과 절연 조치를 하지 않은 전선과 30 cm 간격을 유지한다.
㉱ 액화석유가스 사용 신고시설 중 호스의 길이는 3 m 이내로 한다.

> ㉮ 산소의 저장설비 주위 8 m 이내 화기 금지
> ㉯ 고압가스 충전용기는 40℃ 이하 유지
> ㉰ LPG 사용시설 중 배관과 절연조치를 하지 않은 전선과 15 cm 간격 유지, 굴뚝이나 콘센트와 30 cm 이상 유지, 전기계량기나 개폐기, 안전기와 60 cm 이상 유지

117 LPG 저장설비나 가스설비를 수리 또는 청소할 때 내부의 LPG를 질소 또는 물 등으로 치환하고, 치환에 사용된 가스나 액체를 공기로 재치환하여야 하는데, 이때 공기에 의한 재치환 결과가 산소농도 측정기로 측정하여 산소의 농도가 얼마의 범위 내에 있을 때까지 공기로 치환하여야 하는가?

㉮ 4~6 %   ㉯ 7~11 %
㉰ 12~16 %   ㉱ 18~22 %

118 액화석유가스 충전시설의 점검주기로 잘못된 것은?

㉮ 충전용 주관의 압력계 : 매월 1회 이상   ㉯ 충전용 주관의 압력계 : 6월에 1회 이상
㉰ 안전밸브 작동압력 : 매년 1회 이상   ㉱ 충전설비의 작동상황 : 매일 1회 이상

> 충전용 주관 압력계는 매월 1회 이상, 그 밖의 압력계는 3개월에 1회 이상 - 기능검사

119 용어의 정의에서 잔가스용기는 액화석유가스가 용기에 충전질량이 얼마만큼 들어 있는 경우인가?

㉮ 1/2 미만   ㉯ 쓰고 난 후 소량 들어 있을 때
㉰ 1/2 이상   ㉱ 최고충전량이 아닌 때

> 충전질량 $\frac{1}{2}$ 미만이 잔가스용기이다.

120 도시가스용 가스계량기의 설치 위치는?

㉮ 바닥으로부터 1 m 이상, 1.6 m 이내   ㉯ 바닥으로부터 1.6 m 이상, 2 m 이내
㉰ 바닥으로부터 2 m 이상, 2.6 m 이내   ㉱ 바닥으로부터 2 m 이상, 3 m 이내

> 가스계량기 설치 높이 : 건물 외부에 1.6 m 이상 2 m 이내로 수직, 수평 설치, 밴드로 고정

121 콘크리트 블록제 방호벽의 규격은?

㉮ 두께 15 cm 이상, 높이 2 m 이상   ㉯ 두께 18 cm 이상, 높이 2 m 이상
㉰ 두께 19 cm 이상, 높이 3 m 이상   ㉱ 두께 20 cm 이상, 높이 4 m 이상

> 방호벽 - 높이 2 m 이상
> ① 철근 콘크리트 12 cm 두께   ② 콘크리트 블록 15 cm 두께
> ③ 박강판 3.2 mm 이상 (30×30 앵글강)   ④ 후강판 6 mm 이상

정답 117. ㉱   118. ㉯   119. ㉮   120. ㉯   121. ㉮

122 고압가스 설비는 상용압력의 몇 배 이상의 압력에서 항복을 일으키지 아니하는 두께를 가져야 하는가?

㉮ 상용압력×2배 이상 ㉯ 상용압력×1.5배 이상
㉰ 상용압력 이상 ㉱ 상용압력×3배 이상

123 배관공사 후에 실시하는 검사는?

㉮ 가스압력을 언제나 수주 100 mm 이하로 한다.
㉯ 조정기와 연소기 사이의 배관은 수주 100 mm의 기밀시험을 한다.
㉰ 접합부를 성냥불로 점검한다.
㉱ 접합부에 비눗물을 칠하여 누설을 점검한다.

124 안전밸브 분출 최소면적을 구하는 공식은? [단, a : 분출부의 유효면적 (cm²), W : 안전밸브에서 1시간 동안 분출해야 할 양 (kg), P : 안전밸브 작동압력 (kg/cm²), M : 가스의 분자량, T : 분출 직전의 가스의 절대온도이다.]

㉮ $a = \dfrac{230P\sqrt{\dfrac{M}{T}}}{W}$ ㉯ $a = \dfrac{W\sqrt{\dfrac{M}{T}}}{230P}$

㉰ $a = \dfrac{W}{230P\sqrt{\dfrac{M}{T}}}$ ㉱ $a = \dfrac{M}{230P\sqrt{\dfrac{W}{T}}}$

125 다음 가스 중 품질검사시 순도가 잘 기술된 것은?

㉮ 산소 : 98 %, 아세틸렌 : 99.5 %, 수소 : 98.5 %
㉯ 산소 : 99.5 %, 아세틸렌 : 98 %, 수소 : 98.5 %
㉰ 산소 : 98.4 %, 아세틸렌 : 98 %, 수소 : 99.5 %
㉱ 산소 : 98.5 %, 아세틸렌 : 98.5 %, 수소 : 99.5 %

> 품질검사 - 1일 1회 이상
> ① O_2 : 99.5 % 이상, 구리암모니아 시약
> ② H_2 : 98.5 % 피로갈롤 하이드로슐파이드 시약 → 35℃, 120 kg/cm²
> ③ C_2H_2 : 98 % 발연황산 3 kg 이상

정답 122. ㉮ 123. ㉱ 124. ㉰ 125. ㉯

126 LPG 용기 보관장소에 설치해야 하는 것은?

㉮ 긴급차단장치 ㉯ 가스누설경보기
㉰ 자동차단밸브 ㉱ 역화방지장치

127 충전기 충전호스의 길이는 얼마로 해야 하는가?

㉮ 1 m 이내 ㉯ 2 m 이내
㉰ 3 m 이내 ㉱ 5 m 이내

> 충전기는 원터치형으로 하고 호스 길이는 5 m 이내로 할 것

128 다음과 같은 LPG 용기 보관소 경계표지의 ㉠자 표시의 색상은?

| LPG 용기 저장실 ㉠ |

㉮ 흑색 ㉯ 적색
㉰ 노란색 ㉱ 흰색

> 충전 중 엔진정지 – 황색 바탕, 흑색 글씨

129 다음 기술 중 틀린 것은?

㉮ 충전시 용기는 용기 재검사기간이 지나지 않았음을 확인한다.
㉯ LPG 용기나 밸브를 가열할 때는 뜨거운 물 (40℃ 이상)을 사용해야 한다.
㉰ 충전한 후는 용기밸브의 누설 여부를 꼭 확인한다.
㉱ 용기 내에 잔유물이 있을 때에는 이것을 제거하고 충전한다.

> 충전용기 가열시 40℃ 이하 열습포 사용

130 고압가스 충전용기를 차량에 적재할 때 경계표지는 보기 쉬운 곳에 어떤 색으로 어떻게 표시하는가?

㉮ '황색'으로 '고압가스' ㉯ '적색'으로 '위험'
㉰ '적색'으로 '위험 고압가스' ㉱ '청색'으로 '위험 고압가스'

정답 126. ㉯ 127. ㉱ 128. ㉯ 129. ㉯ 130. ㉰

131 도시가스 열량은 측정하는 시간대로 옳은 것은?
㉮ 2시 30분~4시 사이, 15~18시 30분
㉯ 6시 30분~9시 사이, 17시~20시 30분
㉰ 1시~2시 30분, 10시 30분~15시 사이
㉱ 11시 30분~13시 사이, 17시~20시 30분

132 습식 아세틸렌가스 발생기의 표면은 몇 ℃ 이하로 온도를 유지하여야 하는가?
㉮ 80℃   ㉯ 70℃
㉰ 60℃   ㉱ 45℃

> 최적온도는 50~60℃

133 에어로졸 충전용기의 누설시험시 온수온도는 어느 정도인가?
㉮ 25℃ 이상, 35℃ 미만   ㉯ 36℃ 이상, 45℃ 미만
㉰ 46℃ 이상, 50℃ 미만   ㉱ 51℃ 이상, 60℃ 미만

134 충전된 용기를 운반할 때 용기 사이에 목재 칸막이 또는 고무패킹을 사용해야 하는 가스는?
㉮ 가연성 가스   ㉯ 산소
㉰ 독성 가스   ㉱ 액화석유가스

135 고압가스의 양을 차량에 적재하여 운반할 때 운반책임자를 동승시키지 않아도 되는 것은?
㉮ 아세틸렌가스 400 m³   ㉯ 일산화탄소 700 m³
㉰ 액화석유가스 2000 kg   ㉱ 액화염소 1500 kg

136 아세틸렌용기에 고루 채우는 다공질물의 다공도는?
㉮ 60 % 이상, 80 % 미만   ㉯ 75 % 이상, 92 % 미만
㉰ 70 % 이상, 92 % 미만   ㉱ 62 % 이상, 72 % 미만

> 아세틸렌 저장시 다공물질 (숯, 석면, 목탄, 규조토)을 채운 후에 아세톤이나 디메틸포름아미드를 넣고 아세틸렌을 넣으면 아세톤이나 DMF에 아세틸렌이 용해된다. 이때, 다공물질의 다공도는 75~92 %이다.

정답 131. ㉯ 132. ㉯ 133. ㉰ 134. ㉰ 135. ㉰ 136. ㉯

137 의료용 가스용기의 도색 구분 표시로 틀리는 것은?

㉮ 산소 – 백색   ㉯ 질소 – 청색
㉰ 헬륨 – 갈색   ㉱ 에틸렌 – 자색

> 의료용 가스용기 도색
> O_2 – 백색, 아산화질소 – 청색
> CO_2 – 회색, 시클로프로판 – 주황색
> H_3 – 갈색, C_2H_4 – 자주색, N_2 – 흑색

138 용기판의 최대두께와 최소두께의 차이는 평균 두께의 몇 % 이하로 해야 하는가?

㉮ 20 % 이하   ㉯ 30 % 이하
㉰ 40 % 이하   ㉱ 50 % 이하

139 용기의 재검사기준 중 내용적 500 L 이하인 용기로서 내압시험에서 영구팽창률이 6 % 이하인 것은 몇 %의 질량을 합격품으로 규정하는가?

㉮ 86 %   ㉯ 90 %
㉰ 95 %   ㉱ 98 %

140 내용적이 3000 L인 용기에 액화 암모니아를 저장하려고 한다. 동 저장설비의 저장능력은?

㉮ 1613 kg   ㉯ 2324 kg
㉰ 2796 kg   ㉱ 5588 kg

> $W = \dfrac{V}{C}$ (NH_3의 충전상수 $C = 1.86$)
>
> $\therefore W = \dfrac{3000}{1.86} = 1613 \text{ kg}$

141 C_2H_2 용기의 가스 명칭 색은?

㉮ 백색   ㉯ 적색
㉰ 흑색   ㉱ 황색

> 용기의 가스 명칭 표시 : 7 mm × 7 mm, 백색
> 예외) 적색 – LPG, 흑색 – NH_3, C_2H_2

정답 137. ㉯ 138. ㉮ 139. ㉯ 140. ㉮ 141. ㉰

142 수소용기에 표시하는 '연' 자의 색깔은?

㉮ 적색 ㉯ 백색
㉰ 황색 ㉱ 흑색

> 📌 가연성 가스일 때 '연' : 지름 10 cm, 문자 크기 1 cm, 적색으로 표시
> 예외) LPG – 쓰지 않는다.
> H_2 – 백색

143 시안화수소(HCN)의 안정제가 아닌 것은?

㉮ H_2SO_4 ㉯ H_2PO_5
㉰ $MgCl_2$ ㉱ P_2O_5

> 📌 HCN의 안정제 : 인, 인산, 오산화인, 염화칼슘, 구리, 동망, 아황산가스, 황산

144 가스누설경보기의 기능에 대하여 서술한 것 중 옳지 않은 것은?

㉮ 가스 누설을 검지하여 그 농도를 지시함과 동시에 경보를 울린다.
㉯ 폭발하한계의 1/2 이하에서 자동적으로 경보를 울린다.
㉰ 경보를 울린 후에 가스농도가 변하더라도 계속 경보를 한다.
㉱ 담배연기 등의 잡가스에 울리지 아니한다.

> 📌 가스누설경보장치의 성능기준
> ① 지시범위 : 0~폭발범위
> ② 검지부에 도달하면 30초 내에 작동할 것
> ③ 정전 때를 대비하여 보안전력장치를 설치할 것
> ④ 전압이나 전원이 ±10 범위 내에서도 정상으로 작동될 것
> ⑤ 온도의 변화 때 성능이 저하되지 않을 것

145 최고충전압력 50 kg/cm², 사용하는 안지름 65 cm의 용접제 원통형 고압설비의 동판 두께는 최소한 얼마가 필요한가? (단, 재료는 인장강도 60 kg/mm²의 강을 사용하고 용접효율은 0.75, 부식 여유는 1 mm로 한다.)

㉮ 12 mm ㉯ 14 mm
㉰ 16 mm ㉱ 17 mm

> 📌 용접용기 동판 두께
> $$t = \frac{PD}{200S\eta - 1.2P} + C$$

S : 허용응력 (kg/mm^2) = $\frac{1}{4}$ 인장강도

η : 용접효율
P : 최고충전압력 (kg/cm^2)
D : 안지름 (mm)
C : 부식 여유수치

$$\therefore t = \frac{50 \times 650}{200 \times \frac{60}{4} \times 0.75 - 1.2 \times 50} + 1 = 16 \text{ mm}$$

146 암모니아 충전용기로서 내용적이 1000 L 이하인 것은 부식 여유 수치가 A이고, 1000 L를 초과하는 것은 B이다. A, B는 각각 몇 m인가?

㉮ A=1, B=2 ㉯ A=2, B=3
㉰ A=0.5, B=1 ㉱ A=1, B=2.5

> 부식 여유 수치
> NH$_3$ 1000 L 이하 : 1 mm, 초과 : 2 mm
> Cl$_2$ 1000 L 이하 : 3 mm, 초과 : 5 mm

147 액화산소의 저장탱크 방류둑은 저장능력 상당용적의 몇 % 이상으로 하는가?

㉮ 40 % ㉯ 60 %
㉰ 80 % ㉱ 100 %

148 내부용적이 25000 L인 액화산소 저장탱크의 저장능력은? (단, 비중은 1.14)

㉮ 24780 kg ㉯ 25650 kg
㉰ 26460 kg ㉱ 27520 kg

> $W = 0.9dV = 0.9 \times 1.14 \times 25000 = 25650$ kg

149 냉동기의 수리시설기준이 아닌 것은?

㉮ 용접설비 ㉯ 공작기계설비
㉰ 제관설비 ㉱ 다공도 측정설비

> 다공도 측정설비는 C$_2$H$_2$ 용기

정답 146. ㉮ 147. ㉯ 148. ㉯ 149. ㉱

제 2 편 가스 안전 관리

150 다음 독성 가스 중에서 2중관으로 하지 않아도 되는 것은?

㉮ 포스겐 ㉯ 벤젠
㉰ 시안화수소 ㉱ 암모니아

> 이중 배관을 해야 할 독성 가스
> SO_2, Cl_2, $COCl_2$, H_2S, NH_3, HCN, C_2H_4O, CH_3Cl
> 내관의 바깥지름 : 외관의 안지름 = 1 : 1.2

151 내용적 5 m³ 이상의 일반고압가스로 종류 여하를 불문하고 반드시 설치해야 하는 것은?

㉮ 드레인 세퍼레이터 ㉯ 가스방출장치
㉰ 역류방지밸브 ㉱ 역화방지장치

152 일반 도시가스사업의 가스공급시설 중 폭 10 m 도로의 도시가스 배관의 깊이는?

㉮ 80 cm 이상 ㉯ 100 cm 이상
㉰ 120 cm 이상 ㉱ 140 cm 이상

> 8 m 이상일 때는 → 1.2 m 이상

153 액화석유가스의 충전량을 표시하는 증지를 붙여야 하는 용기의 종류는?

㉮ 내용적 10 L 이상 125 L 미만 ㉯ 내용적 20 L 이상 125 L 미만
㉰ 내용적 125 L 미만 ㉱ 내용적 125 L 이상

> ① 증지 : 10 L 이상 125 L 미만 용기에
> ┌ 봉인증지 : 충전연월, 상호, 기관
> └ 실량증지 : 빈 용기의 무게, 가스무게, 총무게, 충전소명, 전화번호
> ② 5 L 초과 용기 : 캡이나 프로텍터 등 밸브 손상 방지장치
> ③ 20 L 이상 125 L 미만 : 스커트

154 어느 고압가스 제조공장의 예이다. 고압배관의 상용압력이 100 kg/cm²일 때 기밀시험을 하고자 한다. 몇 kg/cm² 이상의 압력을 가하여야 하는가?

㉮ 190 kg/cm² 이상 ㉯ 150 kg/cm² 이상
㉰ 100 kg/cm² 이상 ㉱ 80 kg/cm² 이상

> 내압시험 : 상용압력 × 1.5배
> 기밀시험 : 상용압력 이상

정답 150. ㉯ 151. ㉯ 152. ㉰ 153. ㉮ 154. ㉰

155 액화 암모니아 50 kg을 충전하기 위한 용기의 내용적은? (단, C = 1.86)

㉮ 27 L　　　　　　　　　　㉯ 40 L
㉰ 70 L　　　　　　　　　　㉱ 93 L

> $V = WC = 50 \times 1.86 = 93$ L

156 아세틸렌은 온도에 불구하고 25 kg/cm²의 압력으로 압축할 때에는 희석제를 첨가하여야 하는데, 이와 같은 희석제로 적당하지 않은 것은?

㉮ 질소　　　　　　　　　　㉯ 메탄
㉰ 산소　　　　　　　　　　㉱ 일산화탄소

> C_2H_2 희석제 – 에틸렌, 메탄, 일산화탄소, 질소 등

157 LPG 1단 감압식 저압조정기 입구압력은?

㉮ 0.7~15.6 kg/cm²　　　　　㉯ 1.0~15.6 kg/cm²
㉰ 0.25~3.5 kg/cm²　　　　　㉱ 0.32~0.83 kg/cm²

158 아세틸렌을 용기에 충전할 때 충전 중의 최고압력은? (단, 온도에 관계없이)

㉮ 150 kg/cm²　　　　　　　㉯ 100 kg/cm²
㉰ 50 kg/cm²　　　　　　　㉱ 25 kg/cm²

159 공기액화 분리장치에 취입되는 원료공기 중 불순물이 아닌 것은?

㉮ 아세틸렌 탄화수소류　　　㉯ 질소산화물
㉰ 염소　　　　　　　　　　㉱ 질소

> 공기액화 때 흡입공기에 함유되면 안 되는 물질 : 탄화수소류, 질소산화물, 염소나 아황산가스, 먼지 등

정답 155. ㉱　156. ㉰　157. ㉮　158. ㉱　159. ㉱

160 가연성 가스 저장탱크의 외부에는 도료를 바르고 주위에서 보기 쉽도록 가스의 명칭을 표시하여야 하는데, 이 저장탱크의 외부도료의 색깔은?

㉮ 녹색　　　　　　　　　　　㉯ 청색
㉰ 황색　　　　　　　　　　　㉱ 은백색

161 고압가스용기의 재료에 탄소, 인, 황의 함유량이 제한되어 있는데, 그 이유 중 틀린 것은?

㉮ 탄소량이 많으면 충격값이 감소하기 때문이다.
㉯ 인이 많으면 취성이 생기므로 적어야 한다.
㉰ 황은 황화철이 되어 강을 약하게 한다.
㉱ 황에 수분이 함유되면 강을 부식시킨다.

구 분	탄 소	인	황
계 목	0.33 %	0.04 %	0.05 %
무계목	0.55 %	0.04 %	0.05 % 이하

고압가스용기의 재료로 탄소, 인, 황의 함유량이 제한되어 있는 이유는 탄소는 저온에서, 인은 상온에서, 황은 적열시 취성 (깨지는 성질)이 있기 때문이다.

162 고압가스 제조장치의 일상점검으로서 옳은 것은?

① 상용압력 이상의 압력으로 기밀시험을 한다.
② 안전밸브의 작동시험을 한다.
③ 압력계, 온도계, 유량계 등의 이상 유무를 조사한다.
④ 회전기계, 고압밸브 등의 가스 누설을 점검한다.

㉮ ①, ③, ④　　　　　　　　㉯ ①, ④
㉰ ②, ③　　　　　　　　　　㉱ ③, ④

163 LPG 충전사업 시설의 배관에는 적당한 곳에 안전밸브를 설치하여야 하는데, 안전밸브의 분출면적은 배관의 최대지름부의 단면적의 얼마 이상으로 하여야 하는가?

㉮ 1/2 이상　　　　　　　　　㉯ 1/4 이상
㉰ 1/8 이상　　　　　　　　　㉱ 1/10 이상

📌 안전밸브의 최소구경
① 압축기 안전밸브
$$a = \frac{w}{230P\sqrt{\dfrac{M}{T}}}$$
a : 유효면적 (cm²), w : 시간당 가스분출량 (kg/h), M : 분자량, T : 분출할 때의 절대온도, P : 분출할 때의 압력
② 압력용기 : $d = C\sqrt{DL}$
d : 최소구경 (mm), C : 정수, D : 바깥지름 (m), L : 길이 (m)

164 액화석유가스 시설 중 저장설비 및 충전설비는 그 외면으로부터 제1종 보호시설은 다음과 같이 안전거리 이상을 유지해야 한다. 잘못된 항목은?

㉮ 저장능력 10 t 이하는 16 m ㉯ 저장능력 10 t 초과 20 t 이하는 21 m
㉰ 저장능력 20 t 초과 30 t 이하는 24 m ㉱ 저장능력 30 t 초과 40 t 이하는 27 m

📌 ㉮의 경우 17 m를 유지하여야 한다.

165 액화석유가스를 사용하기 위한 가스용품이 아닌 것은?

㉮ 고무호스, 압력조정기 (용량 5 kg/h) ㉯ 상자 콕, 볼 밸브
㉰ 측도관, 자동차용 기화기 ㉱ 가스레인지, 호스 밴드

166 LPG 용기에 많이 쓰이는 안전밸브는?

㉮ 파열판식 안전밸브 ㉯ 가용합금식 안전밸브
㉰ 스프링식 안전밸브 ㉱ 파열판식과 가용합금식 병용 안전밸브

📌 안전밸브의 작동압력
내압시험압력 × $\dfrac{8}{10}$ 이하에서 작동

167 LPG 자동차의 연료공급은 택시 트렁크 실내의 LPG 용기에서 나온 LPG는 다음 중 어떤 순서를 거쳐 엔진에 공급되는가?

㉮ 전자밸브, 여과기, 증발기, 기화기 ㉯ 증발기, 여과기, 전자밸브, 기화기
㉰ 여과기, 전자밸브, 증발기, 기화기 ㉱ 여과기, 증발기, 전자밸브, 기화기

정답 164. ㉮ 165. ㉱ 166. ㉰ 167. ㉰

제 2 편 가스 안전 관리

168 1단 감압식 저압조정기의 입구압력과 출구압력이 맞는 것은?

㉮ 1.0 kg/cm²~15.6 kg/cm²와 280 mmH₂O
㉯ 0.7 kg/cm²~15.6 kg/cm²와 230~330 mmH₂O
㉰ 1.0 kg/cm²~18.6 kg/cm²와 230~330 mmH₂O
㉱ 0.7 kg/cm²~15.6 kg/cm²와 280 mmH₂O

> 0.07~1.56MPa, 2.3~3.3kPa

169 LPG 자동차 연료장치의 용기 부착방법이 틀린 것은?

㉮ 용기는 가능한 한 차실에 가까운 위치에 부착할 것
㉯ 용기는 이동식으로 부착할 것
㉰ 누설된 액화석유가스가 차실에 들어오지 않는 구조일 것
㉱ 용기밸브, 액면표시장치 등의 돌출부 및 배관 등을 앵글 등으로 보호장치를 할 것

170 LPG 용기의 안전점검기준으로서 틀린 것은?

㉮ 용기의 부식 여부를 확인할 것
㉯ 용기 캡이 씌워져 있거나 프로텍터가 부착되어 있을 것
㉰ 밸브의 그랜드 너트를 고정핀으로 이탈을 방지한 것인가 확인할 것
㉱ 완성검사 도래 여부를 확인할 것

> ㉱의 경우 완성검사가 아니고 재검사기간의 도래 여부를 확인한다.

171 액화석유가스의 실량표시 증지에 기재할 사항이 아닌 것은?

㉮ 충전 연월일 ㉯ 발행기관
㉰ 가스의 무게 ㉱ 빈 용기의 무게

> 실량표시 증지의 재료는 100 g/m²의 노랑 아트지에 코팅한 스티커이다. 충전 연월일은 충전대장에 기입한다.

172 자체 검사시설의 기준에서 액화석유가스 판매사업자가 갖추어야 할 검사시설이 아닌 것은?

㉮ 가스누설감지기 ㉯ 압력계
㉰ 온도계 ㉱ 기밀시험설비

정답 168. ㉯ 169. ㉯ 170. ㉱ 171. ㉮ 172. ㉱

173 가정의 LPG 사용시설 중 가스압력이 가장 높은 것은?

㉮ 가스레인지 입구의 가스압력
㉯ 1단 감압식 저압조정기의 출구압력
㉰ 1단 감압식 저압조정기의 최고폐쇄압력
㉱ 1단 감압식 저압조정기의 안전밸브 작동압력

㉮ 200~300 mmH₂O
㉯ 230~330 mmH₂O
㉰ 350 mmH₂O
㉱ 560~840 mmH₂O
※ 1mmH₂O → 10Pa

174 액화석유가스 사용시설에서 저압부 배관의 내압시험압력으로 적당한 것은?

㉮ 35 kg/cm²
㉯ 8 kg/cm²
㉰ 10 kg/cm²
㉱ 12 kg/cm²

고압부의 내압시험압력은 30 kg/cm²

175 액화석유가스 충전사업의 용기 충전시설기준에 맞지 않는 것은?

㉮ 가스설비에 사용되는 재료는 가스의 성질, 온도 및 압력 등에 적합한 것일 것
㉯ 가스설비에 장치하는 압력계는 최고눈금이 상용압력의 1.5배 이상 3배 이하일 것
㉰ 사업소에는 표준이 되는 압력계를 2개 이상 보유할 것
㉱ 용기 보관 장소에는 가스누설경보기를 설치할 것

압력계는 상용압력의 1.5배 이상 2배 이하일 것

176 액화석유가스 충전사업의 사용자 충전시설기준에 맞지 않는 잘못된 항목은?

㉮ 충전기의 충전호스의 길이는 3 m 이내로 한다.
㉯ 충전호스에 부착하는 가스주입기는 원터치형이어야 한다.
㉰ 충전기 주위에는 가스누설경보기를 설치할 것
㉱ 충전소 내 건축물의 창 등의 유리는 망입유리 또는 안전유리로 할 것

충전호스의 길이는 5 m 이내로 한다.

177 액화석유가스 사용시설 중 저장량이 얼마 이상이면 소형 저장탱크를 설치하여야 하는가?
㉮ 250 kg ㉯ 500 kg
㉰ 2.5 t ㉱ 5.0 t

> 가능한 한 용기집합식으로 사용하지 않는 것이 좋다.

178 액화석유가스 고압설비를 기밀시험하려고 할 때 사용해서는 안 되는 가스는?
㉮ NH_3 ㉯ CO_2
㉰ O_2 ㉱ N_2

> NH_3는 가연성이면서 독성이므로 기밀시험을 하는 데 사용해서는 절대 안 됨. 또한, 산소도 지연성이므로 사용할 수 없다.

179 LPG 용기에 붙은 조정기의 기능 중 옳은 것은?
㉮ 가스의 유량 조정 ㉯ 가스의 밀도 조정
㉰ 가스의 유출압력 조정 ㉱ 가스의 유속 조정

> 즉, 용기 내의 압력을 감소시켜 사용할 수 있는 압력으로 만들어 안정된 연소를 시켜 준다.

180 LPG를 공급하는 곳에 가 보니 파이프가 보온되어 있다. 어떤 가스를 공급하는 곳인가?
㉮ 생가스 공급 ㉯ 공기혼합가스 공급
㉰ 변성가스 공급 ㉱ 암모니아가스 공급

> 생가스는 외부 열에 의해 기화되기 쉽기 때문에 보온이 필요하다.

181 LPG 도관의 색은?
㉮ 적색의 띠 ㉯ 황색의 띠
㉰ 은백색의 띠 ㉱ 흑색의 띠

> LPG 탱크에는 은백색을 바른다.

정답 177. ㉮ 178. ㉮ 179. ㉰ 180. ㉮ 181. ㉮

182 액화석유가스를 이송하는 펌프에 베이퍼 로크가 생겼다. 이것을 방지하기 위한 방법으로 옳은 것은?

㉮ 펌프의 설치위치를 내린다.
㉯ 펌프의 회전수를 증가시킨다.
㉰ 탱크에 물을 뿌려 충분히 냉각시킨다.
㉱ 토출배관을 크게 한다.

> 베이퍼 로크 방지법
> ① 유효흡입양정을 고려하여 안정하게 설치한다.
> ② 펌프회전수를 줄여 유체저항을 줄인다.
> ③ 흡입배관을 짧고 굵게 하며, 매끈한 관을 사용한다.

183 프로판가스가 공기와 적당히 혼합하여 밀폐된 용기 내에 존재했다가 순간적으로 연소팽창하며 기름과 건물을 파괴했다면, 이때 순간고압은 대략 몇 기압이었을까?

㉮ 1~2기압
㉯ 7~8기압
㉰ 12~14기압
㉱ 15~16기압

184 액화석유가스 저장탱크와 가스충전소와의 사이에는 반드시 무엇을 설치해야 하는가?

㉮ 경계표지
㉯ 방호벽
㉰ 물 분무장치
㉱ 보안거리

> 방호벽이란 높이 2 m 이상 두께, 12 cm 이상의 철근 콘크리트 또는 이와 동등 이상의 강도를 가지는 구조의 벽

185 겨울철 LPG 용기에 서릿발이 생겨 가스가 잘 나오지 아니할 경우 가스를 사용하기 위한 조치로 옳은 것은?

㉮ 연탄불로 쪼인다.
㉯ 용기를 힘차게 흔든다.
㉰ 40℃ 이하의 열습포로 녹인다.
㉱ 90℃ 정도의 물을 용기에 붓는다.

> 또는 40℃ 이하의 더운물로 녹인다.

186 액화석유가스 집단공급사업의 시설기준이다. 배관을 움직이지 아니하도록 고정·부착하는 조치로서 잘못된 항목은?

㉮ 관지름이 13 mm 미만은 1 m마다 고정
㉯ 관지름이 13 mm 이상은 33 m 미만은 2 m마다

정답 182. ㉮ 183. ㉯ 184. ㉯ 185. ㉰ 186. ㉱

㉰ 관지름이 33 mm 이상은 3 m마다 고정
㉱ 관지름이 33 mm 이상은 5 m마다 고정

187 액화석유가스의 안전 및 사업관리법 시행규칙에서 사용하는 용어 설명이 잘못된 것은?
㉮ '충전용기'라 함은 액화석유가스의 충전질량이 2분의 1 이상 충전되어 있는 상태의 용기
㉯ '잔가스용기'라 함은 액화석유가스의 충전질량이 2분의 1 미만 충전되어 있는 상태의 용기
㉰ '불연재'라 함은 콘크리트, 벽돌, 기와, 모르타르, 그밖에 이와 유사한 것으로 불에 타지 않는 것
㉱ '방호벽'이라 함은 높이 5 m 이상 두께 50 cm 이상의 철근 콘크리트, 이와 동등 이상의 강도를 가지는 구조의 벽

　　㉱ 5 m → 2 m, 50 cm → 12 cm

188 LPG를 사용하는 저장시설에서 누설검사를 자주하여야 하는 곳은?
㉮ 용기
㉯ 조정기
㉰ 중간밸브와 가스레인지의 이음 부분
㉱ 가스레인지의 콕

　　누설이 쉬운 부분은 수시로 검사를 해야 한다.

189 LPG 공급시설에서 사용하는 밸브의 종류 중 알맞은 것은?

① 게이트 밸브   ② 볼 밸브   ③ 글로브 밸브

㉮ ②, ③
㉯ ①, ②
㉰ ③
㉱ ①, ③

　　빠른 속도로 완전 기밀을 유지시켜야 한다.

190 다음은 액화석유가스 충전사업의 용기 충전시설기준이다. 잘못된 것은?
㉮ 방류둑의 내측과 그 외면으로부터 5 m 이내에는 그 저장탱크의 부속설비 외의 것을 설치하지 말 것

정답 187. ㉱ 188. ㉰ 189. ㉮ 190. ㉮

㈐ 가스설비에는 그 설비에서 발생하는 정전기를 제거하는 조치를 할 것
㈑ 충전시설에는 그 시설로부터 누설하는 가스가 체류할 우려가 있는 장소에 가스누설경보기를 설치할 것
㈒ 전기설비는 방폭구조인 것일 것

> 📌 5 m → 10 m

191 액화석유가스의 집단공급 시설 중 소형 저장탱크에는 그 내용적의 몇 %까지 충전할 수 있는가?

㉮ 90 % ㉯ 80 %
㉰ 85 % ㉱ 95 %

> 📌 소형 저장탱크를 제외한 탱크는 내용적의 90 %까지 충전한다.

192 LPG에 관한 사항들이다. 틀리게 설명한 것은?

㉮ 물에 난용이고, 알코올, 에테르에 용해되며, 천연고무를 잘 용해한다.
㉯ 무색, 가연성이며, 증기의 비중은 공기의 약 0.6~0.9배이며, 인화의 위험이 크다.
㉰ 전기절연성이 좋고, 유동, 여과, 적하분무 및 누출시 정전기를 발생하는 일이 있다.
㉱ 연소시 공기의 공급이 부족하면 일산화탄소를 발생하여 경미한 미취성이 있다.

> 📌 프로판의 비중=1.52, 부탄의 비중=2

193 액화석유가스용 염화비닐호스의 기밀시험에서 얼마 이하의 압력에서 누설이 없어야 하는가?

㉮ 1 kg/cm^2 ㉯ 2 kg/cm^2
㉰ 3 kg/cm^2 ㉱ 4 kg/cm^2

> 📌 2 kg/cm^2 이상에서 실시하는 내압시험에 이상이 없을 것

194 튜브 게이지 액면표시장치에 설치해야 하는 것은?

㉮ 플레어스택 ㉯ 체크 밸브
㉰ 방충망   ㉱ 프로텍터

> 📌 충격에 의한 손상을 방지하기 위해서이다.

정답 191. ㉰ 192. ㉯ 193. ㉯ 194. ㉯

195 긴급차단변의 동력원이 아닌 것은?

㉮ 스프링식 ㉯ 전기식
㉰ 유압식 ㉱ 공기압식

> 스프링식은 종류에는 포함되나 수동식이므로 동력원이 아니다.
> ※ 이 문제에 대한 동영상 설명이 없는 것은 촬영과정에서 누락되었음을 양해하시기 바랍니다.

196 액화 NH₃, 또는 액화염소의 소비설비의 접합은 어떤 방법이 가장 적당한가?

㉮ 나사이음 ㉯ 용접이음
㉰ 플랜지이음 ㉱ 납땜이음

> 독성 가스 배관이음은 용접이음을 원칙으로 한다. 특히, Cl₂, NH₃는 이중배관으로 해야 한다.

197 LPG 저장탱크를 지하에 묻을 경우 저장탱크에 설치한 안전밸브에는 지상에서 몇 m 이상의 높이에 방출구가 있는 가스방출관을 설치해야 하는가?

㉮ 5 m ㉯ 6 m
㉰ 7 m ㉱ 8 m

> 지상탱크일 경우는 지상에서 5 m에 설치한다.

198 내압이 4~5 kg/cm² 이상이고, LPG나 액화가스와 같이 저비점의 액체일 때 사용되는 터보식 펌프의 메커니컬 실 형식은?

㉮ 밸런스 실 ㉯ 더블 실
㉰ 아웃사이드 실 ㉱ 언밸런스 실

> 세트형식으로 구분하면 인사이드형, 아웃사이드형, 실형식으로 싱글형, 더블형, 액압을 받는 형식으로 언밸런스, 밸런스의 두 종류가 있다.

199 법 규정에 의하여 일반가스사업자는 열량, 압력 및 연소성을 측정하여야 하는데 이에 대한 설명으로 옳은 것은?

㉮ 각 측정은 일반적으로 가스홀더 출구에서 지식경제부장관이 정하는 위치, 방법으로 측정한다.
㉯ 압력 측정은 정압기의 출구에서나 도지사가 정하는 위치, 방법으로만 측정해야 한다.

정답 195. ㉮ 196. ㉯ 197. ㉯ 198. ㉮ 199. ㉮

㈐ 연소성에 있어서는 매일 3회씩 가스홀더의 출구에서 웨버지수에 대하여 가스안전공사가 정하는 방법으로 측정한다.
㈑ 열량의 측정은 매일 오전 5시부터 6시, 12시부터 오후 1시, 오후 6시 30분부터 7시까지 3회 측정하여야 한다.

> ㈏ 압력 측정은 가스홀더의 출구, 정압기 출구, 가스공급시설의 끝부분 배관에서 자기압력계로 측정
> ㈐ 연소성은 1일 2회 측정 (6:30~9:00, 17~20:30)
> ㈑ 열량은 1일 2회 측정

200 가스공급시설의 임시합격기준에 적합하지 않은 것은?
㈎ 도시가스의 공급이 가능할 것
㈏ 가스공급시설을 사용함에 따르는 안전 저해의 우려가 없을 것
㈐ 공공의 이익에 필요할 것
㈑ 사업자금이 충분할 것

> 도시가스사업법 시행령 제2조 참조

201 액화 프로판가스 16 kg을 −42.6℃에서 가열시키는데 도시가스 몇 kg이 소요되는가?
(단, 도시가스의 발열량 : 700 kcal/kg, 프로판가스 기화열 95 kcal/kg, 효율 80 %)
㈎ 13.7 kg   ㈏ 25.7 kg
㈐ 1.7 kg   ㈑ 2.7 kg

> $\dfrac{16 \times 95}{700 \times 0.8} = 2.71$ kg

202 정압기에서 가스사용자가 소유하거나 점유하고 있는 토지의 경계까지에 이르는 배관은?
㈎ 본관   ㈏ 공급관
㈐ 옥외 배관   ㈑ 저압관

> ① 본관 : 도시가스 제조사업소의 부지경계에서 정압기까지의 배관
> ② 내관 : 사용자의 토지경계에서 연소기까지의 배관

정답 200. ㈑ 201. ㈑ 202. ㈏

203 도시가스 사용시설 중 배관에 있어서 부식방지조치에 의한 지상과 지하매몰 배관의 색깔로 맞는 것은?

㉮ 황색, 적색 ㉯ 적색, 황색
㉰ 적색, 흑색 ㉱ 황색, 흑색

> 도시가스사업법 시행규칙 별표 7 '1' 배관 '나' 중 (2) 참조

204 가스계량기는 화기와 몇 m 이상의 우회거리를 유지하여야 하는가?

㉮ 1.5 m ㉯ 1.6 m
㉰ 2 m   ㉱ 1.7 m

> 도시가스 사업법 시행규칙 별표 7, '2' 가스계량기 '나' 중 (1) 참조

205 가스도매사업 제조시설에서 액화가스 저장탱크의 저장능력이 몇 t 이상이면 방류둑을 설치해야 하는가?

㉮ 500 ㉯ 600
㉰ 700 ㉱ 800

> 시행규칙 별표 5, '2'의 '나' 중 (1) 참조

206 도시가스 배관장치에 설치하는 피뢰설비 규격은?

㉮ KS C 8076 ㉯ KS C 9806
㉰ KS C 8006 ㉱ KS C 9609

> KS C는 한국산업규격에서 전기에 관한 기호이다.

207 도시가스 배관에서 고압($10kg/cm^2$ 이상)이 걸리는 강관의 접합으로 쓸 수 없는 이음방법은?

㉮ 용접접합   ㉯ 플랜지 접합
㉰ 기계적 접합   ㉱ 나사접합

> 강도가 큰 부분의 접합은 나사접합으로는 불가능하다.

정답 203. ㉮ 204. ㉰ 205. ㉮ 206. ㉱ 207. ㉱

208 가스계량기의 용량은 당해 도시가스 사용시설의 최대소비량의 몇 배 이상이어야 하는가?

㉮ 1.0
㉯ 1.1
㉰ 1.2
㉱ 1.3

209 수소 20 %, 메탄 50 %, 에탄 30 %의 혼합가스는 공기 중 몇 %의 폭발하한값을 가지는가? (단, 폭발한계는 수소 : 4~7.5 %, 메탄 : 5~15 %, 에탄 : 3~12.5 %)

㉮ 2.2
㉯ 3.6
㉰ 4
㉱ 5.2

> 르·샤틀리에의 공식에 따라서 산출
> $\dfrac{100}{L} = \dfrac{20}{4} = \dfrac{50}{5} + \dfrac{30}{3} = 5 + 10 + 10 = 25$
> $\therefore L = \dfrac{100}{25} = 4\,\%$

210 수소와 산소가 몇 대 몇의 부피 비일 때 격렬히 폭발하는가?

㉮ 2 : 1
㉯ 3 : 2
㉰ 2 : 3
㉱ 1 : 2

> 수소 폭명기 : $2H_2 + O_2 \rightarrow 2H_2O + 136.6\,kcal$
> (수소 1몰일 때는 $H_2 + \dfrac{1}{2}O_2 \rightarrow H_2O + 67.8\,kcal$)

211 수소는 고온, 고압의 강제 중에서 반응을 일으켜서 무엇을 생성시키는가?

㉮ 아세틸렌 (C_2H_2)
㉯ 에탄 (C_2H_6)
㉰ 프로판 (C_3H_8)
㉱ 메탄 (CH_4)

> $2H_2 + Fe_3C \rightarrow CH_4 + 3Fe$ (탈탄작용)

212 시안화수소 (HCN)에는 황산, 아황산가스 등의 안정제를 첨가하는데 그 이유는?

㉮ 분해 폭발하므로
㉯ 소량의 수분으로 중합하여 그 열로 인하여 폭발하므로
㉰ 산화폭발을 일으킬 우려가 있으므로
㉱ 시안화수소는 강한 인화성 액체이므로

정답 208. ㉮ 209. ㉰ 210. ㉮ 211. ㉱ 212. ㉯

213 다음 중 LPG가 아닌 것은?

㉮ C_3H_8 ㉯ C_2H_6
㉰ C_3H_6 ㉱ C_4H_{10}

> LPG는 저급탄화수소 (C수 5개 이하) 중에서 C 수가 3~4개인 것이다.

214 다음 탄화수소화합물 중 동족체가 아닌 것은?

㉮ CH_4 ㉯ C_2H_4
㉰ C_3H_8 ㉱ C_5H_{12}

> ㉮, ㉰, ㉱ 는 일반식 C_mH_{2n+2}인 알칸족 (파라핀계)이고 ㉯는 일반식 C_mH_{2n}인 알칸족 (올레핀계)이다.

215 프로판의 완전연소식을 나타낸 것이다. ( ) 안에 알맞은 계수를 순서대로 나타낸 것은?

$$C_3H_8 + (\ )O_2 \rightarrow (\ )CO_2 + (\ )H_2O + Q\,\text{kcal}$$

㉮ 2·3·4 ㉯ 1·2·3
㉰ 5·3·4 ㉱ 3·4·5

> 탄화수소의 완전연소 일반식에 대입해 보면 된다.
> $$C_mH_n + \left(m + \frac{n}{4}\right)O_2 \rightarrow (m)CO_2 + \left(\frac{n}{2}\right)H_2O$$

216 C_4H_{10}은 C_3H_8에 비하여 연소에 필요한 산소량이 몇 배인가?

㉮ 같다. ㉯ 1.5배
㉰ 1.3배 ㉱ 1.2배

> 완전연소식을 정리하여 보면,
> $C_4H_{10} + 6.5\,O_2 \rightarrow 4\,CO_2 + 5\,H_2O$
> $C_3H_8 + 5\,O_2 \rightarrow 3\,CO_2 + 4H_2O$이므로 C_4H_{10}은 1몰당 6.5몰의 산소가 필요하고 C_3H_8은 1몰당 5몰의 산소가 필요하다.
> 몰비 = 부피비이므로 $\frac{6.5}{5}$ = 1.35배

정답 213. ㉯ 214. ㉯ 215. ㉰ 216. ㉰

217 C₃H₈의 위험도는?

㉮ 2.5 ㉯ 3.5
㉰ 4.5 ㉱ 5.5

$$H = \frac{U-L}{L} = \frac{9.5-2.1}{2.1} = 3.5238$$

218 C₃H₈과 C₄H₁₀의 대기압하에서의 비점이 각각 맞는 것은?

㉮ −0.5℃, −42.1℃ ㉯ −42.1℃, −0.5℃
㉰ −33.3℃, −180℃ ㉱ −180℃, −33.3℃

219 SNG에 대한 설명으로 맞는 것은?

㉮ SNG는 각 부생가스로 고로가스가 주성분이다.
㉯ SNG는 대체 천연가스 또는 합성 천연가스를 말한다.
㉰ SNG는 순수 천연가스를 말한다.
㉱ SNG는 각종 도시가스의 총칭이다.

220 가정용 LPG의 최종압력과 최대폐쇄압력은?

㉮ 조정압력 1 kg/cm² 이하, 폐쇄압력 1.5 kg/cm²
㉯ 조정압력 700 mmHg 이하, 폐쇄압력 800 mmHg
㉰ 조정압력 450±30 mmH₂O, 폐쇄압력 500 mmH₂O
㉱ 조정압력 280±50 mmH₂O, 폐쇄압력 350 mmH₂O

221 C₃H₈의 발열량이 26000 kcal/m³일 때 발열량 5000 kcal/m³로 희석하려면 몇 m³의 공기가 필요한가?

㉮ 3.8 m³ ㉯ 4.2 m³
㉰ 5.1 m³ ㉱ 5.5 m³

$$\frac{2600 \text{ kcal}}{(1+x)\text{m}^3} = 5000 \text{ kcal/m}^3$$

$$\therefore x = \frac{26000}{5000} - 1 = 4.2 \text{ m}^3$$

정답 217. ㉯ 218. ㉯ 219. ㉯ 220. ㉱ 221. ㉯

222 LPG 조정기를 사용하여 2단 감압으로 가스를 공급하려고 한다. 장점이 될 수 없는 것은?

㉮ 공급압력이 안정하다. ㉯ 중간배관이 가늘어도 지장이 없다.
㉰ 연소기구에 적당한 압력으로 공급된다. ㉱ 재액화의 우려가 있다.

> 2단 감압방식의 단점
> ① 설비가 복잡하다.
> ② 조정기 수가 많아서 점검개소가 많다.
> ③ 부탄은 재액화의 문제가 있다.
> ④ 검사방법이 복잡하고 시설의 압력이 높다.

223 LPG 소비설비에서 공기로 희석하는 목적은?

㉮ 재액화 방지 및 발열량 조절 ㉯ 연소범위 조절 및 착화온도 조절
㉰ 독성 방지 및 인화점 조절 ㉱ 성분 조절 및 폭발범위 조절

> 재액화를 방지하기 위해서는 공기로 희석한다.

224 LPG 사용시설에 기화기를 사용할 경우 장점이 아닌 것은?

㉮ 한랭시에도 가스의 공급이 순조롭다. ㉯ 가스의 조성이 일정하다.
㉰ 기화량의 가감이 쉽다. ㉱ 재액화를 방지할 수 있다.

225 다음 식은 탄화수소의 완전연소식이다. ( ) 안에 알맞은 것은?

〈반응식〉 $C_mH_n + (\ )O_2 \rightarrow {}_mCO_2 + \dfrac{n}{2}H_2O$

㉮ n ㉯ $\dfrac{n}{2}$

㉰ $m + \dfrac{n}{4}$ ㉱ m

> $C_mH_n + (\ )O_2 \rightarrow {}_mCO_2 + \dfrac{n}{2}H_2O$

226 저압조정기의 안전장치 작동개시압력은?

㉮ $700 \pm 140\ mmH_2O$ ㉯ $350 \pm 50\ mmH_2O$
㉰ $280 \pm 50\ mmH_2O$ ㉱ $500 \pm 200\ mmH_2O$

> 📌 분출개시압력 : 560~840 mmH₂O
> 작동표준압력 : 700 mmH₂O
> 작동정지압력 : 504~840 mmH₂O

227 LPG 배관에서 저압배관 설계요소가 아닌 것은?
㉮ 최대가스 유량   ㉯ 유효압력 강하
㉰ 마찰손실   ㉱ 관의 길이

> 📌 $Q = K\sqrt{\dfrac{D^5 \cdot H}{S \cdot L}}$ 에 의거해 ㉮, ㉯, ㉱ 외에도 관경을 고려해야 한다.

228 가스배관 내의 압력 손실요인 중 틀린 것은?
㉮ 배관의 입상에 의한 손실   ㉯ 마찰 저항에 의한 손실
㉰ 유량에 의한 손실   ㉱ 밸브, 플랜지 등 계수에 의한 손실

229 가스배관의 경로 선정 방법이 아닌 것은?
㉮ 최단거리로 할 것   ㉯ 구부러지거나 오르내림이 적을 것
㉰ 은폐, 매설을 할 것   ㉱ 가능한 한 옥외에 설치할 것

> 📌 건물 내부나 기초 밑에 설치하지 말고 노출 시공하는 것을 원칙으로 한다.

230 가스공급을 위한 시설로 필요 없는 것은?
㉮ 가스홀더   ㉯ 압송기
㉰ 정적기   ㉱ 정압기

> 📌 공급시설에는 가스발생설비, 가스정제설비, 가스저장설비 (저장탱크, 가스홀더), 압송기, 배송기, 정압기, 본관, 공급관 등이 있다.

231 가스배관 내에 흐르는 도시가스의 성분이 아닌 것은?
㉮ CH_4 ㉯ C_3H_8
㉰ CO_2 ㉱ CO

정답 227. ㉰ 228. ㉰ 229. ㉰ 230. ㉰ 231. ㉰

제2편 가스 안전 관리

232 가스의 배관에 설치되는 계량기가 하는 일은?
- ㉮ 시간별 가스사용량의 증감에 따라 가스압력을 공급량에 알맞게 조정한다.
- ㉯ 공급지역의 증가에 따른 가스의 부족압력을 충당한다.
- ㉰ 제조공장에서 정제된 가스를 저장한다.
- ㉱ 가스의 사용량을 눈금에 의해 알 수 있도록 되어 있다.

233 정압기를 사용압력별로 분류한 것이 아닌 것은?
- ㉮ 저압 정압기
- ㉯ 중압 정압기
- ㉰ 고압 정압기
- ㉱ 초고압 정압기

> 고압 정압기 : 고압 → 중압으로
> 중압 정압기 : 중압 → 저압으로
> 저압 정압기 : 저압 → 사용압력으로

234 가스압송기에 사용되는 송풍기가 아닌 것은?
- ㉮ 터보 송풍기
- ㉯ 루츠 송풍기
- ㉰ 왕복 피스톤 송풍기
- ㉱ 팬식 송풍기

> 터보 송풍기는 블로어라고도 하며, 보기 외에도 기동날개형 회전 압송기가 있다.

235 중압가스 공급방법에 관한 설명이 잘못된 것은?
- ㉮ 게이지 압력 2500 g/cm² 을 초과하는 압력으로 공급한다.
- ㉯ 압송시설비 및 동력비가 많이 든다.
- ㉰ 압송기 → 지구정압기 → 수요자의 순으로 공급한다.
- ㉱ 소구경으로 광범위한 지역에 균일한 가스를 보낼 수 있다.

236 원거리지역에 대량의 가스를 공급하기 위해 쓰이는 가스공급방식은?
- ㉮ 저압 공급
- ㉯ 중압 공급
- ㉰ 고압 공급
- ㉱ 초고압 공급

정답 232. ㉱ 233. ㉱ 234. ㉱ 235. ㉯ 236. ㉰

237 정압기 중에서 구조기능이 가장 우수하여 많이 사용되며, 중압관 내의 압력이 변해도 항상 자동 작동하여 저압측의 공급 압력에 변동을 주지 않도록 되어 있는 정압기는?
㉮ 레이놀즈 정압기　　　　　㉯ 엠코 정압기
㉰ 서비스 정압기　　　　　　㉱ 다이어프램식 정압기

238 도시가스의 공급지역이 넓어 수요가 증가함으로써 가스압력이 부족하게 될 때 사용되는 공급시설은?
㉮ 가스홀더　　　　　　　　　㉯ 압송기
㉰ 정압기　　　　　　　　　　㉱ 가스계량기

239 정압기를 용도별로 분류한 것이 아닌 것은?
㉮ 기정압기　　　　　　　　　㉯ 지구 정압기
㉰ 공급자 전용 정압기　　　　㉱ 수요자 전용 정압기

240 가스정압기의 관리방법으로 잘못된 것은?
㉮ 불순물을 제거하기 위해 3개월에 1회, 원거리에 있는 것은 1년에 1회 정도 분해청소를 실시한다.
㉯ 정압기 내의 압력을 조정할 때에는 정압기를 가동한 채로 행한다.
㉰ 정압기 내부의 동결을 방지하기 위해 면포, 펠트 등으로 방한시공을 한다.
㉱ 자동기록압력계의 차트를 대체하기 위해 차례로 순회하며 작업한다.

241 가스홀더의 압력을 이용하여 가스를 공급하며, 가스 제조공장과 공급지역이 가깝거나 공급면적이 좁을 때 적당한 가스공급방법은?
㉮ 저압 공급　　　　　　　　　㉯ 중압 공급
㉰ 고압 공급　　　　　　　　　㉱ 초고압 공급

242 저압 LPG 배관의 내부에 흐르는 가스압력은?
㉮ $0.2\,kg/cm^2$ 미만　　　　　㉯ $0.1\sim2\,kg/cm^2$ 미만
㉰ $2\,kg/cm^2$ 이하　　　　　　㉱ $3\,kg/cm^2$ 이하

정답　237. ㉮　238. ㉯　239. ㉰　240. ㉯　241. ㉯　242. ㉮

> 고압 : 2 kg/cm² 이상의 기화된 LPG
> 중압 : 0.1 kg/cm² 이상 2 kg/cm² 미만
> 저압 : 0.1 kg/cm² 미만

243 LPG용 배관시설비의 완성검사방법에 해당되지 않는 것은?

㉮ 내압시험 ㉯ 수압시험
㉰ 가스치환 ㉱ 기밀시험

> ㉮, ㉰, ㉱ 외에도 기능검사가 있다.

244 액화석유가스 사용시설의 저압 부분의 배관은 몇 kg/cm² 이상의 압력으로 하는 내압시험에 합격한 것이어야 하는가?

㉮ 8 kg/cm² 이상 ㉯ 26 kg/cm²
㉰ 15 kg/cm² 이상 ㉱ 3 kg/cm² 이상

> 고압부는 30 kg/cm² 이상이고, 저압부에서 호스는 2 kg/cm² 이상이다.

245 LPG를 사용할 중앙집중 배관 시공을 위해 고려할 사항 중 아닌 것은?

㉮ 배관 내의 압력 손실 ㉯ 외관검사
㉰ 용기의 크기 및 필요 ㉱ 감압방식의 결정 및 조정기의 선정

246 조정기의 목적은?

㉮ 유량 조절 ㉯ 발열량 조절
㉰ 가스의 유출압력 조절 ㉱ 가스의 유속 조절

247 LPG 저장탱크에 꼭 부착해야 할 부속품이 아닌 것은?

㉮ 안전밸브 ㉯ 긴급차단밸브
㉰ 온도계 ㉱ 역지밸브

> 액화가스에는 압력계, 온도계가 필수이고 압축가스에는 압력계가 필수이다. 이송설비에서 보기에 주어진 것들은 모두 필요한 것이다.

정답 243. ㉯ 244. ㉮ 245. ㉯ 246. ㉰ 247. ㉱

248 수중에 부유하는 탱크에 밸브가 달려 있으며, 탱크 내의 승강과 더불어 밸브가 상하로 움직여 압력을 조정하는 정압기는?

㉮ 레이놀즈 정압기 ㉯ 엠코 정압기
㉰ 수요자 정압기 ㉱ 부종형 정압기

249 LPG 배관에서 저압배관의 가스유량 계산식은? [단, Q : 가스유량 (m³/h), S : 가스비중, L : 관의 길이 (m), H : 허용압력 손실 (수주 (mm)), D : 관의 안지름 (cm), K : 유량계수(폴의 정수 0.707)]

㉮ $Q = K\sqrt{\dfrac{SL}{D^5 H}}$ ㉯ $Q = L\sqrt{\dfrac{D^5 S}{KH}}$

㉰ $Q = K\sqrt{\dfrac{D^5 H}{SL}}$ ㉱ $Q = H\sqrt{\dfrac{D^5 K}{SL}}$

250 문제에서 초압을 P_1 kg/cm² · a, 종압을 P_2 kg/cm² · a, K : 콕의 계수 (52.31)일 때 중 · 고압 배관의 유량 계산식은?

㉮ $Q = K\dfrac{\sqrt{(P_2 - P_1) \cdot D^5}}{S \cdot L}$ ㉯ $Q = K\sqrt{\dfrac{(P_1 - P_2) \cdot D^5}{S \cdot H \cdot L}}$

㉰ $Q = K\dfrac{\sqrt{D^5(P_1^2 - P_2^2)}}{S \cdot L}$ ㉱ $Q = K\sqrt{\dfrac{D^5(P_2^2 - P_1^2)}{S \cdot L}}$

251 LPG 기구에서 LPG의 분출량 Q m³/h을 구하는 식은 어느 것인가? [단, Q : 노즐에서의 가스분출량 (m³/h), D : 노즐의 지름 (mm), h : 노즐 직전의 가스압력 (mm 수주), d : 가스의 비중]

㉮ $Q = 0.009 d^2 \sqrt{\dfrac{h}{D}}$ ㉯ $Q = 0.005 D^2 \sqrt{\dfrac{d}{h}}$

㉰ $Q = 0.009 D^2 \sqrt{\dfrac{h}{d}}$ ㉱ $Q = 0.008 d^2 \sqrt{\dfrac{D}{h}}$

정답 248. ㉱ 249. ㉰ 250. ㉰ 251. ㉰

252 용량 500 L인 액산탱크에 액산을 넣어 방출밸브를 개방하여 12시간 방치했더니, 탱크 내의 액산이 4.8 kg이 방출되었다. 이때, 액산의 증발잠열을 50 kcal/kg이라 하면 1시간당 탱크에 침입하는 열량은 몇 kcal인가?

㉮ 10 kcal ㉯ 20 kcal
㉰ 30 kcal ㉱ 40 kcal

📌 $Q = W \cdot r = 4.8\,kg \times 50\,kcal/kg$
　　$= 240\,kcal/12h$
이것을 1시간 단위로 하면 $\frac{240}{12} = 20\,kcal$

253 LPG 사용시설의 배관 중 호스의 길이는 어느 정도인가? (단, 공업용, 가정용은 제외한다.)

㉮ 1 m 이내 ㉯ 2 m 이내
㉰ 3 m 이내 ㉱ 4 m 이내

254 LPG를 소규모 소비시설시 용기수량을 결정하는 조건이 아닌 것은?

㉮ 최대소비수량 ㉯ 용기본수
㉰ 용기의 종류 ㉱ 용기에서의 가스 발생 능력

📌 소비세대수, 평균가스 소비율 등도 필요하다.

255 조정기의 표준압력은?

㉮ 200 mmH$_2$O ㉯ 280 mmH$_2$O
㉰ 420 mmH$_2$O ㉱ 350 mmH$_2$O

📌 범위는 ±50이며, 350 mmH$_2$O는 최대 폐쇄

256 염소의 재해방지용으로 사용되는 흡수제가 될 수 없는 것은?

㉮ 석회수 ㉯ 탄산나트륨
㉰ 수산화나트륨 ㉱ 탄산칼슘

📌 석회수＝소석회 [Ca(OH)$_2$]

257 고압가스 용기에 사용되지 않는 안전밸브는?

㉮ 가용전　　　　　　　　　　㉯ 파열판식 안전밸브
㉰ 스프링식 안전밸브　　　　　㉱ 중추식 안전밸브

> 고압장치에 사용되는 안전장치에는 안전밸브, 파열판, 바이패스 밸브, 자동제어장치 등이 있다.

258 용기의 제조, 수리의 기술상 기준을 설명한 것이다. 틀리는 것은?

㉮ 용기 동판의 최대두께와 최소두께와의 차이는 평균 두께의 20 % 이하로 하여야 한다.
㉯ 용기의 재료에는 스테인리스강 또는 알루미늄합금 등을 사용한다.
㉰ 초저온용기는 오스테나이트계의 스테인리스강으로 제조하여야 한다.
㉱ 이음매 없는 용기의 탄소의 함유량은 0.33 % 이하여야 한다.

> 무계목용기 : C : 0.55 %, P : 0.04 %, S : 0.05 %

259 저장탱크 내의 가스용량은 사용온도에서 그 내용적의 ( ) %를 초과하지 아니하여야 한다. ( ) 내에 알맞은 것은?

㉮ 95　　　　　　　　　　㉯ 90
㉰ 85　　　　　　　　　　㉱ 80

> 소형 저장탱크는 내용적 85 %를 초과하지 않도록 한다.

260 고온, 고압의 수소와 작용시키면 화합하여 암모니아를 생성하게 하는 가스는?

㉮ 질소　　　　　　　　　　㉯ 탄소
㉰ 염소　　　　　　　　　　㉱ 메탄

> $N_2 + 3H_2 \rightarrow 2NH_3$

261 다음 가스 중 공기보다 무거운 것은?

㉮ 메탄　　　　　　　　　　㉯ 프로판
㉰ 암모니아　　　　　　　　㉱ 헬륨

정답 257. ㉱　258. ㉱　259. ㉯　260. ㉮　261. ㉯

> 비중
> ㉮ 메탄 (CH$_4$) : $16 \div 29 = 0.55$
> ㉯ 프로판 (C$_3$H$_8$) : $44 \div 29 = 1.52$
> ㉰ 암모니아 (NH$_3$) : $17 \div 29 = 0.58$
> ㉱ 헬륨 (He) : $4 \div 29 = 0.14$

262 고압가스라 함은 압축가스인 경우에는 압력이 상용온도 또는 35℃에서 몇 게이지 압력 이상을 말하는가?

㉮ 10 kg/cm^2 ㉯ 20 kg/cm^2
㉰ 30 kg/cm^2 ㉱ 40 kg/cm^2

> 고압가스 첨가
> ① 아세틸렌가스는 상용온도에서 0 kg/cm^2 이상
> ② 액화가스는 상용온도 또는 35℃에서 2 kg/cm^2 이상
> ③ 액화브롬화메탄, 액화산화에틸렌, 액화시안화수소는 상용온도에서 10 kg/cm^2 이상

263 제1종 보호시설에 속하지 않는 것은?

㉮ 학교   ㉯ 병원
㉰ 주택   ㉱ 아동 50명을 수용하는 유치원

> 주택은 제2종 보호시설임.

264 고압가스 용기의 재료에 사용되는 강의 성분 중 탄소, 인, 황의 함유량은 제한되어 있다. 그 이유로 옳은 것은?

㉮ 황은 적열취성의 원인이 된다.
㉯ 탄소량이 증가하면 인장강도는 감소하나, 충격값은 내려간다.
㉰ 탄소량이 많으면 인장강도는 감소하고, 충격값은 증가한다.
㉱ 인 (P)은 될 수 있는 대로 많은 것이 좋다.

> 탄소량이 증가하면 인장강도는 증가한다. P (인)은 상온취성의 원인이 되며, C (탄소)는 저온취성의 원인이 된다.

265 고압가스에는 압축가스, 용해가스, 액화가스가 있는데, 다음 중 액화가스가 아닌 것은?

㉮ LPG   ㉯ 아세틸렌
㉰ 암모니아   ㉱ 이산화탄소

정답 262. ㉮   263. ㉰   264. ㉮   265. ㉯

> ① 압축가스 : 헬륨, 수소, 네온, 질소, 산소 등
> ② 용해가스 : 아세틸렌
> ③ 액화가스 : 암모니아, 염소, 프로판, 부탄, 에틸렌 등

266 아세틸렌 제조설비에 관한 다음 사항 중 틀린 것은?

㉠ 아세틸렌에 접촉하는 부분에는 동 함유량이 60 % 이상 70 % 이하의 것이 허용된다.
㉡ 아세틸렌 충전용 교체밸브는 충전장소와 격리하여 설치한다.
㉢ 아세틸렌 충전용 지관에는 탄소 함유량 0.1 % 이하의 강을 사용한다.
㉣ 압축기와 충전장소 사이에는 방호벽을 설치한다.

> 구리 함유량이 62 % 미만이어야 한다.

267 산소에 관한 설명 중 옳은 것은?

㉠ 물질을 잘 태우는 가연성 가스이다.
㉡ 유지류에는 접촉하면 발화한다.
㉢ 가스로서 용기에 충전할 때는 250 kg/cm² 으로 충전한다.
㉣ 폭발범위가 비교적 큰 가스이다.

> ㉠ 산소는 조연성 (지연성) 가스
> ㉢ 용기 충전시는 120 kg/cm² 이고 최고충전압력은 150 kg/cm² 이다.
> ㉣ 지연성 가스이므로 폭발범위와는 무관

268 고압장치 중에 역류방지밸브 또는 역화방지장치를 설치해야 할 곳으로 옳은 것은?

㉠ 가연성 가스를 압축하는 압축기와 충전용 주관과의 사이에 역류방지밸브
㉡ 아세틸렌을 압축하는 압축기의 유분리기와 고압건조기와의 사이에 역화방지장치
㉢ 가연성 가스를 압축하는 압축기와 오토클레이브와의 사이에 역류방지밸브
㉣ 암모니아 또는 메탄올의 합성통이나 정제통과 압축기와의 사이 배관에 역화방지장치

> ㉡ 역화방지장치 → 역류방지밸브
> ㉢ 역류방지밸브 → 역화방지장치
> ㉣ 역화방지장치 → 역류방지밸브

정답 266. ㉠ 267. ㉡ 268. ㉠

269 확관에 의하여 관을 부착하는 관판의 관 구멍 중심 간의 거리는 관 바깥지름의 몇 배 이상으로 하는가?

㉮ 1.25배   ㉯ 1.5배
㉰ 1.75배   ㉱ 2배

📌 고압가스안전관리법 시행규칙 별표 12의 2 중 '나'의 (8)의 (가)

270 스테이를 부착하지 않는 판의 두께는?

㉮ 8 mm 미만   ㉯ 10 mm 미만
㉰ 13 mm 미만   ㉱ 15 mm 미만

📌 고압가스안전관리법 시행규칙 별표 12의 2 중 '나'의 (5) 참조

271 두께 8 mm 미만의 판에 펀칭가공으로 구멍을 뚫은 경우에는 그 가장자리를 몇 mm 이상 깎아야 하는가?

㉮ 1.5   ㉯ 3
㉰ 8   ㉱ 12

📌 가스로 뚫을 경우 3 mm 이상으로 함.

272 고압가스 제조장치의 정기점검항목을 설명한 것 중 옳은 것은?

㉮ 냉각수의 수질을 검사한다.
㉯ 상용압력 이상의 압력으로 기밀시험을 한다.
㉰ 압축기에 이상 진동이 생기지 않는지 조사한다.
㉱ '출입 금지' 등의 안전표시가 파손된 것을 조사한다.

📌 기밀시험압력 (용기의 경우)
① 초저온용기, 저온용기 : $F_P \times 1.1$
② 아세틸렌용기 : $F_P \times 1.8$
③ 기타 : 최고충전압력 이상

273 공기 액화분리장치의 폭발원인이 아닌 것은?

㉮ 공기 중에 있는 산화질소, 이산화질소 등 질소화합물의 혼입
㉯ 압축기용 윤활유의 분해에 따른 탄화수소의 생성

정답 269. ㉮   270. ㉮   271. ㉮   272. ㉯   273. ㉱

㉰ 공기취입구로부터 아세틸렌 혼입
㉱ 액체공기 중의 오존 (O_3) 불혼입

📌 액체공기 중에 O_3 (오존)이 혼입될 때 폭발의 원인이 된다.

274 고압가스용 호스 제조설비가 아닌 것은?
㉮ 압축성형설비　　　㉯ 고무배합설비
㉰ 용접설비　　　　　㉱ 가공설비

📌 ㉮, ㉯, ㉱ 외에도 조립설비, 절단설비 등이 있다.

275 용기의 안전밸브는 몇 ℃ 이상이 되면 밸브 속의 얇은 금속판이 파열되는가?
㉮ 40℃　　　　　　㉯ 50℃
㉰ 70℃　　　　　　㉱ 200℃

📌 긴급차단장치는 110℃ 이상이 되면 자동적으로 작동할 수 있도록 한다. 일반적으로는 용기에는 70℃ 전후이다.

276 암모니아 용기에 표시하는 문자로 옳은 것은?
㉮ 독　　　　　　　㉯ 연
㉰ 독·연　　　　　　㉱ 독성 가스

📌 가연성 및 독성 가스에 각각 표시하는 '연' 및 '독'자는 적색으로 한다. 다만, 수소는 백색으로 한다.

277 고압가스 저장기술상 기준에 대한 설명으로 틀린 것은?
㉮ 충전용기에는 전락·전도 및 충격을 방지하는 조치를 할 것
㉯ 시안화수소의 저장은 용기에 충전한 후 30일을 초과하지 말 것 (단, 시안화수소의 순도는 98% 미만임)
㉰ 산소를 저장하는 곳의 주위에는 연소되기 쉬운 물질을 두지 아니할 것
㉱ 독성 가스의 저장은 통풍이 잘 되는 곳에 할 것

📌 시안화수소는 60일 이상 저장하지 말 것 (단, 98% 이상이고 착색되지 않는 것은 제외)

정답　274. ㉰　275. ㉰　276. ㉰　277. ㉯

278 가연성 가스의 제조설비 중 전기설비는 방폭 성능을 가지는 구조로 해야 하는데, 이로부터 제외된 가스는?

㉮ 브롬화메탄 ㉯ 프로판
㉰ 수소 ㉱ 메탄

> 브롬화메탄, 암모니아는 제외

279 고압가스 용기부속품을 제조하여 시판할 때 꼭 명기해야 할 사항이 아닌 것은?

㉮ 제조자명 또는 그 약호 ㉯ 무게
㉰ TP ㉱ 재질의 두께

> 부속품 기호
> ① AG : 아세틸렌용기 부속품
> ② PG : 압축가스용기 부속품
> ③ LG : 액화가스용기 부속품
> ④ LT : 저온, 초저온용기 부속품
> ⑤ LPG : 액화가스를 제외한 액화석유가스용기 부속품

280 압축산소가스를 도관에 의하여 수송할 경우 그 도관에 설치할 설비는?

㉮ 온도계, 압력계 ㉯ 안전밸브, 압력계
㉰ 온도계, 유량계 ㉱ 안전밸브, 온도계

> 액화가스에는 안전밸브, 압력계, 온도계를 설치해야 한다.

281 압력용기의 충전구가 왼쪽나사로 되어 있는 것은?

㉮ 이산화탄소 ㉯ 산소
㉰ 프로판가스 ㉱ 질소가스

> 가연성 가스는 모두 왼나사이나 암모니아와 브롬화메탄은 오른나사이다.

282 고압가스 긴급차단장치의 작동온도는?

㉮ 100℃ ㉯ 110℃
㉰ 150℃ ㉱ 200℃

정답 278. ㉮ 279. ㉱ 280. ㉯ 281. ㉰ 282. ㉯

📌 긴급차단장치의 조작은 저장탱크에서 5 m 이상 떨어진 수 개소 (보통 3개소 이상)의 위치 어느 곳에서나 조작할 수 있도록 하며, 가용합금을 달아 유체 또는 주위의 온도 상승으로 110℃가 되면 작동한다.

283 고압가스의 밸브 (valve)를 열 때는 어떻게 해야 하는가?

㉮ 빨리 연다.　　　　　　　　　㉯ 천천히 연다.
㉰ 천천히 열다 빨리 연다.　　　　㉱ 유류를 발라서 잘 열리게 한 후 연다.

📌 밸브를 갑작스럽게 열면 위험하다.

284 산소압축기에 사용되는 실린더 윤활제는 무엇인가?

㉮ 황산　　　　　　　　　　　　㉯ 없음
㉰ 물　　　　　　　　　　　　　㉱ 기름

📌 산소압축기의 윤활유는 물이나 10 % 이하의 글리세린 수용액을 사용한다.

285 제조자 또는 수리자가 긴급차단장치를 제조 또는 수리하였을 때 수압시험방법은?

㉮ KS B 2304　　　　　　　　　㉯ KS B 0004
㉰ KS B 2108　　　　　　　　　㉱ KS B 0014

286 고압가스의 탱크 또는 고압장치의 배관설비에서 상온의 온도일 때 액화가스의 압력이 얼마 이상 되는 것을 처리할 수 있는가?

㉮ 1 kg/cm^2　　　　　　　　　㉯ 2 kg/cm^2
㉰ 3 kg/cm^2　　　　　　　　　㉱ 4 kg/cm^2

287 다음 고압가스 중 비점이 높은 것부터 순서대로 나열된 것은?

㉮ R-12, R-22, NH$_3$　　　　　㉯ R-12, NH$_3$, R-22
㉰ R-22, R-12, NH$_3$　　　　　㉱ NH$_3$, R-12, R-22

📌 비점
① R-12 : -29.8℃　　② NH$_3$: -33.3℃　　③ R-22 : -40.8℃

정답 283. ㉯　284. ㉰　285. ㉮　286. ㉯　287. ㉯

제 2 편 가스 안전 관리

288 액화가스를 충전하는 용기의 경우, 그 내부 액면요동 방지를 위하여 설치해야 하는가?
㉮ 방파판 ㉯ 액면계
㉰ 온도계 ㉱ 압력계

289 방류둑의 구조를 설명한 것 중 옳지 않은 것은?
㉮ 방류둑의 재료는 철근 콘크리트, 철근, 흙 또는 이들을 조합하여 만든다.
㉯ 철근 콘크리트, 철근은 수밀성 콘크리트를 사용한다.
㉰ 성토는 수평에 대하여 40° 이하의 기울기로 하여 다져 쌓는다.
㉱ 방류둑의 높이는 당해 가스의 액 두압에 견디어야 한다.

📌 40° → 45°

290 저장설비나 가스설비를 수리 하거나 청소를 할 때 가스치환을 생략할 수 있는 조건으로 적합하지 않은 항은?
㉮ 설비 등의 내용적이 $2\,m^3$ 이하일 경우
㉯ 작업원이 설비 내부로 들어가지 않고 작업을 할 경우
㉰ 화기를 사용하지 아니하는 작업일 경우
㉱ 간단한 청소, 개스킷의 교환이나 이와 유사한 경미한 작업일 경우

📌 $2m^3 \rightarrow 1m^3$

291 내용적이 500 L 미만인 용접용기의 방사선검사는 동일한 조건의 용기를 1조로 하여 그 조에서 임의로 채취한 몇 개의 용기에 대하여 실시하는가?
㉮ 1 ㉯ 2
㉰ 3 ㉱ 4

📌 단, 200 L 이상인 용기로서 이 규정에 의하여 채취한 용기에 대하여 실시함이 부적당할 때는 용기마다 실시한다.

292 인체용 에어로졸 제품의 용기에 기재할 사항 중 틀린 것은?
㉮ 특정 부위에 계속하여 장시간 사용하지 말 것
㉯ 가능한 한 인체에서 30 cm 이상 떨어져서 사용할 것
㉰ 온도 40℃ 이상의 장소에 보관하지 말 것
㉱ 사용 후 불 속에 버리지 말 것

293 방류둑에는 승강을 위한 계단, 사다리를 출입구 둘레 몇 m마다 1개 이상을 두어야 하는가?
㉮ 30 ㉯ 40
㉰ 50 ㉱ 60

> 50 m마다 1개씩 사다리를 설치하고 50 m 미만일 때, 2개 이상 분산 설치

294 이음매 없는 용기의 제조수리 시설기준이 아닌 것은?
㉮ 단조설비 ㉯ 세척설비
㉰ 자동밸브 탈착기 ㉱ 조립설비

> 그 밖에도 접합설비, 쇼트브라스팅 및 도장설비, 용기내부 건조 설비 등

295 내용적 20 L 미만의 용접용기의 내용연한은 몇 년간인가?
㉮ 1년 ㉯ 2년
㉰ 5년 ㉱ 10년

> 내용연한
> ① 자동차용 용기 : 당해 차량의 차량기간
> ② 내용적 125 L 미만의 용기부품 : 제조 수입시 검사받은 날로부터 2년이 경과하여 당해 용기의 재검사를 받을 때까지의 기간

296 가연성 가스를 취급하는 곳의 방폭구조와 관계없는 것은?
㉮ 내압 방폭구조 ㉯ 안전증 방폭구조
㉰ 방축 방폭구조 ㉱ 유입 방폭구조

> 이외에 내압(耐壓) 방폭구조, 본질 안전증 방폭구조

297 안전관리자의 직무범위에 해당되지 않는 것은?
㉮ 가스공급시설의 안전유지
㉯ 안전관리규정의 시행
㉰ 사업장의 기술적인 사항 교육
㉱ 사업소의 종사자에 대한 안전관리를 위한 필요한 지휘감독

> 고압가스안전관리법 시행령 제13조 ① 참조

정답 293. ㉰ 294. ㉱ 295. ㉱ 296. ㉰ 297. ㉰

제 2 편 가스 안전 관리

298 다음 중 고압가스의 분출에 대해 정전기가 가장 발생하기 쉬운 것은?

㉮ 가스가 충분히 건조되어 있는 경우
㉯ 가스 속에 액체나 고체의 미립자가 있을 때
㉰ 가스의 분자량이 작은 경우
㉱ 가스가 습한 경우

299 독성 가스의 제해제에 대한 설명으로 맞지 않는 것은?

㉮ 시안화수소에는 수산화나트륨 수용액이 쓰인다.
㉯ 염소는 수산화나트륨 수용액에 쓰인다.
㉰ 암모니아에는 소석회가 쓰인다.
㉱ 아황산가스에는 수산화나트륨 수용액이 쓰인다.

📌 암모니아의 제해제는 물

300 '제1종' 보호시설에 속하지 않는 것은?

㉮ 학교, 병원, 백화점 　　　　　㉯ 수용정원 300인 이상의 교회
㉰ 수용정원 20인 이상의 아동복지시설　㉱ 인화성 물질의 저장소

📌 제1종 보호시설
① 사람을 수용하는 사실상 독립된 단일건물의 연면적 $1000m^2$ 이상의 건축물 (학교, 병원)
② 수용능력 300인 이상의 공연장, 공회당, 교회
③ 수용능력 20인 이상의 아동복지시설
④ 지정문화재 건축물

301 다음 가스 중 가연성이면서 유독한 것은?

㉮ NH_3 　　　　　㉯ H_2
㉰ CH_4 　　　　　㉱ N_2

📌 가연성 가스이면서 독성인 가스는 암모니아, 일산화탄소, 벤젠, 산화에틸렌, 염화수소, 브롬화메탄, 시안화수소 등

정답　298. ㉯　299. ㉰　300. ㉱　301. ㉮

302 아세틸렌에 관한 다음 사항 중 틀린 것은?

㉮ 아세틸렌은 공기보다 가볍고 무색인 가스이다.
㉯ 아세틸렌은 구리, 은, 수은 및 그 합금과 폭발성의 화합물을 만든다.
㉰ 폭발범위는 수소보다 좁다.
㉱ 공기와 혼합되지 아니하여도 폭발하는 수가 있다.

> 아세틸렌의 폭발범위 : 2.5~81 %, 수소의 폭발범위 : 4~75 %

303 다음 중 가연성 가스로만 묶여진 것은?

㉮ 아세틸렌, 프로필렌, 에탄   ㉯ 황화수소, 산소, 포스겐
㉰ 부탄, 염소, 질소   ㉱ 염화비닐, 시안화수소, 암모니아

> ① 가연성 가스 : 아세틸렌, 수소, 메탄, 프로판
> ② 조연성 가스 : 산소, 염소, 불소, 공기
> ③ 불연성 가스 : 질소, 이산화탄소, 헬륨, 프레온

304 내용적이 2500 L인 암모니아 충전용기를 만들 때 부식 여유 수치로 적당한 것은?

㉮ 2 mm   ㉯ 3 mm
㉰ 4 mm   ㉱ 5 mm

> 부식 여유 수치(암모니아)
> ① 내용적 1000 L 이하 → 1 mm
> ② 내용적 1000 L 초과 → 2 mm

305 일반 고압가스 제조시설기준 중 처리 및 저장능력 10000 kg 이하인 저장설비 및 처리설비를 지하에 설치하는 경우의 안전거리로 옳은 것은? (단, 제1종 보안시설인 경우)

㉮ 독성 가스인 경우 17 m   ㉯ 산소인 경우 12 m
㉰ 가연성 가스인 경우 12 m   ㉱ 기타의 가스인 경우 4 m

> 지하에 설치하는 경우는 법적 안전거리의 $\frac{1}{2}$을 유지한다.

제 2 편 가스 안전 관리

306 용기 신규검사 종목이 아닌 것은?

㉮ 질량검사 ㉯ 내압시험
㉰ 충격시험 ㉱ 용착금속 인장시험

> 고압가스 안전관리법 시행규칙 별표 26 참조

307 반응장치와 사용도의 연결이 잘못된 것은?

㉮ 탑식 반응기 – 에틸렌, 벤젠의 제조, 벤졸의 염소
㉯ 관식 반응기 – 에틸알코올 제조, 합성용 가스의 제조
㉰ 축열식 반응기 – 아세틸렌의 제조, 에틸렌의 제조
㉱ 유동층식 접촉반응기 – 석유개질

> 관식 반응기 – 에틸렌의 제조, 염화비닐의 제조

308 가스설비에서 개방검사의 가스치환에 관한 설명이 맞는 것은?

㉮ 가연성 가스일 때는 불활성 가스로 치환하여 잔류가스가 폭발하한계 이하이어야 한다.
㉯ 독성 가스일 때는 질소로 치환하여 가스 농도가 허용 농도 이하이어야 한다.
㉰ 산소일 때는 공기로 치환하여 산소 농도가 21% 이하이어야 한다.
㉱ 질소와 다른 불활성 가스일 때는 공기로 치환하여 산소 농도가 18% 이하이어야 한다.

> ① 가연성 가스 – 폭발하한계의 $\frac{1}{4}$
> ② 독성 가스 – 허용 농도 이하
> ③ 산소 – 18% 이상~22% 이하

309 에어로졸 제조시 다음의 기준에 적합한 용기를 사용하여야 한다. 틀린 것은?

㉮ 용기는 13 kg/cm² 이상의 압력으로 행하는 가압시설에 합격한 것일 것
㉯ 내용적이 80 cm³을 초과하는 용기에 그 용기의 제조자의 명칭이 명시되어 있을 것
㉰ 내용적이 30 cm³인 용기는 에어로졸의 제조에 사용된 일이 없는 것일 것
㉱ 내용적이 300 cm³ 이상인 용기검사에 합격한 것일 것

> 내용적이 100 cm³를 초과하는 용기는 그 용기의 제조자 명칭이 명시됨.

정답 306. ㉮ 307. ㉯ 308. ㉯ 309. ㉯

310 물 분무장치는 저장탱크의 외면에서 몇 m 이상 떨어진 위치에서 조작되어야 하는가?

㉮ 27   ㉯ 22
㉰ 20   ㉱ 15

> 물 분무장치 – 15 m
> 살수장치 – 5 m
> 온도상승 방지장치 – 20 m

311 고압설비 중 안전밸브가 필요 없는 곳은?

㉮ 실린더 내부   ㉯ 반응관
㉰ 저장탱크 상부   ㉱ 압축기 각단 토출구

> ㉯, ㉰, ㉱ 외에 고압가스 수송도관, 감압밸브 뒤 반응탑에 안전밸브 설치

312 신규검사에 합격된 용기의 각인 사항과 기호의 연결이 올바르게 된 것은?

㉮ 최고충전압력 : FP ㉯ 내용적 : TW
㉰ 내압시험압력 : FP ㉱ 용기의 질량 : TW

> ㉯ 내용적 (V, 단위는 L)
> ㉰ 내압시험압력 (TP, 단위는 kg/cm^2)
> ㉱ 용기의 질량 (W, 단위는 kg)

313 압축가스의 충전량은 어디에 표준을 두는가?

㉮ 용기의 두께   ㉯ 용기의 크기
㉰ 질량   ㉱ 압력

314 다음 내용 중 틀린 것은?

㉮ 연소란 가연성 물질이 산소와 작용하여 산화물을 생성하는 반응이다.
㉯ 연소범위는 일반적으로 공기 중에서 산소 중에서보다 넓다.
㉰ 열전도도의 단위는 cal/cm · s · ℃이다.
㉱ 아세틸렌의 자연발화온도는 수소의 자연발화온도보다 높다.

> 아세틸렌의 자연발화온도는 수소의 발화온도보다 낮다.

정답 310. ㉱   311. ㉮   312. ㉮   313. ㉱   314. ㉱

315. 다음 내용 중 맞는 것은?

㉮ 용기재검사 때 용기의 합격기준은 용기내용적의 10 % 이하에서 증가하는 것은 합격으로 한다.
㉯ 아세틸렌용기의 내압시험압력은 최고충전압력의 5/3배이다.
㉰ 용기의 최고충전압력은 내압시험압력보다 높다.
㉱ LPG와 아세틸렌의 용기는 용접용기를 주로 사용한다.

> ㉮ 10 % 이하 → 6 % 이하
> ㉯ C_2H_2의 $TP = FP \times 3$
> ㉰ 최고충전압력은 내압시험압력보다 높을 수 없다.

316. 2개 이상의 탱크를 동일한 차량에 고정하여 운반할 때 충전관에 설치하는 것이 아닌 것은?

㉮ 온도계   ㉯ 안전밸브
㉰ 압력계   ㉱ 긴급차단밸브

> 충전관에는 안전밸브, 압력계, 긴급차단밸브를 설치한다.

317. 수소는 피로갈롤을 사용한 오르자트법에 의한 시험에서 순도 몇 % 이상이어야 하는가?

㉮ 97.3   ㉯ 98.5
㉰ 99   ㉱ 99.5

> 산소 : 99.5 % 이상
> 아세틸렌 : 98 % 이상

318. 산소저장능력이 25000 m³인 저장설비와 제2종 보호시설과의 안전거리는 몇 m 이상을 유지하여야 하는가?

㉮ 9 m   ㉯ 11 m
㉰ 14 m   ㉱ 16 m

> 제1종 보호시설과는 16 m이다.

정답 315. ㉱ 316. ㉮ 317. ㉯ 318. ㉯

319 독성이 극히 강하고 환원성이 강하며 불완전연소에 의하여 생성되는 가스는?
㉮ CO_2 ㉯ CH_4
㉰ CO ㉱ LPG

320 아세틸렌가스의 용해 충전시 다공물질의 재료가 될 수 없는 것은?
㉮ 규조토, 석면, 목탄 ㉯ 석회, 산화철
㉰ 탄화마그네슘, 다공성 플라스틱 ㉱ Al, 기와, 슬레이트

321 다음 중 가연성 가스 제조장치의 기밀시험에 사용되는 기체는?
㉮ 아세틸렌 ㉯ 산소
㉰ 암모니아 ㉱ 질소

322 시안화수소의 허용농도는 몇 ppm인가?
㉮ 0.01 ㉯ 0.25
㉰ 10 ㉱ 25

323 다음 희가스 중 공기 중에서 존재량이 큰 것부터 나열된 것은?
㉮ 아르곤 – 네온 – 헬륨 ㉯ 아르곤 – 헬륨 – 네온
㉰ 헬륨 – 아르곤 – 네온 ㉱ 헬륨 – 네온 – 아르곤

> Ar : 0.93 % Ne : 0.0018 %
> He : 0.0005 % 공기 중에 존재

324 조정기의 종류와 그 성질, 사용 등에 관한 설명으로 틀리는 것은?
㉮ 이단감압식 2차 조정기 : 단단감압식 저압조정기 대신으로 사용할 수 없다.
㉯ 단단감압식 저압조정기 : 2차용 조정기를 설치하는 경우에 사용하는 것으로 중압식보다 이점이 많다.
㉰ 이단감압식 일차조정기 : 이단감압 방식의 일차용으로 사용되는 것으로 중압조정기라고도 한다.

정답 319. ㉰ 320. ㉱ 321. ㉱ 322. ㉰ 323. ㉮ 324. ㉯

㉣ 단단감압식 일차조정기 : 일반소비자의 생활용 이외의 용도에 사용되고 조정압력의 종류가 많다.

325 조정기 표시 사항이 아닌 것은?

㉮ R
㉯ Q
㉰ P
㉱ S

> R : 조정압력   Q : 용량   P : 입구압력
> ※ 이 문제에 대한 동영상 설명이 없는 것은 촬영과정에서 누락되었음을 양해하시기 바랍니다.

326 독성 가스의 가스설비에 관한 배관 중 2중관으로 하여야 하는 대상가스로만 된 것은?

㉮ 염소, 암모니아, 염화메탄, 포스겐
㉯ 황화수소, 이황산가스, 에틸벤젠, 브롬화메탄
㉰ 산화에틸렌, 시안화수소, 아세틸렌, 염화메탄
㉱ 포스겐, 염소, 석탄가스, 아세트알데히드

> SO_2, Cl_2, $COCl_2$, H_2S, NH_3, HCN, C_2H_4O, CH_3Cl → 이중배관

327 상용압력 200 kg/cm²의 고압설비로 내압시험 및 기밀시험을 할 때 각각 상용압력이 1.5배, 1.1배로 실시한 것의 안전밸브는 얼마 이하에서 작동하여야 하는가?

㉮ 220 kg/cm²
㉯ 230 kg/cm²
㉰ 240 kg/cm²
㉱ 250 kg/cm²

> $200 \times 1.5 \times 0.8 = 240$

328 용기 신규검사에 합격된 용기 부속품 기호 중 압축가스를 충전하는 용기 부속품의 각인은?

㉮ AG
㉯ PG
㉰ LG
㉱ LT

> AG : C_2H_2 부속품
> LG : 액화가스 부속품
> LT : 저온·초저온가스의 부속품

329 고압가스 제조시설 중 안전밸브를 설치하려고 한다. 이때, 도관의 최대지름부 단면적이 100 mm²이고 최소지름의 단면적이 40 mm²였다면 안전밸브의 분출면적은 최소 얼마로 해야 하는가?

㉮ 10 mm² ㉯ 20 mm²
㉰ 30 mm² ㉱ 50 mm²

📌 최대지름부 단면적의 $\frac{1}{10}$ 이상이 되도록 한다.

330 공기액화 분리장치의 폭발방지대책으로 미흡한 것은?

㉮ 장치 내에 여과기를 설치한다.
㉯ 장치는 1년에 1회 정도 사염화탄소 용제로 세척한다.
㉰ 압축기의 윤활유는 양질의 것으로 충분히 냉각시키며, 물과 기름은 반드시 잘 섞이도록 해야 한다.
㉱ 공기취입구 부근에서는 카바이드 취급작업을 피하고 아세틸렌 용접작업을 하지 않는다.

331 폭발등급 3등급이 아닌 것은?

㉮ 수소 ㉯ 아세틸렌
㉰ 일산화탄소 ㉱ 이황화탄소

📌 폭발등급 3등급 : H_2, C_2H_2, CS_2, 수성 가스

332 폭발 1등급의 안전간격은?

㉮ 안전간격이 0.4 mm 이하의 가스 ㉯ 안전간격이 0.4~0.6 mm 이상의 가스
㉰ 안전간격이 0.6 mm 이상의 가스 ㉱ 안전간격이 0.4 mm 이상의 가스

333 다음 프로판가스의 위험도는 얼마인가?

㉮ 31.4 ㉯ 3.3
㉰ 0.9   ㉱ 17.7

📌 C_3H_8 (2.1~9.5)
$H = \dfrac{H-L}{L} = \dfrac{9.5-2.1}{2.1} = 3.3$

정답 329. ㉮ 330. ㉰ 331. ㉰ 332. ㉰ 333. ㉯

334 가스 중 독성이 가장 강한 것은?

㉮ HCN
㉯ 포스겐
㉰ 암모니아
㉱ 일산화탄소

> $COCl_2$ 0.1 ppm

335 가연성 가스가 각각 또는 그들의 합과 산소와의 비가 98 % : 2 % 또는 2 % : 98 % 이상일 때 압축이 금지되어 있는 가연성 가스는?

㉮ H_2, C_2H_2, C_2H_4
㉯ 수소, C_2H_2, N_2
㉰ CO_2, C_2H_4, C_2H_2
㉱ CO_2, Cl_2, C_2H_2

336 저장탱크에 관한 설명으로 틀린 것은?

㉮ 저장탱크 외부에는 은백색 도료를 바르고 주위에서 보기 쉽도록 '액화석유가스' 또는 'LPG'를 주서로 표시할 것
㉯ 전기설비는 방폭성능을 가지는 구조일 것
㉰ 저장탱크에는 환형 유리판 액면계를 설치하여야 한다.
㉱ 액면계가 유리제일 때에는 그 파손을 방지하는 장치를 설치하고 저장탱크와 유리제관 게이지를 접속하는 상하배관에는 자동식 또는 수동식의 스톱 밸브를 설치할 것

337 가스방출관의 위치는 설치지상과 저장탱크의 정상부에서 몇 m의 높이인가?

㉮ 지상에서 5 m의 높이, 정상부에서 2 m의 높이 중 높은 위치
㉯ 지상에서 4 m의 높이, 정상부에서 4 m 높이 중 높은 위치
㉰ 지상에서 5 m의 높이, 정상부에서 5 m 높이 중 높은 위치
㉱ 지상에서 5 m의 높이, 정상부에서 3 m 높이 중 높은 위치

338 최고충전압력(FP)이 150 kg/cm² 인 산소용기의 기밀시험압력은?

㉮ $150\ kg/cm^2$
㉯ $180\ kg/cm^2$
㉰ $200\ kg/cm^2$
㉱ $224\ kg/cm^2$

339 내부용적이 25000 L인 액화산소 저장탱크의 저장능력은? (단, 비중은 1.14로 본다.)
   ㉮ 24780 kg
   ㉯ 25650 kg
   ㉰ 26460 kg
   ㉱ 27520 kg

   $W = 0.9 \times 1.14 \times 25000$

340 저장탱크 주위에는 보안벽을 설치해야 한다. 어떤 경우일 때 설치하지 않아도 되는가?
   ㉮ 보안거리가 유지되는 경우
   ㉯ 사업소가 복잡한 경우
   ㉰ 저장탱크 주위에 모래가 있는 경우
   ㉱ 저장탱크 주위에 포말소화기가 있는 경우

   보안거리를 유지할 때, 자동제어장치를 설치할 때

341 밸브용 보조 캡은 어느 정도의 타격에 견딜 수 있어야 하는가?
   ㉮ 10 kg·m
   ㉯ 15 kg·m
   ㉰ 20 kg·m
   ㉱ 25 kg·m

342 LPG 용기 (5000 L 이상)로서 돌출한 부속품이 아닌 것은?
   ㉮ 프로텍터
   ㉯ 부속배관
   ㉰ 긴급차단장치
   ㉱ 압력계

343 자동차 충전용 주입기는 어떤 형인가?
   ㉮ 투터치형
   ㉯ 원터치형
   ㉰ 평행형
   ㉱ 클링커형

344 산소 또는 천연메탄을 수송하기 위한 도관과 이에 접속하는 압축기 (산소를 압축하는 압축기에서는 물을 내부 윤활제로 사용하는 것에 한한다.)와의 사이에는 무엇을 설치하는가?
   ㉮ 액면계
   ㉯ 드레인 세퍼레이터
   ㉰ 압력계
   ㉱ 역화방지기

정답 339. ㉯ 340. ㉮ 341. ㉯ 342. ㉱ 343. ㉯ 344. ㉯

345 역류방지밸브를 설치하는 배관이 아닌 것은?

㉮ 가연성 가스를 압축하는 압축기와 충전용 주관과의 사이 배관
㉯ 아세틸렌을 압축하는 압축기의 유분리기와 고압건조기와의 사이 배관
㉰ 암모니아 또는 메탄올의 합성통이나 정제통과 압축기와의 사이 배관
㉱ 아세틸렌 충전용 지관

> ㉱ – 역화방지장치

346 다음 설명 중 틀린 것은?

㉮ 자동제어장치를 설치하는 경우에는 보안전력장치를 설치할 것
㉯ 저장탱크에는 온도의 상승을 방지하는 장치를 설치할 것
㉰ 독성 가스의 제조설비에는 당해 가스가 누설될 때의 흡수장치 또는 재해장치를 설치할 것
㉱ 자동제어장치는 반응설비에 설치하는 것은 제외한 반응설비에 설치하는 것에 한한다.

347 가연성 가스 저장탱크의 출구에는 무엇을 설치하는가?

㉮ 역류방지장치   ㉯ 역화방지장치
㉰ 드레인 세퍼레이터   ㉱ 액단계

348 위험표지의 식별거리는?

㉮ 30 m   ㉯ 20 m
㉰ 10 m   ㉱ 5 m

> 30 m – 위험표지의 식별거리

349 운반용기의 가연성 가스 및 산소의 내용적은 몇 L를 초과하지 못하는가?

㉮ 8000 L   ㉯ 10000 L
㉰ 15000 L   ㉱ 18000 L

> 독성 : 12000 L (예외 : NH_3)
> 가연성 및 산소 : 18000 L (예외 : LPG)

350 임계온도가 −50℃인 액화가스를 충전하기 위한 용기로서 단열재로 피복하여 용기 내의 가스온도가 상용의 온도를 초과하지 아니하도록 조치한 용기는?
㉮ 저온용기 ㉯ 초저온용기
㉰ 심리스 용기 ㉱ 심 용기

351 고압가스를 운반하는 차량의 경계표시의 크기는 어떻게 정하는가?
㉮ 직사각형인 경우에는 가로치수는 차체 폭의 30 % 이상, 세로치수는 가로치수의 20 % 이상 정사각형의 경우는 그 면적을 600 cm² 이상으로 한다.
㉯ 직사각형인 경우에는 가로치수는 차체 폭의 20 % 이상, 세로치수는 가로치수의 30 % 이상 정사각형의 경우는 그 면적을 600 cm² 이상으로 한다.
㉰ 직사각형인 경우에는 가로치수는 차체 폭의 30 % 이상, 세로치수는 가로치수의 20 % 이상 정사각형의 경우는 그 면적을 400 cm² 이상으로 한다.
㉱ 직사각형인 경우에는 가로치수는 차체 폭의 20 % 이상, 세로치수는 가로치수의 30 % 이상 정사각형의 경우는 그 면적을 400 cm² 이상으로 한다.

352 냉장고 수리를 하기 위하여 아세틸렌 용접작업 중 산소가 떨어지자 산소에 연결된 호스를 뽑아 얼마 남지 않은 것으로 생각되는 LPG 용기에 연결하여 용접 토치에 불을 붙이자 LPG 용기가 폭발하였다. 원인으로 추정되는 것은?
㉮ 용접 열에 의한 폭발
㉯ 호스 속의 산소 또는 아세틸렌의 역화에 의한 폭발
㉰ 아세틸렌과 LPG가 혼합된 후에 역화에 의한 폭발
㉱ 아세틸렌 누출에 의한 폭발

353 어떤 탱크의 체적이 0.5 m³이고, 이때의 온도가 25℃이다. 탱크 내에 분자량 24인 이상기체 10 kg이 들어있을 때 이 탱크의 압력은 몇 kg/cm²인가? (단, 대기압 : 1.033 kg/cm²으로 한다.)
㉮ 19 kg/cm² ㉯ 21 kg/cm²
㉰ 25 kg/cm² ㉱ 27 kg/cm²

$PV = GRT$ ∴ $P = \dfrac{GRT}{V} = \dfrac{10 \times 848/24 \times 298}{0.5 \times 10^4} = 21.05 \text{ kg/cm}^2$

정답 350. ㉰ 351. ㉱ 352. ㉯ 353. ㉮

354 안전진단을 위하여 LPG 저장탱크 내부를 정기점검을 하려고 한다. 준비작업 순서로 옳은 것은?

> 1. 기체상태의 LPG를 방출·폐기한다.
> 2. 물로 치환한다.
> 3. 액체상태의 LPG를 날려보낸다.
> 4. 맨홀을 연다

㉮ 2 - 4 - 1 - 3 ㉯ 3 - 1 - 4 - 2
㉰ 1 - 4 - 3 - 2 ㉱ 1 - 2 - 4 - 3

355 염소의 특징으로 맞지 않는 것은?

㉮ 상온에서 액화시킬 수 있다. ㉯ 수분과 반응하고 철을 부식시킨다.
㉰ 독성 가스이다. ㉱ 가연성 가스이다.

> 염소는 독성, 지연성이다.

356 물질의 최소 발화에너지에 영향을 주는 요인이 아닌 것은?

㉮ 발화 지연시간 ㉯ 증기의 농도
㉰ 온도 ㉱ 용기의 크기

357 최고충전압력이 180 kg/cm²인 산소용기의 내압시험압력은?

㉮ 300 kg/cm² ㉯ 380 kg/cm²
㉰ 460 kg/cm² ㉱ 540 kg/cm²

> $180 \times 5/3 = 300$
> 압축가스용기 내압시험은 최고충전압력의 5/3배이다.

358 다음의 가스 중 가연성이면서 독성이 아닌 것은?

㉮ NH_3 ㉯ CO
㉰ HCN ㉱ CH_4

정답 354. ㉯ 355. ㉱ 356. ㉮ 357. ㉮ 358. ㉱

359 다음 비파괴검사 방법으로 재료 내부의 결함을 검사할 수 없는 것은?

㉮ 방사선 투과시험 ㉯ 초음파검사
㉰ 형광침투검사 ㉱ 음향방출시험

> 자기탐상법, 형광침투법은 비파괴검사 중 외부결함만 검사가 가능하다.

360 산소용기에 압축산소가 35℃에서 150 kg/cm² (게이지 압력) 충전되어 있다가 용기온도가 0℃로 저하되면 압력은 몇 kg/cm² (게이지 압력)가 되는가?

㉮ 103 kg/cm² ㉯ 113 kg/cm²
㉰ 123 kg/cm² ㉱ 133 kg/cm²

> $\dfrac{151}{308} = \dfrac{x}{273}$ 에서
> $x = 133.8$
> 게이지 압력 $= x - 1.033 = 132.8 ≒ 133$

361 용기의 도색 및 표시에서 그 밖의 가스용기 외부 표면에 도색하여야 할 색깔은?

㉮ 회색 ㉯ 검정색
㉰ 흰색 ㉱ 파란색

362 도시가스 또는 액화석유가스의 사용시설에 당해 배관의 내용적이 10 L 이하인 경우 기밀시험 압력의 최소 유지 시간으로 맞는 것은?

㉮ 2분 ㉯ 5분
㉰ 10분 ㉱ 24분

10 L 이하	10 L 초과 50 L 미만	50 L 초과
5분	10분	24분

363 LNG의 도시가스 원료의 특징 중 틀린 것은?

㉮ LNG를 기화시킨 후에는 도시가스 원료로서의 사용법, 정제설비가 필요하지 않고 환경문제가 있는 천연가스와 똑같다.

㉯ LNG의 수입기지로서 저온저장설비 등과 수입설비와 기화시키기 위한 기화장치가 필요하다.
㉰ 초저온의 액체이기 때문에 설비재료의 선택과 그 취급 주의가 중요하다.
㉱ 냉열 이용이 불가능하다.

364 독성가스를 저장탱크에 충전할 때 적정 충전량은?
㉮ 저장탱크 내용적의 80 % 이하
㉯ 저장탱크 내용적의 90 % 이하
㉰ 저장탱크 내용적의 95 % 이하
㉱ 저장탱크 내용적의 100 %

> 소형탱크일 경우에만 내용적의 85 %이다.

365 냉동장치 운전 중 수액기의 액면계 유리에 기포가 생기는 원인은?
㉮ 수액기 내의 오일이 저장되어 있다.
㉯ 응축기 내의 응축된 냉매액의 온도가 수액기가 설치된 기계실 온도보다 높다.
㉰ 냉각수 온도가 기계실 온도와 비교하여 매우 낮다.
㉱ 수액기 내의 공기가 혼입되어 있다.

366 지하에 매설된 프로판-공기형 도시가스 배관의 누출부위를 수리하려 할 때 맨 먼저 조치할 사항은? (단, 굴착이 끝난 상태로 가정한다.)
㉮ 가스 검지기로 검지해 본 다음 비눗물로 누출 부위를 확인한다.
㉯ 성냥으로 불을 켜본다.
㉰ 중간 밸브를 잠그고 누출된 가스를 배기한다.
㉱ 불을 붙인 채 수리한다.

367 수소의 성질 중 폭발, 화재 등의 재해 발생 원인이 아닌 것은?
㉮ 가벼운 기체압으로 가스누출을 하기 쉽다.
㉯ 고온, 고압에서 강에 대해 탈탄작용을 일으킨다.
㉰ 공기가 혼합된 경우 폭발범위가 4~75 %이다.
㉱ 증발잠열로 수분이 동결하여 밸브나 배관을 폐쇄시킨다.

정답 364. ㉯ 365. ㉯ 366. ㉮ 367. ㉱

368 가정용 가스보일러에서 발생하는 중독사고는 배기가스의 어떤 성분에 의하여 발생되는 것인가?

㉮ CH_4
㉯ CO_2
㉰ CO
㉱ C_3H_8

> 불완전 연소로 인한 CO 발생. CO는 독성, 가연성

369 차량에 혼합 적재할 수 없는 가스끼리 짝지어져 있는 것은?

㉮ 프로판, 부탄
㉯ 염소, 아세틸렌
㉰ 프로필렌, 프로판
㉱ 시안화수소, 에탄

370 액화가스 등의 액체가 과열상태로 되면 액체가 증발하여 순간적으로 다량의 증기가 되어 장치를 파괴한다. 이때의 폭발형태를 무엇이라 하는가?

㉮ 증기폭발
㉯ 분해폭발
㉰ 분진폭발
㉱ 중합폭발

> 증기폭발 (블레브 현상) 이때 발생하는 불꽃 덩어리를 파이어볼이라 한다.

371 고압가스 용기의 재료에 사용되는 강재의 성분 중에 함유된 탄소, 인, 황의 함유량에 대한 설명으로 적합한 것은?

㉮ 탄소량이 증가할수록 인장강도는 증가하나 충격값은 내려간다.
㉯ 인이 많으면 고압에서 폭발성 가스를 발생한다.
㉰ 탄소량이 많으면 수소취성을 일으킨다.
㉱ 황은 적열취성을 일으킨다.

> 인 : 상온취성, 탄소 : 저온취성, 황 : 적열취성

372 LNG 저장탱크의 용착 금속부 영향부에 응력부식 균열이 발생하는 경우가 있는데 그 원인이라고 생각되는 것은?

㉮ H_2 등 황화합물의 영향
㉯ 수분의 영향
㉰ NO_2 등 질소화합물의 영향
㉱ 탄소의 영향

정답 368. ㉰ 369. ㉯ 370. ㉮ 371. ㉱ 372. ㉮

373 액화석유가스의 누출에 관한 다음 기술 중 올바른 것은?
㉮ 누출시는 엷은 갈색의 가스로 쉽게 발견할 수 있다.
㉯ 공기보다 무거워 천장 등과 같은 곳에 고이기 쉽다.
㉰ 누출한 부분의 온도가 급격히 저하하여 이슬, 서리가 부착하여 누출개소를 발견할 수 있다.
㉱ 빛의 굴절률이 공기와 같으므로 누출하는 장소에 아지랑이와 같은 현상이 생기므로 누출을 발견할 수 있다.

> 액체의 증발잠열로 인해 주위온도가 낮아진다.

374 도시가스 사용시설에 실시하는 기밀시험압력으로 맞는 것은?
㉮ 최고사용압력의 3배 또는 10 kPa
㉯ 최고사용압력의 1.1배 또는 8.4 kPa
㉰ 최고사용압력의 1.5배 또는 10 kPa
㉱ 최고사용압력의 1.8배 또는 8.4 kPa

375 저장탱크에 액화석유가스를 충전할 때에는 정전기를 제거한 후 저장탱크 내용적의 (①)%를 남지 않도록 충전하고, 소형 저장탱크는 그 내용적의 (②)%를 초과하지 않도록 해야 한다. ( ) 안에 각각 알맞은 것은?
㉮ ① : 90 % ② : 85 %   ㉯ ① : 90 % ② : 90 %
㉰ ① : 85 % ② : 90 %   ㉱ ① : 85 % ② : 85 %

376 고압가스 충전용기를 차량에 적재 운반할 때의 설명으로 옳지 않은 것은?
㉮ 충돌을 예방하기 위하여 고무링을 씌운다.
㉯ 전용 운반차량에 세워서 운반한다.
㉰ 충전용기는 눕혀서 운반할 수 없다.
㉱ 충격을 방지하기 위하여 가마니를 준비한다.

> 액화가스는 세워서 운반하고 압축가스는 눕혀서 운반해야 한다.

377 방류둑의 구조기준으로 적합하지 않은 것은?

㉮ 방류둑 내에 고인 물을 외부로 배출할 수 있도록 한다.
㉯ 방류둑의 재료는 철근콘크리트, 철근, 금속, 흙 또는 이들을 혼합하여야 한다.
㉰ 방류둑은 액밀한 것이어야 한다.
㉱ 방류둑 성토 및 부분의 폭은 50 cm 이상으로 한다.

> 방류둑 폭 30 cm 이상

378 고압가스장치를 운전하는 도중에 이상이 발견되어 운전을 정지하고 수리를 하고자 한다. 안전관리상 유의사항이 아닌 것은?

㉮ 안전밸브 작동
㉯ 가스의 치환
㉰ 장치 내 가연성가스 농도 측정
㉱ 배관의 차단 확인

379 내용적이 4000 L인 용기에 액화암모니아를 저장할 때 저장능력은 얼마인가? (단, 암모니아 정수는 1.86이다.)

㉮ 7440 kg
㉯ 3476 kg
㉰ 2930 kg
㉱ 2151 kg

> $\dfrac{4000}{1.86} = 2151$

380 액화석유가스 안전 및 사업관리법상 내압시험압력이 40 kg/cm^{2}인 경우 안전밸브의 작동압력은 얼마인가?

㉮ 24 kg/cm^2
㉯ 30 kg/cm^2
㉰ 32 kg/cm^2
㉱ 36 kg/cm^2

> $40 \times 0.8 = 32$

381 공기액화분리기 내에 설치된 액화산소통 내의 액화산소 5 L 중 탄화수소의 탄소의 질량이 몇 mg을 넘을 때에는 그 공기액화분리기의 운전을 중지하고 액화산소를 방출하여야 하는지 그 기준값으로 맞는 것은?

㉮ 5 mg
㉯ 50 mg
㉰ 100 mg
㉱ 500 mg

정답 377. ㉱ 378. ㉮ 379. ㉱ 380. ㉰ 381. ㉱

382 아세틸렌가스를 2.5 MPa의 압력으로 압축할 때 사용되는 희석제가 아닌 것은?

㉮ 질소 ㉯ 메탄
㉰ 일산화탄소 ㉱ 아세톤

383 산소 중 가연성 가스의 용량이 전용량의 몇 %인 것은 압축할 수 없는가?

㉮ 2 % 이상 ㉯ 3 % 이상
㉰ 4 % 이상 ㉱ 5 % 이상

> 산소와 가연성 가스는 상대적으로 4 % 이상시 압축할 수 없다.
> H_2, C_2H_2, C_2H_4은 2 % 이상 시

384 고압가스 용기용 밸브의 가스충전구의 나사방향이 왼나사로 된 것은?

㉮ 수소 ㉯ 산소
㉰ 질소 ㉱ 염소

> 가연성 가스는 왼나사

385 다음 중 기체 연소 형태가 아닌 것은?

㉮ 확산 연소 ㉯ 증발 연소
㉰ 혼합기 연소 ㉱ 전1차 연소

386 대기압 35℃에서 산소가스 16 m³를 용기 50 L의 용기에 150기압으로 충전하고자 하면 몇 개의 용기가 필요한가?

㉮ 1개 ㉯ 2개
㉰ 3개 ㉱ 4개

> $\dfrac{16}{0.05 \times 150} = 2.1$
> ∴ 용기 수는 3개가 필요하다.

정답 382. ㉰ 383. ㉰ 384. ㉮ 385. ㉯ 386. ㉰

387 고압가스 일반 충전용기는 충전가스의 종류에 따라서 용기의 색을 달리한다. 다음 중 가연성 가스 및 독성가스의 종류와 충전용기의 색이 잘못 연결된 것은?
㉮ 아세틸렌가스 – 황색 ㉯ 암모니아가스 – 백색
㉰ 탄산가스 – 갈색 ㉱ 수소 – 주황색

📌 탄산가스는 청색용기

388 다음 중 기체의 연소 형태가 아닌 것은?
㉮ 확산연소 ㉯ 증발연소
㉰ 혼합기연소 ㉱ 전1차연소

389 용기의 각인 순서에 관한 것으로 옳은 것은?
㉮ 가스명칭 – 용기번호 – 제조자명칭 – 내용적
㉯ 가스명칭 – 제조자명칭 – 용기번호 – 내용적
㉰ 제조자명칭 – 내용적 – 용기번호 – 가스명칭
㉱ 제조자명칭 – 가스명칭 – 용기번호 – 내용적

390 내용적 58 L인 LPG용기에 프로판을 충전할 때 최대충전량은 몇 kg으로 하면 되는가?
㉮ 20 kg ㉯ 25 kg
㉰ 30 kg ㉱ 35 kg

📌 $\dfrac{58}{2.35} = 25$

391 압력용기 및 저장탱크의 용접부 기계시험의 종류로 맞지 않는 것은?
㉮ 이음매 인장시험 ㉯ 표면 굽힘 시험
㉰ 방사선 투과시험 ㉱ 충격시험

392 스테인리스강에서 18-8은 무엇의 함량을 의미하는가?
㉮ Ni–Cr 함량 ㉯ Ni–Zn 함량

정답 387. ㉰ 388. ㉯ 389. ㉱ 390. ㉯ 391. ㉰ 392. ㉰

㉰ Cr-Ni 함량 ㉱ Cr-Zn 함량

> 18 %의 크롬, 8 %의 니켈

393 냉동기의 냉매설비는 진동, 충격, 부식 등으로 냉매가스가 누출되지 않도록 조치하여야 한다. 조치방법이 아닌 것은?
  ㉮ 주름관을 사용한 방진 조치
  ㉯ 냉매설비 중 돌출부위에 대한 적절한 방호조치
  ㉰ 냉매가스가 누출될 우려가 있는 장소에 대한 부식 방지조치
  ㉱ 냉매설비 중 냉매가스가 누출될 우려가 있는 곳에 차단밸브 설치

394 액화가스의 정의에 대하여 바르게 설명한 것은?
  ㉮ 대기압에서 비점이 0℃ 이하인 것
  ㉯ 대기압에서 비점이 상용의 온도 이상인 것
  ㉰ 가압, 냉각 등의 방법으로 액체 상태로 되어 있는 것
  ㉱ 일정한 압력으로 압축되어 있는 것

395 안전성 평가 실시시 적용하는 안전성평가 기법으로 옳지 않은 것은?
  ㉮ 체크리스트 기법   ㉯ 사건수 분석기법
  ㉰ 토양 분석기법   ㉱ 작업자 실수 분석기법

396 정전기를 억제하기 위한 방법이 아닌 것은?
  ㉮ 접지 (grounding)시킨다.
  ㉯ 접촉 전위치가 크게 재료를 선택한다.
  ㉰ 정전기의 중화 및 전기가 잘 통하는 물질을 사용한다.
  ㉱ 가능한 한 습도를 높여 조습을 행한다.

397 지하에 설치하는 지역 정압기 시설의 조작을 안전하고 확실하게 하기 위하여 필요한 조명도는?
  ㉮ 100 lux   ㉯ 150 lux
  ㉰ 200 lux   ㉱ 250 lux

정답 393. ㉱ 394. ㉰ 395. ㉰ 396. ㉯ 397. ㉯

398 저장설비 또는 가스설비의 수리 및 청소시 지켜야 할 안전사항으로 옳지 않은 것은 ?

㉮ 안전관리인 중에서 작업 책임자를 선정, 감독한다.
㉯ 공기 중의 산소농도가 10 % 이상이어야 한다.
㉰ 내부가스를 불활성 가스로 치환한다.
㉱ 수리를 끝낸 후에 그 설비가 정상으로 작동하는 것을 확인한 후 충전작업을 한다.

> 산소농도는 18 % 이상 시 작업 가능

399 산소용기에 압축산소가 35℃에서 150 kg/cm² (게이지 압력) 충전되어 있다가 용기온도가 0℃로 저하했을 때의 압력 (게이지 압력)은 ?

㉮ 103 kg/cm²　　　　　㉯ 113 kg/cm²
㉰ 123 kg/cm²　　　　　㉱ 133 kg/cm²

400 공기액화 분리장치에 아세틸렌가스가 혼입되면 안되는 이유는 ?

㉮ 배관에서 동결되어 배관을 막아 버리므로
㉯ 질소와 산소의 분리를 어렵게 만들므로
㉰ 분리된 산소기 순도를 나쁘게 하므로
㉱ 분리기 내 액체산소 탱크에 들어가 폭발하기 때문에

401 고압가스 충전용기의 차량운반시 '운반책임자'가 동승해야 하는 경우로서 잘못된 것은 ?

㉮ 압축 가연성 가스 – 용적 300 m³ 이상
㉯ 압축 조연성 가스 – 용적 600 m³ 이상
㉰ 액화 가연성 가스 – 질량 3000 kg 이상
㉱ 액화 조연성 가스 – 질량 5000 kg 이상

> 조연성 가스는 600m³, 6000 kg 이상 시 해당

정답 398. ㉯ 399. ㉱ 400. ㉱ 401. ㉱

가스기능사 필기

기출문제

2021

2021년 2월 CBT 시행

문제 01 아세틸렌이 은, 수은과 반응하여 폭발성의 금속 아세틸라이드를 형성하여 폭발하는 형태는?

① 분해폭발　　　　　② 화합폭발
③ 산화폭발　　　　　④ 압력폭발

해설 은, 수은뿐만 아니라 동합금을 사용 못하는 이유가 아세틸라이드를 생성하여 화합폭발을 일으키기 때문이다.

문제 02 일반도시가스사업자 정압기 입구측의 압력이 0.6MPa일 경우 안전밸브 분출부의 크기는 얼마 이상으로 해야 하는가?

① 20A 이상　　　　　② 30A 이상
③ 50A 이상　　　　　④ 100A 이상

해설 입구압력 0.5MPa 이상시 50A 이상
입구압력이 0.5MPa 미만시는 설계유량에 따라
① 설계유량이 1000Nm³/h 이상시 50A 이상
② 설계유량이 1000Nm³/h 미만시 25A 이상

문제 03 독성가스 배관은 안전한 구조를 갖도록 하기 위해 2중관구조로 하여야 한다. 다음 가스 중 2중관으로 하지 않아도 되는 가스는?

① 암모니아　　　　　② 염화메탄
③ 시안화수소　　　　④ 에틸렌

해설 에틸렌은 독성이 없으므로 이중관대상이 아니다.

문제 04 다음 가스의 일반적인 성질에 대한 설명 중 틀린 것은?

① 염산(HCl)은 암모니아와 접촉하면 흰연기를 낸다.
② 시안화수소(HCN)는 복숭아 냄새가 나는 맹독성 기체이다.
③ 염소(Cl₂)는 황녹색의 자극성 냄새가 나는 맹독성 기체이다.
④ 수소(H₂)는 저온·저압하에서 탄소강과 반응하여 수소취성을 일으킨다.

해설 수소는 고온, 고압하에서 수소 취성을 일으킨다.

해답　01. ②　02. ③　03. ④　04. ④

문제 05 C₂H₂ 제조설비에서 제조된 C₂H₂를 충전용기에 충전시 위험한 경우는?

① 아세틸렌이 접촉되는 설비부분에 동함량 72%의 동합금을 사용하였다.
② 충전 중의 압력을 2.5MPa 이하로 하였다.
③ 충전 후에 압력이 15℃에서 1.5MPa 이하로 될 때까지 정지하였다.
④ 충전용 지관은 탄소함유량 0.1% 이하의 강을 사용하였다.

해설 아세틸렌은 동 함유량이 62% 미만의 강을 사용해야 한다.(1번 해설 참고)

문제 06 고압가스 용기의 어깨부분에 "FP : 15MPa"라고 표기되어 있다. 이 의미를 옳게 설명한 것은?

① 사용압력이 15MPa이다.   ② 설계압력이 15MPa이다.
③ 내압시험압력이 15MPa이다.   ④ 최고충전압력이 15MPa이다.

해설 F.P : 최고충전 압력
  T.P : 내압시험 압력

문제 07 부탄의 위험도는 약 얼마인가? (단, 폭발범위는 1.9~8.5%이다.)

① 1.23   ② 2.27
③ 3.47   ④ 4.58

해설 위험도 = $\dfrac{\text{상한} - \text{하한}}{\text{하한}}$

$\dfrac{8.5 - 1.9}{1.9} = 3.47$

문제 08 다음 방류둑의 구조에 대한 설명으로 틀린 것은?

① 방류둑의 재료는 철근콘크리트, 철골·철근콘크리트, 흙 또는 이들을 조합하여 만든다.
② 철근 콘크리트는 수밀성 콘크리트를 사용한다.
③ 성토는 수평에 대하여 45℃ 이하의 기울기로 하여 다져 쌓는다.
④ 방류둑은 액밀하지 않은 것으로 한다.

해설 방류둑은 액이 스며들지 않는 액밀한 구조이어야 한다.

해답 05. ① 06. ④ 07. ③ 08. ④

문제 09 초저온 용기에 대한 정의로 옳은 것은?

① 임계온도가 50℃ 이하인 액화가스를 충전하기 위한 용기
② 강판과 동판으로 제조된 용기
③ −50℃ 이하인 액화가스를 충전하기 위한 용기로서 용기내의 가스온도가 상용의 온도를 초과하지 않도록 한 용기
④ 단열재로 피복하여 용기내의 가스온도가 상용의 온도를 초과하도록 조치된 용기

해설 초저온은 −50℃ 이하이다.

문제 10 가스계량기와 전기개폐기와의 이격거리는 최소 얼마 이상이어야 하는가?

① 10cm ② 15cm
③ 30cm ④ 60cm

해설 가스계량기[미터]와 전기계량기, 전기개폐기와는 60cm 이상 유지

문제 11 고압가스안전관리법에 정하고 있는 저장능력 산정기준에 대한 설명으로 옳은 것은?

① 압축가스와 액화가스의 자장탱크 능력 산정식은 동일하다.
② 저장능력 합산시에는 액화가스 10kg을 압축가스 10m³로 본다.
③ 저장탱크 및 용기가 배관으로 연결된 경우에는 각각의 지징능력을 합산한다.
④ 액화가스 용기 저장능력 산정식은 W=0.9dVz이다.

해설 지장능력은 전체합산능력이다.

문제 12 가연성 물질을 취급하는 설비는 그 외면으로부터 몇 m 이내에 온도상승방지 설비를 하여야 하는가?

① 10m ② 15m
③ 20m ④ 30m

해설 온도상승 방지조치는 설비와 20m이상 유지
방류둑을 설치한 탱크는 10m 이내

09. ③ 10. ④ 11. ③ 12. ③

문제 13 포스겐의 취급 사항에 대한 설명 중 틀린 것은?

① 포스겐을 함유한 폐기액은 산성물질로 충분히 처리한 후 처분할 것
② 취급시에는 반드시 방독마스크를 착용할 것
③ 환기시설을 갖출 것
④ 누설시 용기부식의 원인이 되므로 약간의 누설에도 주의할 것

해설 포스겐은 산성이므로 염기성 물질로 중화처리해야 한다.

문제 14 압축, 액화 그 밖의 방법으로 처리할 수 있는 가스의 용적이 1일 $100m^3$ 이상인 사업소에는 표준이 되는 압력계를 몇 개 이상 비치하여야 하는가?

① 1개　② 2개
③ 3개　④ 4개

해설 고압가스 시설기준

문제 15 액화석유가스를 저장하는 저장능력 10000리터의 저장탱크가 있다. 긴급차단장치를 조작할 수 있는 위치는 해당 저장탱크로부터 몇 미터 이상에서 조작할 수 있어야 하는가?

① 3m　② 4m
③ 5m　④ 6m

해설 긴급차단장치 조작위치는 5m 이상

문제 16 엘피지의 충전용기와 잔가스 용기의 보관장소는 얼마 이상의 간격을 두어 구분이 되도록 해야 하는가?

① 1.5m 이상　② 2m 이상
③ 2.5m 이상　④ 3m 이상

문제 17 가연성가스 제조시설의 고압가스설비(저장탱크 및 배관은 제외한다.)에는 그 외면으로부터 다른 가연성가스 제조시설의 고압가스설비와 몇 m 이상의 거리를 유지하여야 하는가?

① 2m　② 3m
③ 5m　④ 10m

해설 가연성 제조설비 사이는 5m 이상 유지

 해답

13. ①　14. ②　15. ③　16. ①　17. ③

문제 18 공기 중의 산소 농도나 분압이 높아지는 경우의 연소에 대한 설명으로 틀린 것은?
① 연소속도 증가
② 발화온도 상승
③ 점화 에너지의 감소
④ 화염온도의 상승

해설 발화온도는 감소한다.

문제 19 독성가스의 저장탱크에는 과충전 방지장치를 설치하도록 규정되어 있다. 저장탱크의 내용적이 몇 %를 초과하여 충전되는 것을 방지하기 위한 것인가?
① 80%
② 85%
③ 90%
④ 95%

해설 10%의 안전공간이 있어야 한다.

문제 20 고압가스안전관리법에서 규정한 특정고압가스에 해당하지 않는 것은?
① 삼불화질소
② 사불화규소
③ 수소
④ 오불화비소

해설 모법을 무시하고 시행령만 보고 출제한 잘못된 문제임. 답이 없음. 가답안은 ③

문제 21 사업자등은 그의 시설이나 제품과 관련하여 가스사고가 발생한 때에는 한국가스안전공사에 통보하여야 한다. 사고의 통보시에는 통보내용에 포함되어야 하는 사항으로 규정하고 있지 않은 사항은?
① 피해현황(인명 및 재산)
② 시설현황
③ 사고내용
④ 사고원인

해설 **통보내용에 포함되어야 할 사항** : 통보자의 소속 직위 성명 및 연락처, 사고발생 일시, 사고발생 장소, 사고내용, 시설현황, 피해현황(인명 및 재산)

문제 22 압축천연가스자동차 충전의 저장설비 및 완충탱크 안전장치의 방출관 시설기준으로 옳은 것은?
① 방출관은 지상으로부터 20m 이상의 높이 또는 저장탱크 및 완충탱크의 정상부로부터 10m의 높이 중 높은 위치로 한다.
② 방출관은 지상으로부터 15m 이상의 높이 또는 저장탱크 및 완충탱크의 정상부로부터 5m의 높이 중 높은 위치로 한다.
③ 방출관은 지상으로부터 10m 이상의 높이 또는 저장탱크 및 완충탱크의 정상부로부터 3m의 높이 중 높은 위치로 한다.
④ 방출관은 지상으로부터 5m 이상의 높이 또는 저장탱크 및 완충탱크의 정상부로부터 2m의 높이 중 높은 위치로 한다.

해답 18. ② 19. ③ 20. 답이 없음 21. ④ 22. ④

해설 가스방출관 높이는 지상에서 5m 또는 탱크정상부에서 2m 중 높은 위치

문제 23 염소의 재해 방지용으로 사용되는 제독제가 될 수 없는 것은?
① 소석회
② 탄산소다 수용액
③ 가성소다 수용액
④ 물

해설 염소는 수분존재시 염산을 생성하여 심한 부식을 일으킨다.

문제 24 가연성가스의 정지경보장치 중 반드시 방폭성능을 갖지 않아도 되는 가스는?
① 수소
② 일산화탄소
③ 암모니아
④ 아세틸렌

해설 암모니아, 브롬화메탄은 방폭성능에서 제외된다.

문제 25 액화석유가스 자동차용기 충전소에 설치하는 충전기의 충전호스 기준에 대한 설명으로 틀린 것은?
① 충전호스에 과도한 인장력이 가해졌을 때 충전기와 가스주입기가 분리될 수 있는 안전장치를 설치한다.
② 충전호스에 부착하는 가스주입기는 원터치형으로 한다.
③ 자동차 제조공정 중에 설치된 충전호스에 부착하는 가스주입기는 원터치형으로 하지 않을 수 있다.
④ 자동차 제조공정 중에 설치된 충전호스의 길이는 5m 이상으로 할 수 있다.

해설 주입기는 원터치형이다.

문제 26 가스보일러 설치기준에 따라 반밀폐식 가스보일러의 공통 배기방식에 대한 기준으로 틀린 것은?
① 공동배기구의 정상부에서 최상층 보일러의 역풍방지장치 개구부 하단까지의 거리가 5m일 경우 공동배기구에 연결시킬 수 있다.
② 공도배기구 유효단면적 계산식($A=Q\times0.6\times K\times F+P$)에서 P는 배기통의 수평투영면적($mm^2$)을 의미한다.
③ 공동배기구는 굴곡 없이 수직으로 설치하여야 한다.
④ 공동배기구는 화재에 의한 피해확산 방지를 위하여 방화 댐퍼(Damper)를 설치하여야 한다.

해설 공동배기구 가로, 세로비는 1 : 1.4, 동일층에는 2대 이하로 하고 방화 댐퍼를 설치하지 않을 것

23. ④　24. ③　25. ③　26. ④

> **참고** fire damper(방화 댐퍼) : 덕트의 개구부에 설치되어 화재가 발생되면 개구부를 차단시켜 화염과 연기의 유입이나 확산을 방지하는 판막이

문제 27 염소(Cl_2)가스의 위험성에 대한 설명으로 틀린 것은?

① 독성가스이다.
② 무색이고 자극적인 냄새가 난다.
③ 수분존재시 금속에 강한 부식성을 갖는다.
④ 유기화합물과 반응하여 폭발적인 화합물을 형성한다.

해설 염소는 자극취가 나는 황록색 기체이다.

문제 28 플리어스택의 높이는 지표면에 미치는 복사열이 얼마 이하가 되도록 설치하여야 하는가?

① $1000 kcal/m^2 \cdot hr$
② $2000 kcal/m^2 \cdot hr$
③ $3000 kcal/m^2 \cdot hr$
④ $4000 kcal/m^2 \cdot hr$

문제 29 저장탱크의 지하설치기준에 대한 설명으로 틀린 것은?

① 천정, 벽 및 바닥의 두께가 각각 30cm 이상인 방수조치를 한 철근콘크리트로 만든 곳에 설치한다.
② 지면으로부터 저장탱크의 정상부까지의 길이는 1m 이상으로 한다.
③ 저장탱크에 설치한 안전밸브에는 지면에서 5m 이상의 높이에 방출구가 있는 가스방출관을 설치한다.
④ 저장탱크를 매설한 곳의 주위에는 지상에 경계표시를 설치한다.

해설 탱크 정상부와 높이는 60cm 이상

문제 30 다음 중 1종 보호시설이 아닌 것은?

① 대지면적이 2000제곱미터에 신축한 주택
② 국보 제1호인 숭례문
③ 시장에 있는 공중목욕탕
④ 건축연면적이 300제곱미터인 유아원

해설 1종시설 : 건물 연면적이 $1000m^2$ 이상인 건물

해답 27. ② 28. ④ 29. ② 30. ①

문제 31 오리피스, 벤투리관 및 플로노즐에 의하여 유량을 구할 때 가장 관계가 있는 것은?

① 유로의 교축기구 전후의 압력차
② 유로의 교축기구 전후의 성상차
③ 유로의 교축기구 전후의 온도차
④ 유로의 교축기구 전후의 비중차

해설 차압식유량계는 교축기구 전후의 압력차로 유량을 구한다.
유량은 차압의 제곱근에 비례한다.

문제 32 축대를 사용하여 사용온도 400~800℃에서 탄화수소와 수증기를 반응시켜 메탄, 수소, 일산화탄소, 이산화탄소로 변환하는 방법은?

① 열분해공정
② 접촉분해공정
③ 부분연소공정
④ 수소화분해공정

해설 열분해공정은 800℃~900℃   접촉분해공정은 400℃~800℃

문제 33 압축천연가스(CNG) 자동차 충전소에 설치하는 압축가스설비의 설계압력이 25MPa인 경우 압축가스설비에 설치하는 압력계의 법적 최대지시눈금은 최소 얼마 이상으로 하여야 하는가?

① 25.0MPa
② 27.5MPa
③ 37.5MPa
④ 50.0MPa

해설 최대눈금은 설계압력의 1.5배 이상
25×1.5=37.5

문제 34 고압식 공기액화 분리장치에서 구조상 없는 부분은?

① 아세틸렌 흡착기
② 열교환기
③ 수소액화기
④ 팽창기

해설 공기액화장치는 수소분리장치가 없다.

문제 35 다음 ( )안에 알맞은 말은?

도시가스용 압력조정기의 유량시험은 조절스프링을 고정하고 표시된 입구압력 범위 안에서 (①)을 통과시킬 경우 출구압력은 제조자가 제시한 설정압력의 ±(②)% 이내로 한다.

① ① 최대표시유량, ② 10
② ① 최대표시유량, ② 20
③ ① 최대출구유량, ② 10
④ ① 최대출구유량, ② 20

해답

31. ① 32. ② 33. ③ 34. ③ 35. ②

해설 정압기출구 압력범위는 최대유량 통과시 ± 20% 이내 이어야 한다.

문제 36 압축기에서 다단압축을 하는 주된 목적은?
① 압축일과 체적효율 증가
② 압축일 증가와 체적효율 감소
③ 압축일 감소와 체적효율 증가
④ 압축일과 체적효율 감소

해설 **다단압축** : 모든 효율증가와 과열방지. 소비동력방지

문제 37 배관용밸브 제조자가 안전관리규정에 따라 자체검사를 적정하게 수행하기 위해 갖추어야 하는 계측기기에 해당하는 것은?
① 내전압시험기
② 토크메타
③ 대기압계
④ 표면온도계

해설 토크메타는 회전구동력을 측정하는 것

문제 38 강의 표면에 타금속을 침투시켜 표면을 경화시키고 내식성, 내산화성을 향상시키는 것을 금속침투법이라 한다. 그 종류에 해당되지 않는 것은?
① 세라다이징(Sheradizing)
② 칼로라이징(Calorizing)
③ 크로마이징(Chromizing)
④ 도우라이징(Dowrizing)

해설 ① 크로마이징 : Cr침투　② 세라다이징 : Zm침두
③ 칼로라이징 : Al침투　④ 세라라이징 : Si침투

문제 39 침종식 압력계에서 사용하는 측정원리(법칙)는 무엇인가?
① 아르키메데스의 원리
② 파스칼의 원리
③ 뉴턴의 법칙
④ 몰턴의 법칙

해설 **침종식** : 부유기구. 확대지시(아르키메데스 원리)

문제 40 액체질소 순도가 99.999%이면 불순물은 몇 ppm인가?
① 1
② 10
③ 100
④ 1000

해설 불순물이 0.001%는 백만분의 10, 1ppm은 백만분의 1

해답　36. ③　37. ②　38. ④　39. ①　40. ②

문제 41
다음 중 일체형 냉동기로 볼 수 없는 것은?
① 냉매설비 및 압축용 원동기가 하나의 프레임 위에 일체로 조립된 것
② 냉동설비를 사용할 때 스톱밸브 조작이 필요한 것
③ 응축기 유니트와 증발기 유니트가 냉매배관으로 연결된 것으로서 1일 냉동능력이 20톤 미만인 공조용 패키지 에어콘
④ 사용 장소에 분할·반입하는 경우에 냉매설비에 용접 또는 절단을 수반하는 공사를 하지 아니하고 재조립하여 냉동제조용으로 사용할 수 있는 것

해설 일체형은 전체가 연결되어 있다.

참고 일체형 냉동기 : 냉동설비를 사용할 때 스톱밸브 조작이 필요 없는 것. 냉동설비의 수리 등을 하는 경우에 냉매설비 부품의 종류, 설치개수, 부착위치 및 외형치수와 압축기용 원동기의 정격출력 등이 제조시와 동일하도록 설계, 수리될 수 있는 것.

문제 42
고온·고압의 가스 배관에 주로 쓰이며 분해, 보수 등이 용이하나 매설배관에는 부적당한 접합방법은?
① 플랜지 접합   ② 나사 접합
③ 차임 접합   ④ 용접 접합

해설 플랜지는 가스켓을 끼우고 볼트로 조립

문제 43
공기액화분리장치에 들어가는 공기 중에 아세틸렌가스가 혼입되면 안되는 주된 이유는?
① 질소와 산소의 분리에 방해가 되므로
② 산소의 순도가 나빠지기 때문에
③ 분리기내의 액체산소의 탱크 내에 들어가 폭발하기 때문에
④ 배관내에서 동결되어 막히므로

해설 액화산소 5l 중 아세틸렌 5mg 초과 금지

문제 44
기어펌프로 10kg 용기에 LP가스를 충전하던 중 베이퍼록이 발생되었다면 그 원인으로 틀린 것은?
① 저장탱크의 긴급차단 밸브가 충분히 열려 있지 않았다.
② 스트레이너에 녹, 먼지가 끼었다.
③ 펌프의 회전수가 적었다.
④ 흡입측 배관의 지름이 가늘었다.

해설 유속이 클 때 베이퍼록이 발생한다.

41. ② 42. ① 43. ③ 44. ③

문제 45
수소취성을 방지하기 위하여 첨가되는 원소가 아닌 것은?
① Mo
② W
③ Ti
④ Mn

해설 내수소성 : Cr, Al, V, W, Ti, Mo 등이다.

문제 46
다음 온도의 환산식 중 틀린 것은?
① °F = 1.8℃ + 32
② ℃ = $\frac{5}{9}$(°F − 32)
③ °R = 460 + °F
④ °R = $\frac{5}{9}$K

해설 °R = 1.8 × °K

문제 47
다음 중 NH_3의 용도가 아닌 것은?
① 요소 제조
② 질산 제조
③ 유안 제조
④ 포스겐 제조

해설 포스겐원료는 CO와 Cl_2이다.

문제 48
기체상태의 가스를 액화시킬 수 있는 최고의 온도를 무엇이라고 하는가?
① 화씨온도
② 절대온도
③ 임계온도
④ 액화온도

해설 임계온도 : 기체를 액화시킬수 있는 최고온도

문제 49
NG(천연가스), LPG(액화석유가스), LNG(액화천연가스) 등 기체연료의 특징에 대한 설명으로 틀린 것은?
① 공해가 거의 없다.
② 적은 공기비로 완전 연소한다.
③ 연소효율이 높다.
④ 저장이나 수송이 용이하다.

해설 액화천연가스 저장상태는 초저온이다.

문제 50
다음 중 부취제의 토양투과성의 크기가 순서대로 된 것은?
① DMS > TBM > THT
② CMS > THT > TBM
③ TGM > DMS > THT
④ THT > TBM > DMS

45. ④ 46. ④ 47. ④ 48. ③ 49. ④ 50. ①

문제 51
도시가스의 유해성분·열량·압력 및 연소성 측정에 관한 설명으로 틀린 것은?

① 매일 2회 도시가스 제조소의 출구에서 자동열량측정기로 열량을 측정한다.
② 정압기 출구 및 가스공급시설 끝부분의 배관(일반가정의 취사용)에서 측정한 가스압력은 0.5kPa 이상 1.5kPa 이내를 유지한다.
③ 도시가스 원료가 LNG 및 LPG + Air가 아닌 경우 황전량, 황화수소 및 암모니아 등 유해성분 측정을 매주 1회 검사한다.
④ 도시가스 성분 중 유해성분의 양은 0℃, 101,325Pa에서 건조한 도시가스 $1m^3$당 황전량은 0.5g, 황화수소는 0.02g, 암모니아는 0.2g을 초과하지 못한다.

해설 정압기 출구압력은 0.1~2.5kPa 이내

문제 52
표준상태에서 프로판 22g을 완전연소시켰을 때 얻어지는 이산화탄소의 부피는 몇 L인가?

① 23.6
② 33.6
③ 35.6
④ 67.6

해설 $C_3H_8 + 5O_2 \rightarrow 3CO_2 + 4H_2O$
　　　44g　　　$3 \times 22.4 = 67.2$
　　44 : 67.2 = 22 : x
　　∴ $x = 33.6$

문제 53
다음 압력에 대한 설명으로 옳은 것은?

① 공기가 누르는 대기 압력은 지역이나 기후 조건에 관계 없이 일정하다.
② 고압가스 용기 내벽에 가해지는 기체의 압력은 절대 압력을 나타낸다.
③ 지구 표면에서 거리가 멀어질수록 공기가 누르는 힘은 커진다.
④ 표준기압보다 낮은 압력을 진공 압력이라 하며 진공도로 표시할 수 있다.

해설 진공압력 = 대기압보다 낮은 압력

문제 54
가연성가스이면서 독성가스인 것은?

① 일산화탄소
② 프로판
③ 메탄
④ 불소

해설 CO : 독성, 가연성이다.

해답

51. ② 52. ③ 53. ④ 54. ①

문제 55
가스의 정상연소 속도를 가장 옳게 나타낸 것은?
① 0.03~10m/s
② 30~100m/s
③ 350~500m/s
④ 1000~3500m/s

해설 폭굉시는 1000~3500m/sec

문제 56
암모니아 가스를 저장하는 용기에 대한 설명으로 틀린 것은?
① 용접용기로 재질은 탄소강으로 한다.
② 정지경보장치는 방폭성능을 가지지 않아도 된다.
③ 충전구의 나사형식은 왼나사로 한다.
④ 용기의 바탕색은 백색으로 한다.

해설 암모니아는 왼나사에서 제외된다.

문제 57
고온, 고압에서 질화작용과 수소취화 작용이 일어나는 가스는?
① NH_3
② SO_2
③ Cl_2
④ C_2H_2

해설 암모니아는 질소와 수소의 화합물

문제 58
메탄의 성질에 대한 설명으로 틀린 것은?
① 무색, 무취의 기체이다.
② 파란색 불꽃을 내며 탄다.
③ 공기 및 산소와의 혼합물에 불을 붙이면 폭발한다.
④ 불안정하여 격렬히 반응한다.

해설 메탄 : 안전된 화합물

문제 59
아세틸렌 중의 수분을 제거하는 건조제로 주로 사용되는 것은?
① 염화칼슘
② 사염화탄소
③ 진한 황산
④ 활성알루미나

해설 고압건조기, 저압건조기 내부에 염화칼슘충전

55. ① 56. ③ 57. ① 58. ④ 59. ①

문제 60 1Pa는 몇 N/m^2인가?

① 1
② 10^2
③ 10^3
④ 10^4

해설 $1Pa = 1N/m^2$

60. ①

2021년 4월 CBT 시행

문제 01 아세틸렌의 주된 연소 형식은?
① 확산연소
② 증발연소
③ 분해연소
④ 표면연소

해설 아세틸렌은 기체연료이므로 확산연소이다.

문제 02 독성가스 제조시설 식별표지의 글시 색상은? (단, 가스의 명칭은 제외한다.)
① 백색
② 적색
③ 황색
④ 흑색

해설 문자 : 흑색   가스명칭 : 적색

문제 03 운전 중의 제조설비에 대한 일일점검 항목이 아닌 것은?
① 회전기계의 진동, 이상음, 이상온도상승
② 인터록의 작동
③ 가스설비로부터의 누출
④ 가스설비의 조업조건의 변동상황

해설 인터록 설비는 정기검사시 점검한다.

문제 04 다음 중 상온에서 압축시 액화되지 않는 가스는?
① 염소
② 부탄
③ 메탄
④ 프로판

해설 메탄은 임계온도 −82.1℃이므로, 상온에서는 액화되지 않는다.

문제 05 처리능력이라 함은 처리설비 또는 감압설비에 의하여 며칠에 처리할 수 있는 가스량을 말하는가?
① 1일
② 3일
③ 5일
④ 7일

해설 처리능력 : 1일(24시간)에 처리할 수 있는 능력

해답 01. ① 02. ④ 03. ② 04. ③ 05. ①

문제 06
배관 내의 상용압력이 4MPa인 도시가스 배관의 압력이 상승하여 경보장치의 경보가 울리기 시작하는 압력은?

① 4MPa 초과시
② 4.2MPa 초과시
③ 5MPa 초과시
④ 5.2MPa 초과시

해설 경보장치는 상용압력의 1.05배
4MPa 이상인 경우는 상용압력에 0.2MPa를 더한 압력

문제 07
액화가스 충전시설의 정전기 제거조치의 기준으로 옳은 것은?

① 탑류, 저장탱크, 열교환기 등은 단독으로 되어 있도록 한다.
② 밴트스택은 본딩용 접속으로 접속하여 공동접지한다.
③ 접지저항의 총합은 200오옴 이하로 한다.
④ 본딩용 접속선의 단면적은 3mm² 이상의 것을 사용한다.

해설 특정설비는 단독으로 설치해야 한다.

문제 08
용기에 충전하는 시안화수소의 순도는 몇 % 이상으로 규정되어 있는가?

① 90
② 95
③ 98
④ 99.5

문제 09
내용적이 300L인 용기에 액화암모니아를 저장하려고 한다. 이 저장설비의 저장능력은 얼마인가? (단, 액화암모니아의 충전정수는 1.86이다.)

① 161kg
② 232kg
③ 279kg
④ 558kg

해설 $\dfrac{300}{1.86} = 161$

문제 10
LPG 용기 충전시설에 설치되는 긴급차단장치에 대한 기준으로 틀린 것은?

① 저장탱크 외면에서 5m 이상 떨어진 위치에서 조작하는 장치를 설치한다.
② 기상 가스배관 중 송출배관에는 반드시 설치한다.
③ 액상의 가스를 이입하기 위한 배관에는 역류방지밸브로 갈음할 수 있다.
④ 소형 저장탱크에는 의무적으로 설치할 필요가 없다.

해설 긴급차단장치는 액체 이입상배관에 설치한다.

06. ② 07. ① 08. ③ 09. ① 10. ②

문제 11
에어졸 제조시설에는 온수시험탱크를 갖추어야 한다. 에어졸 충전용기의 가스 누출시험 온수온도의 범위는?

① 26℃ 이상 30℃ 미만
② 36℃ 이상 40℃ 미만
③ 46℃ 이상 50℃ 미만
④ 56℃ 이상 60℃ 미만

해설 온수시험탱크수온 46~50℃

문제 12
다음 가스 중 위험도가 가장 큰 것은?

① 프로판
② 일산화탄소
③ 아세틸렌
④ 암모니아

해설 위험도 $= \dfrac{상한-하한}{하한} = \dfrac{81-2.5}{2.5} = 31.4$

C_2H_2이 가장 크다.

문제 13
어떤 고압설비의 상용압력이 1.6MPa일 때 이 설비의 내압시험 압력은 몇 MPa 이상으로 실시하여야 하는가?

① 1.6
② 2.0
③ 2.4
④ 2.7

해설 내압시험 = 상용압력 × 1.5
$1.6 \times 1.5 = 2.4$

문제 14
다음 중 연소의 3요소에 해당되는 것은?

① 공기, 산소공급원, 열
② 가연물, 연료, 빛
③ 가연물, 산소공급원, 공기
④ 가연물, 공기, 점화원

해설 연소 = 가연성 + 지연성 + 점화원

문제 15
도시가스 배관의 굴착공사 작업에 대한 설명 중 틀린 것은?

① 가스 배관과 수평거리 1m 이내에서는 파일박기를 하지 아니한다.
② 항타기는 가스배관과 수평거리가 2m 이상 되는 곳에 설치한다.
③ 가스배관의 주위를 굴착하고자 할 때에는 가스배관의 좌우 1m 이내의 부분은 인력으로 굴착한다.
④ 줄파기 1일 시공량 결정은 시공속도가 가장 느린 천공작업에 맞추어 결정한다.

해설 30cm 이내에는 파일박기를 하지 말 것

11. ③　12. ③　13. ③　14. ④　15. ①

문제 16

다음 독성가스 중 제독제로 물을 사용할 수 없는 것은?

① 암모니아 ② 아황산가스
③ 염화메탄 ④ 황화수소

문제 17

인체용 에어졸 제품의 용기에 기재할 사항으로 틀린 것은?

① 특정부위에 계속하여 장시간 사용하지 말 것
② 가능한 한 인체에서 10cm 이상 떨어져서 사용할 것
③ 온도가 40℃ 이상 되는 장소에 보관하지 말 것
④ 불 속에 버리지 말 것

해설 인체에서 20cm 이상 떨어져서 사용할 것.

문제 18

차량이 통행하기 곤란한 지역의 경우 액화석유가스 충전용기를 오토바이에 적재하여 운반할 수 있다. 다음 중 오토바이에 적재하여 운반할 수 있는 충전용기 기준에 적합한 것은?

① 충전량이 10kg인 충전용기 - 적재 충전용기 2개
② 충전량이 13kg인 충전용기 - 적재 충전용기 3개
③ 충전량이 20kg인 충전용기 - 적재 충전용기 3개
④ 충전량이 20kg인 충전용기 - 적재 충전용기 4개

해설 10kg미만 LPG용기는 1단으로 쌓을 것

문제 19

도시가스에 대한 설명 중 틀린 것은?

① 국내에서 공급하는 대부분의 도시가스는 메탄을 주성분으로 하는 천연가스이다.
② 도시가스는 주로 배관을 통하여 수요가에게 공급된다.
③ 도시가스의 원료로 LPG를 사용할 수 있다.
④ 도시가스는 공기와 혼합만 되면 폭발한다.

해설 폭발범위 내에서만 연소한다.

해답 16. ④ 17. ② 18. ① 19. ④

문제 20 일반도시가스 공급시설의 시설기준으로 틀린 것은?

① 가스공급 시설을 설치한 곳에는 누출된 가스가 머물지 아니하도록 환기설비를 설치한다.
② 공동구 안에는 환기장치를 설치하며 전기설비가 있는 공동구에는 그 전기설비를 방폭구조로 한다.
③ 저장탱크의 안전장치인 안전밸브나 파열판에는 가스 방출관을 설치한다.
④ 저장탱크의 안전밸브는 다이어프램식 안전밸브로 한다.

해설 스프링식 안전밸브를 사용해야 한다.

문제 21 다음 중 냄새로 누출여부를 쉽게 알 수 있는 가스는?

① 질소, 이산화탄소
② 일산화탄소, 아르곤
③ 염소, 암모니아
④ 에탄, 부탄

해설 염소, 암모니아는 자극취가 있다.

문제 22 고압가스용 재충전금지 용기는 안전성 및 호환성을 확보하기 위하여 일정 치수를 갖는 것으로 하여야 한다. 이에 대한 설명 중 틀린 것은?

① 납붙임 부분은 용기 몸체 두께의 4배 이상의 길이로 한다.
② 최고충전압력(MPa)의 수치와 내용적(L)의 수치와의 곱이 100 이하로 한다.
③ 최고충전압력이 35.5MPa 이하이고 내용적이 20리터 이하로 한다.
④ 최고충전압력이 3.5MPa 이상인 경우에는 내용적이 5리터 이하로 한다.

해설 최고충전압력 22.5MPa 이하, 내용적 25리터 이하일 때 적용

문제 23 도시가스의 배관에 표시하여야 할 사항이 아닌 것은?

① 사용가스명
② 최고사용압력
③ 가스의 흐름방향
④ 가스공급자명

해답 20. ④ 21. ③ 22. ③ 23. ④

문제 24 흡수식 냉동설비의 냉동능력 정의로 올바른 것은?

① 발생기를 가열하는 1시간의 입열량 3천 320kcal를 1일의 냉동능력 1톤으로 본다.
② 발생기를 가열하는 1시간의 입열량 6천 640kcal를 1일의 냉동능력 1톤으로 본다.
③ 발생기를 가열하는 24시간의 입열량 3천 320kcal를 1일의 냉동능력 1톤으로 본다.
④ 발생기를 가열하는 24시간의 입열량 6천 640kcal를 1일의 냉동능력 1톤으로 본다.

해설 흡수식은 발생기 입열량 6640kcal가 1RT

문제 25 고압가스 일반제조시설에서 아세틸렌가스를 용기에 충전하는 경우에 방호벽을 설치하지 않아도 되는 곳은?

① 압축기의 유분리기와 고압건조기 사이
② 압축기와 아세틸렌가스 충전장소 사이
③ 압축기와 아세틸렌가스 충전용기 보관장소 사이
④ 충전장소와 아세틸렌 충전용주관밸브 조작밸브 사이

해설 아세틸렌 유분리기와 고압건조기 사이에는 역류방지밸브를 설치한다.

문제 26 습식아세틸렌발생기의 표면온도는 몇 ℃ 이하를 유지하여야 하는가?

① 70   ② 90
③ 100   ④ 110

문제 27 운전 중인 액화석유가스 충전설비의 작동상황에 대하여 주기적으로 점검하여야 한다. 점검 주기는?

① 1일에 1회 이상   ② 1주일에 1회 이상
③ 3월에 1회 이상   ④ 6월에 1회 이상

문제 28 독성가스의 제독작업에 필요한 보호구 장착훈련의 주기는?

① 1개월마다 1회 이상   ② 2개월마다 1회 이상
③ 3개월마다 1회 이상   ④ 6개월마다 1회 이상

해답 24. ② 25. ① 26. ① 27. ① 28. ③

문제 29
특정설비 재검사 면제대상이 아닌 것은?
① 차량에 고정된 탱크
② 초저온 압력용기
③ 역화방지장치
④ 독성가스배관용 밸브

해설 차량고정탱크는 정기적 검사를 받아야 한다.

문제 30
내용적 1L 이하의 일회용 용기로서 라이터충전용, 연료가스용 등으로 사용하는 용기는?
① 용접용기
② 이음매 없는 용기
③ 접합 또는 납붙임용기
④ 융착용기

해설 1회용 부탄용기는 접합 또는 납붙임용기이다.

문제 31
가연성가스의 제조설비 내에 설치하는 전기기기에 대한 설명으로 옳은 것은?
① 1종 장소에는 원칙적으로 전기설비를 설치해서는 안된다.
② 안전증 방폭구조는 전기기기의 불꽃이나 아크를 발생하여 착화원이 될 염려가 있는 부분을 기름 속에 넣은 것이다.
③ 2종 장소는 정상의 상태에서 폭발성 분위기가 연속하여 또는 장시간 생성되는 장소를 말한다.
④ 가연성가스가 존재할 수 있는 위험장소는 1종 장소, 2종 장소 및 0종 장소로 분류하고 위험장소에서는 방폭형 전기기기를 설치하여야 한다.

해설 **위험장소** : 0종, 1종, 2종으로 구분한다.

문제 32
발연황산시약을 사용한 오르자트법 또는 브롬시약을 사용한 뷰렛법에 의한 시험에서 순도가 98% 이상이고, 질산은 시약을 사용한 정성시험에서 합격한 것을 품질검사기준으로 하는 가스는?
① 시안화수소
② 산화에틸렌
③ 아세틸렌
④ 산소

해설 C_2H_2 순도는 98% 이상이어야 한다.

29. ① 30. ③ 31. ④ 32. ③

문제 33
진탕형 오토클레이브의 특징이 아닌 것은?

① 가스 누출의 가능성이 없다.
② 고압력에 사용할 수 있고 반응물의 오손이 없다.
③ 뚜껑판에 뚫어진 구멍에 촉매가 끼여 들어갈 염려가 있다.
④ 교반효과가 뛰어나며 교반형에 비하여 효과가 크다.

해설 진탕형보다 교반형이 효과가 크다.

문제 34
압축기에서 두압이란?

① 흡입 압력이다.
② 증발기내의 압력이다.
③ 크랭크 케이스내의 압력이다.
④ 피스톤 상부의 압력이다.

해설 두압 : 피스톤 상부압력

문제 35
저장탱크 및 가스홀더는 가스가 누출되지 않는 구조로하고 얼마 이상의 가스를 저장하는 것에는 가스방출장치를 설치하는가?

① $1m^3$
② $3m^3$
③ $5m^3$
④ $10m^3$

해설 가스방출장치대상 : $5000l$ 즉 $5m^3$ 이상 탱크 및 홀더

문제 36
탱크로리 충전작업 중 작업을 중단해야 하는 경우가 아닌 것은?

① 탱크 상부로 충전 시
② 과 충전시
③ 가스 누출 시
④ 안전밸브 작동 시

문제 37
다음 [그림]은 무슨 공기 액화장치인가?

① 클라우드식 액화장치
② 린데식 액화장치
③ 캐피자식 액화장치
④ 필립스식 액화장치

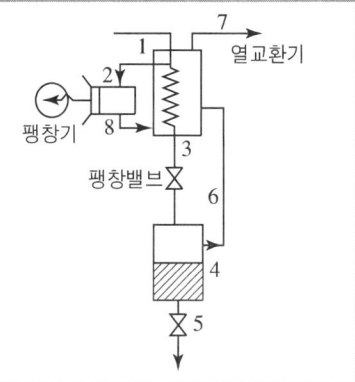

해설 팽창기가 없는 형식은 린데스식

해답
33. ④　34. ④　35. ③　36. ①　37. ①

문제 38 암모니아용 부르돈관 압력계의 재질로서 가장 적당한 것은?
① 황동
② Al강
③ 청동
④ 연강

해설 암모니아는 동이나 동합금을 사용할수 없다.

문제 39 증기 압축식 냉동기에서 냉매가 순환되는 경로로 옳은 것은?
① 압축기 → 증발기 → 응축기 → 팽창밸브
② 증발기 → 응축기 → 압축기 → 팽창밸브
③ 증발기 → 팽창밸브 → 응축기 → 압축기
④ 압축기 → 응축기 → 팽창밸브 → 증발기

해설 냉동사이클 : 압축-응축-팽창-증발

문제 40 도시가스배관의 접합방법 중 강관의 접합방법으로 사용하지 않는 것은?
① 나사접합
② 용접접합
③ 플렌지접합
④ 압축접합

해설 강관의 압축접합법은 없다.

문제 41 터보식 펌프로서 비교적 저양정에 적합하며, 효율 변화가 비교적 급한 펌프는?
① 원심 펌프
② 축류 펌프
③ 왕복 펌프
④ 베인 펌프

해설 원심식(고양정), 사류식(중양정), 축류식(저양정)

문제 42 연료의 배기가스를 화학적으로 액속에 흡수시켜 그 용량의 감소로 가스의 농도를 분석하며 3개의 피펫과 1개의 뷰렛, 2개의 수준병으로 구성된 가스분석 방법은?
① 헴펠(Hempel)법
② 오르자트(Orsat)법
③ 게겔(Gockel)법
④ 직접법(Iodimetry)

해설 오르자트(흡수식)법 : $CO_2 - O_2 - CO$

해답 38. ④　39. ④　40. ④　41. ②　42. ②

문제 43 차압식 유량계의 계측 원리는?

① 베르누이의 정리를 이용　② 피스톤의 회전을 적산
③ 전열선의 저항값을 이용　④ 전자유도법칙을 이용

해설 **차압식유량계** : 유량은 차압의 제곱근에 비례한다. – 베르누이정리

문제 44 온도계의 선정방법에 대한 설명 중 틀린 것은?

① 지시 및 기록 등을 쉽게 행할 수 있을 것
② 견고하고 내구성이 있을 것
③ 취급하기가 쉽고 측정하기 간편할 것
④ 피측 온체의 화학반응 등으로 온도계에 영향이 있을 것

문제 45 아세틸렌 용기에 충전하는 다공성 물질이 아닌 것은?

① 석면　　　　　　　　② 목탄
③ 폴리에틸렌　　　　　④ 다공성 플라스틱

해설 **다공물질** : 숯, 석면, 목탄, 다공성 플라스틱 등

문제 46 다음 중 압력 환산 값을 서로 옳게 나타낸 것은?

① $1lb/ft^2 ≒ 0.142kg/cm^2$　　② $1kg/cm^2 ≒ 13.7lb/in^2$
③ $1atm ≒ 1033g/cm^2$　　　　④ $76cmHg ≒ 1013dyne/cm^2$

해설 $1atm - 1.033kg/cm^2 - 1033g/cm^2$

문제 47 고압가스안전관리법령에 따라 "상용의 온도에서 압력이 1MPa 이상이 되는 압축가스로서 실제로 그 압력이 1MPa 이상이 되는 경우에는 고압가스에 해당한다." 여기에서 압력은 어떠한 압력을 말하는가?

① 대기압　　　　　　　② 게이지압력
③ 절대압력　　　　　　④ 진공압력

해설 고·중·저압의 구분값은 게이지압력이다.

43. ①　44. ④　45. ③　46. ③　47. ②

문제 48 다음 중 유해한 유황 화합물 제거방법에서 건식법에 속하지 않는 것은?

① 활성탄 흡착법
② 산화철 접촉법
③ 몰리큘러시이브 흡착법
④ 시이볼트법

해설 몰리큘러서브, 활성탄, 산화철 등은 건식흡착법이다.

문제 49 표준 대기압에서 물의 동결(凍結) 온도로서 값이 틀린 하나는?

① 0°F
② 0℃
③ 273K
④ 492°R

해설 0℃ = 32°F

문제 50 포스겐에 대한 설명으로 옳은 것은?

① 순수한 것은 무색, 무취의 기체이다.
② 수산화나트륨에 빨리 흡수된다.
③ 폭발성과 인화성이 크다.
④ 화학식은 COCl 이다.

해설 **포스겐**($COCl_2$)
① 수산화나트륨(NaOH)에 빨리 흡수되어 탄산나트륨이 생성된다.
② 자극성 냄새가 난다.

문제 51 어떤 액체의 비중이 13.6이다. 액체 표면에서 수직으로 15m 깊이에서의 압력은?

① 2.04kg/cm²
② 20.4kg/cm²
③ 2.04kg/m²
④ 20.4kg/mm²

해설 ① 압력: $P[kg/m^2][N/m^2]$ ② 비중량: $r[kg/m^3][N/m^3]$
③ 물의 비중: 1   ④ 수두: $h[m]$
⑤ $P = \gamma h = \gamma o + w \times S \times h = 1000 kg/m^3 \times 13.6 \times 15m = 204000 kg/m^2$
⑥ $1m^2 = 10^4 cm^2$, $\dfrac{204000}{10000} = 20.4 kg/cm^2$

문제 52 아세틸렌의 성질에 대한 설명으로 옳은 것은?

① 분해 폭발성이 있는 가스이므로 단독으로 가압하여 충전할 수 없다.
② 염소와 반응하여 염화비닐을 만든다.
③ 염화수소와 반응하여 사염화에탄이 생성된다.
④ 융점은 약 82℃ 정도이다.

48. ④ 49. ① 50. ② 51. ② 52. ①

해설 C_2H_2는 분해폭발을 방지하기위해 희석제를 첨가해야 한다.

문제 53 다음 중 냉매로 사용되며 무독성인 기체는?

① CCl_2F_2
② NH_3
③ CO
④ SO_2

해설 Cl_2F_2-후레온12(가정용 냉장고 냉매)

문제 54 에틸렌 제조의 원료로 사용되지 않는 것은?

① 나프타
② 에탄올
③ 프로판
④ 염화메탄

해설 에틸렌은 포화탄화수소를 분리해서 얻는다.

문제 55 공기 중 함유량이 큰 것부터 차례로 나열된 것은?

① 네온>아르곤>헬륨
② 네온>헬륨>아르곤
③ 아르곤>네온>헬륨
④ 아르곤>헬륨>네온

해설 희가스 중 알곤의 함유량이 제일 크다.

문제 56 가열로에서 20℃ 물 1000kg을 80℃ 온수로 만들려고 한다. 프로판 가스는 약 몇 kg이 필요한가? (단, 가열로의 열효율은 90%이며, 프로판가스의 열량은 12000kcal/kg이다.)

① 4.6
② 5.6
③ 6.6
④ 7.6

해설 $\dfrac{1000 \times (80-20)}{12000 \times 0.9} = 5.6$

문제 57 "기체 혼합물의 전 부피는 동일 온도 및 압력하에서 각 성분 기체의 부분부피의 합과 같다."는 혼합기체의 법칙은?

① Amagat의 법칙
② Boyle의 법칙
③ Charles의 법칙
④ Dalton의 법칙

해설 돌턴의 분압법칙과 아마겟의 분용법칙(부분부피법칙)이 있다.

53. ① 54. ④ 55. ③ 56. ② 57. ①

문제 58 수소와 산소의 비가 얼마일 때 폭명기라고 하는가?

① 2 : 1 ② 1 : 1
③ 1 : 2 ④ 3 : 2

해설 $H_2 + O \rightarrow H_2O$
2 : 1 → 2

문제 59 다음 ( )안의 ①~②에 각각 알맞은 것은?

천연가스의 주성분인 메탄(CH_4)은 1kg당 0℃ 1기압에서 기체상태로 1.4m³이며 이것을 (①)℃, 1기압으로 액화하면 체적이 0.0024m³으로 되어 약 (②)로 줄어든다.

① ① -42.1 ② 1/600
② ① -162 ② 1/250
③ ① -162 ② 1/600
④ ① -62 ② 1/250

해설 메탄비점 : -162℃

기체 : $\dfrac{22.4}{16} = 1.4$m³/kg, 액화시 부피 $\dfrac{1}{600}$

문제 60 고체연료인 석탄의 공업분석 항목으로 옳은 것은?

① 탄소 ② 회분
③ 수소 ④ 질소

해설 **공업분석** : 회분, 수분, 휘발분 등

58. ① 59. ③ 60. ②

2021년 6월 CBT 시행

문제 01 액화석유가스 사용시설에서 저장능력이 2톤인 경우 저장설비가 화기 취급장소와 유지하여야 하는 우회거리는 얼마이상이어야 하는가?

① 2m
② 3m
③ 5m
④ 8m

문제 02 고압가스 운반책임자를 꼭 동승하여야 하는 경우로서 틀린 것은?

① 압축가스인 수소 500m³를 적재하여 운반할 경우
② 압축가스인 산소 800m³를 적재하여 운반할 경우
③ 액화석유가스를 충전한 납붙임용기 1,000kg을 적재하여 운반하는 경우
④ 액화천연가스를 충전한 탱크로리로서 3,000kg을 적재하여 운반하는 경우

해설 운반책임자 동승기준
① 압축가스인 수소인 경우 300m³ 이상 시
② 압축가스인 산소인 경우 600m³ 이상 시
③ 액화석유가스를 충전한 납붙임용기 2,000kg을 적재하여 운반하는 경우
④ 액화천연가스를 충전한 탱크로리로서 3,000kg을 적재하여 운반하는 경우

문제 03 고압가스 충전용기의 운반 기준으로 틀린 것은?

① 충전용기를 차량에 적재하여 운반할 때는 붉은 글씨로 "위험고압가스"라는 경계표시를 할 것
② 운반 중의 충전용기는 항상 50℃ 이하를 유지할 것
③ 하역 작업 시에는 완충판 위에서 취급하며 이를 항상 차량에 비치할 것
④ 충격을 방지하기 위하여 로프 등으로 결속할 것

해설 고압가스 충전용기의 운반 기준
① 운반 중의 충전용기는 항상 40℃ 이하를 유지할 것
② 충격을 방지하기 위하여 로프 등으로 결속할 것
③ 충전용기를 차량에 적재하여 운반할 때는 붉은 글씨로 "위험 고압가스"라는 경계표시를 할 것
④ 하역 작업 시에는 완충판 위에서 취급하며 이를 항상 차량에 비치

01. ③ 02. ③ 03. ②

문제 04 배관용 탄소강관에 아연(Zn)을 도금하는 주된 이유는?

① 미관을 아름답게 하기 위해
② 보온성을 증대하기 위해
③ 내식성을 증대하기 위해
④ 부식성을 증대하기 위해

해설 **아연을 도금하는 이유** : 내식성을 증대하기 위하여

문제 05 에어졸 제조설비 및 에어졸 충전용기 저장소는 화기 및 인화성물질과 얼마 이상의 우회거리를 유지하여야 하는가?

① 5m
② 8m
③ 12m
④ 20m

해설 에어졸 제조설비 및 에어졸 충전용기 저장소는 화기 및 인화성물질과 8m 이상의 우회거리를 유지

문제 06 도시가스의 유해성분 측정 대상이 아닌 것은?

① 황
② 황화수소
③ 이산화탄소
④ 암모니아

해설 **유해성분의 측정**(0℃ 1.013250bar)
① 황 : 0.5g 이하
② 암모니아 : 0.2g 이하
③ 황화수소 : 0.02g 이하

문제 07 고압가스안전관리법의 적용을 받는 가스는?

① 철도차량의 에어콘디셔너 안의 고압가스
② 냉동능력 3통 미만인 냉동설비 안의 고압가스
③ 용접용 아세틸렌가스
④ 액화브롬화메탄 제조설비외에 있는 액화브롬화메탄

해설 **고압가스 안전관리법의 적용 제외**
① 액화브롬화메탄 제조설비 외에 있는 액화브롬화메탄
② 냉동능력 3Ton 미만인 냉동설비 안의 고압가스
③ 철도차량의 에어콘디셔너 안의 고압가스

문제 08 다음 중 동일차량에 적재하여 운반할 수 없는 경우는?

① 산소와 질소
② 질소와 탄산가스
③ 탄산가스와 아세틸렌
④ 염소와 아세틸렌

해답 04. ③ 05. ② 06. ③ 07. ③ 08. ④

해설 동일차량에 혼합적재 금지
① 염소와 아세틸렌 ② 염소와 수소
③ 염소와 암모니아

문제 09 가연성가스의 발화도 범위가 85℃ 초과 100℃ 이하는 다음 발화도 범위에 따른 방폭전기기기의 온도등급 중 어디에 해당하는가?

① T3 ② T4
③ T5 ④ T6

해설 방폭전기기기의 온도등급

온도등급	T_1	T_2	T_3	T_4	T_5	T_6
최고표면온도	≦450	≦300	≦200	≦135	≦100	≦85

문제 10 고압가스를 차량으로 운반할 때 몇 km 이상의 거리를 운행하는 경우에 중간에 휴식을 취한 후 운행하도록 되어 있는가?

① 100 ② 200
③ 300 ④ 400

해설 고압가스를 차량으로 운반할 때 200km 이상의 거리를 운행하는 경우 중간에 휴식을 취한 후 운행

문제 11 가연성가스라 함은 공기 중에서 연소하는 가스로서 폭발한계의 하한과 폭발한계의 상한을 규정하고 있다. 하한값으로 옳은 것은?

① 10퍼센트 이하 ② 20퍼센트 이하
③ 10퍼센트 이상 ④ 20퍼센트 이상

해설 **가연성가스**란 : 폭발 하한이 10% 이하이거나 하한과 상한의 차가 20% 이상인 가스

문제 12 고압가스 배관에서 상용압력이 0.2MPa 이상 1MPa 미만인 경우 공지의 폭은 얼마로 정해져 있는가? (단, 전용 공업지역 이외의 경우이다.)

① 3m 이상 ② 5m 이상
③ 9m 이상 ④ 15m 이상

해설 공지 폭

압 력	공지의 폭
2kg/cm² 미만(0.2MPa)	5m 이상
2kg/cm² 이상 10kg/cm² 미만(0.2~1MPa)	9m 이상
10kg/cm² 이상(1MPa 이상)	15m 이상

해답

09. ④ 10. ② 11. ① 12. ③

문제 13 액화석유가스를 자동차에 충전하는 충전호스의 길이는 몇 m 이내이어야 하는가? (단, 자동차 제조공정 중에 설치된 것을 제외한다.)
① 3 ② 5
③ 8 ④ 10

해설 액화석유가스를 자동차에 충전하는 충전호스의 길이는 5m 이내

문제 14 액화석유가스(LPG)의 기화장치의 액유출방지장치와 관련한 설명으로 틀린 것은?
① 액유출방지장치 작동여부는 기화장치의 압력계로 확인이 가능하다.
② 액유출 현상의 발생이 감지되면 신속히 기화장치의 입구밸브를 잠그어 더 이상의 액상가스 유입을 막아야 한다.
③ 액유출 현상이 발생되면 대부분 조정기 전단에서 결로 현상이나 성애가 끼는 현상이 발생한다.
④ 액유출 현상이 발생하면 액 팽창에 의해 조정기 및 계량기가 파손될 수 있다.

해설 기화장치의 액유출과 조정기의 전단에서의 결로, 성애 등의 현상은 무관하다.

문제 15 가스 난방기구가 보급되면서 급배기 불량으로 인명사고가 많이 발생한다. 그 이유로 가장 옳은 것은?
① N_2 발생 ② CO_2 발생
③ CO 발생 ④ 연소되지 않은 생가스 발생

해설 일산화탄소 발생(독성가스 50PPM 이하)

문제 16 부탄가스용 연소기의 명판에 기재할 사항이 아닌 것은?
① 연소기명 ② 제조자의 형식호칭
③ 연소기 재질명 ④ 제조(로트)번호

해설 부탄가스용 연소기 명판에 기재할 사항
① 제조번호 ② 제조자의 형식호칭 ③ 연소기명

문제 17 가스를 이용하려 하는데 밸브에 얼음이 얼어붙었다. 이 때 조치방법으로 가장 적절한 것은?
① 40℃ 이하의 더운물을 사용하여 녹인다.
② 80℃의 램프로 가열하여 녹인다.
③ 100℃의 뜨거운 물을 사용하여 녹인다.
④ 가스토치로 가열하여 녹인다.

13. ② 14. ③ 15. ③ 16. ③ 17. ①

문제 18 아황산가스의 제독제로 갖추어야 할 것이 아닌 것은?

① 가성소다수용액　　② 소석회
③ 탄산소다수용액　　④ 물

해설 제독제
① 염소 : ㉠ 소석회　㉡ 가성소다　㉢ 탄산소다
② 포스겐 : ㉠ 가성소다　㉡ 소석회
③ 황화수소 : ㉠ 가성소다　㉡ 탄산소다
④ 아황산가스 : ㉠ 물　㉡ 가성소다　㉢ 탄산소다
⑤ 시안화수소 : ㉠ 가성소다
⑥ 암모니아, 산화에틸렌, 염화메탄 : 다량의 물

문제 19 수소 취급 시 주의사항 중 옳지 않은 것은?

① 수소용기의 안전밸브는 가용전식과 파열판식을 병용한다.
② 용기밸브는 오른나사이다.
③ 수소 가스는 피로카롤 시약을 사용한 오르자트법에 의한 시험법에서 순도가 98.5% 이상이어야 한다.
④ 공업용 용기 도색은 주황색이고, "연"자 표시는 백색이다.

해설 용기밸브는 왼나사이다.

문제 20 다음 중 같은 용기보관실에 저장이 가능한 가스는?

① 산소, 수소　　② 염소, 질소
③ 아세틸렌, 염소　　④ 암모니아, 산소

해설 염소(조연성가스)
　　　질소(불연성가스)　┐저장가능

문제 21 원심식 압축기를 사용하는 냉동설비는 원동기 정격출력 얼마를 1일의 냉동능력 1톤으로 하는가?

① 1.2kW　　② 2.4kW
③ 3.6kW　　④ 4.8kW

해설 1일의 냉동능력 1Ton = 1.2kW
　　　　　　　　1RT = 3,320kcal/h
　　흡수식냉동기(1RT) = 6,640kcal/h

18. ②　19. ②　20. ②　21. ①

문제 22
고압가스배관을 지하에 매설하는 경우의 설치기준으로 틀린 것은?

① 배관은 건축물과는 1.5m, 지하도로 및 터널과는 10m 이상의 거리를 유지한다.
② 독성가스의 배관은 그 가스가 혼입될 우려가 있는 수도시설과는 300m 이상의 거리를 유지한다.
③ 배관은 그 외면으로부터 지하의 다른 시설물과 0.3m 이상의 거리를 유지한다.
④ 지표면으로부터 배관의 외면까지 매설깊이는 산이나 들에서는 1.2m 이상, 그 밖의 지역에서는 1.0m 이상으로 한다.

해설 배관의 매설
① 산이나 들, 철도부지와 수평거리, 도로경계와 수평거리 : 1m 이상
② 도로폭이 8m 미만 : 1m 이상   ③ 도로폭이 8m 이상 : 1.2m 이상
④ 건축물 : 1.5m 이상   ⑤ 지하가 및 터널 : 10m 이상
⑥ 수도시설로서 독성가스가 혼입할 우려가 있는 곳 : 300m 이상
⑦ 배관은 외면으로부터 지하의 다른 시설물과 0.3m 이상유지

문제 23
고압가스에 대한 사고예방설비기준으로 옳지 않은 것은?

① 가연성가스의 가스설비 중 전기설비는 그 설치장소 및 그 가스의 종류에 따라 적절한 방폭성능을 가지는 것 일 것
② 고압가스설비에는 그 설비안의 압력이 내압압력을 초과하는 경우 즉시 그 압력을 내압압력 이하로 되돌릴 수 있는 안전장치를 설치하는 등 필요한 조치를 할 것
③ 폭발 등의 위해가 발생할 가능성이 큰 특수반응설비에는 그 위해의 발생을 방지하기 위하여 내부반응 감시설비 및 위험사태발생 방지설비의 설치 등 필요한 조치를 할 것
④ 저장탱크 및 배관에는 그 저장탱크 및 배관이 부식되는 것을 방지하기 위하여 필요한 조치를 할 것

해설 사용압력 이하로 되돌릴 수 있는 안전장치를 설치

문제 24
도시가스 사업소 내에서는 긴급사태 발생 시 필요한 연락을 신속히 할 수 있도록 통신시설을 갖추어야 한다. 이 때 인터폰을 설치하는 경우의 통신범위는 어느 것인가?

① 안전관리자가 상주하는 사업소와 현장 사업소와의 사이
② 사업소내 전체
③ 종업원 상호간
④ 사업소 책임자와 종업원 상호간

해답 22. ④ 23. ② 24. ①

해설 **통신범위**
① 사업소내 전체
  ㉠ 사이렌 ㉡ 휴대용확성기 ㉢ 구내방송 설비 ㉣ 페이징설비 ㉤ 메가폰
② 사업소와 현장사업소
  ㉠ 인터폰 ㉡ 구내전화 ㉢ 구내방송설비 ㉣ 페이징설비
③ 종업원상호간
  ㉠ 페이징설비 ㉡ 휴대용확성기 ㉢ 메가폰 ㉣ 트란시바

문제 25 고압가스용기의 안전점검 기준에 해당되지 않는 것은?

① 용기의 부식, 도색 및 표시 확인
② 용기의 캡이 씌워져 있거나 프로텍터의 부착여부 확인
③ 재검사 기간의 도래 여부를 확인
④ 용기의 누출을 성냥불로 확인

해설 **고압가스용기의 안전점검 기준**
① 재검사 기간의 도래 여부 확인
② 용기의 부식, 도색 및 표시 확인
③ 용기의 캡이 씌워져 있거나 프로텍터의 부착여부 확인

문제 26 일반도시가스 사업자 정압기의 분해점검 실시 주기는?

① 3개월에 1회 이상
② 6개월에 1회 이상
③ 1년에 1회 이상
④ 2년에 1회 이상

해설 **정압기 분해점검** : 2년에 1회 이상
정압기 조도 : 150룩스 이상

문제 27 다음 중 폭발한계의 범위가 가장 좁은 것은?

① 프로판
② 암모니아
③ 수소
④ 아세틸렌

해설 ① 프로판 : 2.1~9.5% ② 암모니아 : 15~28%
③ 수소 : 4~75% ④ 아세틸렌 : 2.5~81%

문제 28 고압가스 특정제조시설의 배관시설에 검지경보장치의 검출부를 설치하여야 하는 장소가 아닌 것은?

① 긴급 차단장치의 부분
② 방호구조물 등에 의하여 개방되어 설치된 배관의 부분
③ 누출된 가스가 체류하기 쉬운 구조인 배관의 부분
④ 슬리이브관, 이중관 등에 의하여 밀폐되어 설치된 배관의 부분

해답

25. ④ 26. ④ 27. ① 28. ②

해설 고압가스 특정제조시설의 배관시설에 검지경보장치의 검출부 설치하여야 하는 장소
① 슬리이브관, 2중관 등에 의하여 밀폐되어 설치된 배관의 부분
② 누출된 가스가 체류하기 쉬운 구조인 배관의 부분
③ 긴급 차단장치의 부분

문제 29 고압장치 운전 중 점검 사항으로 가장 거리가 먼 것은?
① 가스경보기의 상태
② 진동 및 소음 상태
③ 누출 상태
④ 벨트의 이완 상태

해설 운전 중 점검 사항
① 가스누설 경보장치 및 가스경보기 상태
② 저장탱크의 액면지시
③ 계기류의 지시 경보 제어 상태
④ 접지접속선의 단선 그 밖의 손상유무
⑤ 제조설비의 외부부식 마모 균열
⑥ 누출상태
⑦ 제조설비 등의 온도, 유량, 압력, 조업조건 변동 상황
⑧ 진동 및 소음상태

문제 30 0℃, 1atm에서 4L 인 기체는 273℃, 1atm일 때 몇 L 가 되는가?
① 2
② 4
③ 8
④ 12

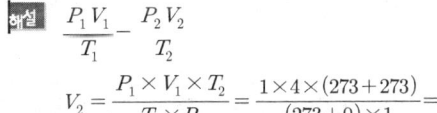

$$\frac{P_1 V_1}{T_1} = \frac{P_2 V_2}{T_2}$$

$$V_2 = \frac{P_1 \times V_1 \times T_2}{T_1 \times P_2} = \frac{1 \times 4 \times (273+273)}{(273+0) \times 1} = 8l$$

문제 31 수소취성을 방지하기 위해 강에 첨가하는 원소로서 옳은 것은?
① Cr
② Al
③ Mn
④ P

해설 수소취성 방지 원소
① V(바나듐) ② Mo(몰리브덴) ③ Ti(티탄) ④ W(텅스텐) ⑤ Cr(크롬)

문제 32 원심펌프를 직렬로 연결시켜 운전하면 무엇이 증가하는가?
① 양정
② 동력
③ 유량
④ 효율

해답 29. ④ 30. ③ 31. ① 32. ①

해설 **직렬연결** : 양정증가, 유량일정
병렬연결 : 유량증가, 양정일정

문제 33
펌프가 운전 중에 한숨을 쉬는 것과 같은 상태가 되어 토출구 및 흡입구에서 압력계의 바늘이 흔들리며 동시에 유량이 변화하는 현상을 무엇이라고 하는가?

① 캐비테이션(공동현상) ② 워터햄머링(수격작용)
③ 바이브레이션(진동현상) ④ 서어징(맥동현상)

해설 **서징현상** : 펌프 운전시 송출압력과 송출유량의 주기적인 변동으로 인하여 펌프입구 및 출구에 설치된 진공계 및 압력계 지침이 흔들리는 현상
수격작용(워터햄머) : 펌프에서 물압송시 정전 등으로 급히 펌프가 멈추거나 수량조절밸브를 급히 폐쇄할 때 관내유속이 급격히 변화 물에 의한 심한 압력 변화가 생겨 관벽을 치는 현상
캐비테이션(공동현상) : 유수중의 어느 부분의 정압이 그때 물의 온도에 해당하는 증기압 이하로 되어 물이 증발을 일으키고 수중에 용입되어 있던 공기가 낮은 압력으로 인하여 기포가 발생하는 현상

문제 34
수은을 이용한 U자관 압력계에서 액주높이(h) 600mm, 대기압(P_1)은 1kg/cm² 일 때 P_2는 약 몇 kg/cm² 인가?

① 0.22 ② 0.92
③ 1.82 ④ 9.16

해설 $P_2 = P_1 + \gamma \times h = 1\,\text{kg/cm}^2 + 13.595\,\text{g/cm}^3 \times 60\,\text{cm} = 1\,\text{kg/cm}^2 + 815.7\,\text{g/cm}^2 = 1.82\,\text{kg/cm}^2$

문제 35
액면계로부터 가스가 방출되었을 때 인화 또는 중독의 우려가 없는 가스에만 사용할 수 있는 액면계가 아닌 것은?

① 고정 튜브식 ② 회전 튜브식
③ 슬립 튜브식 ④ 평형 튜브식

해설 인화 또는 중독의 우려가 없는 가스에만 사용
① 회전 튜브식   ② 고정 튜브식
③ 슬립 튜브식

문제 36
무급유압축기의 종류가 아닌 것은?

① 카본(Carbon)링식 ② 테프론(Teflon)링식
③ 다이어프램(Diaphragm)식 ④ 브론즈(Bronze)식

해설 무급유압축기의 종류
① 다이어프램식 ② 테프론링식 ③ 카본링식

해답

33. ④   34. ③   35. ④   36. ④

문제 37
계측과 제어의 목적이 아닌 것은?

① 조업조건의 안정화　② 고효율화
③ 작업인원의 증가　　④ 안전위생관리

해설 계측과 제어의 목적
　① 고효율화　　　② 안전위생관리
　③ 조업조건 안정화　④ 작업인원 감소

문제 38
공기액화 분리장치의 이산화탄소 흡수탑에서 가성소다로 이산화탄소를 제거한다. 이 반응식으로 옳은 것은?

① $2NaOH + CO_2 \rightarrow Na_2CO_3 + H_2O$
② $2NaOH + 3CO_2 \rightarrow Na_2CO_3 + 2CO + H_2O$
③ $NaOH + CO_2 \rightarrow Na_2CO_3 + H_2O$
④ $NaOH + 2CO_2 \rightarrow NaCO_3 + CO + H_2O$

해설 $2NaOH + CO_2 \rightarrow Na_2CO_3 + H_2O$
　　　(가성소다)　　　(탄산소다)

문제 39
다음 중 용기 파열사고의 원인으로 보기 어려운 것은?

① 용기의 내압력 부족
② 용기 내압의 상승
③ 안전밸브의 작동
④ 용기 내에서 폭발성 혼합가스에 의한 발화

해설 용기의 파열사고 원인
　① 용기 내압력 부족
　② 용기 내압의 상승
　③ 폭발성 혼합가스에 의한 발화

문제 40
고압가스 일반제조시설의 배관 중 압축가스 배관에 반드시 설치하여야 하는 계측기기는?

① 온도계　　② 압력계
③ 풍향계　　④ 가스분석계

해설 압축가스 배관에 반드시 설치 : 압력계

해답　37. ③　38. ①　39. ③　40. ②

문제 41 가스액화 분리장치 중 원료 가스를 저온에서 분리, 정제하는 장치는?
① 한냉장치
② 정류장치
③ 열교환장치
④ 불순물제거장치

해설 **정류장치** : 원료 가스를 저온에서 분리, 정제하는 장치

문제 42 고압가스관련 설비에 해당되지 않은 시설은?
① 안전밸브
② 긴급차단장치
③ 특정고압가스용 실린더캐비닛
④ 압력조정기

해설 **고압가스관련 설비**
① 특정고압가스용 실린더캐비닛 ② 긴급차단장치
③ 안전밸브 ④ 저장탱크
⑤ 역류방지밸브 ⑥ 역화방지장치

문제 43 원심식 압축기의 회전속도를 1.2배로 증가시키면 약 몇 배의 동력이 필요한가?
① 1.2배
② 1.4배
③ 1.7배
④ 2.0배

해설 유량 $= Q \times \left(\dfrac{N_2}{N_1}\right)^1$

양정 $= H \times \left(\dfrac{N_2}{N_1}\right)^2$

동력 $= \text{kW} \times \left(\dfrac{N_2}{N_1}\right)^3 = (1.2)^3 = 1.728$

문제 44 저온 정밀 종류법을 이용하여 주로 분석할 수 있는 가스는?
① 탄화수소의 혼합가스
② SO_2 가스
③ CO_2 가스
④ O_2 가스

해설 저온 정밀 증류법을 이용하여 주로 분석할 수 있는 가스 : 탄화수소의 혼합가스

문제 45 다음 배관재료 중 사용온도 350℃ 이하, 압력 1MPa 이상 10MPa까지의 LPG 및 도시가스의 고압관에 사용되는 것은?
① SPP
② SPW
③ SPPW
④ SPPS

해답 41. ② 42. ④ 43. ③ 44. ① 45. ④

해설 SPPS(압력배관용 탄소강관) : 사용온도 350℃ 이하 사용압력 10kg/cm² 이상(1MPa)
100kg/cm²(10MPa) 미만 사용
SPPH(고압배관용 탄소강관) : 압력이 100kg/cm² 이상시 사용
SPP(배관용 탄소강관) : 사용압력이 10kg/cm² 이하의 증기, 기름, 물 배관에 사용

문제 46
표준 대기압에서 1BTU의 의미는?

① 순수한 물 1kg을 1℃ 변화시키는데 필요한 열량
② 순수한 물 1lb을 1℃ 변화시키는데 필요한 열량
③ 순수한 물 1kg을 1°F 변화시키는데 필요한 열량
④ 순수한 물 1lb을 1°F 변화시키는데 필요한 열량

해설 1CHu/1b℃ : 순수한 물 1lb(파운드)를 1℃(14.5~15.5) 올리는데 필요한 열량
1BTu/1b°F : 순수한 물 1lb(파운드)를 1°F(60.5~61.5) 올리는데 필요한 열량

문제 47
다음 중 가스와 그 용도가 옳게 짝지어진 것은?

① 수소 : 경화유제조, 산소 : 용접, 절단용
② 수소 : 경화유제조, 이산화탄소 : 포스겐제조
③ 산소 : 용접, 절단용, 이산화탄소 : 포스겐제조
④ 수소 : 경화유제조, 염소 : 청량음료

해설 수소의 용도
① 경화유제조용, 메탄올의 합성원료   ② 암모니아 합성의 원료 가스
③ 로켓트 추진원료   ④ 환원성을 이용한 금속제련용
⑤ 윤활유정제용, 나프타, 중유 등의 수소화 탈황
산소의 용도
① 용접, 절단용   ② 산소호흡에 의한 의학용
③ 로켓트 추진용   ④ 제철, 열처리용

문제 48
다음 중 독성이며 가연성의 가스는?

① 수소   ② 일산화탄소
③ 이산화탄소   ④ 헬륨

해설 독성이며 가연성의 가스
① 일산화탄소 : 50PPM 이하 : 12.5~74%
② 암모니아 : 25PPM 이하 : 15~28%
③ 벤젠 : 10PPM 이하 : 1.4~7.1%
④ 황화수소 : 10PPM 이하 : 4.3~45.5%
⑤ 시안화수소 : 10PPM 이하 : 6~41%
⑥ 아세트알데히드 : 100PPM 이하 : 4.1~55%
⑦ 메탄올 : 200PPM 이하 : 7.3~36%
⑧ 산화에틸렌 : 50PPM 이하 : 3~80%

해답 46. ④ 47. ① 48. ②

문제 49 산소의 일반적인 특징에 대한 설명으로 틀린 것은?

① 수소와 반응하여 격렬하게 폭발한다.
② 유지류와 접촉시 폭발의 위험이 있다.
③ 공기 중에서 무성 방전시키면 과산화수소(H_2O_2)가 발생된다.
④ 산소의 분압이 높아지면 폭굉범위가 넓어진다.

해설 산소의 특징
① 공기 중에서 무성 방전시키면 오존이 된다.
② 산소의 분압이 높아지면 폭굉범위가 넓어진다.
③ 수소와 반응하여 격렬하게 폭발한다.
④ 유지류와 접촉시 폭발의 위험이 있다.

문제 50 다음 화합물 중 탄소의 함유량이 가장 많은 것은?

① CO_2
② CH_4
③ C_2H_4
④ CO

해설
① CO_2 : C(12)
② CH_4 : C(12)
③ C_2H_4 : C_2(24)
④ CO : C(12)

문제 51 다음 중 저장소의 바닥 환기에 가장 중점을 두어야 하는 가스는?

① 메탄
② 에틸렌
③ 아세틸렌
④ 부탄

해설
① 메탄(CH_4) : $\frac{16}{29} = 0.55$
② 에틸렌(C_2H_4) : $\frac{28}{29} = 0.9655$ ⎤ 공기보다 가볍다
③ 아세틸렌(C_2H_2) : $\frac{26}{29} = 0.896$ ⎦
④ 부탄(C_4H_{10}) : $\frac{58}{29} = 2$ (공기보다 무겁다)

문제 52 염소의 특징에 대한 설명 중 틀린 것은?

① 염소 자체는 폭발성, 인화성은 없다.
② 상온에서 자극성의 냄새가 있는 맹독성 기체이다.
③ 염소와 산소의 1 : 1 혼합물을 염소폭명기라고 한다.
④ 수분이 있으면 염산이 생성되어 부식성이 강해진다.

해설 염소 폭명기
$H_2 + Cl_2 \rightarrow 2HCl + 44kcal$

해답

49. ③ 50. ③ 51. ④ 52. ③

문제 53 8kg의 물을 18℃에서 98℃까지 상승시키는데 표준상태에서 0.034m³의 LP가스를 연소시켰다. 프로판의 발열량이 24,000kcal/m³이라면 이 때의 열효율은 약 몇 % 인가?
① 48.6
② 59.3
③ 66.6
④ 78.4

해설 열효율 $= \dfrac{8\times(98-18)}{0.034\times24,000}\times100 = 78.43\%$

문제 54 천연가스의 주성분인 물질의 분자량은?
① 16
② 32
③ 44
④ 58

해설 천연가스 주성분 : $CH_4(12+4=16)$

문제 55 1kW의 열량을 환산한 것으로 옳은 것은?
① 536kcal/h
② 632kcal/h
③ 720kcal/h
④ 860kcal/h

해설 $1\,kWh = 102\,kg\cdot m/sec \times \dfrac{1\,kcal}{427\,kg\cdot m} \times 3,600\,sec/1h = 860\,kcal/h$

문제 56 다음 중 1Nm³의 총발열량이 가장 큰 가스는?
① 프로판
② 부탄
③ 수소
④ 도시가스

해설 ① 부탄 : 26691kcal/Nm³ ② 프로판 : 20780kcal/Nm³
③ 수소 : 2420kcal/Nm³ ④ 메탄 : 8080kcal/Nm³

문제 57 도시가스제조소의 페널에 의한 부취제의 농도측정 방법이 아닌 것은?
① 냄새주머니법
② 오더미터법
③ 주사기법
④ 가스분석기법

해설 부취제의 농도측정 방법
① 오더미터법
② 주사기법
③ 냄새주머니법

53. ④ 54. ① 55. ④ 56. ② 57. ④

문제 58 화씨온도 86°F는 몇 ℃ 인가?
① 30
② 35
③ 40
④ 45

해설 ℃ = $\frac{5}{9}$(F − 32) = $\frac{5}{9}$(86 − 32) = 30℃

문제 59 아연, 구리, 은, 코발트 등과 같은 금속과 반응하여 착이온을 만드는 가스는?
① 암모니아
② 염소
③ 아세틸렌
④ 질소

해설 **암모니아** : 아연, 구리, 은, 코발트 등과 같은 금속과 반응하여 착이온을 만드는 가스

문제 60 LPG의 증기압력과 온도와의 관계로서 옳은 것은?
① 온도가 올라감에 따라 압력도 증가한다.
② 온도가 압력과는 관련이 없다.
③ 온도가 올라감에 따라 압력은 떨어진다.
④ 온도가 내려감에 따라 압력은 증가한다.

해설 온도가 증가하면 압력도 증가한다.

58. ① 59. ① 60. ①

2021년 10월 CBT 시행

문제 01 고압가스판매자가 실시하는 용기의 안전점검 및 유지관리의 기준으로 틀린 것은?
① 용기아래부분의 부식상태를 확인할 것
② 완성검사 도래 여부를 확인할 것
③ 밸브의 그랜드너트가 고정판으로 이탈방지를 위한 조치가 되어 있는지의 여부를 확인할 것
④ 용기캡이 씌워져 있거나 프로텍터가 부착되어 있는지의 여부를 확인할 것

해설 재검사 도래여부를 확인할 것

문제 02 LP가스의 특징에 대한 설명으로 틀린 것은?
① LP가스는 공기보다 무거워 낮은 곳에 체류하기 쉽다.
② 액체상태의 LP가스는 물보다 가볍고 증발잠열이 매우 작다.
③ 고무, 페인트, 윤활유를 용해시킬 수 있다.
④ 액체상태 LP가스를 기화하면 부피가 약 260배로 현저히 증가한다.

해설 액체상태의 LP가스는 물보다 가볍고(0.508kg/l), 증발잠열이 매우 크다.

문제 03 가연성 가스의 제조설비 중 전기설비는 방폭성능을 가진 구조로 하여야 한다. 이에 해당되지 않는 가스는?
① 수소
② 프로판
③ 일산화탄소
④ 암모니아

해설 **방폭 성능 가진 구조**
① 수소   ② 프로판
③ 부탄   ④ 일산화탄소
⑤ 아세틸렌   ⑥ 메탄
⑦ 에탄   ⑧ 에틸렌 등

01. ② 02. ② 03. ④

문제 04 | 산소가스를 용기에 충전할 때의 주의사항에 대한 설명으로 옳은 것은?
① 충전압력은 용기내부의 산소가 30℃로 되었을 때의 상태로 규제된다.
② 용기 제조일자를 조사하여 유효기간이 경과한 미검용기는 절대로 충전하지 않는다.
③ 미량의 기름이라면 밸브 등에 묻어 있어도 상관없다.
④ 고압밸브를 개폐시에는 신속히 조작한다.

문제 05 | 공기액화분리장치에서의 액화산소통 내의 액화산소 5L 중 아세틸렌의 질량이 얼마를 초과할 때 폭발방지를 위하여 운전을 중지하고 액화산소를 방출시켜야 하는가?
① 0.1mg
② 5mg
③ 50mg
④ 500mg

해설 액화산소 5L 중 ① 아세틸렌의 질량 : 5mg
② 탄화수소의 탄소질량 : 500mg] 초과시 운전정지 후 액화산소 방출

문제 06 | 가연성가스를 취급하는 장소에는 누출된 가스의 폭발사고를 방지하기 위하여 전기설비를 방폭구조로 한다. 다음 중 방폭구조가 아닌 것은?
① 안전증 방폭구조
② 내열 방폭구조
③ 압력 방폭구조
④ 내압 방폭구조

해설 방폭구조의 종류
① 내압방폭구조(d) ② 유입방폭구조(o)
③ 압력방폭구조(p) ④ 본질안전증방폭구조(ia 또는 ib)
⑤ 안전증방폭구조(e) ⑥ 특수방폭구조(s)

문제 07 | 도시가스사용시설 중 자연배기식 반밀폐식 보일러에서 배기통의 옥상돌출부는 지붕면으로부터 수직거리로 몇 cm 이상으로 하여야 하는가?
① 30
② 50
③ 90
④ 100

해설 자연배기식 반밀폐식 보일러에서 배기통의 옥상돌출부는 지붕면으로부터 수직거리로 90cm 이상유지

해답
04. ② 05. ② 06. ② 07. ③

문제 08
도시가스용 가스계량기와 전기개폐기와의 이격거리는 몇 cm 이상으로 하여야 하는가?

① 15
② 30
③ 45
④ 60

해설 이격거리
① 전선 : 15cm 이상
② 접속기, 점멸기, 굴뚝 : 30cm 이상
③ 안전기, 계량기, 개폐기, 콘센트 : 60cm 이상

문제 09
용기 파열사고의 원인으로 가장 거리가 먼 것은?

① 용기의 내압력 부족
② 용기 내압의 상승
③ 용기내에서 폭발성 혼합가스에 의한 발화
④ 안전밸브의 작동

해설 용기 파열사고의 원인
① 용기내에서 폭발성 혼합가스에 의한 발화
② 용기 내압의 상승
③ 용기의 내압력 부족

문제 10
고압가스시설의 가스누출검지경보장치 중 검지부 설치 수량의 기준으로 틀린 것은?

① 건축물 내에 설치되어 있는 압축기, 펌프 및 열교환기 등 고압가스설비군의 바닥면 둘레가 22m인 시설에 검지부 2개 설치
② 에틸렌제조시설의 아세틸렌수첨탑으로서 그 주위에 누출한 가스가 체류하기 쉬운 장소의 바닥면 둘레가 30m 인 경우에 검지부 3개 설치
③ 가열로가 있는 제조설비의 주위에 가스가 체류하기 쉬운 장소의 바닥면 둘레가 18m인 경우에 검지부 1개 설치
④ 염소충전용 접속구 군의 주위에 검지부 2개 설치

해설 건축물 내에 설치되어 있는 압축기, 펌프 및 열교환기 등 고압가스설비군의 바닥면 둘레가 10m인 시설에 한하여 검지부 1개설치

문제 11
액화석유가스의 사용시설 중 관경이 33m 이상의 배관은 몇 m 마다 고정·부착하는 조치를 하여야 하는가?

① 1
② 2
③ 3
④ 4

해답
08. ④ 09. ④ 10. ① 11. ③

해설 **배관의 고정**
① 관경이 13mm 미만 : 1m 마다
② 관경이 13mm 이상 33mm 미만 : 2m 마다
③ 관경이 33mm 이상 : 3m 마다

문제 12 차량에 고정된 탱크 중 독성가스는 내용적을 얼마 이하로 하여야 하는가?
① 12,000L
② 15,000L
③ 16,000L
④ 18,000L

해설 **내용적**
① 가연성 산소 : 18,000l 이하
② 독성 : 12,000l 이하

문제 13 산소 압축기의 내부 윤활유로 사용되는 것은?
① 물 또는 10% 묽은 글리세린수
② 진한 황산
③ 양질의 광유
④ 디젤엔진유

해설 **내부 윤활유**
① 산소 : 물 또는 10% 이하의 묽은 글리세린수
② 공기, 수소, 아세틸렌 압축기 : 양질의 광유
③ 염소 : 농황산

문제 14 상온에서 압축하면 비교적 쉽게 액화되는 가스는?
① 수소
② 질소
③ 메탄
④ 프로판

해설 **액화가스** : 프로판, 부탄, 시안화수소, 염소, 암모니아

문제 15 다음 중 가장 높은 압력은?
① 8.0mH$_2$O
② 0.82kg/cm^2
③ 9,000kg/m^2
④ 500mmHg

해설 ① 1kg/cm^2 = 10mH$_2$O
x = 8mH$_2$O
$$x = \frac{1\text{kg/cm}^2 \times 8\text{mH}_2\text{O}}{10\text{mH}_2\text{O}} = 0.8\text{kg/cm}^2$$
② 0.82kg/cm^2
③ 1kg/cm^2 = 10,000kg/m^2
x = 9,000kg/m^2

12. ① 13. ① 14. ④ 15. ③

$$x = \frac{1 \times 9,000}{10,000} = 0.9 \text{kg/cm}^2$$

④ $1\text{kg/cm}^2 = 735.5\text{mmHg}$
$x = 500\text{mmHg}$
$$x = \frac{1\text{kg/cm}^2 \times 500\text{mmHg}}{735.5\text{mmHg}} = 0.679\text{kg/cm}^2$$

문제 16. 고압가스 용기 보관의 기준에 대한 설명으로 틀린 것은?

① 용기보관장소 주위 2m 이내에는 화기를 두지 말 것
② 가연성가스 · 독성가스 및 산소의 용기는 각각 구분하여 용기보관장소에 놓을 것
③ 가연성가스를 저장하는 곳에는 방폭형 휴대용 손전등 외의 등화를 휴대하지 말 것
④ 충전용기와 잔가스용기는 서로 단단히 결속하여 넘어지지 않도록 할 것

해설 충전용기와 잔가스용기는 각각 보관하여야 한다.

문제 17. LPG를 수송할 때의 주의사항으로 틀린 것은?

① 운전중이나 정차중에도 허가된 장소를 제외하고는 담배를 피워서는 안된다.
② 운전자는 운전기술 외에 LPG의 취급 및 소화기 사용 등에 관한 지식을 가져야 한다.
③ 누출됨을 일았을 때는 가까운 경찰서, 소방서까지 직접 운행하여 알린다.
④ 주차할 때는 안전한 장소에 주차하며, 운반책임자와 운전자는 동시에 차량에서 이탈하지 않는다.

문제 18. 다음 중 용기보관 장소에 대한 설명으로 틀린 것은?

① 용기보관소 경계표지는 해당 용기보관소 또는 보관실의 출입구 등 외부로부터 보기 쉬운 곳에 게시한다.
② 수소 용기보관 장소에는 겨울철 실내온도가 내려가므로 상부의 통풍구를 막아야 한다.
③ 용기보관장소에는 계량기 등 작업에 필요한 물건 외에는 두지 않는다.
④ 가연성가스와 산소의 용기는 각각 구분하여 용기보관장소에 놓는다.

해설 상부의 통풍구를 막으면 안 된다.

해답 16. ④ 17. ③ 18. ②

문제 19
가연성가스와 산소의 혼합비가 완전 산화에 가까울수록 발화지연은 어떻게 되는가?

① 길어진다. ② 짧아진다.
③ 변함이 없다. ④ 일정치 않다.

해설 가연성가스와 산소의 혼합비가 완전 산화에 가까울수록 발화지연은 짧아진다.

문제 20
액화석유가스를 충전하는 충전용 주관의 압력계는 국가표준기준법에 의한 교정을 받은 압력계로 몇 개월마다 한번이상 그 기능을 검사하여야 하는가?

① 1개월 ② 2개월
③ 3개월 ④ 6개월

해설 압력계 검사 : ① 충전용 주관의 압력계 : 매월 1회 이상
② 기타 압력계 : 3월에 1회 이상

문제 21
다음 중 가연성이며 독성인 가스는?

① 아세틸렌, 프로판 ② 수소, 이산화탄소
③ 암모니아, 산화에틸렌 ④ 아황산가스, 포스겐

해설 가연성이며 독성가스
① 산화에틸렌 ② 암모니아 ③ 아세트알데히드
④ 일산화탄소 ⑤ 벤젠 ⑥ 시안화수소
⑦ 황화수소 ⑧ 메탄올

문제 22
국내 일반가정에 공급되는 도시가스(LPG)의 발열량은 약 몇 kcal/m³ 인가? (단, 도시가스 월사용예정량의 산정기준에 따른다.)

① 9,000 ② 10,000
③ 11,000 ④ 12,000

문제 23
다음 중 아세틸렌, 암모니아 또는 수소와 동일 차량에 적재 운반할 수 없는 가스는?

① 염소 ② 액화석유가스
③ 질소 ④ 일산화탄소

해설 운반 금지
① 염소와 아세틸렌 ② 염소와 수소
③ 염소와 암모니아

19. ② 20. ① 21. ③ 22. ③ 23. ①

문제 24 저장설비나 가스설비를 수리 또는 청소 할 때 가스 치환작업을 생략할 수 있는 경우가 아닌 것은?

① 가스설비의 내용적이 2m³ 이하일 경우
② 작업원이 설비 내부로 들어가지 않고 작업할 경우
③ 출입구의 밸브가 확실하게 폐지되어 있고 내용적 5m³ 이상의 가스설비에 이르는 사이에 2개 이상의 밸브를 설치한 경우
④ 설비의 간단한 청소, 가스켓의 교환이나 이와 유사한 경미한 작업일 경우

해설 가스 치환을 생략할 수 있는 조건
① 가스설비의 내용적이 1m³ 이하인 것
② 설비의 간단한 청소, 가스켓의 교환이나 이와 유사한 경미한 작업시
③ 작업원이 설비 내부로 들어가지 않고 작업할 경우
④ 출입구의 밸브가 확실히 폐지되어 있고 내용적 5m³ 이상의 가스설비에 이르는 사이에 2개 이상의 밸브를 설치한 경우

문제 25 시안화수소의 충전시 사용되는 안정제가 아닌 것은?

① 암모니아　　　② 황산
③ 염화칼슘　　　④ 인산

해설 안정제 : ① 오산화인 ② 염화칼슘 ③ 인산 ④ 아황산가스 ⑤ 동 ⑥ 황산

문제 26 특정고압가스 사용시설의 시설기준 및 기술기준으로 틀린 것은?

① 저장시설의 주위에는 보기 쉽게 경계표지를 할 것
② 가스설비에는 그 설비의 안전을 확보하기 위하여 습기 등으로 인한 부식방지조치를 할 것
③ 독성가스의 감압설비와 그 가스의 반응설비간의 배관에는 일류장비장치를 할 것
④ 고압가스의 저장량이 300kg 이상인 용기 보간실의 벽은 방호벽으로 할 것

해설 독성가스 감압설비와 그 가스의 반응설비간의 배관에는 역류방지밸브 설치

문제 27 내용적이 1m³인 밀폐된 공간에 프로판을 누출시켜 폭발시험을 하려고 한다. 이론적으로 최소 몇 L의 프로판을 누출시켜야 폭발이 이루어지겠는가? (단, 프로판의 폭발범위는 2.1~9.5% 이다.)

① 2.1　　　② 9.5
③ 21　　　④ 95

해설 $1,000l \times 0.021 = 21l$

해답 24. ① 25. ① 26. ③ 27. ③

문제 28
프레온 냉매가 실수로 눈에 들어갔을 경우 눈세척에 사용되는 약품으로 가장 적당한 것은?

① 바세린 ② 약한 붕산 용액
③ 농피크린산 용액 ④ 유동 파라핀

해설 프레온 냉매가 실수로 눈에 들어갔을 경우 눈세척에 사용되는 약품 : 약한 붕산 용액

문제 29
액화가스를 충전하는 탱크는 그 내부에 액면요동을 방지하기 위하여 무엇을 설치하여야 하는가?

① 방파판 ② 안전밸브
③ 액면계 ④ 긴급차단장치

해설 방파판 : 액면요동 방지

문제 30
가스 검지시의 지시약과 그 반응색의 연결이 옳지 않은 것은?

① 산성가스-리트머스지 : 적색 ② $COCl_2$-하리슨씨시약 : 심등색
③ CO-염화파라듐지 : 흑색 ④ HCN-질산구리벤젠지 : 적색

해설 시험지명 및 변색상태

암모니아	적색리트머스시험지	
염소	KI 전분지	청색변
시안화수소	질산구리벤젠지	
일산화탄소	염화파라듐지	흑색변
황화수소	연당지	
포스겐	하리슨시험지 : 심등색(오렌지색)	
아세틸렌	염화제1동착염지 : 적색	
아황산가스	암모니아 적신 헝겊 : 흰연기	

문제 31
다음 중 고압가스 충전시설 시설기준에서 풍향계를 설치하여야 가스는?

① 액화석유가스 ② 압축산소가스
③ 액화질소가스 ④ 암모니아가스

해설 풍향계 설치해야 되는 가스 : 독성가스(NH_3)

28. ② 29. ① 30. ④ 31. ④

문제 32 LP 가스를 도시가스와 비교하여 사용시 장점으로 옳지 않은 것은?

① LP가스는 열용량이 크기 때문에 작은 배관경으로 공급할 수 있다.
② LP가스는 연소용 공기 또는 산소가 다량으로 필요하지 않는다.
③ LP가스는 입지적 제약이 없다.
④ LP가스는 조성이 일정하다.

해설 LP가스는 연소용 공기가 다량으로 필요하다.

문제 33 다음 정압기 중 고차압이 될수록 특성이 좋아지는 것은?

① Reynolds 식   ② axial flow 식
③ Fisher 식   ④ KRF 식

해설 고차압이 될수록 좋아지는 것 : 엑셀플로우식(axial flow)

문제 34 압축기가 과열 운전되는 원인으로 가장 거리가 먼 것은?

① 압축비 증대   ② 윤활유 부족
③ 냉동부하의 감소   ④ 냉매량 부족

해설 압축기의 과열 운전 원인
① 냉동부하의 증대   ② 냉매량 부족
③ 윤활유 부족   ④ 압축비 증대

문제 35 다음 중 아세틸렌 및 합성용 가스의 제조에 사용되는 반응장치는?

① 축열식 반응기   ② 탑식 반응기
③ 유동층식 접촉반응기   ④ 내부 연소식 반응기

해설 반응장치
① 내부 연소식 반응기 : 합성용가스의 제조, 아세틸렌의 제조
② 관식반응기 : 에틸렌의 제조, 염화비닐의 제조
③ 탑식반응기 : 에틸벤젠의 제조, 벤졸의 염소화
④ 탱크식반응기 : 아크릴클로라이드의 합성, 디클로로 에탄의 합성
⑤ 유동층식 접촉반응기 : 석유의 개질
⑥ 축열식 반응기 : 아세틸렌의 제조

문제 36 백금–백금로듐 열전대 온도계의 온도 측정 범위로 옳은 것은?

① −180~350℃   ② −20~800℃
③ 0~1,600℃   ④ 300~2,000℃

32. ② 33. ② 34. ③ 35. ④ 36. ③

해설 열전대 온도계
① PR(백금-백금로듐) : 0~1,600℃
② CA(크로멜-알루멜) : 0~1,200℃
③ IC(철-콘스탄탄) : -20~800℃
④ CC(동-콘스탄탄) : -200~350℃

문제 37 한 쪽 조건이 충족되지 않으면 다른 제어는 정지되는 자동제어 방식은?
① 피드백 ② 시퀀스
③ 인터록 ④ 프로세스

해설 인터록 제어 : 한 쪽 조건이 충족되지 않으면 다른 제어는 정지

문제 38 압축기에 사용하는 윤활유 선택시 주의사항으로 틀린 것은?
① 사용가스와 화학반응을 일으키지 않을 것
② 인화점이 높을 것
③ 정제도가 높고 잔류탄소의 양이 적을 것
④ 점도가 적당하고 항유화성이 적을 것

해설 윤활유 선택시 주의사항
① 사용가스와 화학적으로 안정할 것
② 인화점이 높을 것
③ 점도가 적당할 것
④ 수분 및 산류 등 불순물이 적을 것
⑤ 정제도가 높아 잔류탄소의 양이 적을 것
⑥ 안정성이 있을 것

문제 39 다음 중 흡수 분석법의 종류가 아닌 것은?
① 헴펠법 ② 활성알루미나겔법
③ 오르자트법 ④ 게겔법

해설 흡수 분석법
① 오르자트법 : ㉠ CO_2 : KOH 30% 수용액 ㉡ O_2 : 알카리성 피로카롤용액
㉢ CO : 암모니아성 염화 제1동용액
② 헴펠법 : ㉠ CO_2 : KOH 30% 수용액 ㉡ C_mH_n : 발연황산 25%
㉢ O_2 : 알카리성 피로카롤용액 ㉣ CO : 암모니아성 염화 제1동용액
③ 게겔법 : ㉠ CO_2 : KOH 30% 수용액 ㉡ 아세틸렌 : 옥소수은칼륨용액
㉢ 프로필렌(부틸렌) : 87% 황산 ㉣ 에틸렌 : 취소수용액
㉤ O_2 : 알카리성 피로카롤용액 ㉥ CO : 암모니아성 염화 제1동용액

37. ③ 38. ④ 39. ②

문제 40
다음 중 2차 압력계이며 탄성을 이용하는 대표적인 압력계는?
① 브르동관식 압력계
② 수은주 압력계
③ 벨로우즈식 압력계
④ 자유피스톤형 압력계

해설 탄성식 압력계
① 브르돈관식 압력계(대표적) ② 벨로우즈식 압력계
③ 다이어프램 압력계

문제 41
다음 중 초저온 저장탱크에 사용하는 재질로 적당하지 않는 것은?
① 탄소강
② 18-8 스테인리스강
③ 9% Ni강
④ 동합금

해설 초저온 저장탱크의 재질
① 9% 니켈강 ② 동 및 동합금 ③ 18-8 스테인리스강

문제 42
아세틸렌의 정성시험에 사용되는 시약은?
① 질산은
② 구리암모니아
③ 염산
④ 피로카롤

해설 아세틸렌의 정성시험에 사용되는 시약 : **질산은 시약**

문제 43
크로멜-알루멜(K형) 열전대에서 크로멜의 구성 성분은
① Ni-Cr
② Cu-Cr
③ Fe-Cr
④ Mn-Cr

해설 열전대
① 백금-백금로듐(PR) : 0~1,600℃
② 동-콘스탄탄(CC) (구리 55%+Ni 45%) : -200~350℃
③ 크로멜-알루벨(CA) : 0~1,200℃
　　　　크로멜(Ni 90%+크롬 10%)
　　　　알루벨(Ni 94%+Mn 2.5%+Al 2%+Fe 0.5%)
④ 철-콘스탄탄(IC) : -20~850℃
　　　　콘스탄탄(구리 55%+니켈 45%)

문제 44
외경이 300mm이고, 두께가 30mm인 가스용폴리에틸렌(PE)관의 사용 압력범위는?
① 0.4MPa 이하
② 0.25MPa 이하
③ 0.2MPa 이하
④ 0.1MPa 이하

40. ①　41. ①　42. ①　43. ①　44. ①

문제 45
액화가스 충전에는 액펌프와 압축기가 사용될 수 있다. 이 때 압축기를 사용하는 경우의 특징이 아닌 것은?

① 충전시간이 짧다.
② 베이퍼록 등 운전상 장애가 일어나기 쉽다.
③ 재액화현상이 일어날 수 있다.
④ 잔가스의 회수가 가능하다.

해설 압축기 사용시 특징
① 충전시간이 짧다. ② 잔가스 회수가 가능하다.
③ 베이퍼록의 우려가 없다. ④ 재액화의 우려가 있다.
⑤ 드레인우려가 있다.

문제 46
대기압이 1.033kgf/cm² 일 때 산소 용기에 달린 압력계의 읽음이 10kgf/cm² 이었다. 이 때의 계기압력은 몇 kgf/cm² 인가?

① 1.033
② 8.976
③ 10
④ 11.033

해설 절대압력 = 계기압력 + 대기압 = 10 + 1.0332 = 11.0332kg/cm²
계기압력 = 절대압력 - 대기압 = (11.0332 - 1.0332)kg/cm² = 10kg/cm²

문제 47
다음 중 희(稀)가스가 아닌 것은?

① He
② Kr
③ Xe
④ O₃

해설 희가스
① He(헬륨) ② Ne(네온)
③ Ar(아르곤) ④ Kr(크립톤)
⑤ Xe(크세논) ⑥ Rn(라돈)

문제 48
수돗물의 살균과 섬유의 표백용으로 주로 사용되는 가스는?

① F_2
② Cl_2
③ O_2
④ CO_2

해설 염소(Cl_2) : 수돗물의 살균과 섬유의 표백용

문제 49
1기압, 150℃에서의 가스상 탄화수소의 정도가 가장 높은 것은?

① 메탄
② 에탄
③ 프로필렌
④ n-부탄

45. ② 46. ③ 47. ④ 48. ② 49. ①

문제 50
다음 중 산화철이나 산화알루미늄에 의해 중합반응을 하는 가스는?
① 산화에틸렌 ② 시안화수소
③ 에틸렌 ④ 아세틸렌

해설 산화에틸렌 : 산화철이나 산화알루미늄에 의해 중합반응

문제 51
수분이 존재할 때 일반 강재를 부식시키는 가스는?
① 일산화탄소 ② 수소
③ 황화수소 ④ 질소

해설 수분 존재시 강재를 부식시키는 가스
① 염소 ② 황화수소
③ 탄산가스 ④ 포스겐

문제 52
산화에틸렌에 대한 설명으로 틀린 것은?
① 산화에틸렌의 저장탱크에는 그 저장탱크 내용적의 90%를 초과하는 것을 방지하는 과충전 방지조치를 한다.
② 산화에틸렌 제조설비에는 그 설비로부터 독성가스가 누출될 경우 그 독성가스로 인한 중독을 방지하기 위하여 제독설비를 설치한다.
③ 산화에틸렌 저장탱크는 45℃에서 그 내부 가스의 압력이 0.4MPa 이상이 되도록 탄산가스를 충전한다.
④ 산화에틸렌을 충전한 용기는 충전 후 24시간 정차하고 용기에 충전 연월일을 명기한 표지를 붙인다.

해설 산화에틸렌
① 질소, 탄산가스로 치환하고 항상 5℃ 이하로 유지
② 용기에 충전시 그 내부를 질소, 탄산가스로 바꾼 후 충전
③ 충전 용기는 45℃에서 $4kg/cm^2$ 이상 되도록 질소, 탄산가스를 충전
④ 산화에틸렌의 저장탱크에는 그 저장탱크 내용적의 90%를 초과하는 것을 방지하는 과충전 방지장치 조치
⑤ 산화에틸렌 제조설비는 독성가스가 누출될 경우 그 독성가스로 인한 중독을 방지하기 위하여 제독설비 설치

문제 53
이산화탄소에 대한 설명으로 틀린 것은?
① 공기보다 무겁다.
② 무색, 무취의 기체이다.
③ 상온에서 액화가 가능하다.
④ 물에 녹이면 강알칼리성을 나타낸다.

50. ① 51. ③ 52. ④ 53. ④

[해설] 물에 녹이면 강산성이 된다.

문제 54 다음 중 착화온도가 가장 낮은 것은?
① 메탄
② 일산화탄소
③ 프로판
④ 수소

[해설] **착화온도**
① 메탄 : 615~682℃
② 일산화탄소 : 637~658℃
③ 프로판 : 460~520℃
④ 수소 : 580~590℃
⑤ 부탄 : 430~510℃
⑥ 아세틸렌 : 400~440℃
⑦ 에틸렌 : 500~519℃

문제 55 수소 가스와 등량·혼합시 폭발성이 있는 가스는?
① 질소
② 염소
③ 아세틸렌
④ 암모니아

[해설] $H_2 + Cl_2 \rightarrow 2HCl + 44kcal$(염소폭명기)

문제 56 가스의 기초법칙에 대한 설명으로 옳은 것은?
① 열역학 제1법칙 : 100% 효율을 가지고 있는 열기관은 존재하지 않는다.
② 그라함(Graham)의 확산법칙 : 기체의 확산(유출)속도는 그 기체의 분자량(밀도)의 제곱근에 반비례한다.
③ 아마가트(Amagat)의 분압법칙 : 이상기체 혼합물의 전체압력은 각 성분 기체의 분압의 합과 같다.
④ 돌턴(Dalton)의 분용법칙 : 이상기체 혼합물의 전체 부피는 각 성분의 부피의 합과 같다.

[해설] **열역학 제2법칙** : 100% 효율을 가지고 있는 열기관은 존재하지 않는다.
돌턴의 분압법칙 : 기체 혼합물의 전체 압력은 각 성분 기체의 분합의 합과 같다.
그라함의 확산법칙 : 기체의 확산속도는 그 기체의 분자량의 제곱근에 반비례

문제 57 가스의 연소와 관련하여 공기 중에서 점화원 없이 연소하기 시작하는 최저온도를 무엇이라 하는가?
① 인화점
② 발화점
③ 끓는점
④ 융해점

[해설] **발화점**(착화점) : 공기 중에서 점화원 없이 연소하기 시작하는 최저온도

54. ③ 55. ② 56. ② 57. ②

문제 58 내용적이 48m³인 LPG 저장탱크에 부탄 18톤을 충전한다면 저장탱크 내의 액체 부탄의 용적은 상용의 온도에서 저장탱크 내용적의 약 몇 %가 되겠는가? (단, 저장탱크의 상온온도게 있어서의 액체 부탄의 비중은 0.55로 한다.)

① 58
② 68
③ 78
④ 88

해설
$$\text{내용적} = \frac{\left(\frac{18}{0.55}\right)m^3}{48m^3} \times 100 = 68.18\%$$

문제 59 다음 LNG와 SNG에 대한 설명으로 옳은 것은?

① LNG는 액화석유가스를 말한다.
② SNG는 각종 도시가스의 총칭이다.
③ 액체 상태의 나프타를 LNG라 한다.
④ SNG는 대체 천연가스 또는 합성 천연가스를 말한다.

해설 SNG는 대체 천연가스 또는 합성 천연가스를 말한다.
LPG는 액화석유가스를 말한다.
LNG는 액화천연가스를 말한다.

문제 60 수소의 용도에 대한 설명으로 가장 거리가 먼 것은?

① 암모니아 합성가스의 원료로 이용
② 2,000℃ 이상의 고온을 얻어 인조보석, 유리제조 등에 이용
③ 산화력을 이용하여 니켈 등 금속의 산화에 사용
④ 기구나 풍선 등에 충전하여 부양용으로 사용

해설 **수소의 용도**
① 기구나 풍선 등에 충전하여 부양용으로 사용
② 2,000℃ 이상의 고온을 얻어 인조보석, 유리제조 등에 이용
③ 암모니아 합성가스의 원료
④ 로켓트 추진 연료
⑤ 경화유제조용
⑥ 중유 등의 수소화 탈황

58. ② 59. ④ 60. ③

가스기능사 필기

기출문제 2022

2022년 1월 CBT 시행

문제 01 고압가스충전시설의 안전밸브 중 압축기의 최종단에 설치한 것은 내압시험압력의 8/10 이하의 압력에서 작동할 수 있도록 조정을 몇 년에 몇 회 이상 실시하여야 하는가?

① 2년에 1회 이상
② 1년에 1회 이상
③ 1년에 2회 이상
④ 2년에 3회 이상

해설 압축기용 안전변은 1년에 1회 이외는 2년에 1회 조정

문제 02 액화석유가스는 공기 중의 혼합비율의 용량이 얼마의 상태에서 감지할 수 있도록 냄새가 나는 물질을 섞어 용기에 충전하여야 하는가?

① $\dfrac{1}{10}$
② $\dfrac{1}{100}$
③ $\dfrac{1}{1000}$
④ $\dfrac{1}{10000}$

해설 반복출제

문제 03 인체용 에어졸 제품의 용기에 기재할 사항으로 옳지 않은 것은?

① 특정부위에 계속하여 장시간 사용하지 말 것.
② 가능한 한 인체에서 10cm 이상 떨어져서 사용할 것.
③ 온도가 40℃ 이상 되는 장소에 보관하지 말 것.
④ 불 속에 버리지 말 것.

해설 인체에서 20cm 이상 떨어져 사용할 것

문제 04 연소에 대한 일반적인 설명 중 옳지 않은 것은?

① 인화점이 낮을수록 위험성이 크다.
② 인화점보다 착화점의 온도가 낮다.
③ 발열량이 높을수록 착화온도는 낮아진다.
④ 가스의 온도가 높아지면 연소범위는 넓어진다.

해설 착화점이 인화점보다 높다.

해답 01. ② 02. ③ 03. ② 04. ②

문제 05
아세틸렌이 은, 수은과 반응하여 폭발성의 금속 아세틸라이드를 형성하여 폭발하는 형태는?

① 분해폭발 ② 화합폭발
③ 산화폭발 ④ 압력폭발

해설 $C_2H_2 + 2Cu \rightarrow Cu_2C_2 + H_2$ (화합폭발)
동아세틸라이트

문제 06
염소(Cl_2)의 성질에 대한 설명 중 옳지 않은 것은?

① 상온에서 물에 용해하여 염산과 차아염소산을 생성한다.
② 암모니아와 반응하여 염화암모늄을 생성한다.
③ 소석회에 용이하게 흡수된다.
④ 완전히 건조된 염소는 철과 반응하므로 철강용기를 사용할 수 없다.

해설 염소는 수분과 반응시 부식을 일으킨다.
$Cl_2 + H_2O \rightarrow HCl$ (염산) $+ HClO$

문제 07
배관 내의 상용압력이 4MPa인 도시가스 배관의 압력이 상승하여 경보장치의 경보가 울리기 시작하는 압력은?

① 4MPa 초과시 ② 4.2MPa 초과시
③ 5MPa 초과시 ④ 5.2MPa 초과시

해설 4MPa 이상은 +0.2MPa에서 경보
이외는 상용압력의 1.05배

문제 08
다음 중 웨베지수(WI)의 계산식을 바르게 나타낸 것은? (단, H_g는 도시가스의 총발열량, d는 도시가스의 공기에 대한 비중을 나타낸다.)

① $WI = \dfrac{H_g}{\sqrt{d}}$ ② $WI = \dfrac{\sqrt{H_g}}{d}$
③ $WI = H_g \times \sqrt{d}$ ④ $WI = H_g \times d^2$

해설 **웨베지수** : 총발열량을 비중의 제곱근으로 나눈 값

문제 09
고압가스 설비에 장치하는 압력계의 최고눈금의 기준으로 옳은 것은?

① 상용압력의 1.0배 이하 ② 상용압력의 2.0배 이하
③ 상용압력의 1.5배 이상 2.0배 이하 ④ 상용압력의 2.0배 이상 2.5배 이하

해설 **압력계눈금** : 상용압력의 1.5~2배

05. ② 06. ④ 07. ② 08. ① 09. ③

문제 10 고압가스의 운반기준으로 옳지 않은 것은?

① 염소와 아세틸렌, 수소는 동일 차량에 적재하여 운반하지 못한다.
② 아세틸렌과 산소는 동일 차량에 적재하여 운반하지 못한다.
③ 독성가스 중 가연성 가스와 조연성 가스는 동일 차량에 적재하여 운반하지 못한다.
④ 충전용기와 휘발유는 동일 차량에 적재하여 운반하지 못한다.

해설 가연성과 산소는 적재시 밸브를 마주보지 않도록 해야 한다.

문제 11 폭발범위에 대한 설명 중 옳은 것은?

① 공기중의 아세틸렌 가스의 폭발범위는 약 4~71%이다.
② 공기중의 폭발범위는 산소중의 폭발범위보다 넓다.
③ 고온고압일 때 폭발범위는 대부분 넓어진다.
④ 한계산소 농도치 이하에서는 폭발성 혼합가스가 생성된다.

해설 고온고압일 때 폭발범위 넓어진다. 상한쪽이 커진다.

문제 12 가스계량기와 화기(그 시설 안에서 사용하는 자체 화기는 제외)와의 우회거리는 몇 m 이상 유지하여야 하는가?

① 1   ② 2
③ 3   ④ 5

해설 가스계량기와 화기는 2m 이상 우회거리

문제 13 내용적 100*l*인 염소용기 제조시 부식 여유는 몇 mm 이상 주어야 하는가?

① 1   ② 2
③ 3   ④ 5

해설 염소 1000*l* (이하 3, 초과 5mm)
암모니아 1000*l* (이하 1, 초과 2mm) 여유

문제 14 다음 가스 중 고압가스의 제조장치에서 누설되고 있는 것을 그 냄새로 알 수 있는 것은?

① 일산화탄소   ② 이산화탄소
③ 염소   ④ 아르곤

해설 염소 : 자극취의 황록색 기체

10. ② 11. ③ 12. ② 13. ③ 14. ③

문제 15 지상에 액화석유가스(LPG) 저장탱크를 설치하는 경우 냉각살수장치는 그 외면으로부터 몇 m 이상 떨어진 곳에서 조작할 수 있어야 하는가?

① 2
② 3
③ 5
④ 7

해설 **살수장치** : 5m 이상 　**물분무장치** : 15m 이상에서 조작

문제 16 다음 중 에어졸이 충전된 용기에서 에어졸의 누출시험을 하기 위한 시설은?

① 자동충전기
② 수압시험탱크
③ 가압시험탱크
④ 온수시험탱크

해설 온수시험 (46~50℃ 수온유지)

문제 17 가스가 누출되었을 때 사용하는 가스누출 검지경보장치 중에서 독성가스용 가스누출 검지경보장치의 경보농도는 정하여져 있는가?

① 폭발한계의 $\frac{1}{2}$ 이하에서 경보
② 폭발한계의 $\frac{1}{4}$ 이하에서 경보
③ 허용농도 이하에서 경보
④ 허용농도의 2배 이하에서 경보

해설 **독성** : 허용농도 이하에서 경보
　가연성 : 하한의 1/4에서 경보

문제 18 긴급용 벤트 스택 방출구의 위치는 작업원이 정상작업을 하는 데 필요한 장소 및 작업원이 항시 통행하는 장소로부터 몇 m 이상 떨어진 곳에 설치하여야 하는가?

① 5
② 7
③ 10
④ 15

해설 **긴급용** : 10m 이외는 5m 이상 떨어진 곳

문제 19 고압가스설비에서 폭발, 화재의 원인이 되는 정전기 발생을 방지하거나 억제하는 방법으로 옳지 않은 것은?

① 마찰을 적게 한다.
② 유속을 크게 한다.
③ 주위를 이온화하여 중화한다.
④ 습도를 높게 한다.

해설 유속은 줄여야 한다.

15. ③　16. ④　17. ③　18. ③　19. ②

문제 20 가스가 누설될 경우 가스의 검지에 사용되는 시험지가 옳게 짝지어진 것은?

① 암모니아-하리슨 시약
② 황화수소-초산벤지딘지
③ 염소-염화 제1동 착염지
④ 일산화탄소-염화파라듐지

해설 CO : 염화파라듐제 (흑변) NH_3 : 적색리트머스 (청변)
염소 : KI 전분지 (청변) H_2S : 연당지 (흑변)

문제 21 독성가스의 저장탱크에는 과충전 방지장치를 설치하도록 규정되어 있다. 저장탱크의 내용적이 몇 %를 초과하여 충전되는 것을 방지하기 위한 것인가?

① 80%
② 85%
③ 90%
④ 95%

문제 22 도시가스 배관의 지하 매설시 사용하는 침상재료(Bedding)는 배관 하단에서 배관 상단 몇 cm까지 포설하는가?

① 10
② 20
③ 30
④ 50

해설 하단에서 상단 30cm까지 포설한다.

문제 23 고압가스 특정제조시설에서 지상에 배관을 설치하는 경우 상용압력이 1MPa 이상일 때 공지의 폭은 얼마 이상을 유지하여야 하는가? (단, 전용공업지역 이외의 경우이다.)

① 5m
② 9m
③ 15m
④ 20m

해설

2 미만. (0.2MPa)	2 이상~10kg/cm² 미만	10 이상. 1MPa
5m	9m	15m

문제 24 다음 ( ) 안의 ㉠과 ㉡에 들어갈 명칭은?

"아세틸렌을 용기에 충전하는 때에는 미리 용기에 다공물질을 고루 채워 다공도가 75% 이상, 92% 미만이 되도록 한 후 (㉠) 또는 (㉡)를(을) 고루 침윤시키고 충전하여야 한다."

① ㉠ 아세톤 ㉡ 알코올
② ㉠ 아세톤 ㉡ 물(H_2O)
③ ㉠ 아세톤 ㉡ 디메틸포름아미드
④ ㉠ 알코올 ㉡ 물(H_2O)

해설 용제 : 아세톤, DMF (디메틸포름아미드)

해답 20. ④   21. ③   22. ③   23. ③   24. ③

문제 25 탱크를 지상에 설치하고자 할 때 방류축을 설치하지 않아도 되는 저장탱크는?
① 저장능력 1,000톤 이상의 질소탱크
② 저장능력 1,000톤 이상의 부탄탱크
③ 저장능력 1,000톤 이상의 산소탱크
④ 저장능력 5톤 이상의 염소탱크

해설 가연성, 산소 : 1000TON 이상시   독성 : 5TON 이상시 해당

문제 26 다음 중 연소의 3요소에 해당되는 것은?
① 공기, 산소공급원, 열   ② 가연물, 연료, 빛
③ 가연물, 산소공급원, 공기   ④ 가연물, 공기, 점화원

해설 연소=가연성+지연성+점화원

문제 27 용기 내부에 절연유를 주입하여 불꽃, 아크 또는 고온 발생부분이 기름 속에 잠기게 함으로써 기름면 위에 존재하는 가연성 가스에 인화되지 않도록 한 방폭구조는?
① 압력 방폭구조   ② 유입 방폭구조
③ 내압 방폭구조   ④ 안전증 방폭구조

해설 기름사용 : 유입구조   가스주입 : 압력구조

문제 28 액화염소가스 2,000kg을 운반시에 차량에 휴대하여야 하는 소석회의 양은 얼마 이상이어야 하는가?
① 20kg   ② 40kg
③ 60kg   ④ 80kg

해설 1000kg(이상 40kg, 미만 20kg 휴대)

문제 29 다음 중 독성이면서 가연성 가스가 아닌 것은?
① 포스겐   ② 황화수소
③ 시안화수소   ④ 일산화탄소

해설 포스겐은 독성만 있다.

25. ① 26. ④ 27. ② 28. ② 29. ①

문제 30 가스공급자는 안전유지를 위하여 안전관리자를 선임한다. 이 때 안전관리자의 업무가 아닌 것은?

① 용기 또는 작업과정의 안전 유지
② 안전관리규정의 시행 및 그 기록의 작성·보존
③ 종사자에 대한 안전관리를 위하여 필요한 지휘·감독
④ 공급시설의 정기검사

해설 **시설정기검사** : 검사기관에서 한다.

문제 31 왕복펌프에 사용하는 밸브 중 점성액이나 고형물이 들어가 있는 액에 적합한 밸브는?

① 원판밸브　　② 윤형밸브
③ 플래트 밸브　④ 구밸브

해설 **점성액이나 고형** : 구형밸브 (볼밸브)

문제 32 양정 20m, 송수량 0.25m³/min, 펌프효율 65%인 터빈펌프의 축동력은 약 몇 kW인가?

① 1.26　　② 1.36
③ 1.59　　④ 1.69

해설 $kW = \dfrac{1000 \times 0.25 \times 20}{102 \times 60 \times 0.65} = 1.256$

문제 33 압축기에서 다단압축의 목적이 아닌 것은?

① 가스의 온도 상승을 방지하기 위하여
② 힘의 평형을 달리하기 위해서
③ 이용 효율을 증가시키기 위하여
④ 압축 일량의 절약을 위하여

해설 **다단압축** : 힘의 평형유지

문제 34 배관 작업시 관 끝을 막을 때 주로 사용하는 부속품은?

① 캡　　② 엘보
③ 플랜지　④ 니플

해설 **관을 막을 때** : 캡, 또는 플러그를 사용한다.

30. ④　31. ④　32. ①　33. ②　34. ①

문제 35 "초저온 용기"라 함은 몇 ℃ 이하의 액화가스를 충전하기 위한 용기를 말하는가?
① -50
② -100
③ -150
④ -186

해설 -50℃ 이하를 초저온이라 한다.

문제 36 다음 보기와 같은 정압기의 종류는?

- Unloading형이다.
- 본체는 복좌밸브로 되어 있어 상부에 다이어프램을 가진다.
- 정특성은 아주 좋으나 안정성은 떨어진다.
- 다른 형식에 비하여 크기가 크다.

① 레이놀드 정압기
② 엠코 정압기
③ 피셔식 정압기
④ 엑셀 플로우식 정압기

해설 레이놀드식은 파이롯트형이다. (보조정압기가 있다)

문제 37 다음 열전대 중 측정온도가 가장 높은 것은?
① 백금-백금·로듐형
② 크로멜-알루멜형
③ 철-콘스탄탄형
④ 동-콘스탄탄형

해설 백금, 백금로듐형 1600℃까지 측정, 접촉식 중 가장 고온용이다.
동, 콘스탄탄이 열전대 중 350℃로 가장 저온용이다.

문제 38 스테판-볼츠만의 법칙을 이용하여 측정 물체에서 방사되는 전방사 에너지를 렌즈 또는 반사경을 이용하여 온도를 측정하는 온도계는?
① 색 온도계
② 방사 온도계
③ 열전대 온도계
④ 광전관 온도계

해설 방사에너지는 절대온도 4승에 비례한다. (복사온도계) 50~3000℃까지 측정

문제 39 다음 그림과 같이 깊이 10cm인 물탱크 출구에서의 물의 유속은 약 몇 m/s인가?
① 1.2
② 12
③ 1.4
④ 14

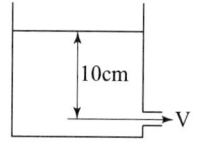

해설 $V = \sqrt{2 \times 9.8 \times 0.1} = 1.4 \text{m/sec}$

35. ① 36. ① 37. ① 38. ② 39. ③

문제 40 도시가스 제조방식 중 접촉분해 공정에 해당하지 않는 것은?
① 수소화 분해 공정
② 고압 수증기 개질 공정
③ 저온 수증기 개질 공정
④ 사이클식 접촉분해 공정

해설 **접촉분해공정** : 고온수증기, 저온수증기, 사이클링식 공정으로 나눈다.

문제 41 공기액화분리장치용 구성기기 중 압축기에서 고압으로 압축된 공기를 저온저압으로 낮추는 역할을 하는 장치는?
① 응축기
② 유분리기
③ 팽창기
④ 열교환기

해설 **팽창기** : 고압에서 저압으로 감압시킨다.

문제 42 다음 중 공기액화사이클의 종류에 해당되지 않는 것은?
① 클라우드 공기액화사이클
② 캐피자 공기액화사이클
③ 뉴파우더 공기액화사이클
④ 필립스 공기액화사이클

해설 뉴파우더법은 암모니아 중압합성법이다.

문제 43 직동식 정압기의 기본 구성요소가 아닌 것은?
① 다이어프램
② 스프링
③ 메인밸브
④ 안전밸브

해설 안전밸브는 정압기 보조장치이다.

문제 44 반복하중에 의해 재료의 저항력이 저하하는 현상을 무엇이라고 하는가?
① 교축
② 크리프
③ 피로
④ 응력

해설 반복하중에 의한 피로파괴현상

문제 45 불꽃의 주위, 특히 불꽃의 기저부에 대한 공기의 움직임이 강해지면 불꽃이 노즐에 정착하지 않고 떨어지게 되어 꺼져 버리는 현상은?
① 옐로우 팁(yellow tip)
② 리프팅(lifting)
③ 블로우 오프(blow-off)
④ 백파이어(back fire)

40. ① 41. ③ 42. ③ 43. ④ 44. ③ 45. ③

해설 **블로우오프**: 불꽃이 꺼지는 현상
리프팅: 염공을 떠나 연소되는 현상
백화이어: 역화현상
엘로우팁: 불완전연소의 황색 불꽃

문제 46 고온, 고압의 수소와 작용시키면 화합하여 암모니아를 생성하는 가스는?
① 질소　　　　　　　② 탄소
③ 염소　　　　　　　④ 메탄

해설　$N_2 + 3H_2 \rightarrow 2NH_3$
　　　질소 + 수소 → 암모니아

문제 47 산소의 성질에 대한 설명 중 옳지 않은 것은?
① 그 자신은 폭발위험은 없으나 연소를 돕는 조연제이다.
② 액체산소는 무색, 무취이다.
③ 화학적으로 활성이 강하며, 많은 원소와 반응하며 산화물을 만든다.
④ 상자성을 가지고 있다.

해설　액체산소는 담청색이다.

문제 48 암모니아 누설 검사법으로 가장 적합한 방법은?
① 뷰렛법 검사　　　　② 타이록스법 검사
③ 네슬러 시약 검사　　④ 알카이드법 검사

해설　**액체속의 암모니아 누설시**: 네슬러시약 사용하면 누설시 황색, 갈색으로 변한다.

문제 49 다음 설명 중 틀린 것은?
① 대기압보다 낮은 압력을 진공이라고 한다.
② 진공압은 mmHg · v로 나타낸다.
③ 절대압력 = 대기압 − 진공압이다.
④ 진공도의 단위는 %로 표시하며 대기압일 때 진공도 100%라고 한다.

해설　대기압은 진공도 0%, 완전진공일 때 진공도 100%

46. ①　47. ②　48. ③　49. ④

문제 50 다음 온도관계식 중 옳은 것은? (단, 캘빈온도는 T_K, 섭씨온도는 t_c, 랭킨온도는 T_R, 화씨온도는 t_F이다.)

① $t_c = \dfrac{9}{5}(t_F - 32)$
② $T_K = t_c + 273.15$
③ $T_R = \dfrac{5}{9}T_K$
④ $t_F = T_R + 460$

해설 절대온도[°K] = 섭씨온도[℃]+273

문제 51 천연가스를 연료화하기 위한 전처리 공정 중 제거 대상 물질이 아닌 것은?
① 수분 ② 파라핀계 탄화수소
③ 탄산가스 ④ 유황분

해설 파라핀계 성분은 많을수록 좋다.

문제 52 완전진공을 0으로 하여 측정한 압력을 의미하는 것은?
① 절대압력 ② 게이지압력
③ 표준대기압 ④ 진공압력

해설 완전진공 0으로 정한 압력 : 절대압력
대기압을 0으로 정한 압력 : 게이지압력

문제 53 다음 설명 중 틀린 것은?
① 비열의 단위는 kcal/℃이다.
② 1kcal란 물 1kg을 1℃ 올리는 데 필요한 열량을 말한다.
③ 1CHU란 물 1Lb를 1℃ 올리는 데 필요한 열량을 말한다.
④ 비열비(C_p/C_v)의 값은 언제나 1보다 크다.

해설 비열 : kcal/kg[℃]

문제 54 동합금제의 부르동관을 사용한 압력계가 있다. 다음 중 이 압력계를 사용할 수 없는 가스는?
① 수소 ② 산소
③ 질소 ④ 암모니아

해설 동합금을 쓸 수 없는 가스 : 아세틸렌, 암모니아, 황화수소

해답 50. ② 51. ② 52. ① 53. ① 54. ④

문제 55 염소폭명기에 대한 반응식은?

① $Cl_2 + CH_4 \rightarrow CH_3Cl + HCl$ ② $Cl_2 + CO \rightarrow COCl_2$
③ $Cl_2 + H_2O \rightarrow HClO + HCl$ ④ $Cl_2 + H_2 \rightarrow 2HCl$

해설 $Cl_2 + H_2 \rightarrow 2HCl$ (직사광선이 촉매이므로 촉매폭발이다)

문제 56 프로판 용기에 50kg의 가스가 충전되어 있다. 이 때 액상의 LP가스는 몇 l의 체적을 갖는가? (단, 프로판의 액 비중량은 0.5kg/l이다.)

① 25   ② 50
③ 100 ④ 150

해설 $\dfrac{50}{0.5} = 100$ ∴ 액부피 × 액비중 = 액질량

문제 57 절대온도 300K는 랭킨온도[°R]로 약 몇 도인가?

① 27   ② 167
③ 541 ④ 572

해설 [°K] × 1.8 = [°R], 300 × 1.8 = 540[°R]

문제 58 LP가스가 불완전연소되는 원인으로 가장 거리가 먼 것은?

① 공기 공급량 부족시
② 가스의 조성이 맞지 않을 때
③ 가스기구 및 연소기구가 맞지 않을 때
④ 산소 공급이 과잉일 때

해설 공기과잉시는 불완전연소가 일어난다.

문제 59 기체의 밀도를 이용해서 분자량을 구할 수 있는 법칙과 관계가 가장 깊은 것은?

① 아보가드로의 법칙   ② 헨리의 법칙
③ 반데르발스의 법칙   ④ 일정성분비의 법칙

해설 **아보가르드법칙** : 기체상태 방정식
     헨리의 법칙 : 용해도
     반데르발스법칙 : 실제기체 방정식

55. ④ 56. ③ 57. ③ 58. ④ 59. ①

문제 60 도시가스와 비교한 LP가스의 특성이 아닌 것은?

① 발열량이 높기 때문에 단시간에 온도를 높일 수 있다.
② 열용량이 크므로 작은 배관지름으로도 공급에 무리가 없다.
③ 자가공급이므로 Peak time이나 한가한 때는 일정한 공급을 할 수 없다.
④ 가스의 조성이 일정하고 소규모 또는 일시적으로 사용할 때는 경제적이다.

해설 안정된 공급이 가능하다.

60. ③

2022년 3월 CBT 시행

문제 01 도시가스 사용시설의 월사용예정량[m³] 산출식으로 올바른 것은? (단, A는 산업용으로 사용하는 연소기의 명판에 기재된 가스소비량의 합계[kcal/h], B는 산업용이 아닌 연소기의 명판에 기재된 가스소비량의 합계[kcal/h]이다.)

① $\dfrac{(A \times 240)+(B \times 90)}{11,000}$
② $\dfrac{(A \times 240)+(B \times 90)}{10,500}$
③ $\dfrac{(A \times 220)+(B \times 80)}{11,000}$
④ $\dfrac{(A \times 220)+(B \times 80)}{10,500}$

해설 산업용 240시간 (1달 사용량)

문제 02 방폭 전기기기의 구조별 표시방법 중 "e"의 표시는?

① 안전증 방폭구조
② 내압 방폭구조
③ 유입 방폭구조
④ 압력 방폭구조

해설 내압 : d   유입 : O   압력 : p

문제 03 가연성 가스 제조시설의 고압가스 설비는 그 외면으로부터 산소 제조시설의 고압가스 설비와 몇 m 이상의 거리를 유지하여야 하는가?

① 5m
② 10m
③ 15m
④ 20m

해설 가연성과 가연성 제조설비는 5m 유지

문제 04 차량에 고정된 산소 탱크는 내용적이 몇 l를 초과해서는 안 되는가?

① 12,000
② 15,000
③ 18,000
④ 20,000

해설 독성 12000l, 가연성 산소 18000l 초과 금지

문제 05 다음 중 가연성이며 독성 가스인 것은?

① NH_3
② H_2
③ CH_4
④ N_2

해설 NH_3 : 25ppm(독성), 가연성 15~28%

해답   01. ①   02. ①   03. ②   04. ③   05. ①

문제 06
공기액화분리장치에 들어가는 공기 중에 아세틸렌 가스가 혼입되면 안 되는 이유로서 가장 옳은 것은?

① 산소의 순도가 나빠지기 때문에
② 분리기 내의 액화산소 탱크 내에 들어가 폭발하기 때문에
③ 배관 내에서 동결되어 막히므로
④ 질소와 산소의 분리에 방해가 되므로

해설 액화산소 5ℓ 중 5mg 초과시 압축중지 후 방출해야 한다.

문제 07
초저온 용기의 단열성능시험용 저온액화가스가 아닌 것은?

① 액화아르곤　　② 액화산소
③ 액화공기　　　④ 액화질소

해설 액화공기는 분리 후 사용한다.

문제 08
일반용 고압가스 용기의 도색이 옳게 짝지어진 것은?

① 액화암모니아-백색　② 수소-회색
③ 아세틸렌-흑색　　　④ 액화염소-황색

해설 **수소** : 주황색
아세틸렌 : 황색
염소 : 갈색

문제 09
다음 중 기체 연료의 연소 형태로서 가장 옳은 것은?

① 증발연소　　② 표면연소
③ 분해연소　　④ 확산연소

해설 **기체연료** : 확산연소, 발염연소

문제 10
다음 중 특정고압가스에 해당되지 않는 것은?

① 이산화탄소　　② 수소
③ 산소　　　　　④ 천연가스

해설 **이산화탄소** : 불연성, 비독성

해답　06. ②　07. ③　08. ①　09. ④　10. ①

문제 11 공기 중에서 가연성 물질을 연소시킬 때 공기 중의 산소농도를 증가시키면 연소 속도와 발화온도는 각각 어떻게 되는가?

① 연소속도는 빨라지고, 발화온도는 높아진다.
② 연소속도는 빨라지고, 발화온도는 낮아진다.
③ 연소속도는 느려지고, 발화온도는 높아진다.
④ 연소속도는 느려지고, 발화온도는 낮아진다.

해설 산소농도가 클수록 연소가 쉬워진다.

문제 12 도시가스 사용시설은 최고사용압력의 1.1배 또는 얼마의 압력 중 높은 압력으로 실시하는 기밀시험에 이상이 없어야 하는가?

① 5.4kPa　② 6.4kPa
③ 7.4kPa　④ 8.4kPa

해설 840mmH$_2$O → 8.4kPa

문제 13 액화석유가스를 저장하기 위하여 지상 또는 지하에 고정 설치된 저장탱크는 그 저장능력이 몇 톤 이상인 탱크를 말하는가?

① 3　② 5
③ 10　④ 100

해설 3TON 미만은 소형탱크

문제 14 LPG 사용시설의 저압배관은 얼마 이상의 압력으로 실시하는 내압시험에서 이상이 없어야 하는 것으로 규정되어 있는가?

① 0.2MPa　② 0.5MPa
③ 0.8MPa　④ 1.0MPa

해설 LPG 저압배관 내압시험 압력 0.8MPa(8kg/cm^2)

문제 15 다음 중 도시가스 매설배관 보호용 보호포에 표시하지 않아도 되는 사항은?

① 가스명　② 사용압력
③ 공급자명　④ 배관매설 년도

해설 보호포 : 매설년도는 표시하지 않는다.

해답

11. ②　12. ④　13. ①　14. ③　15. ④

문제 16 가스사용자가 소유하거나 점유하고 있는 토지의 경계에 가스사용자가 구분하여 소유하거나 점유하는 건축물의 외벽에 설치된 계량기의 전단밸브까지에 이르는 배관을 무엇이라고 하는가?

① 본관 ② 저압관
③ 사용자 공급관 ④ 내관

해설 내관 : 가스메타에서 연소기까지

문제 17 고압가스 운반시 밸브가 돌출한 충전용기에는 밸브의 손상을 방지하기 위하여 무엇을 설치하여 운반하여야 하는가?

① 고무판 ② 프로텍터 또는 캡
③ 스커트 ④ 목재 칸막이

해설 스커트 : 저부 부식방지

문제 18 5,000kg의 R-12를 내용적 50*l* 용기에 충전하려 할 때 필요한 용기는 몇 개인가? (단, 가스정수 C는 0.86이다.)

① 5 ② 7
③ 9 ④ 11

해설 550÷(50/0.86)=8.6≒9

문제 19 LPG에 대한 설명 중 옳지 않은 것은?

① 액화석유가스의 약자이다.
② 고급 탄화수소의 혼합물이다.
③ 탄소수 3 및 4의 탄화수소 또는 이를 주성분으로 하는 혼합물이다.
④ 무색, 투명하고 물에 난용이다.

해설 LPG 저급탄화수소

문제 20 암모니아 냉매의 누설시험법으로 틀린 것은?

① 적색 리트머스 시험지가 푸른 색으로 변화
② 자극성 냄새로 발견
③ 진한 염산에 접촉시키면 흰 연기가 남
④ 네슬러 시약에 접촉하면 백색으로 변화

해설 네슬러시약 : 황색 또는 갈색으로 변한다.

  16. ③ 17. ② 18. ③ 19. ② 20. ④

문제 21
고압가스 저장에 대한 설명 중 옳지 않은 것은?

① 충전용기는 넘어짐 및 충격을 방지하는 조치를 할 것.
② 가연성 가스의 저장실은 누출된 가스가 체류하지 아니하도록 할 것.
③ 가연성 가스를 저장하는 곳에는 방폭형 휴대용 손전등 외의 등화를 휴대하지 아니할 것.
④ 충전용기와 잔가스용기는 서로 단단히 결속하여 넘어지지 않도록 할 것.

해설 충전용기와 잔가스용기는 구분하여 보관한다.

문제 22
LPG 충전소에는 시설의 안전확보상 "충전 중 엔진 정지"를 주위의 보기 쉬운 곳에 설치해야 한다. 이 표지판의 바탕색과 문자색은?

① 흑색 바탕에 백색 글씨
② 흑색 바탕에 황색 글씨
③ 백색 바탕에 흑색 글씨
④ 황색 바탕에 흑색 글씨

해설 충전 중 엔진정지 : 황색 바탕에 흑색, 화기엄금 : 백색 바탕에 적색

문제 23
아세틸렌 제조설비에서 충전용 지관은 탄소 함유량이 얼마 이하인 강을 사용하여야 하는가?

① 0.1%
② 2.1%
③ 4.3%
④ 6.7%

해설 지관의 탄소 함유량 0.1% 이하

문제 24
액화석유가스 용기에 가장 적합한 안전밸브는?

① 가용전식
② 스프링식
③ 중추식
④ 파열판식

해설 아세틸렌, 염소 용기 등은 가용전식

문제 25
산소에 대한 설명 중 옳지 않은 것은?

① 고압의 산소와 유지류의 접촉은 위험하다.
② 과잉 산소는 인체에 해롭다.
③ 내산화성 재료로서는 주로 납(Pb)이 사용된다.
④ 산소의 화학반응에서 과산화물은 위험성이 있다.

해설 내산성 금속으로는 크롬이 우수하다.

해답 21. ④ 22. ④ 23. ① 24. ② 25. ③

문제 26 제조소에 설치하는 긴급차단장치에 대한 설명으로 옳지 않은 것은?

① 긴급차단장치는 저장탱크 주밸브의 외측에 가능한 한 저장탱크의 가까운 위치에 설치해야 한다.
② 긴급차단장치는 저장탱크 주밸브와 겸용으로 하여 신속하게 차단할 수 있어야 한다.
③ 긴급차단장치의 동력원은 그 구조에 따라 액압, 기압, 전기 또는 스프링 등으로 할 수 있다.
④ 긴급차단장치는 당해 저장탱크 외면으로부터 5m 이상 떨어진 곳에서 조작할 수 있어야 한다.

해설 주밸브와 겸용해서는 안된다.

문제 27 아세틸렌 가스를 제조하기 위한 설비를 설치하고자 할 때 아세틸렌 가스가 통하는 부분은 동 함유량이 몇 % 이하의 것을 사용해야 하는가?

① 62   ② 72
③ 75   ④ 85

해설 동함유량 62% 미만의 강을 사용해야 한다.

문제 28 천연가스로 도시가스를 공급하고 있다. 이 천연가스의 주성분은?

① CH_4 ② C_2H_6
③ C_3H_8 ④ C_4H_{10}

해설 LNG 주성분 : CH_4(메탄)

문제 29 지하에 매설된 도시가스 배관의 전기방식 방법이 아닌 것은?

① 희생양극법   ② 직류법
③ 배류법   ④ 외부전원법

해설 직류법은 전기방식법이 아니다.

문제 30 액화석유가스 자동차충전소에서 이·충전작업을 위하여 저장탱크와 탱크로리를 연결하는 가스용품의 명칭은?

① 역화방지장치   ② 로딩암
③ 퀵 카플러   ④ 긴급차단밸브

해설 퀵가플러 : 호스연결기구

해답 26. ② 27. ① 28. ① 29. ② 30. ②

문제 31 용기의 원통부로부터 길이방향으로 잘라내어 탄성한도, 연신율, 항복점, 단면수축률 등을 측정하는 검사 방법은?
① 외관 검사
② 인장시험
③ 충격시험
④ 내압시험

해설 인장시험시 항복점, 연신율 등이 측정된다.

문제 32 펌프의 성능을 표시하는 특성곡선에서 일반적으로 표시되어 있지 않은 것은?
① 양정
② 축동력
③ 토출량
④ 임펠러 재질

문제 33 공기를 공기액화분리법으로 액화시킬 때 가장 먼저 액화되는 것은?
① N_2
② O_2
③ Ar
④ He

해설 산소비점 −183℃ 제일 높다.

문제 34 고압식 액체산소분리장치의 주요 구성이 아닌 것은?
① 공기압축기
② 기화기
③ 액화산소탱크
④ 저온열교환기

해설 펌프선도는 양정, 유량, 소비동력, 효율 등을 나타낸다.

문제 35 헴펠법에 의한 가스 분석시 가장 먼저 흡수되는 가스는?
① C_2H_6
② CO_2
③ O_2
④ CO

해설 **헴펠법 흡수순서** : CO_2-C_2H_6-O_2-CO

문제 36 LP 가스 용기의 재질로서 가장 적절한 것은?
① 주철
② 탄소강
③ 내산강
④ 두랄루민

해설 비점이 높은 산소가 먼저 액화된다. (−183℃)
액화순서 : 산소-알곤-질소-헬륨

31. ② 32. ④ 33. ② 34. ② 35. ② 36. ②

문제 37 암모니아용 부르돈관 압력계의 재질로서 가장 적당한 것은?
① 황동
② Al강
③ 청동
④ 연강

해설 암모니아는 동 및 동합금 사용금지.

문제 38 캐피자(Kapiza) 공기액화사이클에서 공기의 압축압력은 약 얼마 정도인가?
① 3atm
② 7atm
③ 29atm
④ 40atm

해설 캐피자 공기사이클 (저압식) : 7atm

문제 39 20RT의 냉동능력을 갖는 냉동기에서 응축온도가 +30℃, 증발온도가 -25℃일 때 냉동기를 운전하는 데 필요한 냉동기의 성적계수(COP)는 얼마인가?
① 4.51
② 7.46
③ 14.51
④ 17.46

해설 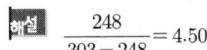 $\dfrac{248}{303-248} = 4.509$

문제 40 차압을 측정하여 유량을 계측하는 유량계가 아닌 것은?
① 오리피스미터
② 피토관
③ 벤투리미터
④ 플로노즐

해설 피토관은 유속계이다.

문제 41 흡입압력이 대기압과 같으며 최종압력이 15kgf/cm² · g인 4단 공기 압축기의 압축비는? (단, 대기압은 1kgf/cm²로 한다.)
① 2
② 4
③ 8
④ 16

해설 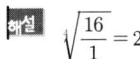 $\sqrt[4]{\dfrac{16}{1}} = 2$

문제 42 아세틸렌 제조시설에서 가스발생기의 종류에 해당하지 않는 것은?

① 주수식
② 침지식
③ 투입식
④ 사관식

해설 사관식은 열교환기 종류

문제 43 정압기의 특성에 대한 설명 중 틀린 것은?

① 정특성은 정상상태에서의 유량과 2차 압력과의 관계를 말한다.
② 동특성은 부하변동에 대한 응답의 신속성과 안정성이 요구된다.
③ 유량 특성은 메인 밸브의 열림과 점도와의 관계를 말한다.
④ 사용최대 차압은 실용적으로 사용할 수 있는 범위에서 최대로 되었을 때의 차압을 말한다.

해설 **유량특성** : 밸브열림과 유량과의 관계

문제 44 액체 주입식 부취제 설비의 종류에 해당되지 않는 것은?

① 위크증발식
② 적하주입식
③ 펌프주입식
④ 미터연결바이패스식

해설 **위크식** : 기체흡입방법이다.

문제 45 다음 중 터보(Turbo)형 펌프가 아닌 것은?

① 원심 펌프
② 사류 펌프
③ 축류 펌프
④ 플런저 펌프

해설 **플랜저** : 왕복펌프

문제 46 질소와 수소를 원료로 하여 암모니아를 합성한다. 표준상태에서 수소 $5m^3$가 반응하였을 때 암모니아는 약 몇 kg이 생성되는가?

① 1.52
② 2.53
③ 3.54
④ 4.55

해설　N_2　+　$3H_2$　→　$2NH_3$
$22.4m^3$　$67.2m^3$　$34kg$
$67.2 : 34 = 5 : x$　　∴ $x = 2.529$

해답　42. ④　43. ③　44. ①　45. ④　46. ②

문제 47 국내 도시가스 연료로 사용되고 있는 LNG와 LPG(+Air)의 특성에 대한 설명 중 틀린 것은?

① 모두 무색 무취이나 누출할 경우 쉽게 알 수 있도록 냄새 첨가제(부취제)를 넣고 있다.
② LNG는 냉열 이용이 가능하나, LPG(+Air)는 냉열 이용이 가능하지 않다.
③ LNG는 천연고무에 대한 용해성이 있으나, LPG(+Air)는 천연고무에 대한 용해성이 없다.
④ 연소시 필요한 공기량은 LNG가 LPG보다 적다.

해설 LPG 천연 고무용해 시킨다. 패킹재료 실리콘 고무 사용.

문제 48 다음 설명 중 옳지 않은 것은?

① 1J은 1N·m와 같다.
② 등엔트로피 과정이란 가역단열 과정을 말한다.
③ 1kcal는 427kgf·m와 같다.
④ 카르노 사이클은 2개의 등온과정과 2개의 등압과정으로 구성된 사이클이다.

해설 두 개의 단열과정, 두 개의 등압과정

문제 49 프로판의 완전연소 반응식으로 옳은 것은?

① $C_3H_8 + 4O_2 \rightarrow 3CO_2 + 2H_2O$
② $C_3H_8 + 5O_2 \rightarrow 3CO_2 + 4H_2O$
③ $C_3H_8 + 2O_2 \rightarrow 3CO_2 + H_2O$
④ $C_3H_8 + O_2 \rightarrow CO_2 + H_2O$

해설 프로판은 5배의 산소가 필요하다.(약 25배 공기)

문제 50 임계온도에 대한 설명으로 옳은 것은?

① 기체를 액화할 수 있는 최저의 온도
② 기체를 액화할 수 있는 절대온도
③ 기체를 액화할 수 있는 최고의 온도
④ 기체를 액화할 수 있는 평균온도

해설 액화시 임계온도 이하 유지.

해답 47. ③ 48. ④ 49. ② 50. ③

2022년도 시행

문제 51 다음 중 표준대기압(1atm)이 아닌 것은?
① 76mmHg
② 1.013bar
③ 101302.7N/m²
④ 10.332psi

해설 대기압=0PSI=14.7PSIa

문제 52 암모니아 가스의 특성에 대한 설명 중 옳은 것은?
① 물에 잘 녹지 않는다.
② 무색의 기체이다.
③ 상온에서 아주 불안정하다.
④ 물에 녹으면 산성이 된다.

해설 암모니아는 염기성이다.

문제 53 다음 중 가장 높은 온도는?
① 25℃
② 250K
③ 41°F
④ 460°R

해설 25℃=298°K
$\frac{9}{5} \times 25 + 32 = 77°F = 537°R$

문제 54 물을 전기분해하여 수소를 얻고자 할 때 주로 사용되는 전해액은 무엇인가?
① 1% 정도의 묽은 염산
② 20% 정도의 수산화나트륨 용액
③ 10% 정도의 탄산칼슘 용액
④ 25% 정도의 황산 용액

해설 20% NaOH 수용액을 전해액으로 사용한다.

문제 55 다음 화합물 중 탄소의 함유량이 가장 많은 것은?
① CO_2
② CH_4
③ C_2H_4
④ CO

해설 $C_2H_4 = 24/28$

문제 56 다음 중 수성가스는 어느 것인가?
① $CO_2 + H_2O$
② $CO_2 + H_2$
③ $CO + H_2$
④ $CO + H_2O$

해설 $C + H_2O \rightarrow CO + H_2$

51. ④ 52. ② 53. ① 54. ② 55. ③ 56. ③

문제 57 다음 중 헨리의 법칙에 잘 적용되지 않는 가스는?
① 암모니아 ② 수소
③ 산소 ④ 이산화탄소

해설 기체의 용해도(헨리의 법칙)

문제 58 이상기체의 정압비열(C_p)과 정적비열(C_v)에 대한 설명 중 틀린 것은? (단, k는 비열비이고, R은 이상기체 상수이다.)
① 정적비열과 R의 합은 정압비열이다.
② 비열비(k)는 $\dfrac{C_p}{C_v}$로 표현된다.
③ 정적비열은 $\dfrac{R}{k-1}$로 표현된다.
④ 정압비열은 $\dfrac{k-1}{k}$으로 표현된다.

해설 정압비열 $\dfrac{k}{k-1}$

문제 59 메탄가스의 특성에 대한 설명 중 틀린 것은?
① 메탄은 프로판에 비해 연소에 필요한 산소량이 많다.
② 폭발하한농도가 프로판보다 높다.
③ 무색, 무취이다.
④ 폭발상한농도가 부탄보다 높다.

해설 메탄은 프로판에 비해 40%의 공기가 필요하다.

문제 60 상온의 물 1Lb를 1°F 올리는 데 필요한 열량을 의미하는 것은?
① 1cal ② 1Btu
③ 1Chu ④ 1erg

해설 1cal : 물 1g 1℃
erg(일량) : 1dyne · cm

해답 57. ① 58. ④ 59. ① 60. ②

2022년 7월 CBT 시행

문제 01 암모니아 취급시 피부에 닿았을 때 조치사항으로 가장 적당한 것은?
① 열습포로 감싸준다.
② 다량의 물로 세척후 붕산수를 바른다.
③ 산으로 중화시키고 붕대로 감는다.
④ 아연화 연고를 바른다.

해설 암모니아는 물에 용해가 잘 된다.

문제 02 도시가스 배관의 설치기준 중 옥외 공동구 벽을 관통하는 배관의 손상 방지 조치로 옳은 것은?
① 지반의 부동침하에 대한 영향을 줄이는 조치
② 보호관과 배관 사이에 일정한 공간을 비워두는 조치
③ 공동구의 내외에서 배관에 작용하는 응력의 촉진 조치
④ 배관의 바깥지름에 3cm를 더한 지름의 보호관 설치 조치

해설 벽관통부는 방식조치를 해야 한다.

문제 03 다음 중 마찰, 타격 등으로 격렬히 폭발하는 예민한 폭발 물질로서 가장 거리가 먼 것은?
① AgN_2 ② H_2S
③ Ag_2C_2 ④ N_4S_4

해설 황화수소는 독성 가연성 기체이다.

문제 04 내용적 94ℓ인 액화프로판 용기의 저장능력은 몇 kg인가?(단, 충전상수 C는 2.35이다.)
① 20   ② 40
③ 60   ④ 80

해설 $\dfrac{94}{2.35} = 40$

해답   01. ② 02. ① 03. ② 04. ②

문제 05 아세틸렌가스 또는 압력이 9.8MPa 이상인 압축가스를 용기에 충전하는 경우 방호벽을 설치하지 않아도 되는 경우는?

① 압축기와 충전장소 사이
② 압축기와 그 가스충전용기 보관장소 사이
③ 압축가스를 운반하는 차량과 충전용기 사이
④ 압축가스 충전장소와 그 가스충전용기보관장소 사이

해설 운반차량과 보관장소 사이에는 필요없다.

문제 06 액화 천연가스 저장설비의 안전거리 산정식으로 옳은 것은?(단, L: 유지거리, C: 상수, W: 저장능력 제곱근 또는 질량이다.)

① $L = C\sqrt[3]{143000\,W}$
② $L = W\sqrt{143000\,C}$
③ $L = C\sqrt{143000\,W}$
④ $W = L\sqrt[3]{14300\,C\,W}$

해설 ① 계산식에서 50m 미만 시는 50m 유지

문제 07 저장탱크를 지하에 매설하는 경우의 기준 중 틀린 것은?

① 저장탱크의 주위에 마른 모래를 채울 것
② 저장탱크의 정상부와 지면과의 거리는 40cm 이상으로 할 것
③ 저장탱크를 2개 이상 인접하여 설치하는 경우에는 상호간에 1m 이상의 거리를 유지할 것
④ 저장탱크를 묻은 곳의 주위에는 지상에 경계를 표시할 것

해설 탱크정상부와 지면과의 거리는 60cm 이상

문제 08 도시가스사업자는 가스공급시설을 효율적으로 관리하기 위하여 배관·정압기에 대하여 도시가스배관망을 전산화 하여야 한다. 이때 전산관리 대상이 아닌 것은?

① 설치도면
② 시방서
③ 시공자
④ 배관제조자

해설 **배관, 정압기 전산관리항목** : 시공자, 설치도면, 시방서

문제 09 독성가스의 가스 설비에 관한 배관 중 2중관으로 하여야 하는 가스는?

① 아황산가스
② 이황화탄소가스
③ 수소가스
④ 불소가스

해설 이중관의 내관의 외경과 외관의 내경비는 1 : 1.2

05. ③　06. ①　07. ②　08. ④　09. ①

문제 10 | 고압가스 운반기준에 대한 안전기준 중 틀린 것은?

① 밸브돌출 용기는 고정식 프로텍터나 캡 등을 부착하여 손상을 방지한다.
② 운반시 넘어짐 등으로 인한 충격을 방지하기 위하여 와이어로프 등으로 결속한다.
③ 위험물 안전관리법이 정하는 위험물과 충전용기를 동일 차량에 적재시는 1m 정도 이격시킨 후 운반한다.
④ 독성가스 중 가연성과 조연성 가스는 동일 차량 적재함에 적재하여 운반하지 않는다.

해설 위험물과는 동일차량에 적재할 수 없다.

문제 11 | 아황산가스의 제독제로 갖추어야 할 것이 아닌 것은?

① 가성소다 수용액   ② 소석회
③ 탄산소다 수용액   ④ 물

해설 아황산가스의 경우에는 소석회는 제외된다.

문제 12 | 고압가스 용기 보관 장소에 충전용기를 보관할 때의 기준 중 틀린 것은?

① 충전용기와 잔가스용기는 각각 구분하여 용기보관 장소에 놓을 것
② 용기보관 장소의 주위 5m 이내에는 화기 또는 인화성 물질이나 발화성 물질을 두지 아니할 것
③ 충전 용기는 항상 40℃ 이하의 온도를 유지하고, 직사광선을 받지 않도록 조치할 것
④ 가연성 가스 용기보관 장소에는 방폭형 휴대용 손전등 외의 등화를 휴대하고 들어가지 아니할 것

해설 2m 이내에 발화성, 인화성 물질을 두지 말 것.

문제 13 | 액화석유가스를 저장하는 시설의 강제통풍구조에 대한 기준 중 틀린 것은?

① 통풍능력이 바닥면적 $1m^2$마다 $0.5m^3$/분 이상으로 한다.
② 흡입구는 바닥면 가까이에 설치한다.
③ 배기가스 방출구를 지면에서 5m 이상의 높이에 설치한다.
④ 배기구는 천장면에서 30cm 이내에 설치한다.

해설 강제통풍배기구는 배출구상부와 직접 연결되게 한다.

해답 10. ③ 11. ② 12. ② 13. ④

문제 14
다음 가스 중 독성이 가장 강한 것은?
① 암모니아
② 디메틸아민
③ 브롬화메틸
④ 아크릴로니트릴

해설 아크릴로니트릴 : 2ppm 암모니아 : 25ppm
디메틸아민 : 10ppm 브롬화메탄 : 5ppm

문제 15
가스 중의 음속보다도 화염 전파속도가 큰 경우로서 충격파라고 하는 솟구치는 압력파가 생기는 현상을 무엇이라 하는가?
① 폭발
② 폭굉
③ 폭연
④ 연소

해설 음속 340m/sec. 폭굉 시 화염 전파속도 1000~3500m/sec

문제 16
다음 가스 중 발화온도와 폭발등급에 의한 위험성을 비교하였을 때 위험도가 가장 큰 것은?
① 부탄
② 암모니아
③ 아세트알데히드
④ 메탄

해설 착화온도
부탄 430~510℃   메탄 615~682℃
아세트알데히드 185℃(폭발범위 4.1~55%)   암모니아 651℃

문제 17
LPG 충전집단공급저장시설의 공기 내압시험시 상용압력의 일정 압력 이상 승압 후 단계적으로 승압시킬 때 몇 % 씩 증가시키는가?
① 상용압력의 5% 씩
② 상용압력의 10% 씩
③ 상용압력의 15% 씩
④ 상용압력의 20% 씩

해설 단계적으로 10%씩 승압시킨다.

문제 18
독성가스를 용기에 의하여 운반시 구비하여야할 보호장비 중 반드시 휴대하지 않아도 되는 것은?
① 방독면
② 제독제
③ 고무장갑 및 고무장화
④ 산소마스크

해설 독성 운반시 산소마스크는 제외

14. ④ 15. ② 16. ③ 17. ② 18. ④

문제 19 도시가스 사용시설의 기밀시험 기준으로 옳은 것은?(단, 연소기는 제외한다.)

① 최고 사용압력의 1.1배 또는 8.40kPa 중 높은 압력 이상의 압력으로 실시하여 이상이 없을 것
② 최고 사용압력의 1.2배 또는 10.00kPa 중 높은 압력 이상의 압력으로 실시하여 이상이 없을 것
③ 최고 사용압력의 1.1배 또는 10.00kPa 중 높은 압력 이상의 압력으로 실시하여 이상이 없을 것
④ 최고 사용압력의 1.2배 또는 8.40kPa 중 높은 압력 이상의 압력으로 실시하여 이상이 없을 것

해설 사용시설 기밀시험은 최고사용압력의 1.1배 8.4kPa 중 높은 압력.

문제 20 LPG 연소기의 명판에 기재할 사항이 아닌 것은?

① 연소기명
② 가스소비량
③ 연소기 재질명
④ 제조(롯드) 번호

해설 연소기 명판에 재질은 기재사항이 아니다.

문제 21 고압가스 설비에 장치하는 압력계의 최고 눈금의 기준은?

① 내압시험 압력의 1배 이상 2배 이하
② 상용압력의 1.5배 이상 2배 이하
③ 상용압력의 2배 이상 3배 이하
④ 내압시험 압력의 1.5배 이상 2배 이하

해설 반복출제

문제 22 저온저장 탱크에는 그 저장탱크의 내부압력이 외부압력보다 저하함에 따라 그 저장탱크가 파괴되는 것을 방지하기 위한 조치로서 갖추지 않아도 되는 설비는?

① 진공 안전밸브
② 다른 저장탱크 또는 시설로부터의 가스도입 배관(균압관)
③ 압력과 연동하는 긴급차단장치를 설치한 송액설비
④ 물분무설비

해설 물분무장치는 온도상승 방지 목적이다.

19. ① 20. ③ 21. ② 22. ④

문제 23

가연성 액화가스를 충전하여 200km를 초과하여 운반할 때 운반책임자를 동승시켜야 하는 기준은?(단, 납붙임 및 접합용기는 제외한다.)

① 1000kg 이상
② 2000kg 이상
③ 3000kg 이상
④ 6000kg 이상

해설 운반책임자 동승 : 가연성 300m^3, 3000kg 이상 시 해당

문제 24

수소의 특징에 대한 설명으로 옳은 것은?

① 조연성기체이다.
② 폭발범위가 넓다.
③ 가스의 비중이 커서 확산이 느리다.
④ 저온에서 탄소와 수소취성을 일으킨다.

해설 수소폭발범위 4~75%

문제 25

가스 공급시설의 임시 사용 기준 항목이 아닌 것은?

① 도시가스 공급이 가능한지의 여부
② 당해 지역의 도시가스의 수급상 도시가스의 공급이 필요한지의 여부
③ 공급의 이익 여부
④ 가스공급 시설을 사용함에 따른 안전저해의 우려가 있는지의 여부

해설 임시합격 기준에서 공급자의 이익은 제외된다.

문제 26

가연성가스를 취급하는 장소에는 누출된 가스의 폭발 사고를 방지하기 위하여 전기설비를 방폭구조로 한다. 다음 중 방폭구조가 아닌 것은?

① 안전증 방폭구조
② 내열 방폭구조
③ 압력 방폭구조
④ 내압 방폭구조

해설 내열방폭구조는 없다.

문제 27

일반도시가스 사업자 정압기의 가스방출관 방출구는 지면으로부터 몇 m 이상의 높이에 설치하여야 하는가?(단, 전기시설물과의 접촉 등으로 사고의 우려가 없는 장소임)

① 1
② 2
③ 3
④ 5

해설 가스방출관 : 지상에서 5m 이상 높이

해답 23. ③ 24. ② 25. ③ 26. ② 27. ④

문제 28
수소와 염소에 일광을 비추었을 때 일어나는 폭발의 형태로서 가장 옳은 것은?
① 분해폭발
② 중합폭발
③ 촉매폭발
④ 산화폭발

해설 수소와 염소가 부피로 1:1 혼합 시 직사광선(촉매역할)에 의해 폭발한다.

문제 29
가스사용시설의 지하매설배관이 저압인 경우 배관 색상은?
① 황색
② 적색
③ 백색
④ 청색

해설 고압배관은 적색

문제 30
LPG 충전시설의 충전소에 기재한 "화기엄금"이라고 표시한 게시판의 색깔로 옳은 것은?
① 황색바탕에 적색글씨
② 황색바탕에 흑색글씨
③ 백색바탕에 적색글씨
④ 백색바탕에 흑색글씨

해설 화기엄금 바탕 : 백색 문자 : 적색

문제 31
LNG, 액화산소 등을 저장하는 탱크에 사용되는 단열재 선정시 고려해야 할 사항으로 옳은 것은?
① 밀도가 크고 경량일 것
② 저온에 있어서의 강도는 적을 것
③ 열전도율이 클 것
④ 안전 사용온도 범위가 넓을 것

해설 단열재 : 열전도율이 적고 밀도도 적을 것.

문제 32
연소의 이상현상 중 불꽃의 주위, 특히 불꽃의 기저부에 대한 공기의 움직임이 세어지면 불꽃이 노즐에서 정착하지 않고 떨어지게 되어 꺼져 버리는 현상은?
① 선화
② 역화
③ 블로우오프
④ 불완전 연소

해설 블로우오프 : 바람으로 불꽃이 꺼지는 현상

28. ③ 29. ① 30. ③ 31. ④ 32. ③

문제 33 원심펌프를 병렬연결 운전할 때의 일반적인 특성으로 옳은 것은?
① 유량은 불변이다.   ② 양정은 증가한다.
③ 유량은 감소한다.   ④ 양정은 일정하다.

해설 병렬 운전 시 : 유량증가, 양정일정

문제 34 왕복펌프의 밸브로서 구비해야 할 조건이 아닌 것은?
① 누출물을 막기 위하여 밸브의 중량이 클 것
② 내구성이 있을 것
③ 밸브의 개폐가 정확할 것
④ 유체가 밸브를 지날 때의 저항을 최소한으로 할 것

해설 밸브중량은 가벼울수록 좋다.

문제 35 부취제의 주입설비에서 액체주입법에 해당되지 않는 것은?
① 위크증발식   ② 펌프주입식
③ 미터연결 바이패스식   ④ 적하주입방식

해설 위크증발식은 기체주입방법.

문제 36 암모니아 합성공정 중 중압합성에 해당되지 않는 것은?
① IG법   ② 뉴파우더법
③ 케미크법   ④ 케로그법

해설 케로그은 저압 합성법($150kg/cm^2$ 전후)이다.

문제 37 고온·고압의 가스 배관에 주로 쓰이며 분해, 보수 등이 용이하나 매설배관에는 부적당한 접합방법은?
① 플랜지 접합   ② 나사 접합
③ 차입 접합   ④ 용접 접합

해설 플랜지는 수시로 분해점검이 용이해야 한다.

해답   33. ④   34. ①   35. ①   36. ④   37. ①

문제 38
저온 배관용 탄소강관의 표시기호는?

① SPPS ② SPLT
③ SPPH ④ SPHT

해설) SPHT : 고온용

문제 39
열기전력을 이용한 온도계가 아닌 것은?

① 백금-백금 로듐 온도계
② 동-콘스탄탄 온도계
③ 철-콘스탄탄 온도계
④ 백금-콘스탄탄 온도계

문제 40
염화파라듐지로 검지할 수 있는 가스는?

① 아세틸렌 ② 황화수소
③ 염소   ④ 일산화탄소

해설) 염화파라듐지가 일산화탄소 접촉 시 흑색으로 변한다.

문제 41
왕복식 압축기의 구성 부품이 아닌 것은?

① 피스톤   ② 임펠러
③ 커넥팅 로드 ④ 크랭크축

해설) 임펠러는 터보식의 구성부품.

문제 42
탄소강 중에 저온취성을 일으키는 원소로 옳은 것은?

① P   ② S
③ Mo   ④ Cu

해설) P(인) : 상온, 저온취성의 원인
S(황) : 적열취성

문제 43
유체가 5m/s의 속도로 흐를 때 이 유체의 속도수두는 약 몇 m인가?(단, 중력 가속도는 9.8m/s²이다.)

① 0.98   ② 1.28
③ 12.2   ④ 14.1

해설) $h = \dfrac{V^2}{2g} = \dfrac{5^2}{2 \times 9.8} = 1.28$

해답) 38. ② 39. ④ 40. ④ 41. ② 42. ① 43. ②

문제 44
다음 [보기]와 관련있는 분석법은?

- 쌍극자모멘트의 알짜변화
- Nernst 백열등
- 진동 짝지움
- Fourier 변환 분광계

① 질량분석법 ② 흡광광도법
③ 적외선 분광분석법 ④ 킬레이트 적정법

해설 적외선 분광법 : 분광계로 빛의 파장을 측정한다.

문제 45
가늘고 긴 수직형 반응기로 유체가 순환됨으로서 교반이 행하여지는 방식으로 주로 대형 화학공장 등에 채택되는 오토클레이브는?

① 진탕형 ② 교반형
③ 회전형 ④ 가스교반형

해설 가스교반형 : 입형이다.

문제 46
물 1g을 1℃ 올리는데 필요한 열량은 얼마인가?

① 1cal ② 1J
③ 1btu ④ 1erg

해설 1J = 1Nm   BTH : 물 1Lb를 1°F 올리는데 드는 열량

문제 47
메탄가스에 대한 설명 중 틀린 것은?

① 무색, 무취의 기체이다. ② 공기보다 무거운 기체이다.
③ 천연가스의 주성분이다. ④ 폭빌범위는 약 5~15% 정도이다.

해설 메탄분자량 16 공기보다 가볍다.

문제 48
아세틸렌(C_2H_2)에 대한 설명 중 틀린 것은?

① 카바이트(CaC_2)에 물을 넣어 제조한다.
② 동과 접촉하여 동아세틸라이드를 만들므로 동함유량이 62% 이상을 설비로 사용한다.
③ 흡열화합물이므로 압축하면 분해폭발을 일으킬 수 있다.
④ 공기 중 폭발범위는 약 2.5~80.5%이다.

해설 구리와 접촉 시 동아세틸라이트를 만든다.

해답 44. ③ 45. ④ 46. ① 47. ② 48. ②

문제 49
산소에 대한 설명으로 옳은 것은?

① 가연성가스이다.
② 자성(磁性)을 가지고 있다.
③ 수소와는 반응하지 않는다.
④ 폭발범위가 비교적 큰 가스이다.

해설 산소는 강 자성체이다.

문제 50
수소폭명기(Detonation Gas)에 대한 설명으로 옳은 것은?

① 수소와 산소가 부피비 1 : 1로 혼합된 기체이다.
② 수소와 산소가 부피비 2 : 1로 혼합된 기체이다.
③ 수소와 염소가 부피비 1 : 1로 혼합된 기체이다.
④ 수소와 염소가 부피비 2 : 1로 혼합된 기체이다.

해설 $H_2+O \rightarrow H_2O$. 부피=수소2, 산소1

문제 51
다음 압력 중 표준대기압이 아닌 것은?

① $10.332mH_2O$
② 1atm
③ 14.7inchHg
④ 76cmHg

해설 표준대기압 : 30inHg

문제 52
산화에틸렌의 성질에 대한 설명 중 틀린 것은?

① 무색의 유독한 기체이다.
② 알코올과 반응하여 글리콜에테르를 생성한다.
③ 암모니아와 반응하여 에탄올아민을 생성한다.
④ 물, 아세톤, 사염화탄소 등에 불용이다.

해설 물, 아세톤 등에 잘 용해한다.

문제 53
아세틸렌의 가스발생기 중 다량의 물속에 CaC_2를 투입하는 방법으로서 주로 공업적으로 대량생산에 적합한 가스발생 방법은?

① 주수식
② 침지식
③ 접촉식
④ 투입식

해설 물을 뿌리는 형식은 주수식.

해답

49. ② 50. ② 51. ③ 52. ④ 53. ④

문제 54 도시가스 제조방식 중 촉매를 사용하는 사용온도 400~800℃에서 탄화수소와 수증기를 반응시켜 수소, 메탄, 일산화탄소, 탄산가스 등의 저급 탄화수소로 변환시키는 프로세스는?

① 열분해 프로세스 ② 접촉분해 프로세스
③ 부분연소 프로세스 ④ 수소화분해 프로세스

해설 열분해공정은 800~900℃

문제 55 다음 중 냄새가 나는 물질(부취제)의 구비조건이 아닌 것은?

① 독성이 없을 것
② 저농도에 있어서도 냄새를 알 수 있을 것
③ 완전연소하고 연소 후에는 유해물질을 남기지 말 것
④ 일상생활의 냄새와 구분되지 않을 것

해설 일상생활 냄새와 구분 될 것.

문제 56 도시가스에 사용되는 부취제 중 DMS의 냄새는?

① 석탄가스 냄새 ② 마늘 냄새
③ 양파 썩는 냄새 ④ 암모니아 냄새

해설 DMS (데미텔설파이드) : 마늘냄새
THT (데트라히드로티오팬) : 석탄가스
TBM (더시어리부틸메르갑딘) : 양파

문제 57 다음 ( ) 안에 알맞은 것은?

절대압력 =( ) + 게이지 압력

① 진공압 ② 수두압
③ 대기압 ④ 동압

해설 게이지 압력=절대압력−대기압

문제 58 표준상태에서 아세틸렌 가스의 밀도는 약 몇 g/L인가?

① 0.86 ② 1.16
③ 1.34 ④ 2.24

해설 $\dfrac{26}{22.4} = 1.16$

54. ② 55. ④ 56. ② 57. ③ 58. ②

문제 59 다음 중 엔트로피의 단위로 옳은 것은?
① W/m ℃
② W/m^3
③ J/K
④ kcal/kg

해설 열량을 절대온도 나눈 값 : 엔트로피

문제 60 밀폐된 용기 내의 압력이 20기압 일 때 O_2의 분압은?(단, 용기 내에는 N_2가 80%, O_2가 20%있다.)
① 3기압
② 4기압
③ 5기압
④ 6기압

해설 $20 \times 0.2 = 4$

59. ③ 60. ②

2022년 10월 CBT 시행

문제 01 에틸렌 공업용 가스용기에 사용하는 문자의 색상은?
① 적색 ② 녹색
③ 흑색 ④ 백색

해설 용기문자는 백색(암모니아, 아세틸렌 : 흑색 LPG : 적색)

문제 02 공기 중에서 폭발범위가 가장 넓은 가스는?
① C_2H_4O ② CH_4
③ C_2H_4 ④ C_3H_8

해설 C_2H_4O : 3~80%, 아세틸렌 다음으로 넓다.

문제 03 초저온 용기에 대한 정의로 옳은 것은?
① 임계온도가 50℃ 이하인 액화가스를 충전하기 위한 용기
② 강판과 동판으로 제조된 용기
③ -50℃ 이하인 액화가스를 충전하기 위한 용기로서 용기내의 가스온도가 상용의 온도를 초과하지 않도록 한 용기
④ 단열재로 피복하여 용기내의 가스온도가 상용의 온도를 초과하여 조치된 용기

해설 초저온은 -50℃ 이하

문제 04 다음 중 가연성 가스 제조공장에서 착화의 원인으로 가장 거리가 먼 것은?
① 정전기 ② 사용촉매의 접촉작용
③ 밸브의 급격한 조작 ④ 베릴륨 합금제 공구에 의한 충격

해설 반복출제

문제 05 가스 배관 주위에 매설물을 부설하고자 할 때 이격거리 기준은 몇 cm 이상인가?
① 20 ② 30
③ 50 ④ 60

해설 배관주위 매설물 30cm 이상 이격거리

해답 01. ④ 02. ① 03. ③ 04. ④ 05. ②

문제 06 일반도시가스사업의 가스공급 시설의 정압기에 대한 분해점검 시기로서 옳은 것은?

① 6개월에 1회 이상 ② 1년에 1회 이상
③ 2년에 1회 이상 ④ 3년에 1회 이상

해설 정압기 : 분해점검 2년에 1회, 작동상황 6개월에 1회

문제 07 아세틸렌을 용기에 충전시, 미리 용기에 다공질물을 고루 채운 후 침윤 및 충전을 해야 하는데 이 때 다공도는 얼마로 해야 하는가?

① 75% 이상 92% 미만 ② 70% 이상 95% 미만
③ 62% 이상 75% 미만 ④ 92% 이상

해설 다공도 75% 이상 92% 미만

문제 08 독성가스의 저장설비에서 가스누출에 대비하여 설치하여야 하는 것은?

① 액화방지장치 ② 액화수장치
③ 살수장치 ④ 흡수장치

해설 독성가스 누출시를 대비하여 흡수장치나 중화장치를 설치한다.

문제 09 고압가스설비를 수리할 경우 가스설비 내를 대기압 이하까지 가스 치환을 생략할 수 없는 것은?

① 사람이 그 설비의 밖에서 작업하는 것
② 당해 가스설비의 내용적이 $1m^3$ 이하인 것
③ 화기를 사용하지 아니하는 작업인 것
④ 출입구의 밸브가 확실히 폐지되어 있고 내용적이 $10m^3$ 이상의 가스설비에 이르는 사이에 1개 이상의 밸브를 설치할 것

해설 $5m^3$ 이상 설비는 두개 이상 밸브를 설치한다.

문제 10 산소 압축기의 내부 윤활유로 사용되는 것은?

① 물 또는 10% 묽은 글리세린수 ② 진한 황산
③ 양질의 광유 ④ 디젤엔진유

해설 윤활유 (공기 : 양질의 광유, 산소 : 물, 10% 글리세린수, 염소 : 농황산, LPG : 식물성유)

해답 06. ③ 07. ① 08. ④ 09. ④ 10. ①

문제 11
가스누출경보기의 기능에 대한 설명으로 옳은 것은?

① 전원의 전압등 변동이 ±3% 정도일 때에도 경보밀도가 저하되지 않을 것
② 가연성가스의 경보농도는 폭발하한계의 $\frac{1}{2}$ 이하일 것
③ 경보를 울린 후 가스 농도가 변하면 원칙적으로 경보를 중지시키는 구조일 것
④ 지시계의 눈금은 가연성가스용은 0~폭발하한계값일 것

해설 가스누설경보기 눈금범위 : 가연성(0~폭발하한), 독성(0~허용농도 3배),
NH_3 실내사용시 150ppm
경보 : 가연성은 하한의 1/4, 독성 허용농도 이하, NH_3 실내사용 경우는 50ppm
경보농도 1.6배에서 30초 (NH_3, CO는 1분)

문제 12
특정고압가스사용시설에 대한 설명으로 옳은 것은?

① 산소의 저장설비 주위 5m 이내에서는 화기를 취급하지 않도록 할 것
② 가연성 가스의 사용시설 설치실은 누설된 가스가 체류될 수 있도록 할 것
③ 고압가스 설비는 상용 압력의 1.5배 이상의 압력에서 항복을 일으키지 않는 두께일 것
④ 고압가스 설비에는 저장 능력에 관계없이 안전밸브를 설치할 것

해설 상용압력의 두 배에서 항복을 일으키지 말 것

문제 13
액화가스를 충전하는 탱크는 그 내부에 액면요동을 방지하기 위하여 무엇을 설치해야 하는가?

① 방파판
② 안전밸브
③ 액면계
④ 긴급차단장치

해설 방파판 : 액면 요동방지, 5000l 이상시 해당

문제 14
고압가스용기의 안전점검 기준에 해당되지 않는 것은?

① 용기의 부식, 도색 및 표시 확인
② 용기의 캡이 씌워져 있거나 프로텍터의 부착여부 확인
③ 재검사 기간의 도래 여부를 확인
④ 용기의 누설을 성냥불로 확인

해설 용기누설 검사는 비눗물을 사용한다.

해답 11. ④ 12. ① 13. ① 14. ④

문제 15 고압가스 일반제조시설에서 밸브가 돌출한 충전용기에는 충전한 후 넘어짐 방지조치를 하지 않아도 되는 용량은 내용적 몇 l 미만인가?

① 5
② 10
③ 20
④ 50

해설 전도, 전락방지 5l 미만은 제외한다.

문제 16 가스의 폭발범위에 영향을 주는 인자로서 가장 거리가 먼 것은?

① 비열
② 압력
③ 온도
④ 가스의 양

해설 **폭발인자** : 온도, 압력, 조성(가스량, 농도)

문제 17 포스겐의 취급 사항에 대한 설명 중 틀린 것은?

① 포스겐을 함유한 폐기액은 산성물질로 충분히 처리한 후 처분할 것
② 취급시에는 반드시 방독마스크를 착용할 것
③ 환기시설을 갖출 것
④ 누설시 용기부식의 원인이 되므로 약간의 누설에도 주의할 것

해설 포스겐은 산성이므로 염기성으로 중화시킨다.

문제 18 다음 ( )안에 알맞은 것은?

"시안화수소를 충전한 용기는 충전한 후 ( )일이 경과되기 전에 다른 용기에 옮겨 충전할 것. 다만, 순도 ( )% 이상으로서 착색되지 아니한 것은 다른 용기에 옮겨 충전하지 아니할 수 있다."

① 30, 90
② 30, 95
③ 60, 90
④ 60, 98

해설 60일전 다른 용기로 옮긴다. 순도 98% 이상은 제외

문제 19 상용압력이 10MPa인 고압가스설비의 내압시험 압력은 몇 MPa 이상으로 하여야 하는가?

① 8
② 10
③ 12
④ 15

해설 내압시험은 상용압력의 1.5배 $10 \times 1.5 = 15$

해답

15. ① 16. ① 17. ① 18. ④ 19. ④

문제 20
다음 착화온도에 대한 설명 중 틀린 것은?
① 탄화수소에서 탄소수가 많은 분자일수록 착화온도는 낮아진다.
② 산소농도가 클수록, 압력이 클수록 착화온도는 낮아진다.
③ 화학적으로 발열량이 높을수록 착화온도는 낮아진다.
④ 반응활성도가 작을수록 착화온도는 낮아진다.

해설 반응활성도가 크게 되면 착화온도는 낮아진다.

문제 21
고압가스 저장탱크 2개를 지하에 인접하여 설치하는 경우 상호 간에 유지하여야 할 최소거리의 기준은?
① 30cm
② 60cm
③ 1m
④ 3m

해설 지하탱크 간의 거리는 1m 이상 유지

문제 22
아세틸렌에 대한 설명 중 틀린 것은?
① 액체 아세틸렌은 비교적 안정하다.
② 접촉적으로 수소화하면 에틸렌, 에탄이 된다.
③ 압축하면 탄소와 수소로 자기분해한다.
④ 구리, 은, 수은 등의 금속과 화합시 아세틸라이드를 생성한다.

해설 반복출제

문제 23
인화점이 약 −30°C로 전구 표면이나 증기파이프에 닿기만 해도 발화하는 것은?
① CS_2
② C_2H_2
③ C_2H_4
④ C_3H_8

해설 CS_2 : 인화점이 낮은 독성가스이다.(20ppm)

문제 24
다음 중 가성소다를 제독제로 사용하지 않는 가스는?
① 염소가스
② 염화메탄
③ 아황산가스
④ 시안화수소

해설 염화메탄은 물이 제독제이다.

20. ④ 21. ③ 22. ① 23. ① 24. ②

문제 25 다음 중 아세틸렌의 분석에 사용되는 시약은?

① 동암모니아
② 파라듐블랙
③ 발연황산
④ 피로갈롤

해설 발연황산을 사용하여 아세틸렌은 순도가 98% 이상이어야 한다.

문제 26 고압가스 안전관리상 제1종 보호시설이 아닌 것은?

① 학교
② 여관
③ 주택
④ 시장

해설 **1종시설** : 연면적 1000m^2 이상, 300인 극장, 공연장 등 30인 이상 아동복지시설, 유형문화재

문제 27 다음 가스 검지시의 지시약과 반응색이 맞지 않는 것은?

① 산성가스-리트머스지 : 적색
② $COCl_2$-하리슨씨시약 : 심등색
③ CO-염화파라듐지 : 흑색
④ HCN-질산구리벤젠지 : 적색

해설 HCN : 질산구리벤젠지 (초산벤젠지) 가 청변

문제 28 도시가스배관의 외부전원법에 의한 전기방식 설비의 계기류 확인은 몇 개월에 1회 이상 하여야 하는가?

① 1
② 3
③ 6
④ 12

해설 **관대지전위** : 연회 1회 이상 점검
외부전원법, 배류법 : 3개월에 1회 이상 점검
절연부속품, 결선 등 : 6개월에 1회 이상 점검

문제 29 고압가스특정제조에서 지하매설 배관은 그 외면으로부터 지하의 다른 시설물과 몇 m 이상 거리를 유지해야 하는가?

① 0.3
② 0.5
③ 1
④ 1.2

해설 매설배관 다른 시설물과 0.3m 이격

25. ③ 26. ③ 27. ④ 28. ② 29. ①

문제 30 다음 중 가스에 대한 정의가 잘못된 것은?

① 압축가스 – 일정한 압력에 의하여 압축되어 있는 가스
② 액화가스 – 가압·냉각 등의 방법에 의하여 액체상태로 되어 있는 것으로서 대기압에서의 비점이 40℃ 이하 또는 상용의 온도 이하인 것
③ 독성가스 – 인체에 유해한 독성을 가진 가스로서 허용 농도가 100만분의 300 이하인 것
④ 가연성가스 – 공기 중에서 연소하는 가스로서 폭발한계의 하한이 10% 이하인 것과 폭발한계의 상한과 하한의 차가 20% 이상인 것

해설 독성 : 허용농도 200ppm 이하인 가스

문제 31 저온장치의 단열법 중 일반적으로 사용되는 단열법으로 단열 공간에 분말, 섬유 등의 단열재를 충전하는 방법은?

① 상압 단열법
② 진공 단열법
③ 고진공 단열법
④ 다층진공 단열법

해설 상압단열법은 초저온진공법이 아니다.

문제 32 펌프의 유량이 100m³/s, 전양정 50m, 효율이 75% 일 때 회전수를 20% 증가시키면 소요동력은 몇 배가 되는가?

① 1.73
② 2.36
③ 3.73
④ 4.36

해설 동력은 회전수 3승에 비례한다. $(1.2)^3 = 1.728$

문제 33 내용적 35l에 압력 0.2MPa의 수압을 걸었더니 내용적이 35.34l로 증가되었다. 이 용기의 항구증가율은 얼마인가?(단, 대기압으로 하였더니 35.03l이었다.)

① 6.8%
② 7.4%
③ 8.1%
④ 8.8%

해설 $\dfrac{0.03}{0.34} \times 100 = 8.8\%$ (10% 이하 합격)

문제 34 다음 가스 분석법 중 흡수분석법에 해당하지 않는 것은?

① 헴펠법
② 산화동법
③ 오르사트법
④ 게겔법

해설 흡수법 : 액체에 기체를 흡수시켜 정성, 정량하는 방법

30. ③ 31. ① 32. ① 33. ④ 34. ②

문제 35
가스액화분리장치의 주요 구성 부분이 아닌 것은?

① 기화장치
② 정류장치
③ 한냉발생장치
④ 불순물제거장치

해설 **액화장치** : 불순물 제거-한냉발생-정류장치

문제 36
2단 감압조정기 사용시의 장점에 대한 설명으로 가장 거리가 먼 것은?

① 공급 압력이 안정하다.
② 용기 교환주기의 폭을 넓힐 수 있다.
③ 중간 배관이 가늘어도 된다.
④ 입상에 의한 압력손실을 보정할 수 있다.

해설 교환주기폭을 넓힐 수 있는 것은 자동교체식의 장점이다.

문제 37
LPG나 액화가스와 같이 저비점이고 내압이 0.4~0.5MPa 이상인 액체에 주로 사용되는 펌프의 메카니컬 시일의 형식은?

① 더블 시일형
② 인사이드 시일형
③ 아웃사이드 시일형
④ 밸런스 시일형

해설 **더블시일** : 독성, 고진공
인사이드 : 고정면이 펌프측, 일반적
아웃사이드 : 회전면이 펌프측
밸런스 : $4kg/cm^2$ 이상

문제 38
다음 중 충전구가 오른 나사인 가연성 가스는?

① LPG
② 수소
③ 액화 암모니아
④ 시안화수소

해설 가연성은 왼나사 (NH_3, CH_3Br은 제외)

문제 39
기어펌프의 특징에 대한 설명 중 틀린 것은?

① 저압력에 적합하다.
② 토출압력이 바뀌어도 토출량은 크게 바뀌지 않는다.
③ 고점도액의 이송에 적합하다.
④ 흡입양정이 크다.

해설 **기어펌프** : $100kg/cm^2$ 이상 고압에도 사용된다.

해답
35. ①   36. ②   37. ④   38. ③   39. ①

문제 40
강관의 스케줄(schedule) 번호가 의미하는 것은?
① 파이프의 길이
② 파이프의 바깥지름
③ 파이프의 무게
④ 파이프의 두께

해설 S.C.H NO(관두께) = $10 \times \dfrac{P}{S}$

P : 사용압력[kg/cm²] S : 허용응력[kg/mm²]

문제 41
액화석유가스 이송용 펌프에서 발생하는 이상현상으로 가장 거리가 먼 것은?
① 케비테이션
② 수격작용
③ 오일포밍
④ 베이퍼록

해설 **오일포밍현상** : 후레온 가스냉동기의 압축기에서 거품이 일어나는 현상

문제 42
다음은 저압식 공기액화분리장치의 작동개요의 일부이다. ( ) 안에 각각 알맞은 수치를 옳게 나열한 것은?

"저압식 공기액화분리장치의 복식정류탑에서는 하부탑에서 약 5atm의 압력하에서 원료공기가 정류되고, 동탑 상부에서는 (㉠)% 정도의 액체질소가, 탑하부에서는 (㉡)% 정도의 액체공기가 분리된다."

① ㉠ 98 ㉡ 40
② ㉠ 40 ㉡ 98
③ ㉠ 78 ㉡ 30
④ ㉠ 30 ㉡ 78

해설 **복식정류탑 하부탑** : 상부는 질소액, 하부는 액체공기
복식정류탑 상부탑 : 상부는 질소기체, 하부는 액체산소

문제 43
열전대 온도계의 원리를 옳게 설명한 것은?
① 금속의 열전도를 이용한다.
② 2종 금속의 열기전력을 이용한다.
③ 금속과 비금속 사이의 유도 기전력을 이용한다.
④ 금속의 전기저항이 온도에 의해 변화하는 것을 이용한다.

해설 두 점점 사이에 온도차가 생기면 전기가 발생된다. "제어베크효과" 열기전력이다.

문제 44
액주식 압력계에 사용되는 액체의 구비조건으로 틀린 것은?
① 화학적으로 안정되어야 한다.
② 모세관 현상이 없어야 한다.
③ 점도와 팽창계수가 작아야 한다.
④ 온도변화에 의한 밀도가 커야 한다.

해설 온도변화에 따른 밀도변화가 적어야 한다.

해답 40. ④ 41. ③ 42. ① 43. ② 44. ④

문제 45
도시가스제조 공정 중 가열방식에 의한 분류에서 산화나 수첨반응에 의한 발열반응을 이용하는 방식은?

① 외열식　　　　　　　② 자열식
③ 축열식　　　　　　　④ 부분연소식

해설　발열반응(자열식), 축열식(열저장), 부분연소식(일부태운열 이용), 외열식(외부에서 가열)

문제 46
내용적 40ℓ의 용기에 아세틸렌가스 6kg(액비중 0.613)을 충전할 때 다공성물질의 다공도를 90%라 하면 표준상태에서 안전공간은 약 몇 %인가?(단, 아세톤의 비중은 0.8이고, 주입된 아세톤량은 13.9kg이다.)

① 12　　　　　　　② 18
③ 22　　　　　　　④ 31

해설　다공물질 부피　$40 \times 0.1 = 4$

　　아세틸렌 부피　$\dfrac{6}{0.613} = 9.787$

　　아세톤 부피　$\dfrac{13.9}{0.8} = 17.375$,　$4 + 9.787 + 17.375 = 31.16$

　　$\dfrac{40 - 31.16}{40} \times 100 = 22.1$

문제 47
다음 [보기]에서 염소가스의 성질에 대한 것으로 모두 나열한 것은?

㉠ 상온에서 기체이다.
㉡ 상압에서 −40∼−50℃으로 냉각하면 쉽게 액화한다.
㉢ 인체에 대하여 극히 유독하다.

① ㉠, ㉡　　　　　　② ㉡, ㉢
③ ㉠, ㉢　　　　　　④ ㉠, ㉡, ㉢

해설　**염소** : 비점 −34℃, 1ppm

문제 48
다음 중 압력이 가장 높은 것은?

① 1atm　　　　　　　② $1kg/cm^2$
③ $8Lb/in^2$　　　　　　④ 700mmHg

해설　$1atm = 1.033 kg/cm^2 = 14.7 Lb/in^2 = 760 mmHg$

45. ②　46. ③　47. ④　48. ①

문제 49 다음 중 수성가스(water gas)의 조성에 해당하는 것은?

① $CO+H_2$
② CO_2+H_2
③ $CO+N_2$
④ CO_2+N_2

해설 $C + H_2O \rightarrow CO+H_2$
탄소 + 수증기 → 수성가스

문제 50 다음 중 물의 비등점을 °F로 나타내면?

① 32
② 100
③ 180
④ 212

해설 물이 끓는 온도 : 100℃, 32°F

문제 51 암모니아 합성공정 중 중압법이 아닌 것은?

① 뉴파우더법
② 동공시법
③ IG법
④ 케로그법

해설 **저압**($150kg/cm^2$ 전후) : 케로그법, 구우데법
중압($300kg/cm^2$ 전후) : 뉴우파우더법, 케미크법
고압($600\sim1000kg/cm^2$) : 클라우드법, 카자레법

문제 52 일산화탄소의 성질에 대한 설명 중 틀린 것은?

① 산화성이 강한 가스이다.
② 공기보다 약간 가벼우므로 수상치환으로 포집한다.
③ 개미산에 진한 황산을 작용시켜 만든다.
④ 혈액 속의 헤모글로빈과 반응하여 산소의 운반력을 저하시킨다.

해설 CO는 환원성이 강하다.
HCOOH(개미산) → $CO+H_2O$ (황산촉매)

문제 53 프로판을 완전연소시켰을 때 주로 생성되는 물질은?

① CO_2, H_2
② CO_2, H_2O
③ C_2H_2, H_2O
④ C_4H_{10}, CO

해설 $C_3H_8+5O_2 \rightarrow 3CO_2+4H_2O$

49. ① 50. ④ 51. ④ 52. ① 53. ②

문제 54 다음 에너지에 대한 설명 중 틀린 것은?

① 열역학 제0법칙은 열평형에 관한 법칙이다.
② 열역학 제1법칙은 열과 일사이의 방향성을 제시한다.
③ 이상기체를 정압 하에서 가열하면 체적은 증가하고 온도는 상승한다.
④ 혼합 기체의 압력은 각 성분의 분압의 합과 같다는 것은 돌턴의 법칙이다.

해설 **열역학 1법칙** : 에너지보존의 법칙
열역학 2법칙 : 열은 고온에서 저온으로 흐른다.

문제 55 다음 중 수돗물의 살균과 섬유의 표백용으로 주로 사용되는 가스는?

① F_2　　　　　　　　② Cl_2
③ O_2　　　　　　　　④ CO_2

해설 $Cl_2 + H_2O \rightarrow HCl + HClO$
　　　염소　　　　차아염소산 : 살균

문제 56 임계온도(critical temperature)에 대하여 옳게 설명한 것은?

① 액체를 기화시킬 수 있는 최고의 온도
② 가스를 기화시킬 수 있는 최저의 온도
③ 가스를 액화시킬 수 있는 최고의 온도
④ 가스를 액화시킬 수 있는 최저의 온도

해설 **임계온도** : 액화시킬 수 있는 최고의 온도(이 때 가할 최소한의 압력을 임계압력이라 한다)

문제 57 다음 중 드라이아이스의 제조에 사용되는 가스는?

① 일산화탄소　　　　　② 이산화탄소
③ 아황산가스　　　　　④ 염화수소

해설 **드라이아이스**(고체 이산화탄소) : -78.5℃

문제 58 LPG에 대한 설명 중 틀린 것은?

① 액체상태는 물(비중 1)보다 가볍다.
② 기화열이 커서 액체가 피부에 닿으면 동상의 우려가 있다.
③ 공기와 혼합시켜 도시가스 원료로도 사용된다.
④ 가정에서 연료용으로 사용하는 LPG는 올레핀계 탄화수소이다.

해설 LPG는 파라핀계(C_nH_{2n+2}) 탄화수소이다.

54. ②　55. ②　56. ③　57. ②　58. ④

문제 59 낮은 압력에서 방전시킬 때 붉은색을 방출하는 비활성 기체는?

① He ② Kr
③ Ar ④ Xe

해설 He : 황백색   Kr : 녹자색   Ne : 주황색
      Ar : 적색   Rm : 청녹색   Xe : 청자색

문제 60 아세틸렌의 폭발하한은 부피로 2.5%이다. 가로 2m, 세로 2.5m, 높이 2m인 공간에서 아세틸렌이 약 몇 g이 누출되면 폭발할 수 있는가?(단, 표준상태라고 가정하고, 아세틸렌의 분자량은 26이다.)

① 25   ② 29
③ 250 ④ 290

해설 $(2 \times 2.5 \times 2) \times 0.025 = 0.25 m^3 = 250 l$

$\frac{250}{22.4} \times 268 = 290.1 g$

59. ③ 60. ④

가스기능사 필기

기출문제

2023

2023년 1월 CBT 시행

문제 01 액화석유가스 또는 도시가스용으로 사용되는 가스용 염화비닐호스는 그 호스의 안전성, 편리성 및 호환성을 확보하기 위하여 안지름 치수를 규정하고 있는데 그 치수에 해당하지 않는 것은?

① 4.8mm
② 6.3mm
③ 9.5mm
④ 12.7mm

해설 가스용 염화비닐호스
① 1종 : 6.3mm 2종 : 9.5mm 3종 : 12.7mm
② 허용차 : ±0.7mm
③ 기밀시험 : 0.2MPa

문제 02 가스 누출 자동차단장치의 검지부 설치 금지 장소에 해당하지 않는 것은?

① 출입구 부근 등으로서 외부의 기류가 통하는 곳
② 가스가 체류하기 좋은 곳
③ 환기구 등 공기가 들어오는 곳으로부터 1.5m 이내의 곳
④ 연소기의 폐가스에 접촉하기 쉬운 곳

해설 가스 누출 자동차단장치 검지부 설치 제외 장소
① 출입구 부근용으로 외부의 기류가 통하는 곳
② 환기구 공기가 들어오는 곳으로부터 1.5m 이내의 곳
③ 연소기의 폐가스에 접촉하기 쉬운 곳

문제 03 가연성 고압가스 제조소에서 다음 중 착화원인이 될 수 없는 것은?

① 정전기
② 베릴륨 합금제 공구에 의한 타격
③ 사용 촉매의 접촉
④ 밸브의 급격한 조작

해설 불꽃이 나지 않는 안전용 공구이며 착화 방지 용도로 사용한다.

문제 04 LP가스의 일반적인 성질에 대한 설명 중 옳은 것은?

① 공기보다 무거워 바닥에 고인다.
② 액의 체적 팽창률이 적다.
③ 증발잠열이 적다.
④ 기화 및 액화가 어렵다.

해답 01. ① 02. ② 03. ② 04. ①

해설 **LP가스의 성질**
① 액의 체적 팽창률이 크다.　② 기화잠열(증발)이 크다.
③ 기화 및 액화가 쉽다.　　　④ 공기보다 무겁다.
⑤ 무색, 무미, 무취이다.

문제 05 도시가스 시용시설에서 배관의 호칭지름이 25mm인 배관은 몇 m 간격으로 고정하여야 하는가?

① 1m마다
② 2m마다
③ 3m마다
④ 4마다

해설 **배관의 고정창치 설치 기준**
① 배관은 움직이지 아니하도록 건축물에 고정부착하는 조치를 한다.
② 관경(호칭지름) 13mm 미만 : 1m마다
③ 관경(호칭지름) 13mm 이상 33mm 미만 : 2m마다
④ 관경(호칭지름) 33mm 이상 : 3m마다
⑤ 고정장치 사이에는 절연조치를 한다.

문제 06 액화석유가스는 공기 중의 혼합비율의 용량이 얼마인 상태에서 감지할 수 있도록 냄새가 나는 물질을 섞어 용기에 충전하여야 하는가?

① $\dfrac{1}{10}$
② $\dfrac{1}{100}$
③ $\dfrac{1}{1000}$
④ $\dfrac{1}{10000}$

해설 **부취제 주입설비**
공기중의 혼합비율이 $\dfrac{1}{1000}$ 상태에서 감지할 수 있도록 냄새가 나는 물질을 혼합하여야 하고 이를 위한 장치를 설치한다.

문제 07 다음 중 천연가스(LNG)의 주성분은?

① CO
② CH_4
③ C_2H_4
④ C_2H_2

해설 **천연가스(LNG) 주성분** : 메탄(CH_4)

문제 08 건축물 안에 매설할 수 없는 도시가스 배관의 재료는?

① 스테인리스강관
② 동관
③ 가스용 금속플렉시블호스
④ 가스용 탄소강관

해답

05. ②　06. ③　07. ②　08. ④

해설 배관설비 기준
① 건축물 안의 배관은 노출하여 시공하며, 환기가 잘 되지 않는 천정, 벽, 바닥, 공동구 등에는 설치하지 아니한다.
② 스테인레스강관
③ 금속제의 보호관이나 보호판으로 보호조치를 한 동관
④ 가스용 금속플렉시블호스를 이음매(용접이음매는 제외)없이 설치한 경우

문제 09
고압가스용 용접용기 동판의 최대 두께와 최소 두께와의 차이는?
① 평균두께의 5% 이하
② 평균두께의 10% 이하
③ 평균두께의 20% 이하
④ 평균두께의 25% 이하

해설 용접용기 : 10% 이하

문제 10
공기 중에서 폭발범위가 가장 넓은 가스는?
① 메탄
② 프로판
③ 에탄
④ 일산화탄소

해설 폭발범위(연소 범위)
① 메탄 : 5~15%
② 프로판 : 2.2~9.5%
③ 에탄 : 3.0~12.5%
④ 일산화탄소 : 12.5~74%

문제 11
다음 중 마찰, 타격 등으로 격렬히 폭발하는 예민한 폭발물질로서 가장 거리가 먼 것은?
① AgN_3
② H_2S
③ Ag_2C_2
④ N_4S_4

해설 마찰, 타격 등으로 격렬히 폭발하는 예민한 폭발물질
아지화은(AgN_3), 질화수은(HgN_2), 아세틸드(Ag_2C_2), 황화질소(N_4S_4), 옥화질소, 테트라젠, 염화질소 등이 있다.

문제 12
독성 가스 용기 운반기준에 대한 설명으로 틀린 것은?
① 차량의 최대 적재량을 초과하여 적재하지 아니한다.
② 충전 용기는 자전거나 오토바이에 적재하여 운반하지 아니한다.
③ 독성 가스 중 가연성 가스와 조연성 가스는 같은 차량의 적재함으로 운반하지 아니한다.
④ 충전 용기를 차량에 적재하여 운반할 때에는 적재함에 넘어지지 않게 뉘어서 운반한다.

해설 충전용기를 차량에 적재하여 운반할 때에는 적재함에 넘어지지 않게 세워서 운반한다.

09. ② 10. ④ 11. ② 12. ④

2023년도 시행

문제 13 도시가스 계량기와 화기 사이에 유지하여야 하는 거리는?
① 2m 이상
② 4m 이상
③ 5m 이상
④ 8m 이상

해설 화기와의 거리(도시가스 사용시설)
① 계량기와 화기사이의 거리 : 우회거리 2m 이상으로 한다.
(그 시설안에서 사용하는 자체화기 제외)
② 입상관과 화기사이의 거리 : 우회거리 2m 이상으로 한다.
(그 시설안에서 사용하는 자체화기 제외)

문제 14 용기 밸브 그랜드너트의 6각 모서리에 V형의 홈을 낸 것은 무엇을 표시하기 위한 것인가?
① 왼나사임을 표시
② 오른나사임을 표시
③ 암나사임을 표시
④ 수나사임을 표시

해설 ①그랜드 너트의 육각 모서리 V자 형 홈 : 왼나사임을 표시 한다.
②육각 모서리 V자 형 홈에 의해 오른나사와 왼나사로 구분한다.

문제 15 부탄가스용 연소기의 명판에 기재할 사항이 아닌 것은?
① 연소기명
② 제조자의 형식호칭
③ 연소기 재질
④ 제조(로트)번호

해설 ① 연소기명
② 제조자의 형식호칭(모델번호)
③ 사용가스명(도시가스용은 사용가능한 가스그룹) 및 사용가스압력
④ 가스소비량(액화석유가스는 kg/h, 도시가스는 kcal/h)
⑤ 제조번호 및 제조연월 또는 그 약호(수입품은 수입년월)
⑥ 품질보증기간 및 용도
⑦ 제조자명 또는 그 약호(수입품은 수입판매자명)
⑧ 정격전압(V) 및 소비전력(W)(전기를 사용하는 연소기에 한한다)

문제 16 도시가스 도매사업자가 제조소에 다음 시설을 설치하고자 한다. 다음 중 내진 설계를 하지 않아도 되는 시설은?
① 저장능력이 2톤인 지상식 액화천연가스 저장탱크의 지지구조물
② 저장능력이 300m³인 천연가스 홀더의 지지구조물
③ 처리능력이 10m³인 압축기의 지지구조물
④ 처리능력이 15m³인 펌프의 지지구조물

13. ①　14. ①　15. ③　16. ①

해설 내진 설계 제외 대상
① 건축법령에 따라 내진설계를 하여야 하는 것으로서 같은 법령이 정하는 바에 따라 내진설계한 시설
② 저장능력이 3톤 미만인 저장탱크 또는 가스홀더(압축가스 300m³ 미만)
③ 지하에 설치된 시설

문제 17 저장탱크의 지하설치기준에 대한 설명으로 틀린 것은?
① 천창, 벽 및 바닥의 두께가 각각 30cm 이상인 방수조치를 한 철근콘크리트로 만든 곳에 설치한다.
② 지면으로부터 저장탱크의 정상부까지의 깊이는 1m 이상으로 한다.
③ 저장탱크에 설치한 안전밸브에는 지면에서 5m 이상의 높이에 방출구가 있는 가스방출관을 설치한다.
④ 저장탱크의 매설한 곳의 주위에는 지상에 경계표지를 설치한다.

해설 저장탱크 지하설치 기준
① 지면으로부터 저장탱크의 정상부까지의 깊이는 60cm 이상으로 한다.
② 저장탱크의 주위에 마른 모래를 채울 것
③ 저장탱크를 2개 이상 인접하여 설치하는 경우 상호간 거리는 1m 이상의 거리를 유지한다.

문제 18 가스 중 음속보다 화염전파 속도가 큰 경우 충격파가 발생하는데 이때 가스의 연소 속도로서 옳은 것은?
① 0.3~100m/s
② 100~300m/s
③ 700~800m/s
④ 1000~3500m/s

해설 폭굉
① 연소속도가 음속보다 빠르다.
② 연소 속도 : 1000~3500m/s

문제 19 도시가스 사용시설의 가스계량기 설치기준에 대한 설명으로 옳은 것은?
① 시설 안에서 사용하는 자체 화기를 제외한 화기와 가스계량기와의 유지하여야 하는 거리는 3m 이상이어야 한다.
② 시설 안에서 사용하는 자체 화기를 제외한 화기와 입상관과 유지하여야 하는 거리는 3m 이상이어야 한다.
③ 가스계량기와 단열조치를 하지 아니한 굴뚝과의 거리는 10cm 이상 유지하여야 한다.
④ 가스계량기와 전기개폐기와의 거리는 60cm 이상 유지하여야 한다.

해답 17. ② 18. ④ 19. ④

해설 도시가스 사용시설의 가스 계량기 설치기준
① 시설 안에서 사용하는 자체 화기를 제외한 화기와 가스계량기와의 유지하여야 하는 거리는 2m 이상이어야 한다.
② 시설 안에서 사용하는 자체 화기를 제외한 화기와 입상관과 유지하여야 하는 거리는 2m 이상이어야 한다.
③ 가스계량기와 단열조치를 하지 아니한 굴뚝과의 거리는 30cm 이상 유지하여야 한다.

문제 20
비등액체팽창증기폭발(BLEVE)이 일어날 가능성이 가장 낮은 곳은?
① LPG 저장탱크
② 액화가스 탱크로리
③ 천연가스 지구정압기
④ LNG 저장탱크

해설 비등액체팽창증기폭발(BLEVE)이 일어날 가능성이 높은 구조
① 가연성 액체가 들어있는 탱크 주위에서 화재가 발생하는 경우
② 화재시 열에 의하여 탱크벽이 가열되는 경우
③ 액면이하의 탱크벽은 액에의해 냉각되나 액의 온도는 올라가고, 액면위 공간의 압력이 증가한다.
④ 열을 제거시킬 액이 없고 증기만 존재하는 탱크의 벽이나 천정까지 화염이 도달하면 화염과 접촉하는 부위 금속의 온도가 상승하여 구조적 강도를 잃게 된다.
⑤ 약해진 탱크부위가 내부의 고압에 의해 파열되어 내부의 고압액체의 일부가 누출되면서 급격히 기화하여 증기운을 형성하고 여기에 착화되어 폭발한다.

문제 21
액화석유가스를 탱크로리로부터 이·충전할 때 정전기를 제거하는 조치로 접지하는 접지접속선의 규격은?
① $5.5mm^2$ 이상
② $6.7mm^2$ 이상
③ $9.6mm^2$ 이상
④ $10.5mm^2$ 이상

해설 본딩용 접속선 및 접지 접속선의 단면적은 $5.5mm^2$ 이상인 것을 사용한다.

문제 22
가연성 가스, 독성 가스 및 산소설비의 수리 시 설비 내의 가스 치환용으로 주로 사용되는 가스는?
① 질소
② 수소
③ 일산화탄소
④ 염소

해설 질소 : 불연성이고 상온에서 안정된 가스이다.

문제 23
다음 중 지연성 가스에 해당되지 않는 것은?
① 염소
② 불소
③ 이산화질소
④ 이황화탄소

해설 이황화탄소(CS_2)는 가연성 가스이다.

해답 20. ③ 21. ① 22. ① 23. ④

문제 24 내용적이 300L인 용기에 액화암모니아를 저장하려고 한다. 이 저장설비의 저장능력은 얼마인가? (단, 액화암모니아의 충전정수는 1.86이다.)

① 161kg
② 232kg
③ 279kg
④ 558kg

해설 $W[kg] = \dfrac{V[L]}{C} = \dfrac{300}{1.86} = 161.290 kg$ 여기서, C : 충전상수

문제 25 다음 중 방류둑을 설치하여야 할 기준으로 옳지 않은 것은?

① 저장능력이 5톤 이상인 독성 가스 저장탱크
② 저장능력이 300톤 이상인 가연성 가스 저장탱크
③ 저장능력이 1000톤 이상인 액화석유가스 저장탱크
④ 저장능력이 1000톤 이상인 액화산소 저장탱크

해설 방류둑 설치 대상
① 고압가스 특정제조 저장탱크
 ㉠ 가연성 가스 : 저장능력 500ton 이상
 ㉡ 독성가스 : 저장능력 5ton 이상
 ㉢ 산소 : 저장능력 1000ton 이상
② 고압가스 일반제조 저장탱크
 ㉠ 고압가스 일반 제조시설 : 가연성 및 산소의 액화가스 저장능력이 1000톤 이상일 때 방류둑을 설치한다.
 ㉡ 저장능력이 5톤 이상의 독성가스 저장탱크 주위에 방류둑을 설치한다.
③ 냉동제조시설 : 독성가스를 냉매로 하는 수액기의 내용적이 10000L 이상일 때 방류둑을 설치한다.
④ 액화석유가스 저장시설 : 1000ton 이상

문제 26 다음은 도시가스 사용시설의 월사용예정량을 산출하는 식이다. 이 중 기호 "A"가 의미하는 것은?

$$Q = \dfrac{(A \times 240) + (B \times 90)}{11000}$$

① 월사용예정량
② 산업용으로 사용하는 연소기의 명판에 기재된 가스소비량의 합계
③ 산업용이 아닌 연소기의 명판에 기재된 가스소비량의 합계
④ 가정용 연소기의 가스소비량 합계

해설 도시가스 사용 시설의 월 사용예정량 산출식
$Q = \dfrac{(A \times 240) + (B \times 90)}{11000}$
여기서, A : 산업용 가스 소비량의 합계[kcal/h]
 B : 비산업용 가스 소비량의 합계[kcal/h]

해답 24. ① 25. ② 26. ②

문제 27 LPG용 압력조정기 중 1단 감압식 저압조정기의 조정압력의 범위는?

① 2.3~3.3kPa
② 2.55~3.3kPa
③ 57~83kPa
④ 5.0~30kPa 이내에서 제조자가 설정한 기준압력의 ±20%

해설

종류	입구압력(MPa)	조정압력(kPa)
1단감압식저압조정기	0.07~1.56	2.30~3.30
1단감압식준저압조정기	0.1~1.56	5.0~30.0 이내에서 제조자가 설정한 기준압력의 ±20%
2단감압식1차용조정기 (용량 100kg/h 이하)	0.1~1.56	57.0~83.0
2단감압식1차용조정기 (용량 100kg/h 초과)	0.3~1.56	57~83.0
2단감압식2차용저압조정기	0.01~0.1 또는 0.025~0.1	2.30~3.30
2단감압식2차용준저압조정기	조정압력 이상~0.1	5.0~30.0 내에서 제조자가 설정한 기준압력의 ±20%
자동절체식일체형저압조정기	0.1~1.56	2.55~3.30
자동절체식일체형준저압조정기	0.1~1.56	5.0~30.0 내에서 제조자가 설정한 기준압력의 ±20%
그 밖의 압력조정기	조정압력 이상~1.56	5kPa를 초과하는 압력범위에서 상기 압력조정기의 종류에 따른 조정압력에 해당하지 않는 것에 한하며, 제조자가 설정한 기준압력의 ±20%일 것

문제 28 용기의 내용적 40L에 내압시험 압력의 수압을 걸었더니 내용적이 40.24L로 증가하였고, 압력을 제거하여 대기압으로 하였더니 용적은 40.02L가 되었다. 이 용기의 항구증가량과 또 이 용기의 내압시험에 대한 합격 여부는?

① 1.6%, 합격
② 1.6%, 불합격
③ 8.3%, 합격
④ 8.3%, 불합격

해설 항구 증가율
① 항구 증가량 = 40.02L − 40L = 0.02L
② 전 증가량 = 40.24L − 40L = 0.24L
③ 합격 : 항구 증가율 10% 이하 일 것
④ 항구 증가률 = $\dfrac{\text{항구 증가량}}{\text{전 증가량}} \times 100\% = \dfrac{0.02}{0.24} \times 100 = 8.333\%$

27. ① 28. ③

문제 29

산소가스 설비의 수리를 위한 저장탱크 내의 산소를 치환할 때 산소측정기 등으로 치환 결과를 수시로 측정하여 산소의 농도가 원칙적으로 몇 % 이하가 될 때까지 치환하여야 하는가?

① 18% ② 20%
③ 22% ④ 24%

해설 치환 농도
① 독성가스 : 허용농도 이하
② 가연성 : 폭발범위 하한의 1/4 이하
③ 산소의 농도 22% 이하(산소설비 개방검사)
④ 산소농도 : 18%이상~22% 이하(설비내부에 사람이 있을 때)

문제 30

최근 시내버스 및 청소차량 연료로 사용되는 CNG충전소 설계 시 고려하여야 할 사항으로 틀린 것은?

① 압축장치와 충전설비 사이에는 방호벽을 설치한다.
② 충전기에는 90 kgf 미만의 힘에서 분리되는 긴급분리장치를 설치한다.
③ 자동차 충전기(디스펜서)의 충전호스 길이는 8m 이하로 한다.
④ 펌프 주변에는 1개 이상 가스 누출검지 경보장치를 설치한다.

해설 긴급분리장치
① 각 충전기마다 설치한다.
② 충전기는 60kgf(666.4N)미만의 힘에서 분리되는 긴급분리장치를 설치한다.

문제 31

다이어프램식 압력계의 특징에 대한 설명 중 틀린 것은?

① 정확성이 높다. ② 반응속도가 빠르다.
③ 온도에 따른 영향이 적다. ④ 미소압력을 측정할 때 유리하다.

해설 다이어프램식 압력계의 특징
① 온도의 영향을 받으며 대기압차가 작은 미소 압력을 측정시 유리하다.
② 감도가 좋고 정확성이 높다.

문제 32

어떤 도시가스의 발열량이 15000kcal/Sm³일 때 웨버지수는 얼마인가? (단, 가스의 비중은 0.5로 한다.)

① 12121 ② 20000
③ 21213 ④ 30000

해설 $WI = \dfrac{H_g}{\sqrt{d}} = \dfrac{15000}{\sqrt{0.5}} = 21213.203$

29. ③ 30. ② 31. ③ 32. ③

문제 33
염화팔라듐지로 검지할 수 있는 가스는?

① 아세틸렌
② 황화수소
③ 염소
④ 일산화탄소

해설 가스 누설 검색지의 변색

가스명	검색지	색깔(변색)
암모니아(NH_3)	붉은 리트머스 시험지	청색
염소(Cl_2)	KI 전분지	청색
포스겐($COCl_2$)	하리슨 시약	오렌지색
아세틸렌(C_2H_2)	염화제1동 착염지	적색
일산화탄소(CO)	염화 파라듐지	검정색
황화수소(H_2S)	연당지(초산납 시험지)	검정색
시안화수소(HCN)	질산구리벤제시(초산벤젠)	청색
아황산가스(SO_2)	암모니아 헝겊	흰연기 발생
프로판(C_3H_8)	비눗물	기포 발생

문제 34
전위측정기로 관대지전위(pipe to soil potential)측정 시 측정방법으로 적합하지 않은 것은? (단, 기준전극은 포화황산동 전극이다.)

① 측정선 말단의 부식부분을 연마 후에 측정한다.
② 전위측정기의 (+)는 T/B(test box), (−)는 기준전극에 연결한다.
③ 콘크리트 등으로 기준전극을 토양에 접지할 수 없을 경우에는 물에 적신 스펀지 등을 사용하여 측정한다.
④ 전위 측정은 가능한 한 배관에서 먼 위치에서 측정한다.

해설 전위 측정은 가능한 한 배관에서 가까운 위치에서 측정한다.

문제 35
주로 탄광 내에서 CH_4의 발생을 검출하는 데 사용되며 청염(푸른 불꽃)의 길이로써 그 농도를 알 수 있는 가스 검지기는?

① 안전등형
② 간섭계형
③ 열선형
④ 흡광 광도형

해설 안전등형
탄광 내에서 메탄의 발생을 검출하는 데 있어서 가스검출기에서 청색불꽃의 길이로 농도를 알 수 있는 가스 검지기이다.

문제 36
다음 중 용적식 유량계에 해당하는 것은?

① 오리피스 유량계
② 플로노즐 유량계
③ 벤투리관 유량계
④ 오벌 기어식 유량계

해답 33. ④ 34. ④ 35. ① 36. ④

해설 **용적식 유량계** : 오벌(oval)기어식 유량계, 루츠(roots)유량계, 로터리 피스톤식, 원판형 유량계, 가스미터

문제 37
가스난방기의 명판에 기재하지 않아도 되는 것은?
① 제조자의 형식호칭(모델번호)　② 제조자명이나 그 약호
③ 품질보증기관과 용도　　　　　④ 열효율

해설 **가스난방기 명판 기재 사항**
① 연소기명(난방기)
② 제조자의 형식호칭
③ 사용 가스명 및 사용 가스압력
④ 가스소비량
⑤ 제조번호 및 제조연월 또는 그 약호
⑥ 품질보증기간과 용도
⑦ 제조자명이나 그 약호
⑧ 정격전압 및 소비전력

문제 38
진탕형 오토클레이브의 특징에 대한 설명으로 틀린 것은?
① 가스 누출의 가능성이 적다.
② 고압력에 사용할 수 있고 반응물의 오손이 적다.
③ 장치 전체가 진동하므로 압력계는 본체로부터 떨어져 설치한다.
④ 뚜껑판에 뚫어진 구멍에 촉매가 끼어들러갈 염려가 없다.

해설 **진탕형 오토클레이브**
① 고압력에 사용할 수 없다.
② 가스누설의 가능성이 없다.
③ 반응물의 오손이 많다.
④ 뚜껑판에 뚫어진 구멍에 촉매가 끼어들어 갈 염려가 있다.

문제 39
송수량 12000L/min, 전양정 45m인 벌류트 펌프의 회전수 1000rpm에서 1100rpm으로 변화시간 경우 펌프의 축동력은 약 몇 PS인가? (단, 펌프의 효율은 80%이다.)
① 165　　② 180
③ 200　　④ 250

 해설 ① 축동력 $PS = \dfrac{\gamma \times Q \times H}{75 \times \eta \times 60} = \dfrac{1000 \times (12000 \times 10^{-3}) \times 45}{75 \times 0.8 \times 60} = 150\text{PS}$

② 회전수 변화후 축동력 계산 $L_2 = L_1 \times \left(\dfrac{N_2}{N_1}\right)^3 = 150 \times \left(\dfrac{1100}{1000}\right)^3 = 199.65\text{PS}$

해답　37. ④　38. ④　39. ③

문제 40 펌프의 실제 송출유량을 Q, 펌프 내부에서의 누설유량을 ΔQ, 임펠러 속을 지나는 유량을 $Q+\Delta Q$라 할 때 펌프의 체적효율(η_v)을 구하는 식은?

① $\eta_v = \dfrac{Q}{Q+\Delta Q}$ ② $\eta_v = \dfrac{Q+\Delta Q}{Q}$

③ $\eta_v = \dfrac{Q-\Delta Q}{Q+\Delta Q}$ ④ $\eta_v = \dfrac{Q+\Delta Q}{Q-\Delta Q}$

해설 펌프의 체적효율
$$\eta_v = \frac{\text{실제 송출유량}}{\text{이론적 송출유량}} = \frac{Q}{Q+\Delta Q}$$

문제 41 염화메탄을 사용하는 배관에 사용하지 못하는 금속은?

① 주강 ② 강
③ 동합금 ④ 알루미늄 합금

해설 사용제한 냉매
① 동 및 동합금 : 암모니아 (동함유 62% 미만 제외)
② 알루미늄 합금 : 염화메탄
③ 알루미늄 합금(마그네슘2% 이상 함유) : 프레온

문제 42 고압가스 용기의 관리에 대한 설명으로 틀린 것은?

① 충전 용기는 항상 40℃이하를 유지하도록 한다.
② 충전 용기는 넘어짐 등으로 인한 충격을 방지하는 조치를 하여야 하며, 사용한 후에는 밸브를 열어둔다.
③ 충전 용기 밸브는 서서히 개폐한다.
④ 충전 용기 밸브 또는 배관을 가열하는 때에는 열습포나 40℃ 이하의 더운물을 사용한다.

해설 고압가스 용기 관리 : 충전 용기는 넘어짐 등으로 인한 충격을 방지하는 조치를 하여야 하며, 사용한 후에는 밸브를 잠가 둔다.

문제 43 저온장치의 분말진공 단열법에서 충진용 분말로 사용되지 않는 것은?

① 펄라이트 ② 알루미늄분말
③ 글라스울 ④ 규조토

해설 분말진공 단열법
① 내부충진물질 : 펄라이트, 규조토, 알루미늄분말

해답 40. ① 41. ④ 42. ② 43. ③

문제 44
다음 중 저온을 얻는 기본적인 원리는?

① 등압 팽창   ② 단열 팽창
③ 등온 팽창   ④ 등적 팽창

해설 줄 톰슨 효과의 단열 팽창 : 스스로 온도가 낮아지는 효과를 말한다.

문제 45
압축기를 이용한 LP가스 이·충전 작업에 대한 설명으로 옳은 것은?

① 충전시간이 길다.   ② 잔류가스를 회수하기 어렵다.
③ 베이퍼 로크 현상이 일어난다.   ④ 드레인 현상이 일어난다.

해설 압축기 이용방식의 장점
① 펌프에 비해 충전시간이 짧다.
② 잔류가스 회수가 가능하다.
③ 베이퍼록 현상이 발생되지 않는다.
④ 압축기 오일이 탱크에 유입되어 드레인 현상이 일어난다.

문제 46
다음 중 가장 높은 압력은?

① 1atm   ② 100kPa
③ 10mH$_2$O   ④ 0.2MPa

해설
① 1atm = 0.101325MPa
② 100kPa = 100 × 10^{-3} = 0.1MPa
③ 10mH$_2$O = $\frac{10}{10.332}$ × 0.101325 = 0.098MPa
④ 0.2MPa = $\frac{0.2}{0.101325}$ × 1.0332 = 2.0934kgf/cm^2

문제 47
다음 중 비점이 가장 낮은 것은?

① 수소   ② 헬륨
③ 산소   ④ 네온

해설 비점
① 수소 : -252.2℃   ② 헬륨 : -269℃
③ 산소 : -183℃   ④ 네온 : -246℃

문제 48
공기 중에 10vol% 존재 시 폭발의 위험성이 없는 가스는?

① CH$_3$Br   ② C$_2$H$_6$
③ C$_2$H$_4$O   ④ H$_2$S

44. ② 45. ④ 46. ④ 47. ② 48. ①

해설 **폭발범위**
① 브롬화메탄(CH₃Br) : 10~16% ② 에탄(C₂H₆) : 3.0~12.5%
③ 산화에틸렌(C₂H₄O) : 3~80% ④ 황화수소(H₂S) : 4.3~45%

문제 49 다음 중 LP가스의 일반적인 연소 특성이 아닌 것은?
① 연소 시 다량의 공기가 필요하다.   ② 발열량이 크다.
③ 연소속도가 늦다.   ④ 착화온도가 낮다.

해설 **LP가스의 특징**
① 연소시 발열량이 크다.
② 연소범위가 좁다.
③ 착화온도가 타연료에 비해서 높다.
④ 연소속도가 다른가스에 비해 느리다.
⑤ 연소시 공기량이 많이 필요하다.

문제 50 LNG의 특징에 대한 설명 중 틀린 것은?
① 냉열을 이용할 수 있다.
② 천연에서 산출한 천연가스를 약 -162℃까지 냉각하여 액화시킨 것이다.
③ LNG는 도시가스, 발전용 이외에 일반 공업용으로도 사용된다.
④ LNG로부터 기화한 가스는 부탄이 주성분이다.

해설 ① LNG 주성분 : 메탄
② LPG 주성분 : 프로판, 부탄

문제 51 가정용 가스보일러에서 발생하는 가스중독사고의 원인은 배기가스의 어떤 성분에 의하여 주로 발생하는가?
① CH_4 ② CO_2
③ CO ④ C_3H_8

해설 **가스보일러 가스 중독 사고 원인** : 일산화탄소 가스보일러 배기가스 중독사고의 원인이며 산소공급이 원활치 않을 경우 발생하며 주위 환기에 관심을 가져야 한다.

문제 52 순수한 물 1g을 온도 14.5℃에서 15.4℃까지 높이는 데 필요한 열량을 의미하는 것은?
① 1cal   ② 1BTU
③ 1J   ④ 1CHU

해설 **1cal** : 표준대기압에서 순수한 물 1g을 15.5℃에서 15.5℃로 1℃ 올리는데 필요한 열량이다.

해답

49. ④ 50. ④ 51. ③ 52. ①

문제 53 물질이 융해, 응고, 증발, 응축 등과 같은 상의 변화를 일으킬 때 발생 또는 흡수하는 열을 무엇이라 하는가?

① 비열
② 현열
③ 잠열
④ 반응열

해설 잠열 : 물질의 온도는 변화하지 않고 상태만 변화시키는데 필요한 열량이다.

문제 54 에틸렌(C_2H_4)의 용도가 아닌 것은?

① 폴리에틸렌의 제조
② 산화에틸렌의 원료
④ 초산비닐의 제조
④ 메탄올 합성의 원료

해설 에틸렌
① 합성수지, 합성섬유, 합성고무 등이 기초원료로 사용한다.
② 합성수지인 폴리에틸렌 제조의 원료로 많이 사용된다.
③ 초산비닐의 제조, 산화에틸렌의 원료로 사용한다.

문제 55 공기 100kg 중에는 산소가 약 몇 kg 포함되어 있는가?

① 12.3kg
② 23.2kg
③ 31.5kg
④ 43.7kg

해설
① 공기중의 산소의 체적 : 21%
② 공기중의 산소의 질량 : 23.2%
③ 100kg×0.232 = 23.2kg

문제 56 100°F를 섭씨온도로 환산하면 약 몇 °C인가?

① 20.8
② 27.8
③ 37.8
④ 50.8

해설 ① F = 1.8℃+32   ② ℃ = $\frac{100° - 32}{1.8}$ = 37.77

문제 57 0℃, 2기압 하에서 1L의 산소와 0℃, 3기압 2L의 질소를 혼합하여 2L로 하면 압력은 몇 기압이 되는가?

① 2기압
② 4기압
③ 6기압
④ 8기압

해설 $P = \frac{P_1V_1}{V} + \frac{P_2V_2}{V} = \frac{2 \times 1}{2} + \frac{3 \times 2}{2} = 4$

해답 53. ③   54. ④   55. ②   56. ③   57. ②

문제 58 다음 중 상온에서 비교적 낮은 압력으로 가장 쉽게 액화되는 가스는?

① CH_4
② C_3H_8
③ O_2
④ H_2

해설 **액화가스** : 액화가스 프로판, 염소, 암모니아, 탄산가스, 산화에틸렌 등과 같이 상온에서 압축하면 쉽게 액화되는 가스이다.

문제 59 완전연소 시 공기량이 가장 많이 필요로 하는 가스는?

① 아세틸렌
② 메탄
③ 프로판
④ 부탄

해설 **탄화수소(C_mH_n)의 완전연소 반응식**

① $C_mH_n + \left(m + \dfrac{n}{4}\right)O_2 \rightarrow mCO_2 + \dfrac{n}{2}H_2O$

② $C_4H_{10} + \left(4 + \dfrac{10}{4}\right)CO_2 \rightarrow 4CO_2 + \left(\dfrac{10}{2}\right)H_2O$

문제 60 산소의 물리적 성질에 대한 설명 중 틀린 것은?

① 물에 녹지 않으며 액화산소는 담녹색이다.
② 기체, 액체, 고체 모두 자성이 있다.
③ 무색무취, 무미의 기체이다.
④ 강력한 조연성 가스로서 자신은 연소하지 않는다.

해설 **산소의 물리적 성질** : 물에 잘 녹지 않으나 약간은 물에 녹으며 액화산소는 담녹색(담청색) 이다.

해답

58. ② 59. ④ 60. ①

2023년 4월 CBT 시행

문제 01 LPG 충전시설의 충전소에 기재한 "화기엄금"이라고 표시한 게시판의 색깔로 옳은 것은?

① 황색 바탕에 흑색 글씨
② 황색 바탕에 적색 글씨
③ 흰색 바탕에 흑색 글씨
④ 흰색 바탕에 적색 글씨

해설 LPG 자동차 충전소 게시판
① 충전중 엔진 정지 : 황색 바탕에 흑색 글씨
② 화기엄금 : 백색 바탕에 적색 글씨

문제 02 특정고압가스 사용시설 중 고압가스 저장량이 몇 kg이상인 용기보관실에 있는 벽을 방호벽으로 설치하여야 하는가?

① 100
② 200
③ 300
④ 500

해설 특정고압가스사용시설의시설기준및기술기준(시행규칙 별표 29, 제47조관련)
① 고압가스의 저장량이 300kg 이상인 용기보관실의 벽은 방호벽으로 한다.
② 압축가스의 경우에는 $1m^3$를 5kg으로 본다.

문제 03 도시가스 중 음식물 쓰레기, 가축·분뇨, 하수슬러지 등 유기성 폐기물로부터 생성된 기체를 정제한 가스로서 메탄이 주성분인 가스를 무엇이라 하는가?

① 천연가스
② 나프타부생가스
③ 석유가스
④ 바이오가스

해설 도시가스의 종류
① 천연가스(액화한 것을 포함한다. 이하 같다) : 지하에서 자연적으로 생성되는 가연성 가스로서 메탄을 주성분으로 하는 가스
② 천연가스와 일정량을 혼합하거나 이를 대체하여도 가스공급시설 및 가스사용시설의 성능과 안전에 영향을 미치지 않는 것으로서 산업통상자원부장관이 정하여 고시하는 품질기준에 적합한 다음 각 목의 가스 중 배관(配管)을 통하여 공급되는 가스
  가. 석유가스 : 「액화석유가스의 안전관리 및 사업법」 액화석유가스 및 석유가스를 공기와 혼합하여 제조한 가스
  나. 나프타부생(副生)가스 : 나프타 분해공정을 통해 에틸렌, 프로필렌 등을 제조하는 과정에서 부산물로 생성되는 가스로서 메탄이 주성분인 가스 및 이를 다른 도시가스와 혼합하여 제조한 가스
  다. 바이오가스 : 유기성(有機性) 폐기물 등 바이오매스로부터 생성된 기체를 정제한 가스로서 메탄이 주성분인 가스 및 이를 다른 도시가스와 혼합하여 제조한 가스

해답 01. ④ 02. ③ 03. ④

라. 그 밖에 메탄이 주성분인 가스로서 도시가스 수급 안정과 에너지 이용 효율 향상을 위해 보급할 필요가 있다고 인정하여 산업통상자원부령으로 정하는 가스

문제 04 방폭전기기기의 용기 내부에서 가연성 가스의 폭발이 발생할 경우 그 용기가 폭발압력에 견디고, 접합면, 개구부 등을 통해 외부의 가연성 가스에 인화되지 않도록 한 방폭구조는?
① 내압(耐壓) 방폭구조
② 유입(油入) 방폭구조
③ 압력(壓力) 방폭구조
④ 본질안전 방폭구조

해설 방폭구조의 종류
① 내압방폭구조 : d
② 유입방폭구조 : o
③ 압력방폭구조 : p
④ 본질안전 방폭구조 : I
⑤ 특수방폭구조 : s

문제 05 독성 가스 여부를 판정할 때 기준이 되는 "허용농도"를 바르게 설명한 것은?
① 해당 가스를 성숙한 흰쥐 집단에게 대기 중에서 1시간 동안 계속하여 노출시킨 경우 7일 이내에 그 흰쥐의 1/2 이상이 죽게 되는 가스의 농도를 말한다.
② 해당 가스를 성숙한 흰쥐 집단에게 대기 중에서 24시간 동안 계속하여 노출시킨 경우 7일 이내에 그 흰쥐의 1/2 이상이 죽게 되는 가스의 농도를 말한다.
③ 해당 가스를 성숙한 흰쥐 집단에게 대기 중에서 1시간 동안 계속하여 노출시킨 경우 14일 이내에 그 흰쥐의 1/2 이상이 죽게 되는 가스의 농도를 말한다.
④ 해당 가스를 성숙한 흰쥐 집단에게 대기 중에서 24시간 동안 계속하여 노출시킨 경우 14일 이내에 그 흰쥐의 1/2 이상이 죽게 되는 가스의 농도를 말한다.

해설 독성가스
① 아크릴로니트릴 · 아크릴알데히드 · 아황산가스 · 암모니아 · 일산화탄소 · 이황화탄소 · 불소 · 염소 · 브롬화메탄 · 염화메탄 · 염화프렌 · 산화에틸렌 · 시안화수소 · 황화수소 · 모노메틸아민 · 디메틸아민 · 트리메틸아민 · 벤젠 · 포스겐 · 요오드화수소 · 브롬화수소 · 염화수소 · 불화수소 · 겨자가스 · 알진 · 모노실란 · 디실란 · 디보레인 · 세렌화수소 · 포스핀 · 모노게르만 및 그 밖에 공기 중에 일정량 이상 존재하는 경우 인체에 유해한 독성을 가진 가스이다.
② 허용농도(해당 가스를 성숙한 흰쥐 집단에게 대기 중에서 1시간 동안 계속하여 노출시킨 경우 14일 이내에 그 흰쥐의 2분의 1 이상이 죽게 되는 가스의 농도를 말한다. 이하 같다)가 100만분의 5000 이하인 것을 말한다.

04. ① 05. ③

문제 06

다음 〈보기〉의 독성 가스 중 독성(LC_{50})이 가장 강한 것과 가장 약한 것을 바르게 나열한 것은?

[보기] ㉠ 염화수소 ㉡ 암모니아 ㉢ 황화수소 ㉣ 일산화탄소

① ㉠, ㉡
② ㉠, ㉣
③ ㉢, ㉡
④ ㉢, ㉣

해설 독성가스 허용 농도 TLV-TWA(LC_{50}기준)
① 염화수소 : 2(3120) ② 암모니아 : 25(7338)
③ 황화수소 : 10(444) ④ 일산화탄소 : 50(3760)

문제 07

다음 가연성 가스 중 공기 중에서 폭발범위가 가장 좁은 것은?

① 아세틸렌
② 프로판
③ 수소
④ 일산화탄소

해설 폭발범위
① 아세틸렌 : 2.5~81% ② 프로판 : 2.2~9.5%
③ 수소 : 4~75% ④ 일산화탄소 : 12.5~74%

문제 08

산소 가스설비의 수리 및 청소를 위한 저장탱크 내의 산소를 치환할 때 산소측정기 등으로 치환결과를 측정하여 산소의 농도가 최대 몇 %이하가 될 때까지 계속하여 치환작업을 하여야 하는가?

① 18%
② 20%
③ 22%
④ 24%

해설 치환 농도
① 독성가스 : 허용농도 이하
② 가연성 : 폭발범위 하한의 1/4 이하
③ 산소의 농도 22% 이하 (산소설비 개방검사)
④ 산소농도 : 18% 이상~22% 이하 (설비내부에 사람이 있을 때)

문제 09

원심압축기를 사용하는 냉동설비는 그 압축기의 원동기 정격출력 몇 kW를 1일의 냉동능력 1톤으로 산정하는가?

① 1.0
② 1.2
③ 1.5
④ 2.0

해설 냉동능력의 산정기준(별표3)
① 원심식 압축기 : 압축기의 원동기 정격출력 1.2kW를 1일의 냉동능력 1톤으로 한다.
② 흡수식 냉동설비 : 발생기를 가열하는 1시간의 입열량 6천640kcal를 1일의 냉동능

해답 06. ③ 07. ② 08. ③ 09. ②

력 1톤으로 한다.
③ 그 밖의 것은 다음 산식에 의한다.

$$R = \frac{V}{C}$$

위의 산식에서 R, V 및 C는 각각 다음의 수치를 표시한다.
R : 1일의 냉동능력(단위 : 톤)
V : 그 밖의 것은 압축기의 표준회전속도에 있어서의 1시간의 피스톤압출량
(단위 : m^3)

문제 10
다음의 고압가스의 용량을 차량에 적재하여 운반할 때 운반책임자를 동승시키지 않아도 되는 것은?

① 아세틸렌 : $400m^3$
② 일산화탄소 : $700m^3$
③ 액화염소 : 6500kg
④ 액화석유가스 : 2000kg

해설 운반 책임자 동승 기준(비독성 가스)

가스의 종류		기준
압축가스	가연성 가스	$300m^3$ 이상
	조연성 가스	$6000m^3$ 이상
액화가스	가연성 가스	3000kg 이상(납붙임 및 접합용기 2000kg 이상)
	조연성가스	6000kg 이상

문제 11
고압가스 제조시설에 설치되는 피해저감설비로 방호벽을 설치해야 하는 경우가 아닌 것은?

① 압축기와 충전장소 사이
② 압축기와 가스충전용기 보관장소 사이
③ 충전장소와 충전용 주관밸브 조작밸브 사이
④ 압축기와 저장탱크 사이

해설 방호벽 설치 장소
고압가스 제조시설에서 아세틸렌가스 또는 압력이 9.8MPa이상인 압축가스를 용기에 압축하는 경우
① 당해 충전장소와 당해 가스충전용기 보관장소 사이
② 압축기와 당해 가스충전용기 보관장소 사이
③ 압축기와 당해 충전장소 사이방호벽의 적용시설
④ 압축기 충전장소 와 충전용기 보관장소 충전용 주관밸브 사이

문제 12
고압가스의 제조시설에서 실시하는 가스설비의 점검 중 사용개시 전에 점검할 사항이 아닌 것은?

① 기초의 경사 및 침하
② 인터록, 자동제어장치의 기능
③ 가스설비의 전반적인 누출 유무
④ 배관 계통의 밸브 개폐 상황

해답

10. ④ 11. ④ 12. ①

해설 제조설비 등의 사용개시 전 점검사항
① 제조설비 등에 있는 내용물의 상황
② 계기류의 기능 특히 경보 및 자동제어장치의 기능
③ 안전설비의 기능
④ 각 배관계통에 부착된 밸브 등의 개폐상황 및 맹판의 탈착·부착 상황
⑤ 회전기계의 윤활유 보급상황 및 회전구동상황
⑥ 제조설비 등 당해 설비의 전반적인 누출유무
⑦ 가연성가스 및 독성가스가 체류하기 쉬운 곳의 해당 가스농도
⑧ 전기·물·증기·공기 등 유틸리티 시설의 준비상황
⑨ 안전용 불황성가스 등의 준비상황
⑩ 그밖에 필요한 사항의 이상 유무

문제 13 액화가스를 운반하는 탱크로리(차량에 고정된 탱크)의 내부에 설치하는 것으로서 탱크 내 액화가스 액면요동을 방지하기 위해 설치하는 것은?

① 폭발방지장치　　② 방파판
③ 압력방출장치　　④ 다공성 충진제

해설 방파판
① 액화가스를 수송할 때 차량에 고정된 탱크내의 액면이 요동하는 것을 방지하기 위하여 탱크내에 설치한다.
② 탱크 횡단면적의 40% 이상
③ 탱크의 내용적 5m³ 이하에 1개소씩 설치한다.

문제 14 가스공급 배관 용접 후 검사하는 비파괴 검사방법이 아닌 것은?

① 방사선투과검사　　② 초음파탐상검사
③ 자분탐상검사　　④ 주사전자현미경검사

해설 비파괴 검사 : 음향검사, 침투검사, 자분검사, 방사선 투과 검사, 초음파검사, 와류검사, 전위차법, 설퍼프린트(sulphur print)법

문제 15 산소 저장설비에서 저장능력이 9000m³일 경우 1종 보호시설 및 2종 보호시설과의 안전거리는?

① 8m, 5m　　② 10m, 7m
③ 12m, 8m　　④ 14m, 9m

해설 보호시설별 안전거리

구분	처리능력 및 저장능력	제1종보호시설	제2종보호시설
산소의 처리설비 및 저장설비	1만 이하	12m	8m
	1만 초과 2만 이하	14m	9m
	2만 초과 3만 이하	16m	11m
	3만 초과 4만 이하	18m	13m
	4만 초과	20m	14m

해답　13. ②　14. ④　15. ③

문제 16 액화석유가스의 시설기준 중 저장탱크의 설치 방법으로 틀린 것은?

① 천장, 벽 및 바닥의 두께가 각각 30cm 이상의 방수조치를 한 철근콘크리트를구조로 한다.
② 저장탱크실 상부 윗면으로부터 저장탱크 상부까지의 깊이는 60cm 이상으로 한다.
③ 저장탱크에 설치한 안전밸브에는 지면으로부터 5m 이상의 방출관을 설치한다.
④ 저장탱크 주위 빈 공간에는 세립분을 25% 이상 함유한 마른 모래를 채운다.

해설 **액화석유 가스 저장탱크 설치 방법**
① 저장탱크 주위 빈공간에는 세립분을 함유하지 않은 마른 모래를 채운다.
② 저장탱크를 묻는 장소에는 주위의 지상에 경계표지를 설치한다.
③ 저장탱크를 2개 이상 인접하여 설치하는 경우 상호간의 유지거리를 1m 이상 이다.

문제 17 다음 중 고압가스의 성질에 따른 분류에 속하지 않는 것은?

① 가연성 가스   ② 액화 가스
③ 조연성 가스   ④ 불연성 가스

해설 **고압가스 충전상태에 따른 분류** : 압축가스, 액화가스, 용해가스
연소성에 따른 분류 : 가연성 가스, 조연성 가스, 불연성 가스
독성에 의한 분류 : 독성가스, 비독성가스

문제 18 다음 중 화학적 폭발로 볼 수 없는 것은?

① 증기폭발   ② 중합폭발
③ 분해폭발   ④ 산화폭발

해설 **화학적 폭발** : 산화폭발, 분해폭발, 중합폭발, 촉매폭발
물리적 폭발 : 증기폭발, 금속선 폭발, 고체 상전이 폭발, 압력폭발

문제 19 가연성 가스의 위험성에 대한 설명으로 틀린 것은?

① 누출 시 산소결핍에 의한 질식의 위험성이 있다.
② 가스의 온도 및 압력이 높을수록 위험성이 커진다.
③ 폭발한계가 넓을수록 위험하다.
④ 폭발하한이 높을수록 위험하다.

해설 **연소범위**(폭발범위)
① 폭발하한계 값이 낮을수록 위험하다.
② 폭발상한계 값이 클수록 위험하다.
③ 연소 범위가 넓을수록 위험하다.

해답

16. ④   17. ②   18. ①   19. ④

문제 20 시안화수소의 중합폭발을 방지할 수 있는 안정제로 옳은 것은?

① 수증기, 질소
② 수증기, 탄산가스
③ 질소, 탄산가스
④ 아황산가스, 황산

해설 **시안화수소 안정제** : 아황산가스, 황산, 염화칼슘, 인산, 동망, 오산화인

문제 21 LPG를 수송할 때의 주의사항으로 틀린 것은?

① 운전 중이나 정차 중에도 허가된 장소를 제외하고는 담배를 피워서는 안된다.
② 운전자는 운전기술 외에 LPG의 취급 및 소화기사용 등에 관한 지식을 가져야 한다.
③ 주차할 때는 안전한 장소에 주차하며, 운반책임자와 운전자는 동시에 차량에서 이탈하지 않는다.
④ 누출됨을 알았을 때는 가까운 경찰서, 소방서까지 직접 운행하여 알린다.

해설 **LPG 수송시 주의 사항**
① 누출됨을 알았을 때는 즉시 운행을 정지하고 그 누출부분의 확인 하고 수리하여야 한다.
② 즉시 운행을 정지하고 가까운 경찰서, 소방서에 알려 조치를 받아야 한다.

문제 22 염소의 성질에 대한 설명으로 틀린 것은?

① 상온, 상압에서 황록색의 기체이다.
② 수분 존재 시 천을 부식시킨다.
③ 피부에 닿으면 손상의 위험이 있다.
④ 암모니아와 반응하여 푸른 연기를 생성한다.

해설 암모니아와 반응하여 백색 연기가 발생되므로 염소 검출법로 쓰인다.

문제 23 수소에 대한 설명 중 틀린 것은?

① 수소용기의 안전밸브는 가용전식과 파열판식을 병용한다.
② 용기 밸브는 오른나사이다.
③ 수소 가스는 피로카롤 시약을 사용한 오르사트법 에 의한 시험법에서 순도가 98.5% 이상이어야 한다.
④ 공업용 용기의 도색은 주황색으로 하고 문자의 표시는 백색으로 한다.

해설 **충전구의 나사 방향**
① 가연성 가스 : 왼나사(단, 암모니아, 브롬화메탄은 오른나사)
② 이외의 것 : 오른나사
③ 수소 충전 용기 밸브 : 왼나사

20. ④ 21. ④ 22. ④ 23. ②

문제 24

다음 중 폭발성이 예민하므로 마찰 및 타격으로 격렬히 폭발하는 물질에 해당되지 않는 것은?

① 황화질소
② 메틸아민
③ 염화질소
④ 아세틸라이드

해설 마찰, 타격 등으로 격렬히 폭발하는 예민한 폭발물질
아지화은(AgN_3), 질화수은(HgN_3), 아세틸드(Ag_2C_2), 황화질소(N_4S_4), 옥화질소, 테트라젠, 염화질소 등이 있다.

문제 25

고압가스 특정제조시설 중 철도부지 밑에 매설하는 배관에 대한 설명으로 틀린 것은?

① 배관의 외면으로부터 그 철도부지의 경계까지는 1m 이상의 거리를 유지한다.
② 지표면으로부터 배관의 외면까지의 깊이를 60cm 이상 유지한다.
③ 배관은 그 외면으로부터 궤도 중심과 4m 이상 유지한다.
④ 지하철도 등을 횡단하여 매설하는 배관에는 전기방식조치를 강구한다.

해설 철도 부지 매설 배관 기준
① 배관의 외면고 지면과의 거리는 1.2m 이상의 거리를 유지한다.
② 배관은 그 외면으로부터 다른 시설물과는 30cm 이상의 거리를 유지하다.

문제 26

다음 중 같은 저장실에 혼합 저장이 가능한 것은?

① 수소와 염소가스
② 수소와 산소
③ 아세틸렌가스와 산소
④ 수소와 질소

해설 가연성 가스(수소)와 불연성 가스(질소)는 혼합 저장이 가능하다.

문제 27

용기 부속품에 각인하는 문자 중 질량을 나타내는 것은?

① TP
② W
③ AG
④ V

해설 용기의 각인 기호
① V : 내용적[L]
② W : 용기의 무게[kg]
③ TP : 내압시험압력[MPa]
④ FP : 최고 충전압력[MPa]
⑤ TW : 다공 물질, 용제 및 밸브의 질량을 합한 총질량[kg]

해답 24. ② 25. ② 26. ④ 27. ②

문제 28 고압가스 특정제조시설에서 지하매설 배관은 그 외면으로부터 지하의 다른 시설물과 몇 m 이상 거리를 유지하여야 하는가?

① 0.1 ② 0.2
③ 0.3 ④ 0.5

해설 배관 ⇔ 지하 시설물 : 유지거리 0.3m 이상

문제 29 도시가스 사용시설 중 가스계량기와 다음 설비와의 안전거리의 기준으로 옳은 것은?

① 전기계량기와는 60cm 이상
② 전기접속기와는 60cm 이상
③ 전기점멸기와는 60cm 이상
④ 절연조치를 하지 않는 전선과는 30cm 이상

해설
① 가스계량기 ⇔ 전기계량기 및 전기개폐기 : 60cm 이상
② 가스계량기 ⇔ 굴뚝, 전기점멸기 및 전기접속기 : 30cm 이상
③ 가스계량기 ⇔ 절연조치를 하지 않는 전선 : 15cm 이상

문제 30 고압가스 제조설비에서 누출된 가스의 확산을 방지할 수 있는 제해조치를 하여야 하는 가스가 아닌 것은?

① 이산화탄소 ② 암모니아
③ 염소 ④ 염화메틸

해설 확산방지 및 제해조치 가스
① 암모니아 ② 염소 ③ 염화메틸 ④ 포스겐 ⑤ 아황산가스
⑥ 시안화수소 ⑦ 황화수소 ⑧ 산화에틸렌

문제 31 흡수식 냉동기에서 냉매로 물을 사용할 경우 흡수제로 사용하는 것은?

① 암모니아 ② 사염화에탄
③ 리듐브로마이드 ④ 파라핀유

해설 흡수식 냉동기의 냉매 및 흡수제

냉매	흡수제
암모니아	물
물	LiBr(리듐브로마이드)
염화메틸	사염화에탄
톨루엔	파라핀유

28. ③ 29. ① 30. ① 31. ③

문제 32
다음 중 이음매 없는 용기의 특징이 아닌 것은?
① 독성 가스를 충전하는 데 사용한다.
② 내압에 대한 응력 분포가 균일하다.
③ 고압에 견디기 어려운 구조이다.
④ 용접용기에 비해 값이 비싸다.

해설 이음매 없는 용기(seamless)
① 이음매가 없어 고압에 강한 구조 이다.
② 이음매가 없어 내압에 대한 응력 분포가 균일하다.

문제 33
부유 피스톤형 압력계에서 실린더 지름 5cm, 추와 피스톤의 무게가 130kg일 때 이 압력계에 접속된 부르동관의 압력계 눈금이 7kgf/cm²를 나타내었다. 이 부르동관 압력계의 오차는 약 몇 %인가?
① 5.7　② 6.6
③ 9.7　④ 10.5

해설 ① 오차 = $\dfrac{측정값 - 참값}{참값} \times 100\% = \dfrac{7 - 6.62}{6.62} \times 100\% = 5.74\%$

② 참값 : 부유 피스톤형 압력계 압력

$P = \dfrac{W+W'}{A} = \dfrac{130}{\dfrac{\pi}{4} \times d^2} = \dfrac{130}{\dfrac{\pi}{4} \times 5^2} = 6.620\,\text{kgf/m}^2$

문제 34
다음 고압가스 설비 중 축열식 반응기를 사용하여 제조하는 것은?
① 아크릴 클로라이드　② 염화비닐
③ 아세틸렌　④ 에틸벤젠

해설 고압가스 설비 반응기
① 조식 반응기 : 아크릴클로라이드의 합성, 디클로에탄의 합성
② 탑식 반응기 : 에틸벤젠의 제조, 벤졸의 염소화
③ 관식 반응기 : 에틸렌의 제조, 염화비닐의 제조
④ 내부 연소식 반응기 : 아세틸렌의 제조, 합성용가스의 제조
⑤ 축열식 반응기 : 아세틸렌조의 제조, 합성용 가스의 제조
⑥ 고정촉매 사용기상 접촉 반응기 : 석유의 접촉개질, 에틸알코올 제조
⑦ 유동층식 접촉반응기 : 석유개질
⑧ 이동상식 반응기 : 에틸렌의 제조

문제 35
열기전력을 이용한 온도계가 아닌 것은?
① 백금-백금·로듐 온도계　② 동-콘스탄탄 온도계
③ 철-콘스탄탄 온도계　④ 백금-콘스탄탄 온도계

해답 32. ③　33. ①　34. ③　35. ④

해설 열전대의 종류 및 특성

종류	약호	측정범위	(+)극	(-)극
백금-백금로듐	PR	0~1600℃	Rh : 13%, Pt : 87%	순백금
크로멜-알루멜	CA	-20~1200℃	크로멜 (Ni : 90%, Cr : 10%)	알루멜 (Ni : 94%, Mn : 2%, Al : 3%, Si : 1%)
철 - 콘스탄탄	IC	-20~1200℃	순철	콘스탄탄 (Cu : 55%, Ni : 45%)
구리 - 콘스탄탄	CC	-180~360℃	순동	콘스탄탄

문제 36 다음 중 유체의 흐름 방향을 한 방향으로만 흐르게 하는 밸브는?

① 글로브 밸브　　　　② 체크 밸브
③ 앵글 밸브　　　　　④ 게이트 밸브

해설 체크밸브(check valve) : 유체를 한쪽 방향으로 만 흐르게 하는 역류 방지 밸브이다.

문제 37 다음 가스 분석 중 화학분석법에 속하지 않는 방법은?

① 가스크로마토그래피법　　② 중량법
③ 분광광도법　　　　　　　④ 요오드적정법

해설 가스 크로마토그래피(gas chromatography)
① 전처리한 시료를 운반가스에 의하여 크로마토관내에서 분리시켜 각 성분을 크로마토 그램을 사용하여 목적성분을 분석한다.
② 물리적 분석법이다.

문제 38 다음 고압장치의 금속재료 사용에 대한 설명으로 옳은 것은?

① LNG 저장탱크 - 고장력강　　② 아세틸렌 압축기 실린더 - 주철
③ 암모니아 압력계 도관 - 동　　④ 액화산소 저장탱크 - 탄소강

해설 ① LNG 저장탱크, 액화산소 저장탱크, 암모니아 합성통 : 18-8스테인레스강
② 암모니아 압력계 도관 : 연강
③ 아세틸렌 충전용 지관 : 연강(탄소 함량 0.1% 이하)

문제 39 고압가스 설비의 안전장치에 관한 설명 중 옳지 않은 것은?

① 고압가스 용기에 사용되는 가용전은 열을 받으면 가용합금이 용해되어 내부의 가스를 방출한다.
② 액화가스용 안전밸브의 토출량은 저장탱크 등의 내부의 액화가스가 가열될 때의 증발량 이상이 필요하다.
③ 급격한 압력 상승이 있는 경우에는 파열판은 부적당하다.
④ 펌프 및 배관에는 압력 상승 방지를 위해 릴리프밸브가 사용된다.

해답　36. ②　37. ①　38. ②　39. ③

해설 파열판
급격한 압력상승, 독성가스의 누출, 유체의 부식성 또는 반응생성물의 성상 등에 따라 안전밸브를 설치하는 것이 부적당한 경우에 설치하는 것이 파열판이다.

문제 40 다음 중 압력계 사용 시 주의사항으로 틀린 것은?
① 정기적으로 점검한다.
② 압력계의 눈금판은 조작자가 보기 쉽도록 안면을 향하게 한다.
③ 가스의 종류에 적합한 압력계를 선정한다.
④ 압력의 도입이나 배출은 서서히 행한다.

해설 압력계의 눈금판은 눈금이 잘 보이는 위치에 설치한다.

문제 41 LPG(C_4H_{10}) 공급방식에서 공기를 3배 희석했다면 발열량은 약 몇 kcal/Sm^3이 되는가? (단, C_4H_{10}의 발열량은 30000kcal/Sm^3으로 가정한다.)
① 5000
② 7500
③ 10000
④ 11000

해설 $Q_2 = \dfrac{Q_1}{1+X} = \dfrac{30000}{1+3} = 7500$

문제 42 고압가스 제조소의 작업원은 얼마의 기간 이내에 1회 이상 보호구의 사용훈련을 받아 사용방법을 숙지하여야 하는가?
① 1개월
② 3개월
③ 6개월
④ 12개월

해설 제독작업에 필요한 보호구의 장착훈련
3개월마다 1회 이상 작업원에게 사용훈련 실시한다.

문제 43 고점도 액체나 부유 현탁액의 유체 압력 측정에 가장 적당한 압력계는?
① 벨로스
② 다이어프램
③ 부르동관
④ 피스톤

해설 다이아프램 압력계(박막식 압력계)
① 대기압차가 작은 미소압력을 측정한다.
② 감도가 좋고 정확성이 높다.

해답 40. ② 41. ② 42. ② 43. ②

문제 44

내산화성이 우수하고 양파 썩는 냄새가 나는 부취제는?

① T.H.T
② T.B.M
③ D.M.S
④ NAPHTHA

해설 부취제의 종류
① TBM : ㉠ 양파썩는 냄새 강함
  ㉡ 내산화성이 좋다
  ㉢ 토양 투과성이 좋다
  ㉣ 배관(강철, 동합금)부식 이 일어난다.
② DMS : ㉠ 마늘 냄새 약간 약함
  ㉡ 안정 화합물 이다.
  ㉢ 토양투과성이 좋다
  ㉣ H_2O, O_2가 부재시 부식이 안 일어난다.
③ THT : ㉠석탄가스 냄새
  ㉡ 안정 화합물 이다.
  ㉢ 가스 중 H_2O가 존재시 부식이 일어난다.
④ 부취제의 목적 : 도시가스가 누설시 폭발 및 중독사고를 미리 방지하기 위하여 공기 중의 $\frac{1}{100}$ 상태에서 위험농도를 냄새로서 감지할 수 있도록 한다.

문제 45

계측기기의 구비조건으로 틀린 것은?

① 설치장소 및 주위조건에 대한 내구성이 클 것
② 설비비 및 유지비가 적게 들 것
③ 구조가 간단하고 정도(精度)가 낮을 것
④ 원거리 지시 및 기록이 가능할 것

해설 계측기기의 구비조건
① 구조가 간단하고 유지, 보수가 용이할 것
② 정밀도가 높을 것
③ 가격이 저렴할 것
④ 연속적인 측정이 가능 할 것
⑤ 원격지시가 가능 할 것

문제 46

다음 중 화씨온도와 가장 관계가 깊은 것은?

① 표준대기압에서 물의 어는점을 0으로 한다.
② 표준대기압에서 물의 어는점은 12로 한다.
③ 표준대기압에서 물의 끓는점을 100으로 한다.
④ 표준대기압에서 물의 끓는점을 212로 한다.

해설 ① **화씨온도**(fahrenheit) : 1기압(760mmHg)에서 물의 어는점을 32°F, 끓는점을 212°F로 하여 어는점과 끓는점 사이를 180등분한 온도이다.

44. ② 45. ③ 46. ④

② **섭씨온도**(centi grade) : 1기압(760mmHg)에서 물의 어는점을 0℃, 끓는점을 100℃로 하여 어는점과 끓는점 사이를 100등분한 온도 이다.

문제 47

다음 중 부탄가스의 완전연소 반응식은?

① $C_3H_8 + 4O_2 \rightarrow 3CO_2 + 5H_2O$
② $C_3H_8 + 5O_2 \rightarrow 3CO_2 + 4H_2O$
③ $C_4H_{10} + 6O_2 \rightarrow 4CO_2 + 5H_2O$
④ $2C_4H_{10} + 13O_2 \rightarrow 8CO_2 + 10H_2O$

해설 탄화수소(C_mH_n)의 완전연소 반응식

① $C_mH_n + \left(m + \dfrac{n}{4}\right)O_2 \rightarrow mCO_2 + \dfrac{n}{2}H_2O$

② 1mol 반응식 : $C_4H_{10} + \left(4 + \dfrac{10}{4}\right)CO_2 \rightarrow 4CO_2 + \left(\dfrac{10}{2}\right)H_2O$

③ 2mol 반응식 : $2 \times C_4H_{10} + 2 \times \left(4 + \dfrac{10}{4}\right)CO_2 \rightarrow 2 \times 4CO_2 + 2 \times \left(\dfrac{10}{2}\right)H_2O$

$2C_4H_{10} \quad + \quad 13CO_2 \quad \rightarrow \quad 8CO_2 \quad + \quad 10H_2O$

문제 48

LP가스의 성질에 대한 설명으로 틀린 것은?

① 온도 변화에 따른 액 팽창률이 크다.
② 석유류 또는 동, 식물유나 천연고무를 잘 용해시킨다.
③ 물에 잘 녹으며 알코올과 에테르에 용해된다.
④ 액체는 물보다 가볍고, 기체는 공기보다 무겁다.

해설 LP가스의 성질
① 상온상압에서 기체이다.
② 비중은 공기의 1.5~2배가 된다.
③ 무색 투명하다.
④ 물에 녹지 않으며 에테르, 알코올에 용해된다.

문제 49

가스배관 내 잔류물질을 제거할 때 사용하는 것이 아닌 것은?

① 피그 ② 거버너
③ 압력계 ④ 컴프레서

해설 거버너 : 컴프레서(compresor)의 공기압축기를 이용 피그(pig)를 통과시켜 배관내의 불순물을 제거한다.

해답

47. ④ 48. ③ 49. ②

문제 50

염소에 대한 설명 중 틀린 것은?

① 황록색을 띠며 독성이 강하다.
② 표백작용이 있다.
③ 액상은 물보다 무겁고, 기상은 공기보다 가볍다.
④ 비교적 쉽게 액화한다.

해설 염소(Cl)의 성질
① 액상은 물보다 무겁다.
② 액체의 비중 1.557(-34℃) 이다.

문제 51

도시가스 제조공정 중 접촉분해 공정에 해당하는 것은?
① 저온수증기 개질법
② 열분해 공정
③ 부분연소 공정
④ 수소화분해 공정

해설 접촉 분해 공정
① 400~800℃에서 촉매를 사용하여 수증기와 탄화수소를 반응시킨다.
② 반응시 H_2, CO, CO_2, CH_4 등 저급 탄화수소가 발생 한다.

문제 52

-10℃ 인 얼음 10kg을 1기압에서 증기로 변화시킬 때 필요한 열량은 약 몇 kcal 인가? (단, 얼음의 비열은 0.5kcal/kg·℃, 얼음의 융해열은 80kcal/kg, 물의 기화열은 539kcal/kg이다.)

① 5400
② 6000
③ 6240
④ 7240

해설
① -10℃ 얼음 → 0℃ 얼음 : 현열
$Q = mc\Delta t = 10 \times 0.5 \times (0-(-10)) = 50\text{kcal}$
② 0℃ 얼음 → 0℃ 물 : 잠열
$Q = mr = 10 \times 80 = 800\text{kcal}$
③ 0℃ 물 → 100℃ 물 : 현열
$Q = mc\Delta t = 10 \times 1 \times (100-0) = 1000\text{kcal}$
④ 100℃ 물 → 100℃ 증기 : 잠열
$Q = mr = 10 \times 539 = 5390\text{kcal}$
⑤ $Q = 50 + 800 + 1000 + 5390 = 7240$

문제 53

다음 중 1atm과 다른 것은?

① 9.8N/m^2
② 101325Pa
③ 14.7lb/in^2
④ $10.332\text{mH}_2\text{O}$

해설 ① 1atm = 760mmHg = 1.0332kg/cm^2 = 10332kg/m^2 = 10.332mAq

50. ③ 51. ① 52. ④ 53. ①

= 10.332mH$_2$O = 101325N/m^2 = 101325Pa
② 9.8N/m^2 = 9.8Pa

문제 54 산소 가스의 품질검사에 사용되는 시약은?
① 동·암모니아 시약
② 피로갈롤 시약
③ 브롬 시약
④ 하이드로설파이드 시약

해설 가스 품질검사 시약
① 산소 : 동암모니아 시약(오르자트법)
② 수소 : 피로갈롤, 하이드로 설파이드(오르자트법)
③ 아세틸렌 : 발연황산(오르자트법), 브롬시약(뷰렛법), 질산은시약(정성시험)

문제 55 표준상태에서 산소의 밀도는 몇 g/L인가?
① 1.33
② 1.43
③ 1.53
④ 1.63

해설 밀도(density)
① 기체의 밀도 = $\dfrac{\text{가스 분자량[g]}}{22.4[\text{L}]} = \dfrac{32}{22.4} = 1.4285$ [g/L]
② 밀도의 단위 : g/cm^3, kg/m^3

문제 56 공기 중에 누출 시 폭발 위험이 가장 큰 가스는?
① C_3H_8
② C_4H_{10}
③ CH_4
④ C_2H_2

해설 폭발 범위
① 프로판 : 2.2~9.5%
② 부탄 : 1.9~8.5%
③ 메탄 : 5~15%
④ 아세틸렌 : 2.5~81%
⑤ 연소 범위 즉 폭발범위가 넓을수록 위험하다.

문제 57 표준물질에 대한 어떤 물질의 밀도의 비를 무엇이라고 하는가?
① 비중
② 비중량
③ 비용
④ 비열

해설 비중(specific gravity)
① 0℃ 1기압인 표준 상태에서 공기와 같은 부피에 대한 무게비이다.
② 기체 비중 = $\dfrac{\text{기체분자량}}{\text{공기의 평균 분자량(29)}}$
③ 액체의 비중 = $\dfrac{\text{액체의 밀도}}{4℃ \text{물의 밀도}}$

해답 54. ① 55. ② 56. ④ 57. ①

문제 58 LP가스가 증발할 때 흡수하는 열을 무엇이라 하는가?
① 현열
② 비열
③ 잠열
④ 융해열

해설
① 잠열(latent heat) : 물질이 온도 변화 없이 상태가 변화될 때 필요한 열량이다.
② 현열(sensible heat) : 물질의 상태 변화없이 온도 변화가 일어날 때 필요한 열이다.

문제 59 LP가스를 자동차연료로 사용할 때의 장점이 아닌 것은?
① 배기가스의 독성이 가솔린보다 적다.
② 완전연소로 발열량이 높고 청결하다.
③ 옥탄가가 높아서 녹킹현상이 없다.
④ 균일하게 연소되므로 엔진수명이 연장된다.

해설 LP가스의 특징
① 노킹 현상은 엔진의 출력을 저하시킨다.
② LP 가스 연료 공급 순서 : LPG탱크→ 필터 → 전자밸브 → 기화기 → 카브레터 → 엔진

문제 60 다음 중 염소의 주된 용도가 아닌 것은?
① 표백
② 살균
③ 염화비닐 합성
④ 강재의 녹 제거용

해설 염소의 용도
① 수돗물 살균 및 섬유표백
② 염화비닐 원료,
③ 펄프의 제조
④ 염산의 합성
⑤ 포스겐의 제조

58. ③ 59. ③ 60. ④

2023년 6월 CBT 시행

문제 01 용기에 의한 고압가스 판매시설 저장실 설치기준으로 틀린 것은?

① 고압가스의 용적이 300m³을 넘는 저장설비는 보호시설과 안전거리를 유지하여야 한다
② 용기보관실 및 사무실을 동일 부지 내에 구분하여 설치한다.
③ 사업소의 부지는 한 면이 폭 5m 이상의 도로에 접하여야 한다.
④ 가연성 가스 및 독성 가스를 보관하는 용기보관실의 면적은 각 고압가스별로 10m³ 이상으로 한다.

해설 고압가스 운반 차량의 통행을 위해 사업소의 부지는 한 면이 폭4m 이상의 도로에 접하여야 한다.

문제 02 가연성 가스의 제조설비 또는 저장설비 중 전기설비 방폭구조를 하지 않아도 되는 가스는?

① 암모니아, 시안화수소
② 암모니아, 염화메탄
③ 브롬화메탄, 일산화탄소
④ 암모니아, 브롬화메탄

해설 가연성가스 저장설비 중 전기설비는 그 설치장소 및 그 가스의 종류에 따라 적절한 방폭 성능을 가진 것으로 하여야 하나, 암모니아, 브롬화메탄 및 공기 중에서 자기발화성 가스는 적용하지 않는다.

문제 03 재검사 용기에 대한 파기방법의 기준으로 틀린 것은?

① 절단 등의 방법으로 파기하여 원형으로 가공할 수 없도록 할 것
② 허가관청에 파기의 사유, 일시, 장소 및 인수시한 등에 대한 신고를 하고 파기를할 것
③ 잔가스를 전부 제거한 후 절단할 것
④ 파기하는 때에는 검사원이 검사 장소에서 직접 실시할 것

해설 파기는 파기예정일 전가지 파기의 사유,일시, 장소 및 인수시한 등에 대한 통지를 하고 파기할 것

해답   01. ③   02. ④   03. ②

문제 04 LP가스가 누출될 때 감지할 수 있도록 첨가하는 냄새가 나는 물질의 측정방법이 아닌 것은?

① 유취실법
② 주사기법
③ 냄새주머니법
④ 오더(odor)미터법

해설 부취체 측정방법 : 주사기법, 냄새주머니법, 오더(odor)미터법, 무취실법

문제 05 고압가스 공급자 안전 점검 시 가스누출검지기를 갖추어야 할 대상은?

① 산소
② 가연성 가스
③ 불연성 가스
④ 독성 가스

해설
① 가연성 가스 : 가스누출 검지기, 가스누출 검지액
② 독성가스 : 가스누출 시험지, 가스누출 검지액
③ 불연성가스 : 가스누출검지액,
④ 산소 : 가스누출검지액

문제 06 신규검사에 합격된 용기의 각인사항과 그 기호의 연결이 틀린 것은?

① 내용적 : V
② 최고충전압렵 : FP
③ 내압시험압력 : TP
④ 용기의 질량 : M

해설 용기의 각인 기호
① V : 내용적[L]
② W : 용기의 무게[kg]
③ TP : 내압시험압력[MPa]
④ FP : 최고 충전압력[MPa]
⑤ TW : 다공 물질, 용제 및 밸브의 질량을 합한 총질량[kg]

문제 07 독성 가스의 저장탱크에는 그 가스의 용량이 탱크 내용적의 몇 %까지 채워야 하는가?

① 80%
② 85%
③ 90%
④ 95%

해설 독성 가스 저장탱크 용량
① 저장탱크 내용적이 90%를 초과 할 수 없다.
② 안전공간을 10% 까지 확보한다.
③ 과충전 방지 장치를 설치한다.

04. ① 05. ② 06. ④ 07. ③

문제 08
역화방지장치를 설치하지 않아도 되는 곳은?

① 가연성 가스 압축기와 충전용 주관 사이의 배관
② 가연성 가스 압축기와 오토클레이브 사이의 배관
③ 아세틸렌 충전용 지관
④ 아세틸렌 고압건조기와 충전용 교체밸브 사이의 배관

해설 역화방지장치 설치 장소
① 가연성 가스 압축기와 오토클레이브 사이
② 아세틸렌 충전용 지관
③ 아세틸렌 고압건조기와 충전용 교체밸브 사이

문제 09
독성가스 허용농도의 종류가 아닌 것은?

① 시간가중 평균농도(TLV-TWA)
② 단시간 노출허용농도(TLV-STEL)
③ 최고허용농도(TVLV-C)
④ 순간 사망허용농도(TLV-D)

해설 독성가스 허용농도의 종류
① 시간가중 평균농도(Time Weighted Average concentration)
② 단시간 노출허용농도 (Short Term Exposure Limit)
③ 최고허용농도(Ceiling 농도)

문제 10
고압가스 설비에 설치하는 압력계의 최고눈금의 범위는?

① 상용압력의 1배 이상, 1.5배 이하   ② 상용압력의 1.5배 이상, 2배 이하
③ 상용압력의 2배 이상, 3배 이하   ④ 상용압력의 3배 이상, 5배 이하

해설 압력계의 최고 눈금 : 사용압력의 1.5배 이상 2배 이하

문제 11
가스의 폭발에 대한 설명 중 틀린 것은?

① 폭발범위가 넓은 것은 위험하다.
② 폭굉은 화염전파속도가 음속보다 크다
③ 안전간격이 큰 것일수록 위험하다
④ 가스의 비중이 큰 것은 낮은 곳에 체류할 위험이 있다.

해설 안전간격이 작은 가스일수록 폭발하기 쉽다.

해답

08. ① 09. ④ 10. ② 11. ③

문제 12

내용적 94L인 액화프로판 용기의 저장능력은 몇 kg인가? (단, 충전상수 C는 2.35이다.)

① 30
② 40
③ 60
④ 80

해설 $W[\text{kg}] = \dfrac{V[\text{L}]}{C}$ 여기서, C : 충전상수

$W[\text{kg}] = \dfrac{V[\text{L}]}{C} = \dfrac{94}{2.35} = 40\text{kg}$

문제 13

액화석유가스 충전사업장에서 가스충전준비 및 충전상버에 대한 설명으로 틀린 것은?

① 자동차에 고정된 탱크는 저장탱크의 외면으로부터 3m 이상 떨어져 정지한다.
② 안전밸브에 설비된 스톱밸브는 항상 열어둔다
③ 자동차에 고정된 탱크(내용적이 1만L 이상의 것에 한한다.)로부터 가스를 이입받을 때에는 자동차가 고정되도록 자동차정지목 등을 설치한다
④ 자동차에 고정된 탱크로부터 저장탱크에 액화석유가스를 이입받을 때에는 5시간 이상 연속하여 자동차에 고정된 탱크를 저장탱크에 접속하지 아니한다.

해설 **자동차 정지목** : 내용적이 5000L 이상의 것에 한 한다.

문제 14

저장량이 10000kg인 산소저장설비는 제1종 보호시설과의 거리가 얼마 이상이면 방호벽을 설치하지 아니할 수 있는가?

① 9m
② 10m
③ 11m
④ 12m

해설 **특정 고압가스 사용시설 방호벽 설치**

① 피해저감설비기준 : 고압가스의 저장량이 300kg(압축가스의 경우에는 1m^3를 5kg으로 본다) 이상인 용기보관실의 벽은 방호벽으로 할 것. 다만, 용기보관실의 외면으로부터 보호시설(사업소 안에 있는 보호시설 및 전용공업지역 안에 있는 보호시설은 제외한다)까지 다음 표에서 정한 거리(시장·군수 또는 구청장이 필요하다고 인정하는 지역은 보호시설과의 거리에 일정 거리를 더한 거리)를 유지할 경우에는 방호벽을 설치하지 아니할 수 있다.

② 안전거리

구분	제1종보호시설	제2종보호시설
산소저장설비	12m	8m
독성(가연성)가스 저장설비	17m	12m
그 밖의 가스 저장설비	8m	5m

[비고] 한 사업소 안에 2개 이상의 저장설비가 있는 경우에는 각각 안전거리를 유지한다.

해답 12. ② 13. ③ 14. ④

문제 15 고압가스 특정제조시설에서 고압가스설비의 설치기준에 대한 설명으로 틀린 것은?

① 아세틸렌의 충전용 교체밸브는 충전하는 장소에 직접 설치한다.
② 에어로졸 제조시설에는 정량을 충전할 수 있는 자동충전기를 설치한다.
③ 공기액화 분리기로 처리하는 완료공기의 흡입구는 공기가 맑은 곳에 설치한다.
④ 공기액화 분리에 설치하는 피트는 양호한 환기구조로 한다.

해설 아세틸렌의 충전용 교체밸브는 충전하는 장소에서 격리하여 설치한다.

문제 16 고압가스 특정제조시설에서 상용압력 0.2MPa 미만의 가연성 가스 배관을 지상에 노출하여 설치 시 유지하여야 할 고지의 폭 기준은?

① 2m 이상
② 5m 이상
③ 9m 이상
④ 15m 이상

해설 상용압력에 따른 공지의 폭 이상

상용압력	공지의 폭
0.2MPa 미만	5m
0.2MPa 이상 1MPa 미만	9m
1MPa 이상	15m

공지의 폭은 배관 양쪽 외면으로부터 계산하되 전용공업지역 또는 일반공업지역, 산업통상자원부장관이 지정하는 지역은 위표에서 정한 폭의 1/3로 할 수 있다.

문제 17 액화석유가스 용기를 실외저장소에 보관하는 기준으로 틀린 것은?

① 용기보관장소의 경계 안에서 용기를 보관할 것
② 용기는 눕혀서 보관할 것
③ 충전용기는 항상 40℃ 이하를 유지할 것
④ 충전용기는 눈, 비를 피할 수 있도록 할 것

해설 액화석유가스 저장소의 기술기준
① 용기보관장소의 경계 내에서 용기를 보관한다.
② 용기는 세워서 보관한다.
③ 충전용기는 항상 40℃ 이하를 유지 하여야 하며 눈, 비를 피할 수 있도록 한다.

문제 18 수소와 다음 중 어떤 가스를 동일 차량에 적재하여 운반하는 때에 그 충전용기와 밸브가 서로 마주보지않도록 적재하여야 하는가?

① 산소
② 아세틸렌
③ 브롬화메탄
④ 염소

15. ① 16. ② 17. ② 18. ①

해설 혼합적재 금지 가스
① 염소와 아세틸렌, 암모니아, 수소는 동일 차량에 적재 운반하지 않는다.
② 충전용기와 소방법이 정하는 위험물 이다.
③ 가연성가스와 산소를 동일 차량에 적재 운반시 충전용기의 밸브가 서로 마주보지 않도록 적재한다.
④ 독성가스 중 가연성가스와 조연성 가스는 동일 차량에 적재운반 금지이다.

문제 19 아세틸렌 용접용기의 내압시험압력으로 옳은 것은?
① 최고충전압력의 1.5배
② 최고충전압력의 1.8배
③ 최고충전압력의 5.3배
④ 최고충전압력의 3배

해설 아세틸렌 용접용기
① 최고충전압력 : 1.5MPa
② 기밀시험압력 : 최고 충전압력의 1.8배
③ 내압시험압력 : 최고 충전압력의 3배

문제 20 고압가스 특정제조시설에서 안전구역 설정 시 사용하는 안전구역 안의 고압가스설비 연소열량수치(Q)의 값은 얼마 이하로 정해져 있는가?
① 6×10^8
② 6×10^9
③ 7×10^5
④ 7×10^3

해설 연소열량수치 : 6×10^8

문제 21 도시가스 사용시설에 정압기를 2013년에 설치하였다. 다음 중 이 정압기의 분해점검 만료시기로 옳은 것은?
① 2015년
② 2016년
③ 2017년
④ 2018년

해설 분해점검 주기
① 일반 도시가스 사업의 정압기 : ㉠ 설치 후 2년에 2회 이상 분해점검
㉡ 1주일 1회 이상 작동점검
② 도시가스 사용시설의 정압기 필터 : 설치 후 3년까지는 1회 이상 분해점검 이후에는 4년에 1회 이상 분해점검
③ 일반 도시가스 사업의 정압기 필터 : 가스공급개시 후 1개월 이내 및 가스공급개시 후 매년1회 이상 분해점검을 실시하도록 규정하고 있다.

문제 22 운전 중인 액화석유가스 충전설비의 작동상황에 대하여 주기적으로 점검하여야 한다. 점검주기는?
① 1일에 1회 이상
② 1주일에 1회 이상
③ 3월에 1회 이상
④ 6월에 1회 이상

19. ④ 20. ① 21. ② 22. ①

해설 ① 운전 중인 액화석유가스 충전설비 작동상황 점검 : 1일 1회 이상
② 주거용 가스 사용자 : 3월에 1회 이상 자율적 시설 점검

문제 23

가스계량기와 전기계량기와는 최소 몇 cm 이상의 거리를 유지하여야 하는가?

① 15cm
② 20cm
③ 60cm
④ 80cm

해설 ① 가스계량기 ↔ 전기계량기 및 전기개폐기 : 60cm 이상
② 가스계량기 ↔ 굴뚝, 전기점멸기 및 전기접속기 : 30cm 이상
③ 가스계량기 ↔ 절연조치를 하지 않는 전선 : 15cm 이상

문제 24

시내버스의 연료로 사용되고 있는 CNG의 주용 성분은?

① 메탄(CH_4)
② 프로판(C_3H_8)
③ 부탄(C_4H_{10})
④ 수소(H_2)

해설 **압축천연가스**(Compressed Natural Gas ; 압축천연가스)
메탄을 주성분으로 하는 천연가스로 200기압 이상의 고압으로 압축한 것이다.

문제 25

액상의 염소가 피부에 닿았을 경우의 조치로서 가장 적절한 것은?

① 암모니아로 씻어낸다.
② 이산화탄소로 씻어낸다.
③ 소금물로 씻어낸다.
④ 맑은 물로 씻어낸다.

해설 **염소가 피부에 닿았을 경우 응급조치**
① 맑은 물로 씻어 낸다.
② 노출 지역을 벗어난다.

문제 26

아세틸렌 용기에 다공질 물질을 고루 채운 후 아세틸렌을 충전하기 전에 침윤시키는 물질은?

① 알코올
② 아세톤
③ 규조토
④ 탄산마그네슘

해설 ① 아세틸렌 용기 충전시 용제 : 아세톤, 디메틸포름아미드
② 아세틸렌을 용기에 충전하는 때에는 미리 용기에 다공물질을 고루 채워 다공도가 75% 이상, 92% 미만이 되도록 한 후 아세톤 또는 디메틸포름아미드를 고루 침윤시키고 충전하여야 한다.

23. ③ 24. ① 25. ④ 26. ②

문제 27
가연성 가스의 제조설비 중 1종 장소에서의 변압기 방폭구조는?

① 내압 방폭구조 ② 안전증 방폭구조
③ 유입 방폭구조 ④ 압력 방폭구조

해설
① **1종 장소**: 내압 방폭구조(건식)
② **2종 장소**: 유입 방폭구조(유입), 내압 방폭구조(건식), 안전증 방폭구조(건식)

문제 28
액화석유가스의 냄새측정 기준에서 사용하는 용어에 대한 설명으로 옳지 않은 것은?

① 시험가스란 냄새를 측정할 수 있도록 액화석유가스를 기화시킨 가스를 말한다
② 시험자란 미리 선정한 정상적인 후각을 가진 사람으로서 냄새를 판정하는 자를 말한다
③ 시료기체란 시험가스를 청전한 공기로 희석한 판정용 기체를 말한다
④ 희석배수란 시료기체의 양을 시험가스의 양으로 나눈 값을 말한다.

해설
① **패널(panel)**: 시험자란 미리 선정한 정상적인 후각을 가진 사람으로서 냄새를 판정하는 자를 말한다.
② **시험자**: 냄새농도 측정에 있어서 희석조작을 하여 냄새농도를 측정하는 자

문제 29
산소에 대한 설명 중 옳지 않은 것은?

① 고압의 산소와 유지류의 접촉은 위험하다.
② 과잉의 산소는 인체에 유해하다.
③ 내산화성 재료로는 주로 납(Pb)이 사용된다
④ 산소의 화학반응에서 과산화물은 위험성이 있다.

해설 내산화성 재료로는 주로 크롬(Cr)이 사용된다.

문제 30
LP가스사용시설에서 호스의 길이는 연소기까지 몇 m 이내로 하여야 하는가?

① 3m ② 5m
③ 7m ④ 9m

해설 **LP 가스 사용시설**: 호스는 가스 사용시설의 안전을 위해 연소기 등의 연결을 목적으로만 사용하며 길이는 3m 이내로 한다.

해답 27. ① 28. ② 29. ③ 30. ①

문제 31 오리피스미터로 유량을 측정할 때 갖추지 않아도 되는 조건은?

① 관로가 수평일 것
② 정상류 흐름일 것
③ 관속에 유체가 충만되어 있을 것
④ 유체의 전도 및 압축의 영향이 클 것

해설 오리피스미터로 유량 측정 : 유체의 전도 및 압축의 영향이 적어야 한다.

문제 32 액화천연가스(LNG)저장탱크의 지붕 시공 시 지붕에 대한 좌굴강도(Buckling strength)를 검토하는 경우 반드시 고려하여야 할 사항이 아닌 것은?

① 가스압력
② 탱크의 지붕판 및 지붕뼈대의 중량
③ 지붕부의 단열재의 중량
④ 내부탱크 재료 및 중량

해설 좌굴강도 검토 사항
① 가스압력
② 탱크의 지붕판 및 지붕뼈대의 중량
③ 지붕부의 단열재의 중량

문제 33 압력계의 측정 방법에는 탄성을 이용하는 것과 전기적 변화를 이용하는 방법 등이 있다. 다음 중 전기적 변화를 이용하는 압력계는?

① 부르동관 압력계
② 벨로스 압력계
③ 스트레인 게이지
④ 다이어프램 압력계

해설 전기식 압력계
① 물리적 변화를 이용한 방법이다.
② 전기저항 압력계, 피에조 전기 압력계, 스트레인 게이지

문제 34 염화메탄을 사용하는 배관에 사용해서는 안 되는 금속은?

① 철
② 강
③ 동합금
④ 알루미늄

해설 사용제한 냉매
① 동 및 동합금 : 암모니아(동함유 62% 미만 제외)
② 알루미늄 합금 : 염화메탄
③ 알루미늄 합금(마그네슘2% 이상 함유) : 프레온

31. ④ 32. ④ 33. ③ 34. ④

문제 35 회전펌프의 특징에 대한 설명으로 틀린 것은?

① 고압에 적당하다.
② 점성이 있는 액체에 성능이 좋다.
③ 송출량의 맥동이 거의 없다.
④ 왕복펌프와 같은 흡입, 토출밸브가 있다.

해설 회전 펌프
① 흡입, 토출 밸브가 없다.
② 맥동현상이 적다.
③ 고압의 유압펌프로 많이 사용된다.

문제 36 고압식 액화산소분리 장치의 원료공기에 대한 설명 중 틀린 것은?

① 탄산가스가 제거된 후 압축기에서 압축된다.
② 압축된 원료공기는 예랭기에서 열교환하여 냉각 된다.
③ 건조기에서 수분이 제거된 후에는 팽창기와 정류탑의 하부로 열교환하며 들어간다.
④ 압축기로 압축한 후 물로 냉각한 다음 축랭기에 보내진다.

해설 저압식 공기 액화 분리장치(저압식 액체 산소분리장치)에서 압축기로 압축한 후 물로 냉각한 다음 축냉기에 보내진다.

문제 37 연소기의 설치방법에 대한 설명으로 틀린 것은?

① 가스온수기나 가스보일러는 목욕탕에 설치할 수 있다.
② 배기통이 가연성 물질로 된 벽 또는 천장 등을 통과하는 때에는 금속 외의 불연성 재료로 단열조치를 한다.
③ 배기팬이 있는 밀폐형 또는 반밀폐형의 연소기를 설치한 경우 그 배기팬의 배기가스와 접촉하는 부분은 불연성재료로 한다.
④ 개방형 연소기를 설치한 실에는 환풍기 또는 환기구를 설치한다.

해설 가스 온수기, 가스 보일러는 환기가 잘되는 장소에 설치해야 안전하다.

문제 38 관내를 흐르는 유체의 압력강하에 대한 설명으로 틀린 것은?

① 가스 비중에 비례한다.   ② 관 길이에 비례한다.
③ 관 안지름의 5승에 반비례한다.   ④ 압력에 비례한다.

35. ④ 36. ④ 37. ① 38. ④

문제 39
공기액화 분리기에서 이산화탄소 7.2kg을 제거하기 위해 필요한 건조제(NaOH)의 양은 약 몇 kg인가?

① 6
② 9
③ 13
④ 15

해설
① $2NaOH + CO_2 \rightarrow NaCO + H_2O$
  $(2 \times 44) : 44 = (X) : 7.2$
② $X = \dfrac{(2 \times 40) \times 7.2}{44} = 13.090 [kg]$

문제 40
LP가스 수송관의 이음부분에 사용할 수 있는 패킹재료로 적합한 것은?

① 종이
② 천연고무
③ 구리
④ 실리콘 고무

해설 LP가스 패킹재료 : LP가스는 천연고무를 녹게 하므로 내열성이 뛰어난 실리콘(규소) 고무 재료가 적합하다.

문제 41
금속재료에서 고온일 때 가스에 의한 부식으로 틀린 것은?

① 산소 및 탄산가스에 의한 산화
② 암모니아에 의한 강의 질화
③ 수소가스에 의한 탈탄작용
④ 아세틸렌에 의한 황화

해설 가스 고온 부식
① 수소에 의한 탈탄
② 암모니아에 의한 강의 질화
③ 일산화탄소에 의한 금속 카아보닐화
④ 황화수소에 의한 황화
⑤ 오산화바나듐에 의한 바나듐어택
⑥ 산소 및 탄산가스에 의한 산화

문제 42
액화석유가스용 강제용기란 액화석유가스를 충전하기 위한 내용적이 얼마 미만인 용기를 말하는가?

① 30L
② 50L
③ 100L
④ 125L

해설 액화석유 가스용 용접 강제용 기준 : 내용적이 20L 이상 125L 미만이다.

해답 39. ③ 40. ④ 41. ④ 42. ④

문제 43 저온장치에 사용하는 금속재료로 적합하지 않은 것은?

① 탄소강
② 18-8 스테인리스강
③ 알루미늄
④ 크롬-망간강

해설 **탄소강의 저온특성** : 탄소강은 저온의 온도 이하에서 충격치가 급격히 감소되어 재질이 약해지는 저온 취성이 나타나 저온장치에 부적합 하다.

문제 44 고압가스설비는 그 고압가스의 취급에 적합한 기계적 성질을 가져야 한다. 충전용 지관에는 탄소 함유량이 얼마 이하의 강을 사용하여야 하는가?

① 0.1%
② 0.33%
③ 0.5%
④ 1%

해설 **아세틸렌 제조설비**
① 충전용 지관은 탄소함유량 0.1% 이하의 강을 사용하였다.
② 아세틸렌이 접촉되는 부분에 동함량이 62% 이상의 동합금 사용을 금한다.
③ 충전 중의 압력을 2.5MPa 이하로 한다.

문제 45 나사압축기에서 숫로터의 지름 150mm, 로터 길이 100mm, 회전수가 350rpm 이라고 할 때 이론적 토출량은 약 몇 m³/min인가?(단, 로터 형상의 의한 계수 (C_u)는 0.476이다.)

① 0.11
② 0.21
③ 0.37
④ 0.47

해설 **토출량**
① $Q = W \times D^2 \times L \times N$
② $Q = 0.476 \times (0.15)^2 \times 0.1 \times 350 = 0.375 \, m^3/min$

문제 46 다음 중 액화 석유가스의 주성분이 아닌 것은?

① 부탄
② 헵탄
③ 프로판
④ 프로필렌

해설 **액화 석유 가스 성분** : 프로판, 부탄, 프로필렌, 부틸렌 등으로 구성되어 있다.

문제 47 도시가스에 사용되는 부취제 중 DMS의 냄새는?

① 석탄가스 냄새
② 마늘 냄새
③ 양파 썩는 냄새
④ 암모니아 냄새

해답　　43. ①　44. ①　45. ③　46. ②　47. ②

해설 부취제의 종류
① TBM : ㉠ 양파썩는 냄새 강함
㉡ 내산화성이 좋다
㉢ 토양 투과성이 좋다
㉣ 배관(강철, 동합금)부식 이 일어난다.
② DMS : ㉠ 마늘 냄새 약간 약함
㉡ 안정 화합물이다.
㉢ 토양투과성이 좋다
㉣ H_2O, O_2가 부재시 부식이 안 일어난다.
③ THT : ㉠ 석탄가스 냄새
㉡ 안정 화합물 이다.
㉢ 가스 중 H_2O가 존재시 부식이 일어난다.
④ 부취제의 목적 : 도시가스가 누설시 폭발 및 중독사고를 미리 방지하기 위하여 공기 중의 $\frac{1}{100}$ 상태에서 위험농도를 냄새로서 감지 할 수 있도록 한다.

문제 48

'자연계에 아무런 변화도 남기지 않고 어느 열원의 열을 계속해서 일로 바꿀 수 없다. 즉 고온물체의 열을 계속해서 일로 바꾸려면 저온물체로 열을 버려야만 한다.'라고 표현되는 법칙은?

① 열역학 제0법칙 ② 열역학 제1법칙
③ 열역학 제2법칙 ④ 열역학 제3법칙

해설 ① 열역학 제2법칙 : 에너지 방향성의 법칙
열은 스스로 다른 물체에 아무런 변화도 주지 않고 저온 물체에서 고온 물체로 이동하지 않는다.
② 열역학 제1법칙 : 에너지 보존의 법칙
에너지의 한 형태의 열과 일은 서로 같고 열은 일과 열로 서로 전환이 가능하다.
③ 열역학 제3법칙 : 어떠한 방법이라도 어떤 계를 절대온도 0도에 이르게 할 수 없다.
④ 열역학 제0법칙 : 열평형의 법칙
온도가 높은 물질과 낮은 물질인 서로 다른 물체를 접촉시키면 열의 흡수량 과 발열량이 같게 되어 온도차가 없어지면 온도가 같게 되어 평형을 이룬다.

문제 49

브로민화수소의 성질에 대한 설명으로 틀린 것은?

① 독성 가스이다. ② 기체는 공기보다 가볍다.
③ 유기물 등과 격렬하게 반응한다. ④ 가열 시 폭발 위험성이 있다.

해설 브로민화수소(HBr)
① 녹는점 $-86.8℃$, 비점 $-66.7℃$, 비중 2.8이다.
② 불연성 무색 기체이며 자극성 냄새가 발생한다.
③ 부식성이 있고 공기 중 습기와 반응하여 흰 연기를 발생한다.
④ 기체는 공기보다 무겁다.
⑤ 산호와 반응하여 물과 브로민이 생성된다.
⑥ 오존과는 폭발적으로 반응하여 수소가 생성된다.
⑦ 환원제, 촉매(유기합성), 의약품의 재료로 쓰인다.

해답

48. ③ 49. ②

문제 50
압력에 대한 설명으로 옳은 것은?

① 절대압력=게이지압력+대기압이다. ② 절대압력=대기와+진공압이다.
③ 대기압은 진공압보다 낮다. ④ 1atm은 1033.2kgf/m²이다.

해설 압력(pressure)
① 대기압 : 지구가 대기를 잡아당기는 힘을 압력이라하며 공기의 무게에 의해 생긴다.
② 계기압력(gauge pressure) : 압력계로 측정한 압력이다.
③ 절대압력(absolute pressure) : 완전진공상태를 0 으로 측정한 압력이다.
④ 진공압(vaccum) : 대기압 이하의 압력이다.
⑤ 절대압력＝대기압 + 게이지압력
⑥ 절대압력＝대기압 − 진공압력

문제 51
천연가스(NG)를 공급하는 도시가스의 주요 특성이 아닌 것은?

① 공기보다 가볍다.
② 메탄이 주성분이다.
③ 발전용, 일반공업용 연료로도 널리 사용된다.
④ LPG보다 발열량이 높아 최근 사용량이 급격히 많아졌다.

해설 발열량
① 천연가스(NG) 발열량 : 9000kcal/m³
② LPG 발열량 : 22000~24000kcal/m³
③ LPG > 천연가스(NG)

문제 52
0℃, 1atm인 표준상태에서 공기와의 같은 부피에 대한 무게비를 무엇이라고 하는가?

① 비중 ② 비체적
③ 밀도 ④ 비열

해설 비중(specific gravity)
① 0℃ 1기압인 표준 상태에서 공기와 같은 부피에 대한 무게비이다.
② 기체 비중 = $\dfrac{\text{기체 분자량}}{\text{공기의 평균 분자량(29)}}$
③ 액체의 비중 = $\dfrac{\text{액체의 밀도}}{4℃물의 밀도}$

문제 53
절대온도 40K를 랭킨온도로 환산하면 몇 °R인가?

① 36 ② 54
③ 72 ④ 90

해설 랭킨온도(degree-Rankine)
$R = 1.8K = 1.8 \times 40 = 72°R$

50. ① 51. ④ 52. ① 53. ③

문제 54
수분이 존재할 때 일반 강재를 부식시키는 가스는?

① 황화수소
② 수소
③ 일산화탄소
④ 질소

해설 강재 부식 가스
화학적으로 안정된 금속은 부식 되지 않지만 수분 존재시 산이 발생하여 강재를 부식 시킨다.
[예] 황화수소, 아황산가스, 염소, 포스겐, 탄산가스 등이 있다.

문제 55
다음 중 엔트로피의 단위는?

① kcal/h
② kcal/kg
③ kcal/kg.m
④ kcal/kg.K

해설 엔트로피
① 더 이상 사용 할 수 없게 된 무효에너지라 하며 미소 열량을 절대온도로 나눈 값이다.
$$ds = \frac{dQ}{T}$$
여기서, ds : 변화된 엔트로피 양[kcal/kgK], dQ : 변화된 열량[kcal/kg]
② 엔트로피 단위 : [kcal/kgK], [kJ/kgK]

문제 56
공기 중에서의 프로판 폭발범위(하한과 상한)를 바르게 나타낸 것은?

① 1.8~8.4%
② 2.2~9.5%
③ 2.1~8.4%
④ 1.8~9.5%

해설 프로판(C_3H_8) 연소 범위 : 2.2~9.5[vol%]

문제 57
고압가스 안전관리법령에 따라 "상용의 온도에서 압력이 1MPa 이상이 되는 압축가스로서 실제로 그 압력이 1MPa 이상이 되는 경우에는 고압가스에 해당한다." 여기에서 압력은 어떠한 압력을 말하는가?

① 대기압
② 게이지압력
③ 절대압력
④ 진공압력

해설 고압가스 안전관리법령 압력 기준 : 게이지 압력이다.

문제 58
증기압이 낮고 비점이 높은 가스는 기화가 쉽게 되지 않는다. 다음 가스 중 기화가 가장 안 되는 가스는?

① CH_4
② C_2H_4
③ C_3H_8
④ C_4H_{10}

54. ① 55. ④ 56. ② 57. ② 58. ④

해설 가스의 비점
① 메탄(CH₄) 끓는점 : -162℃
② 에틸렌(C_2H_4) 끓는점 : -103.7℃
③ 프로판(C_3H_8) 끓는점 : -42.07℃
④ 부탄(C_4H_{10}) 끓는점 : -0.5℃

문제 59 가스를 그대로 대기 중에 분출식 연소에 필요한 공기를 전부 불꽃의 주변에 취하는 연소방식은?

① 적화식 ② 세미분젠식
③ 분젠식 ④ 전1차 공기식

해설 연소시 1차 공기와 2차 공기의 혼합비율에 따른 분류
① 적화식 : 연소에 필요한 공기를 2차 공기만을 사용하며 가스를 그래로 대기 중에 분출식 연소에 필요한 공기를 전부 불꽃의 주변에 취하는 연소 방식이다.
② 세미분젠식 : 연소범위에 도달하지 않는 1차 공기만을 제한하여 연소시키는 방법으로 적화식과 분젠식의 중간 형태이다.
③ 분젠식 : 가스를 노즐로부터 분출시켜 그 제트(jet)에 의하여 주위의 공기를 연소한계 내에서 1차 공기로 흡인하여 연소에 사용하며 안전되면 외염이 만들어진다.
④ 전1차 공기식 : 완전연소 하기 위하여 모든 공기를 1차 공기로 연소시키는 것으로 분젠식보다는 연소속도가 빠르며 특수한 버너가 사용된다.

문제 60 비중병의 무게가 비었을 때는 0.2kg이고, 액체로 충만되어 있을 때에는 0.8kg이었다. 액체의 체적이 0.4L이라면 비중량(kgf/m³)은 얼마인가?

① 120 ② 150
③ 1200 ④ 1500

해설 ① $\gamma = \dfrac{W}{V} = \dfrac{W_2 - W_1}{V} = \dfrac{0.8 - 0.2}{0.4} = 1.5 \text{kg}/l = 1.5 \times 1000 = 1500 \text{kg/m}^3$

② $1\text{m}^3 = 1000 l$

59. ① 60. ④

2023년 9월 CBT 시행

문제 01 다음 가스 저장시설 중 환기구를 갖추는 등의 조치를 반드시 하여야 하는 곳은?

① 산소 저장소
② 질소 저장소
③ 헬륨 저장소
④ 부탄 저장소

해설 가스설비실 및 저장실에 누출된 가연성가스가 체류하는 것을 방지하기 위하여 환기설비를 하여야 한다.

문제 02 다음 중 폭발범위의 상한 값이 가장 낮은 가스는?

① 암모니아
② 프로판
③ 메탄
④ 일산화탄소

해설
① 암모니아(NH_3) : 15~28vol%
② 프로판(C_3H_8) : 2.2~9.5vol%
③ 메탄(CH_4) : 5~15vol%
④ 일산화탄소(CO) : 12.5~74vol%

문제 03 고압가스 냉매설비의 기밀시험 시 압축공기를 공급 할 때 공기의 온도는 몇 ℃ 이하로 할 수 있는가?

① 40℃ 이하
② 70℃ 이하
③ 100℃ 이하
④ 140℃ 이하

해설 기밀시험시 공기의 온도는 140℃ 이하로 유지한다.

문제 04 C_2H_2 제조설비에서 제조된 C_2H_2를 충전용기에 충천시 위험한 경우는?

① 아세틸렌이 접촉되는 설비 부분에 동함량 72%의 동합금을 사용하였다.
② 충전 중의 압력을 2.5MPa 이하로 하였다.
③ 충전 후에 압력이 15℃에서 1.5MPa 이하로 될 때 까지 정치하였다.
④ 충전용 지관은 탄소함유량 0.1% 이하의 강을 사용하였다.

해설 아세틸렌 가스 제조설비
동과 접촉하여 동아세틸라이드를 만드므로 동 함유량이 62% 이상은 사용할 수 없다.

해답 01. ④ 02. ② 03. ④ 04. ①

문제 05

고압가스 특정제조시설에서 안전구역 안의 고압가스설비는 그 외면으로부터 다른 안전구역 안에 있는 고압가스설비의 외면까지 몇 m 이상의 거리를 유지하여야 하는가?

① 5m
② 10m
③ 20m
④ 30m

해설 고압가스 특정제조시설 안전구역 유지거리
안전구역 내의 가스공시설 외면 ↔ 다른 안전구역 고압가스 공급 시설 외면 : 30m 이상

문제 06

일반 도시가스 배관의 설치기준 중 하천 등을 횡단하여 매설하는 경우 적합하지 않는 것은?

① 하천을 횡단하여 배관을 설치하는 경우에는 배관의 외면과 계획하상(河床 : 하천의 바닥)높이와의 거리는 원칙적으로 4.0m 이상으로 한다.
② 소화천, 수로를 횡단하여 배관을 매설하는 경우 배관의 외면과 계획하상(河床 : 하천의 바닥)높이와의 거리는 원칙적으로 2.5m 이상으로 한다.
③ 그 밖의 좁은 수로를 횡단하여 배관을 매설하는 경우 배관의 외면과 계획하상(河床 : 하천의 바닥)높이와의 거리는 원칙적으로 1.5m 이상으로 한다.
④ 하상변동, 패임, 닻내림 등의 영향을 받지 아니하는 깊이에 매설한다.

해설 일반 도시가스 하천 횡단 매설 배관 설치 기준
좁은 수로를 횡단하여 배관을 매설하는 경우 배관의 외면과 계획하상 높이와의 거리는 원칙적으로 1.2m 이상으로 한다.

문제 07

염소의 일반적인 성질에 대한 설명으로 틀린 것은?

① 암모니아와 반응하여 염화암모늄을 생성한다.
② 무색의 자극적인 냄새를 가진 독성, 가연성가스이다.
③ 수분과 작용하면 염산을 생성하여 철강을 심하게 부식 시킨다.
④ 수돗물의 살균 소독제, 표백분 제조에 이용된다.

해설 염소(Cl_2)의 성질
① 강한 작극성 냄새를 가진 맹독성이며서 조연성 가스이다.
② 상온 상압에서는 황록색 이며 액화염소는 담황색을 나타낸다.

문제 08

차량에 고정된 탱크로서 고압가스를 운반할 때 그 내용적의 기준으로 틀인 것은?

① 수소 : 18000L
② 액화 암모니아 : 12000L
③ 산소 : 18000L
④ 액화 염소 : 12000L

해답 05. ④ 06. ③ 07. ② 08. ②

해설 차량에 고정된 탱크에 의한 운반 기준
① 경계표시 : 차량의 앞뒤 보기 쉬운 곳에 각각 붉은 글씨로 위험고압가스라는 경계표시를 한다.
② 탱크의 내용적
  ㉠ 가연성 가스(액화석유가스 제외) 및 산소탱크의 내용적 : 18000L
  ㉡ 독성 가스(액화암모니아 제외)의 탱크의 내용적 : 12000L
  ㉢ 다만, 철도차량 또는 견인되어 운반되는 차량에 고정하며 운반하는 탱크를 제외한다.

문제 09 가연성가스 제조설비 중 전기설비는 방폭성능을 가지는 구조이어야 한다. 다음 중 반드시 방폭성능을 가지는 구조로 하지 않아도 되는 가연성 가스는?
① 수소
② 프로판
③ 아세틸렌
④ 암모니아

해설 전기설비 방폭구조
① 가연성가스 저장설비 중 전기설비는 그 설치장소 및 그 가스의 종류에 따라 적절한 방폭성능을 가진 것으로 하여야 하나, 암모니아, 브롬화메탄 및 공기 중에서 자기발화성가스는 적용하지 않는다.
② 전기설비 방폭구조 : 에탄, 염화메틸, 프로필렌, 수소, 에틸아민, 아세트알데히드, 프로판, 아세틸렌

문제 10 저장탱크에 의한 LPG 사용시설에서 가스계량기 설치 기준에 대한 설명으로 틀린 것은?
① 가스계량기와 화기와의 우회거리 확인은 계량기의 외면과 화기를 취급하는 설비의 외면을 실측하여 확인한다.
② 가스계량기는 화기와 3m 이상의 우회거리를 유지하는 곳에 설치한다.
③ 가스계량기의 설치높이는 1.6m 이상, 2m 이내에 설치하여 고정한다.
④ 가스계량기와 굴뚝 및 전기점멸기와의 거리는 30cm 이상의 거리를 유지한다.

해설 화기와의 거리(도시가스 사용시설)
① 계량기와 화기사이의 거리 : 우회거리 2m 이상으로 한다.
  (그 시설안에서 사용하는 자체화기 제외)
② 입상관과 화기사이의 거리 : 우회거리 2m 이상으로 한다.
  (그 시설안에서 사용하는 자체화기 제외)

문제 11 LP가스 저장탱크를 수리할 때 작업원이 저장탱크 속으로 들어가서는 아니되는 탱크 내의 산소농도는?
① 16%
② 19%
③ 20%
④ 21%

해답   09. ④   10. ②   11. ①

[해설] 치환 농도
① 독성가스 : 허용농도 이하
② 가연성 : 폭발범위 하한의 1/4 이하
③ 산소의 농도 22% 이하(산소설비 개방검사)
④ 산소농도 : 18% 이상~22% 이하(설비내부에 사람이 있을 때)

문제 12. 가스보일러의 공통 설치기준에 대한 설명으로 틀린 것은?

① 가스보일러는 전용보일러실에 설치한다.
② 가스보일러는 지하실 또는 반지하실에 설치하지 아니한다.
③ 전용보일러실에는 반드시 환기팬을 설치한다.
④ 전용보일러실에는 배기 덕트를 설치하지 아니한다.

[해설] 전용 보일러실에는 대기압보다 낮은 압력인 부압이 형성되어 불완전 연소가 발생하므로 환기팬설치를 금지한다.

문제 13. LP가스 저온 저장탱크에 반드시 설치하지 않아도 되는 장치는?

① 압력계
② 진공안전밸브
③ 감압밸브
④ 압력경보설비

[해설] 부압 방지 조치
압력계, 압력경보설비, 진공안전밸브, 균압관, 냉동제어설비, 송액설비(긴급차단장치 기능)

문제 14. 다음 중 독성가스에 해당하지 않는 것은?

① 아황산가스
② 암모니아
③ 일산화탄소
④ 이산화탄소

[해설] 이산화탄소(CO_2) : 독성은 없고 질식성이 존재하는 불연성 가스 이다.

문제 15. 무색, 무미, 무취의 폭발범위가 넓은 가연성가스로서 할로겐원소와 격렬하게 반응하여 폭발반응을 일으키는 가스는?

① H_2
② Cl_2
③ HCl
④ C_6H_6

[해설] ① **수소 염소 폭명기** : 상온에서 할로겐 원소와 특히 염소 혼합가스와 빛에 의해 격렬하게 반응한다.
② 화학적 특성
  ㉠ 수소폭명기 : 공기중에서 온도가 530 C 이상이 되면 산소와 체적비 2 : 1로 반응하여 물을 생성하는 현상이다.

해답 12. ③ 13. ③ 14. ④ 15. ①

ⓒ 염소폭명기 : 염소와의 혼합가스 열,빛과 같은 촉매에 의해 격렬히 반응한다.
ⓒ 수소취명 : 고온,고압 조건에서 탄소강 중의 탄소와 반응하여 탈탄작용으로 강제를 약화시킨다.

문제 16
포스겐의 취급 방법에 대한 설명 중 틀린 것은?
① 환기시설을 갖추어 작업한다.
② 취급 시에는 반드시 방독마스크를 착용한다.
③ 누출 시 용기가 부식되는 원인이 되므로 약간의 누출에도 주의한다.
④ 포스겐을 함유한 폐기액은 염화수소로 충분히 처리한 후 처분한다.

해설 포스겐을 함유한 폐기액은 알카리성 물질로 충분히 처리한 후 처분한다.

문제 17
가스 사용시설의 연소기 각각에 대하여 퓨즈 콕을 설치하여야 하나, 연소기 용량이 몇 kcal/h를 초과할 때 배관용 밸브로 대응할 수 있는가?
① 12500
② 15500
③ 19400
④ 25500

해설 가스소비량이 19400kcal/hr 를 초과하는 연소기가 연결된 배관 또는 연소기 사용압력이 3.3kPa을 초과하는 배관에는 배관용 밸브를 설치 할 수 있다

문제 18
특성가스인 염소를 운반하는 차량에 반드시 갖추어야 할 용구나 물품에 해당되지 않는 것은?
① 소화장비
② 제독제
③ 내산장갑
④ 누출검지기

해설 #

문제 19
다음 중 연소기구에서 발생할 수 있는 역화(back fire)의 원인이 아닌 것은?
① 염공이 적게 되었을 때
② 가스의 압력이 너무 낮을 때
③ 콕이 충분히 열리지 않았을 때
④ 버너 위에 큰 용이를 올려서 장시간 사용할 경우

해설 역화(back fire)의 원인
① 염공이 크게 되었을 때
② 가스의 압력이 너무 낮을 때
③ 콕이 충분히 열리지 않았을 때
④ 버너 위에 큰 용이를 올려서 장시간 사용할 경우

해답
16. ④ 17. ③ 18. ① 19. ①

문제 20
고압가스 설비의 내압 및 기밀시험에 대한 설명으로 옳은 것은?
① 내압시험은 상용압력의 1.1배 이상의 압력으로 실시한다.
② 기체로 내압시험을 하는 것은 위험하므로 어떠한 경우라도 금지된다.
③ 내압시험을 할 경우에는 기밀시험을 생략할 수 있다.
④ 기밀시험은 상용압력 이상으로 하되 0.7MPa을 초과하는 경우 0.7MPa 이상으로 한다.

해설 고압가스 설비의 내압 및 기밀시험
① 내압시험은 상용압력의 1.5배 이상의 압력으로 실시한다.
② 기밀시험은 상용압력 이상으로 하되 0.7MPa을 초과하는 경우 0.7MPa 이상으로 한다.

문제 21
고압가스 용기를 내압시험한 결과 전 증가량은 400mL, 영구 증가량이 20mL이었다. 영구 증가율은 얼마인가?
① 0.2%
② 0.5%
③ 5%
④ 20%

해설 영구 증가율
① 영구 증가율 = $\dfrac{\text{영구 증가량}}{\text{전 증가량}} \times 100\%$
② $\dfrac{20}{400} \times 100 = 5\%$

문제 22
다음 중 제독제로 다량의 물을 사용하는 가스는?
① 일산화탄소
② 이황화탄소
③ 황화수소
④ 암모니아

해설 제독제
① 염소 : 소석회, 가성소다, 탄산소다 수용액
② 포스겐 : 소석회, 가성소다 수용액
③ 황화수소 : 가성소다, 탄산소다 수용액
④ 시안화수소 : 가성소다 수용액
⑤ 암모니아, 산화에틸렌, 염화메탄 : 물(다량)

참고 암기법
① 염소 가탄 ② 포석 가수 ③ 황가 탄수 ④ 시성수

해답 20. ④ 21. ③ 22. ④

문제 23

고압가스용기 등에서 실시하는 재검사 대상이 아닌 것은?

① 충전할 고압가스 종류가 변경된 경우
② 합격표시가 훼손된 경우
③ 용기밸브를 교체한 경우
④ 손상이 발생된 경우

해설
① 법에서 정하는 일정 기간이 경과된 경우
② 충전할 고압가스 종류가 변경된 경우
③ 합격표시가 훼손된 경우
④ 손상이 발생된 경우

문제 24

도시가스 품질검사 시 허용기준 중 틀린 것은?

① 전유황 : 30mg/m³ 이하
② 암모니아 : 10mg/m³ 이하
③ 할로겐 총량 : 10mg/m³ 이하
④ 실록산 : 10mg/m³ 이하

해설 도시가스 품질 검사 기준

검사항목	단위	허용기준
열량	MJ/m³ (0℃, 101.3kPa)	법 제20조제1항에 따라 지식경제부장관 또는 시·도지사의 승인을 받은 공급규정에서 정하는 열량 (다만, 가스도매사업자 또는 일반도시가스사업자가 공급하는 천연가스와 혼합되지 않은 상태로 공급·운송·판매하는 도시가스의 열량은 도시가스사업자를 포함한 해당 도시가스 수요자와 협의하여 정할 수 있다.)
웨버지수	MJ/m³ (0℃, 101.3kPa)	51.50~56.52(12,300~13,500kcal/m³) (다만, 자동차 연료용 도시가스는 제외한다.)
전유황	mg/m³ (0℃, 101.3kPa)	30 이하
부취농도	mg/m³ (0℃, 101.3kPa)	4~30(TBM+THT) 3~13(MES+DMS+TBM+THT)
이산화탄소	mol-%	2.5 이하
산소	mol-%	0.03 이하(LPG+Air : 10 이하)
질소	mol-%	1.0 이하(LPG+Air : 35 이하)
탄화수소 이슬점	-	-5℃ 이하, up to 7MPa (LPG+Air : -5℃ 이하, up to 7MPa)
수분 이슬점	-	-12℃ 이하, up to 7MPa (LPG+Air : -12℃ 이하, up to 7MPa)
암모니아	mg/m³ (0℃, 101.3kPa)	검출되지 않음
할로겐 총량	mg/m³ (0℃, 101.3kPa)	10 이하
실록산	mg/m³ (0℃, 101.3kPa)	10 이하
기타(수소, 아르곤, 일산화탄소 등)	mol-%	1.0 이하(다만, 수소의 경우 고압의 가스공급시설에서는 '검출되지 않음'을 원칙으로 한다.)

해답 23. ③ 24. ②

문제 25
다음 중 특정고압가스에 해당되지 않는 것은?

① 이산화탄소　　② 수소
③ 산소　　　　　④ 천연가스

해설 **특정고압 가스** 〈고압가스 안전관리법 20조〉
수소 · 산소 · 액화암모니아 · 아세틸렌 · 액화염소 · 천연가스 · 압축모노실란 · 압축디보레인 · 액화알진, 그 밖에 대통령령으로 정하는 고압가스라 한다.

문제 26
일반 공업지역의 암모니아를 사용하는 A 공장에서 저장능력 25톤의 저장탱크를 지상에 설치하고자 한다. 저장설비 외면으로부터 사업소 외의 주택까지 몇 m 이상의 안전거리를 유지하여야 하는가?

① 12m　　② 14m
③ 16m　　④ 18m

해설 액화석유가스 저장소의 시설기준 안전 유지 거리

저장 능력	제1종 보호 시설	제2종 보호시설
10톤 이하	17m	12m
10톤 초과 20톤 이하	21m	14m
20톤 초과 30톤 이하	24m	16m
30톤 초과 40톤 이하	27m	18m
40톤 초과	30m	20m

문제 27
독성가스 용기 운반차량의 경계표지를 정사각형으로 할 경우 그 면적의 기준은?

① 500cm² 이상　　② 600cm² 이상
③ 700cm² 이상　　④ 800cm² 이상

해설 **차량의 경계표시**
① 차량의 전후에서 명료하게 볼 수 있도록 "위험 고압가스"라 표시한다.
② 경계표시의 크기
　㉠ 가로 치수 : 차세폭의 30% 이상
　㉡ 세로치수 : 가로치수의 20% 이상의 직사각형으로 표시
　㉢ 정사각형의 경우 : 면적을 600cm² 이상의 크기로 표시한다.

25. ①　26. ③　27. ②

문제 28
가스가 누출되었을 때 조치로써 가장 적당한 것은?
① 용기 밸브가 열려서 누출 시 부근 화기를 멀리하고 즉시 밸브를 잠근다.
② 용기 밸브 파손으로 누출 시 전부 대피한다.
③ 용기 안전밸브 누출 시 그 부위를 열습포로 감싸 준다.
④ 가스 누출로 실내에 가스 채류 시 그냥 놔두고 밖으로 대피한다.

해설 가스 누출시 조치법
화기를 멀리하고 즉시 밸브를 잠그고 창문과 출입문등을 활짝 열어 환기를 시킨다.

문제 29
액화석유가스 용기충전시설의 저장탱크에 폭발방지장치를 의무적으로 설치하여야 하는 경우는?
① 상업지역에 저장능력 15톤 저장탱크를 지상에 설치하는 경우
② 녹지지역에 저장능력 20톤 저장탱크를 지상에 설치하는 경우
③ 주거지역에 저장능력 5톤 저장탱크를 지상에 설치하는 경우
④ 녹지지역에 저장능력 30톤 저장탱크를 지상에 설치하는 경우

해설 용기충전시설의 저장탱크의 폭발 방지 장치
주거지역 또는 상업지역에 설치하는 저장능력 10톤이상의 저장탱크에는 폭발방지장치를 설치한다.

문제 30
수소 가스의 위험도(H)는 약 얼마인가?
① 13.5
② 17.8
③ 19.5
④ 21.3

해설 위험도
① $H = \dfrac{\text{상한} - \text{하한}}{\text{하한}} = \dfrac{75-4}{4} = 17.75$
② 수소의 연소 범위 : 4~75%

문제 31
다음 유량 측정방법 중 직접법은?
① 습식가스미터
② 벤투리미터
③ 오리피스미터
④ 피토튜브

해설 유량계측
① 직접식 : 습식 가스미터, 루츠형, 오벌형, 격막식 가스미터
② 간접식 : 피토관, 오리피스, 벤투리, 플로노즐, 전자 유량계, 부자식 로터미터

28. ① 29. ① 30. ② 31. ①

문제 32
산소용기의 최고 충전압력이 15MPa일 때 이용기의 내압시험압력은 얼마인가?
① 15MPa
② 20MPa
③ 22.5MPa
④ 25MPa

해설 $T_P = F_P \times \dfrac{5}{3} = 15 \times \dfrac{5}{3} = 25\text{MPa}$

여기서, T_P : 내압시험압력, F_P : 최고충전압력

문제 33
긴급차단장치의 동력원으로 가장 부적당한 것은?
① 스프링
② X선
③ 기압
④ 전기

해설 긴급차단 장치 동력원 : 유압, 공기압, 전기, 스프링

문제 34
초저온용기의 단열성능 감시 시 측정하는 침입열량의 단위는?
① kcal/h · L · ℃
② kcal/m² · h · ℃
③ kcal/m · h · ℃
④ kcal/m · h · bar

해설 초저온 용기 침입열량의 계산

$Q = \dfrac{Wq}{H \Delta t V}$ [kcal/hL℃]

여기서, Q : 침입열량(kcal/h℃l)　　W : 기화된 가스량(kg)
q : 시험용 가스의 기화잠열(kcal/kg)　H : 측정기간(hr)
Δt : 시험용 가스의 비점과 대기온도와의 온도차(℃)
V : 초저온용기의 내용적(l)

문제 35
펌프에서 유량을 $Q[\text{m}^3/\text{min}]$, 양정을 $H[\text{m}]$, 회전수 $N[\text{rpm}]$이라 할 때 1단 펌프에서 비교회전도 η_s를 구하는 식은?

① $\eta_s = \dfrac{Q^2\sqrt{N}}{H^{3/4}}$
② $\eta_s = \dfrac{N^2\sqrt{Q}}{H^{3/4}}$
③ $\eta_s = \dfrac{N\sqrt{Q}}{H^{3/4}}$
④ $\eta_s = \dfrac{\sqrt{NQ}}{H^{3/4}}$

해설 비속도

$N_S = \dfrac{N\sqrt{Q}}{\left(\dfrac{H}{n}\right)^{3/4}}$

여기서, N : 임펠러 회전수[rpm]　Q : 토출량[m³/min]
H : 양정 [m]　n : 단수

32. ④　33. ②　34. ①　35. ③

문제 36

다음 〈보기〉의 특징을 가지는 펌프는?

[보기] – 고압, 소유량에 적당하다.   – 토출량이 일정하다.
         – 송수량의 가감이 가능하다.   – 맥동이 일어나기 쉽다.

① 원심 펌프
② 왕복 펌프
③ 축류 펌프
④ 사류 펌프

해설 왕복 펌프(reciprocasting pump)
① 송수량을 조절 할 수 있으며 흡입양정이 크다.
② 진동이 있고 설치 면적이 크다.
③ 토출량이 일정하다.

문제 37

내용적 47L인 LP가스 용기의 최대 충전량은 몇 kg인가? (단, LP가스는 정수는 2.35이다.)

① 20
② 42
③ 50
④ 110

해설 충전량

① $W = \dfrac{V}{C} [\text{kg}]$ C : 충전상수

② $W = \dfrac{V}{C} = \dfrac{47}{2.35} = 20 \text{kg}$

문제 38

기화기에 대한 설명으로 틀린 것은?

① 기화기 사용 시 장점은 LP가스 종류에 관계없이 한랭 시에도 충분히 기화시킨다.
② 기화 장치의 구성요소 중에는 기화부, 제어부, 조압부 등이 있다.
③ 감압가열 방식은 열교환기에 의해 액상의 가스를 기화 시킨 후 조정기로 감압시켜 공급하는 방식이다.
④ 기화기를 증발형식에 의해 분류하던 순간 증발식과 유입 증발식이 있다.

해설 기화기
① 가온 감압방식 : 열교환기에 의해 LP가스를 이송하고 가스를 기화 시킨 후 조정기로 감압시켜 공급하는 방식이다.
② 감압 가온 방식 : 액체 상태의 LP가스를 액체 조정기 또는 팽창밸브를 통하여 온도와 압력을 감압후 열교환기에 대기 또는 온수등으로 가온하여 기화를 시켜 공급하는 방식이다.

해답 36. ② 37. ① 38. ③

문제 39 다음 중 1차 압력계는?

① 부르동관 압력계 ② 전기저항식 압력계
③ U자관형 마노미터 ④ 벨로스 압력계

해설
① **1차 압력계**
  ㉠ 직접 압력을 측정하는 원리 이다.
  ㉡ 액주계(U자관형, 단관식, 경사관식, 호루단형, 폐관식), 피스톤식 압력계
② **2차 압력계**
  ㉠ 측정 물체의 성질이 압력에 의해서 변화하는 것을 측정하는 원리이다.
  ㉡ 탄성식, 전기저항식, 피에조 전기 압력계

문제 40 터보식 펌프로서 비교적 저양정에 적합하며, 효율적 변화가 비교적 급한 펌프는?

① 원심 펌프 ② 측류 펌프
③ 왕복 펌프 ④ 베인 펌프

해설 **축류 펌프** : 10m 이하의 저양정, 대용량에 적합하다.

문제 41 고압식 공기액화 분리장치의 복식정류탑 하부에서 분리되어 액체산소 저장탱크에 저장되는 액체 산소의 순도는 약 얼마인가?

① 99.6~99.8% ② 96~98%
③ 90~92% ④ 88~90%

해설 고압식, 저압식 공기 액화 분리장치 액체 산소의 순도 99.6~99.8% 상부탑에서 정류되고 하부에서 순도99.6~99.8% 의 액화산소가 분리되어 액화산소 탱크에 저장된다.

문제 42 압축기의 윤활에 대한 설명으로 옳은 것은?

① 산소 압축기의 윤활유로는 물을 사용한다.
② 염소 압축기의 윤활유로는 양질의 광유가 사용된다.
③ 수소 압축기의 윤활유로는 식물성유가 사용된다.
④ 공기 압축기의 윤활유로는 식물성유가 사용된다.

해설 **가스 압축기의 내부 윤활유**
① 산소 압축기 : 물 또는 10% 정도의 묽은 글리세린수를 사용한다.
② 염소 압축기 : 진한 황산
③ 아세틸렌압축기 : 양질의 광유
④ 수소압축기 : 양질의 광유
⑤ 염화메탄압축기 : 화이트유
⑥ 아황산가스압축기 : 화이트유, 정제된 용제 터빈유
⑦ LP가스 압축기 : 식물성유
⑧ 공기 압축기 : 양질의 광유(디젤엔진유)

39. ③ 40. ② 41. ① 42. ①

문제 43 저장능력 10톤 이상의 저장탱크에는 폭발방지장치를 설치한다. 이때 사용되는 폭발방지제의 재질로서 가장 적당한 것은?

① 탄소강
② 구리
③ 스테인리스
④ 알루미늄

해설 **폭발방지장치의 열전달 매체** : 다공성 알루미늄판 폭발방지제을 사용한다.

문제 44 다음 중 정압기의 부속설비가 아닌 것은?

① 불순물 제거장치
② 이상압력상승 방지장치
③ 검사용 맨홀
④ 압력기록장치

해설 **정압기 부속설비**
① 불순물 제거장치(필터)
② 이상압력상승 방지장치
③ 압력기록장치
④ 안전밸브
⑤ 원격감시장치
⑥ 가스누출검지통보설비

문제 45 다음 금속재료 중 저온재료로 가장 부적당한 것은?

① 탄소강
② 니켈강
③ 스테인리스강
④ 황동

해설 **저온재료** : 일반적으로 탄소강은 온도의 저하와 함께 강도가 증가하고 연신율, 단면수축율 등이 감소하지만 특히 충격치의 저하가 심하다.

문제 46 다음 중 압력단위가 아닌 것은?

① Pa
② atm
③ bar
④ N

해설 **압력의 단위**
① $1atm = 760mmHg = 1.0332kg/cm^2 = 10332kg/m^2 = 10332mAq$
$= 10332mH_2O = 101325N/m^2 = 101325Pa = 1013.25mbar$
$= 1.01325bar = 29.92inHg = 14.7ps = 14.7lb/in^2$
② SI 힘의 단위 : N, dyne

문제 47 압력 환산 값을 서로 가장 바르게 나타낸 것은?

① $1lb/ft^2 ≒ 0.142kgf/cm^2$
② $1kgf/cm^2 ≒ 13.7lb/in^2$
③ $1atm ≒ 1033kgf/cm^2$
④ $76cmHg ≒ 1013dyn/cm^2$

해설 ① $1atm = 1.0332kg/cm^2 = 1.0332 × 10^3 g/cm^2$

43. ④ 44. ③ 45. ① 46. ④ 47. ③

② 1kg = 10^3g
③ 1atm = 760mmHg = 1.0332kg/m² = 10332kg/m² = 10.332mAq
  = 10.332mH₂O = 101325N/m² = 101325Pa = 1013.25mbar
  = 1.01325bar = 29.92inHg = 14.7ps = 14.7lb/in²

문제 48

LPG에 대한 설명 중 틀린 것은?

① 액체 상태는 물(비중 1)보다 가볍다.
② 기화열이 커서 액체가 피부에 닿으면 동상의 우려가 있다.
③ 공기와 혼합시켜 도시가스 원료로도 사용된다.
④ 가정에서 연료용으로 사용하는 LPG는 올레핀계탄화수소이다.

해설 파라핀계 탄화수소
① 가정에서 연료용으로 사용하는 LPG는 파라핀계 탄화수소 이다.
② 가스효율이 높아지려면 파라핀계 탄화수소가 많은 것이 좋다.

문제 49

27℃ 1기압 하에서 메탄가스 80g이 차지하는 부피는 약 몇 L인가?

① 112　　② 123
③ 224　　④ 246

해설
① $PV = \dfrac{W}{M}RT$
② $V = \dfrac{WRT}{PM} = \dfrac{80 \times 0.082 \times (273+27)}{1 \times 16} = 123L$

문제 50

다음 중 보관 시 유리를 사용할 수 없는 것은?

① HF　　② C₆H₆
③ NaHCO₃　　④ KBr

해설 불화수소(HF)
① 불화수소는 맹독성 물질이며 유리는 녹인다.
② 사람이나 동물, 식물 중에는 특히 뽕나무, 소나무 등에 피해가 많이 발생한다.

문제 51

다음 〈보기〉에서 설명하는 가스는?

[보기] – 독성이 강하다.　　– 연소시키면 잘 탄다.
　　　 – 물에 매우 잘 녹는다.　– 각종 금속에 작용한다.
　　　 – 가압, 냉각에 의해 액화가 쉽다.

① HCl　　② NH₃
③ CO　　④ C₂H₂

해설 암모니아(NH_3)
 ① 자극성을 가진 무색의 기체이다.
 ② 물에 잘 녹으며 냉동기의 냉매로 사용된다.

문제 52 공기비를 클 경우 나타나는 현상이 아닌 것은?
① 동풍력이 강하여 배기가스에 의한 열손실 증대
② 불완전연소에 의한 매연발생이 심함
③ 연소가스 중 SO_3의 양이 증대되어 저온부식 촉진
④ 연소가스 중 NO_2의 발생이 심하여 대기오염 유발

해설 공기비가 작을 경우 : 불완전연소에 따른 연료손실 및 매연이 발생한다.

문제 53 산소 농도의 증가에 대한 설명으로 틀린 것은?
① 연소속도가 빨라진다.   ② 발화온도가 올라간다.
③ 화염온도가 올라간다.   ④ 폭발력이 세어진다.

해설 산소의 농도 증가
 ① 발화온도가 내려간다.
 ② 연소속도가 빨라진다.

문제 54 절대온도 0K는 섭씨온도로 약 몇 ℃인가?
① −273   ② 0
③ 32   ④ 27

해설 섭씨온도
 ① K = ℃+273
 ② 섭씨온도 = 절대온도 = 절대온도 − 273 = 0 − 273 = −273℃

문제 55 질소의 용도가 아닌 것은?
① 비료에 이용   ② 질산제조에 이용
③ 연료용에 이용   ④ 냉매로 이용

해설 질소의 특징
 ① 무색, 무취, 무미의 상온에서 다른 원소와 반응하지 않은 안정된 불연성 기체이다.
 ② 암모니아 및 석회질소의 합성원료
 ③ 액체 질소는 식품 보존 저장용의 냉동 등에 사용한다.
 ④ 저온, 급속냉동기 냉매로 사용한다.
 ⑤ 가스 배관 치환 및 기밀시험용으로 사용한다.
 ⑥ 에어졸 분사제로 사용한다.
 ⑦ 공기의 주성분 이다.

52. ② 53. ② 54. ① 55. ③

문제 56
액체 산소의 색깔은?
① 담황색　　　　② 담적색
③ 회백색　　　　④ 담청색

해설 산소의 특징 : 무색, 무미, 무취의 조연성 기체이지만 액화산소는 담청색을 띤다.

문제 57
수소와 산소 또는 공기와의 혼합기체에 점화하면 급격히 화합하여 폭발하므로 위험하다. 이 혼합기체를 무엇이라고 하는가?
① 연소 폭명기　　　　② 수소폭명기
③ 산소폭명기　　　　④ 공기 폭명기

해설 수소의 화학적 특성
① 수소폭명기 : 공기중에서 온도가 530 C 이상이 되면 산소와 체적비 2 : 1로 반응하여 물을 생성하는 현상이다.
② 염소폭명기 : 염소와의 혼합가스 열, 빛과 같은 촉매에 의해 격렬히 반응한다.
③ 수소취명 : 고온,고압 조건에서 탄소강 중의 탄소와 반응하여 탈탄작용으로 강제를 약화시킨다.

문제 58
"기체의 온도를 일정하게 유지할 때 기체가 차지하는 부피는 절대 압력에 반비례한다."라는 법칙은?
① 보일의 법칙　　　　② 샤를의 법칙
③ 헨리의 법칙　　　　④ 아보가드로의 법칙

해설 보일의 법칙 : 온도가 일정할 때 기체의 부피는 압력에 반비례한다.
샤를의 법칙 : 일정한 압력에서 가스의 비체적은 그 온도에 비례한다.
보일-샤를의 법칙 : 일정량의 기체의 부피는 압력에 반비례하고 절대 온도에 비례한다.

문제 59
표준상태에서 1몰의 아세틸렌이 완전 연소될 때 필요한 산소의 몰수는?
① 1몰　　　　② 1.5몰
③ 2몰　　　　④ 2.5몰

해설 아세틸렌의 완전 연소 반응식
① $2C_2H_2 + 5O_2 \rightarrow 4CO_2 + 2H_2O$
　　2mol　5mol
② $2 : 5 = 1 : X$
③ 이론 산소량 : $\frac{5}{2} = 2.5 mol$

해답 56. ④　57. ②　58. ①　59. ④

문제 60 기체연료의 일반적인 특징에 대한 설명으로 틀린 것은?

① 완전 연소가 가능하다. ② 고온을 얻을 수 있다.
③ 화재 및 폭발의 위험성이 적다. ④ 연소조절 및 점화, 소화가 용이하다.

해설 **기체연료의 특징**
① 초기 시설비용이 고가 이다.
② 누출하기 쉽고 화재 및 폭발의 위험성이 크다.
③ 연소 효율이 높아 완전 연소가 가능하다.
④ 연료를 고온으로 얻을 수 있다.
⑤ 연소조절 및 점화, 소화가 용이 하다.

해답 60. ③

가스기능사 필기

기출문제
2024

2024년 1월 CBT 시행

문제 01 도시 가스 배관이 하천을 횡단하는 배관 주위의 흙이 사질토의 경우 방호구조물의 비중은?

① 배관 내 유체 비중 이상의 값
② 물의 비중 이상의 값
③ 토양의 비중 이상의 값
④ 공기의 비중 이상의 값

해설 도시 가스 배관 하천 횡단 방호구조물 비중
① 사질양토 : 물의 비중 이상으로 한다.
② 점토질 : 흙의 단위체적 중량 이상으로 한다(흙의 액성한계 시험 (KS F 2303)

문제 02 용기종류별 부속품의 기호 중 아세틸렌을 충전하는 용기의 부속품 기호는?

① AT
② AG
③ AA
④ AB

해설 용기 부속품 기호
① AG : 아세틸렌가스를 충전하는 용기의 부속품
② PG : 압축가스를 충전하는 용기의 부속품
③ LPG : 액화석유가스를 충전하는 용기의 부속품
④ LT : 초저온용기 및 저온용기의 부속품

문제 03 다음 중 폭발방지대책으로서 가장 거리가 먼 것은?

① 압력계 설치
② 정전기 제거를 위한 접지
③ 방폭성능 전기설비 설치
④ 폭발하한 이내로 불활성가스에 의한 희석

해설 폭발방지 대책
① 공기중의 노출, 누출방지
② 밀폐용기내의 공기 혼입 방지
③ 폭발하한계 이내로 희석하는 방법
④ 불활성 가스 주입

해답 01. ② 02. ② 03. ①

문제 04 도시가스 배관을 노출하여 설치하고자 할 때 배관 손상방지를 위한 방호조치 기준으로 옳은 것은?

① 방호철판 두께는 최소 10mm 이상으로 한다.
② 방호철판의 크기는 1m 이상으로 한다.
③ 철근 콘크리트재 방호 구조물은 두께가 15cm 이상 이어야 한다.
④ 철근 콘크리트재 방호 구조물은 높이가 1.5m 이상 이어야 한다.

해설 배관의 설치 및 보호
① 방호철판의 두께는 4mm 이상으로 한다.
② 방호철판의 크기는 1m 이상으로 한다.

문제 05 가스사용시설에서 원칙적으로 PE배관을 노출배관 으로 사용할 수 있는 경우는?

① 지상배관과 연결하기 위하여 금속관을 사용하여 보호조치를 한 경우로서 지면에서 20cm 이하로 노출하여 시공하는 경우
② 지상배관과 연결하기 위하여 금속관을 사용하여 보호조치를 한 경우로서 지면에서 30cm 이하로 노출하여 시공하는 경우
③ 지상배관과 연결하기 위하여 금속관을 사용하여 보호조치를 한 경우로서 지면에서 50cm 이하로 노출하여 시공하는 경우
④ 지상배관과 연결하기 위하여 금속관을 사용하여 보호조치를 한 경우로서 지면에서 1m이하로 노출하여 시공하는 경우

해설 PE배관 노출
도시가스 배관으로서 PE 배관은 원칙적으로 노출배관으로 사용하지 못하게 되어 있으나 지상배관과 연결하기 위하여 금속관을 사용하여 보호조치를 한 경우로서 지면에서 30cm 이하로 노출하여 시공 하는 경우 노출배관으로 할 수 있다.

문제 06 다음 중 누출 시 다량의 물로 제독할 수 있는 가스는?

① 산화에틸렌
② 염소
③ 일산화탄소
④ 황화수소

해설 제독제
① 염소 : 소석회, 가성소다, 탄산소다 수용액
② 포스겐 : 소석회, 가성소다 수용액
③ 황화수소 : 가성소다, 탄산소다 수용액
④ 시안화수소 : 가성소다 수용액
⑤ 암모니아, 산화에틸렌, 염화메탄 : 물(다량)

참고 암기법
① 염소 가탄 ② 포석 가수 ③ 황가 탄수 ④ 시성수 ⑤ 암산 염물

04. ② 05. ② 06. ①

문제 07 가연물의 종류에 따른 화재의 구분이 잘못된 것은?

① A급 : 일반화재　　　　② B급 : 유류화재
③ C급 : 전기화재　　　　④ D급 : 식용유 화재

해설 ① A급 : 일반화재(백색)　　② B급 : 유류화재(황색)
　　③ C급 : 전기화재(청색)　　④ D급 : 금속화재(무색)
　　⑤ E급 : 가스 화재(황색)

문제 08 정전기에 대한 설명 중 틀린 것은?

① 습도가 낮을수록 정전기를 축적하기 쉽다.
② 화학섬유로 된 의류는 흡수성이 높으므로 정전기가 대전하기 쉽다.
③ 액상의 LP가스는 전기 절연성이 높으므로 유동 시에는 대전하기 쉽다.
④ 재료 선택 시 접촉 전위차를 적게 하여 정전기 발생을 줄인다.

해설 정전기 방지법 : 상대습도가 70% 이상이면 정전기 방지할 수 있으며 화학섬유는 부도체이므로 정전기가 많이 발생한다.

문제 09 아세틸렌 용기를 제조하고자 하는 자가 갖추어야 하는 설비가 아닌 것은?

① 원료혼합기　　　　② 건조로
③ 원료충전기　　　　④ 소결로

해설 아세틸렌 용기 제조의 시설기준
단조설비, 원료혼합기, 선조기, 원료충전기, 아세톤, DMF충전설비, 부식방지 도장설비, 성형설비, 아래부분 접합설비, 열처리로, 세척설비, 쇼트브라스팅 및 도장설비, 자동 밸브 탈착기 용기 내부 건도 및 진공흡입설비 용접설비, 넥크링 가공설비

문제 10 고압가스 배관의 설치기준 중 하천과 병행하여 매설하는 경우에 대한 설명으로 틀린 것은?

① 배관은 견고하고 내구력을 갖는 방호구조물 안에 설치한다.
② 배관의 외면으로부터 2.5m 이상의 매설심도를 유지한다.
③ 하상(河床, 하천의 바닥)을 포함한 하천구역에 하천과 병행하여 설치한다.
④ 배관손상으로 인한 가스누출 등 위급한 상황이 발생한 때에 그 배관에 유입되는 가스를 신속히 차단할 수 있는 장치를 설치한다.

해설 고압가스 배관 하천 병행 매설
정비가 완료된 하천으로서 시장·군수·구청장이 하천부지 외에는 배관을 설치할 장소가 없다고 인정하는 경우로서 배관을 하천과 병행하여 매설하는 경우에는 다음 기준에 따라 설치한다.
① 설치지역은 하상(河床)이 아닌 곳으로 한다.

해답　07. ④　08. ②　09. ④　10. ③

② 배관은 견고하고 내구력을 갖는 방호구조물 안에 설치한다.
③ 매설심도는 배관의 외면으로부터 2.5m 이상 유지한다.
④ 배관손상으로 인한 가스누출 등 위급한 상황이 발생한 때에 그 배관에 유입되는 가스를 신속히 차단할 수 있는 장치("차단장치"라 한다. 이하 ④에서 같다)를 설치한다. 다만, 매설된 배관이 포함된 구간 안의 가스를 30분 이내에 화기 등이 없는 안전한 장소로 방출할 수 있는 벤트스택 또는 플레어스택을 설치한 경우에는 차단장치를 설치하지 아니할 수 있다.)

문제 11 액화석유가스를 저장하기 위하여 지상 또는 지하에 고정 설치된 탱크로서 액화석유가스의 안전관리 및 사업법에서 정한 "소형저장탱크"는 그 저장능력이 얼마인 것을 말하는가?

① 1톤 미만 ② 3톤 미만
③ 5톤 미만 ④ 10톤 미만

해설 **소형저장탱크** : 소형저장탱크는 액화석유가스를 저장하기 위하여 지상 또는 지하에 고정 설치된 탱크로서 그 저장능력이 3톤 미만인 탱크를 말한다.

문제 12 도시가스사업자는 가스공급시설을 효율적으로 관리하기 위하여 배관·정압기에 대하여 도시가스배관망을 전산화하여야 한다. 이 때 전산관리 대상이 아닌 것은?

① 설치도면 ② 시방서
③ 시공자 ④ 배관제조자

해설 설치도면, 수요자, 배관망, 시공자, 가스시설물

문제 13 LPG 사용시설에서 가스누출경보장치 검지부 설치높이의 기준으로 옳은 것은?

① 지면에서 30cm 이내 ② 지면에서 60cm 이내
③ 천장에서 30cm 이내 ④ 천장에서 60cm 이내

해설 가스 누출경보장치 검지부
천장에서 30cm 이내로 하며 공기보다 무거운 가스는 지면에서 30cm 이내로 한다.

문제 14 겨울철 LP 가스용기 표면에 성에가 생겨 가스가 잘 나오지 않을 경우 가스를 사용하기 위한 가장 적절한 조치는?

① 연탄불로 쪼인다. ② 용기를 힘차게 흔든다.
③ 열 습포를 사용한다. ④ 90℃ 정도의 물을 용기에 붓는다.

해설 충전 용기 밸브는 서서히 개폐하고 밸브, 배관을 가열할 때에는 열습포 또는 40℃의 물을 사용한다.

해답

11. ② 12. ④ 13. ① 14. ③

문제 15
가스계량기와 전기개폐기와의 최소 안전거리는?
① 15cm
② 30cm
③ 60cm
④ 80cm

해설
① 가스계량기 ⇔ 전기계량기 및 전기개폐기 : 60cm 이상
② 가스계량기 ⇔ 굴뚝, 전기점멸기 및 전기접속기 : 30cm 이상
③ 가스계량기 ⇔ 절연조치를 하지 않은 전선 : 15cm 이상

문제 16
다음 중 동일 차량에 적재하여 운반할 수 없는 가스는?
① 산소와 질소
② 염소와 아세틸렌
③ 질소와 탄산가스
④ 탄산가스와 아세틸렌

해설 혼합적재의 금지
① 염소와 아세틸렌·암모니아 또는 수소는 동일차량에 적재하여 운반 할 수 없다.
② 가연성가스와 산소를 동일차량에 적재하여 운반하는 때에는 그 충전용기의 밸브가 서로 마주보지 아니하도록 적재한다.
③ 충전용기와 소방법이 정하는 위험물과는 동일차량에 적재하여 운반 할 수 없다.
④ 염소와 아세틸렌이 접촉하게 되면 자연발화가 일어나서 위험하다.

문제 17
냉동기란 고압가스를 사용하여 냉동하기 위한 기기로서 냉동능력 산정기준에 따라 계산된 냉동능력 몇 톤 이상인 것을 말하는가?
① 1
② 1.2
③ 2
④ 3

해설 냉동능력 산정 기준
"산업통상자원부령으로 정하는 냉동능력"이란 냉동능력 산정기준에 따라 계산된 냉동능력 3톤을 말한다.

문제 18
비중이 공기보다 커서 바닥에 체류하는 가스로만 나열된 것은?
① 프로판, 염소, 포스겐
② 프로판, 수소, 아세틸렌
③ 염소, 암모니아, 아세틸렌
④ 염소, 포스겐, 암모니아

해설
① 가스의 비중= $\dfrac{M}{29}$, M : 가스 분자량
② 프로판 : 44
③ 염소 : 71
④ 포스겐 : 99
⑤ 분자량이 공기의 분자량(29)보다 크면 무거워서 바닥에 체류한다.
⑥ 공기의 분자량 : 29

해답 15. ③ 16. ② 17. ④ 18. ①

2024년도 시행

문제 19 에어졸 제조설비와 인화성 물질과의 최소 우회거리는?

① 3m 이상
② 5m 이상
③ 8m 이상
④ 10m 이상

해설 에어졸 제조설비 및 에어졸 충전용기 저장소
화기 또는 인화성물질과는 최소 우회거리 8m 이상을 유지하여야 한다.

문제 20 아세틸렌을 용기에 충전 시 미리 용기에 다공물질을 채우는데 이때 다공도의 기준은?

① 75% 이상 92% 미만
② 80% 이상 95% 미만
③ 95% 이상
④ 98% 이상

해설 아세틸렌 용기 다공도 기준
① 아세틸렌 용기 충전시 용제 : 아세톤, 디메틸포름아미드
② 아세틸렌을 용기에 충전하는 때에는 미리 용기에 다공물질을 고루 채워 다공도가 75% 이상, 92% 미만이 되도록 한 후 아세톤 또는 디메틸포름아미드를 고루 침윤시키고 충전하여야 한다.

문제 21 가스의 연소한계에 대하여 가장 바르게 나타낸 것은?

① 착화온도의 상한과 하한
② 물질이 탈 수 있는 최저 온도
③ 완전연소가 될 때의 산소공급 한계
④ 연소가 가능한 가스의 공기와의 혼합비율의 상한과 하한

해설 연소 범위 = 연소 한계
공기와 가스가 혼합한 가스 중에서 가연성 가스가 차지하는 부피비이다.

문제 22 시안화수소의 충전 시 사용되는 안정제가 아닌 것은?

① 암모니아
② 황산
③ 염화칼슘
④ 인산

해설 시안화수소(HCN)
① 안정제 : 아황산가스, 황산, 동, 동망, 인, 인산, 오산화인, 염화칼슘
② 충전한 용기는 1일 1회 이상 질산구리벤젠 등의 시험지로 가스누출 검사를 실시한다.
③ 충전한 후 용기는 24시간 정치하여야 한다.

해답 19. ③ 20. ① 21. ④ 22. ①

문제 23 다음 중 공동주택 등에 도시가스를 공급하기 위한 것으로서 압력조정기의 설치가 가능한 경우는?

① 가스압력이 중압으로서 전체세대수가 100세대인 경우
② 가스압력이 중압으로서 전체세대수가 150세대인 경우
③ 가스압력이 저압으로서 전체세대수가 250세대인 경우
④ 가스압력이 저압으로서 전체세대수가 300세대인 경우

해설 공동주택등의 압력조정기 설치
① 공동주택등에 공급되는 도시가스 압력이 중압 이상으로서 전체 세대수가 150세대 미만인 경우
② 공동주택등에 공급되는 도시가스 압력이 저압으로서 전체 세대수가 250세대 미만인 경우

문제 24 지상 배관은 안전을 확보하기 위해 그 배관의 외부에 다음의 항목들을 표기하여야 한다. 해당하지 않는 것은?

① 사용가스명
② 최고사용압력
③ 가스의 흐름방향
④ 공급회사명

해설 배관설치 기준
① 배관의 외부에 사용가스명, 최고사용압력 및 가스흐름방향을 표시한다.
② 다만, 지하에 매설하는 배관의 경우에는 흐름방향을 표시하지 아니할 수 있다.

문제 25 도로굴착공사에 의한 도시가스배관 손상 방지기준으로 틀린 것은?

① 착공 전 도면에 표시된 가스배관과 기타 지장물 매설 유무를 조사하여야 한다.
② 도로 굴착자의 굴착공사로 인하여 노출된 배관 길이가 10m 이상인 경우에는 점검통로 및 조명시설을 하여야 한다.
③ 가스배관이 있을 것으로 예상되는 지점으로부터 2m 이내에서 줄파기를 할 때에는 안전관리전담자의 입회하에 시행하여야 한다.
④ 가스배관의 주위를 굴착하고자 할 때에는 가스배관의 좌우 1m 이내의 부분은 인력으로 굴착한다.

해설 도로굴착 공사 중 도시가스 배관 손상 방지
① 도로 굴착자의 굴착공사로 인하여 노출된 배관 길이가 15m 이상인 경우에는 점검통로 및 조명시설을 하여야 한다.
② 조명 : 70Lux 이상
③ 점검통로 ↔ 가스 배관 : 수평거리 1m 이내에 설치한다.

23. ① 24. ④ 25. ②

문제 26
차량에 고정된 탱크로 염소를 운반할 때 탱크의 최대 내용적은?
① 12000L
② 18000L
③ 20000L
④ 38000L

해설 차량에 고정된 탱크에 의한 운반 기준
① 경계표시 : 차량의 앞뒤 보기 쉬운 곳에 각각 붉은 글씨로 위험고압가스라는 경계표시를 한다.
② 탱크의 내용적
  ㉠ 가연성 가스(액화석유가스 제외) 및 산소탱크의 내용적 : 18000L
  ㉡ 독성 가스(액화암모니아 제외)의 탱크의 내용적 : 12000L
  ㉢ 다만, 철도차량 또는 견인되어 운반되는 차량에 고정하며 운반하는 탱크를 제외한다.

문제 27
고압가스제조시설에서 가연성가스 가스설비 중 전기설비를 방폭구조로 하여야 하는 가스는?
① 암모니아
② 브롬화메탄
③ 수소
④ 공기 중에서 자기 발화하는 가스

해설 전기설비 방폭구조
① 가연성가스 저장설비 중 전기설비는 그 설치장소 및 그 가스의 종류에 따라 적절한 방폭성능을 가진 것으로 하여야 하나, 암모니아, 브롬화메탄 및 공기 중에서 자기발화성가스는 적용하지 않는다.
② 전기설비 방폭구조 : 에탄, 염화메틸, 프로필렌, 수소, 에틸아민, 아세트알데히드

문제 28
도시가스 제조소 저장탱크의 방류둑에 대한 설명으로 틀린 것은?
① 지하에 묻은 저장탱크내의 액화가스가 전부 유출된 경우에 그 액면이 지면보다 낮도록 된 구조는 방류둑을 설치한 것으로 본다.
② 방류둑의 용량은 저장탱크 저장능력 90%에 상당하는 용적 이상이어야 한다.
③ 방류둑의 재료는 철근콘크리트, 금속, 철골·철근 콘크리트 또는 이들을 혼합하여야 한다.
④ 방류둑은 액밀한 것이어야 한다.

해설 ① 방류둑 용량
  ㉠ 방류둑의 용량은 저장탱크의 저장능력에 상당하는 용적(이하 "저장능력 상당용적"이라 한다) 이상의 용적으로 한다.
  ㉡ 두 개 이상의 저장탱크를 집합 방류둑 안에 설치된 저장탱크(저장탱크마다 칸막이를 설치한 경우만 말한다)에는 해당 저장탱크 중 최대저장탱크의 저장능력 상당용적에 잔여 저장탱크 총 저장능력 상당용적 합계의 10% 용량을 더하여 얻은 용량 이상을 전량 수용할 수 있도록 한다.
  ㉢ ㉡에서 "저장탱크의 방류둑의 칸막이"란 계산된 용량의 집합 방류둑 안에 설치된

해답 26. ① 27. ③ 28. ②

저장탱크의 저장능력 상당용적의 합계에 대한 개개의 저장능력 상당용적의 비율을 곱하여 얻은 용량 구성비를 말하며, 칸막이의 높이는 방류둑보다 10cm 낮게 한다.
② 방류둑 수용용량은 최대 저장용량의 110% 이상

문제 29
굴착으로 인하여 도시가배관이 65m 가 노출되었을 경우 가스누출경보기의 설치 개수로 알맞은 것은?
① 1개
② 2개
③ 3개
④ 4개

해설 경보기의 설치 개수
① 설비가 건축물내로 지붕이 있고 둘레의 1/4이상이 벽으로 싸여있는 장소에 설치된 경우에는 그 설비군의 바닥면 둘레 10m 이내에 대하여 1개 이상의 비율로 계산하여 설치한다.
② 설비가 건축물밖에 설치된 경우에는 그 설비군의 주위 20m 에 대하여 1개이상의 비율로 계산하여 설치한다.
③ 65m ÷ 20m = 3.25m → 4개를 설치한다.

문제 30
액화석유가스 사용시설에서 LPG용기 집합설비의 저장능력이 얼마 이하일 때 용기, 용기밸브, 압력조정기가 직사광선, 눈 또는 빗물에 노출되지 않도록 해야 하는가?
① 50kg 이하
② 100kg 이하
③ 300kg 이하
④ 500kg 이하

해설 용기 보관실을 설치하여 직사광선, 눈 또는 빗물에 노출되지 않아야 한다.
① 저장능력이 100kg 이상인 경우에는 불연성 재료로 용기 보관실을 설치하고 보기 쉬운 곳에 경계책을 설치한다.
② 저장능력이 100kg 이하인 경우에는 용기, 용기밸브, 압력조정기가 직사광선, 눈 또는 빗물에 노출되지 않도록 하고, 용기바닥면이 부식되지 않도록 하는 조치를 한다.

문제 31
아세틸렌용기에 주로 사용되는 안전밸브의 종류는?
① 스프링식
② 가용전식
③ 파열판식
④ 압전식

해설 안전밸브
① 가용전(가용합금식) 안전밸브 : 염소, 아세틸렌, 산화에틸렌 용기
② 스프링식 안전밸브 : LPG 용기
③ 파열판식 안전밸브 : 산소, 수소, 질소, 아르곤 등의 압축가스 용기
④ 스프링식과 파열판식의 2중 안전밸브 : 초저온 용기

해답 29. ④ 30. ② 31. ②

문제 32 저온 액체 저장설비에서 열의 침입요인으로 가장 거리가 먼 것은?

① 단열재를 직접 통한 열대류
② 외면으로부터의 열복사
③ 연결 파이프를 통한 열전도
④ 밸브 등에 의한 열전도

해설 저온 액체 저장 설비에서 외부열 침입 요인
① 외면으로 부터의 열복사
② 연결 파이프를 통한 열전도
③ 밸브 등에 의한 열전도

문제 33 다음 중 왕복동 압축기의 특징이 아닌 것은?

① 압축하면 맥동이 생기기 쉽다.
② 기체의 비중에 관계없이 고압이 얻어진다.
③ 용량 조정의 폭이 넓다.
④ 비용적식 압축기이다.

해설 왕복동 압축기의 특징
① 압축하면 맥동이 생기기 쉬워 충분한 설계가 이루어져야 한다.
② 기체 비중에 영향이 작다.
③ 고압이 쉽게 얻어진다.
④ 용량 조정이 쉽고 폭이 넓다.
⑤ 용적식 압축기 이다.

문제 34 다음 중 고압 배관용 탄소강 강관의 KS규격 기호는?

① SSPS
② SPHT
③ STS
④ SPPH

해설
① SSPS : 압력배관용 탄소강 강관
② SPHT : 고온 배관용 탄소강 강관
③ STS : 배관용 스테인FP스 강관
④ SPPH : 고압 배관용 탄소강 강관
⑤ SPLT : 저온 배관용 강관
⑥ SPP : 배관용 탄소강 강관

문제 35 강관의 녹을 방지하기 위한 페인트를 칠하기 전에 먼저 사용되는 도료는?

① 알루미늄 도료
② 산화철 도료
③ 합성수지 도료
④ 광명단 도료

해설 광명단 도료 : 철재에 녹이 슬지 않게 하기 위하여 사용하는 도료료 밀착력이 크고 풍화에 대한 저항력이 우수하여 다른 도료 밑바탕에 1차적으로 사용한다.

32. ① 33. ④ 34. ④ 35. ④

문제 36
"압축된 가스를 단열 팽창시키면 온도가 강하한다."는 것은 무슨 효과라고 하는가?

① 단열효과
② 줄-톰슨효과
③ 정류효과
④ 팽윤효과

해설 줄-톰슨 효과(Joule-Thomson effect)
가스액화 장치로 저온을 얻기 위한 효과로 압축된 가스를 단열 팽창시키면 온도와 압력이 떨어진다. 또한 팽창전 압력이 높고 온도가 낮은 것이 효과가 증대된다.

문제 37
저온장치용 재료 선정에 있어서 가장 중요하게 고려해야 하는 사항은?

① 고온 취성에 의한 충격치의 증가
② 저온 취성에 의한 충격치의 감소
③ 고온 취성에 의한 충격치의 감소
④ 저온 취성에 의한 충격치의 증가

해설 저온 취성(cold shortness, cold brittleness)
일반적으로 탄소강은 온도의 저하와 함께 강도가 증가하고 연신율, 단면수축율 등이 감소하지만 특히 충격치의 저하가 심하다. 이와 같이 강이 저온에서 여리게되는 현상이다.

문제 38
다음 중 저온 장치 재료로서 가장 우수한 것은?

① 13% 크롬강
② 9% 니켈강
③ 탄소강
④ 주철

해설 저온장치 재료 : 알루미늄, 9% 니켈강
고압장치의 재료 : ㉠ 염소 : 탄소강   ㉡ LNG : 9% 니켈강
　　　　　　　　　㉢ 수소 : 크롬강   ㉣ 베어링 : 청동

문제 39
재료에 인장과 압축하장을 오랜 시간 반복적으로 작용시키면 그 응력이 인장강도보다 작은 경우에도 파괴되는 현상은?

① 인성파괴
② 피로파괴
③ 취성파괴
④ 크리프파괴

해설 피로파괴(fatigue fracture) : 재료에 오랜 시간 반복적으로 응력을 작용시키면 응력이 인장강도보다 작은 경우에도 파괴되거나 강도가 감소하는 현상을 말한다.

문제 40
다음 곡률 반지름(r)이 50mm일 때 90° 구부림 곡선 길이는 얼마인가?

① 48.75mm
② 58.75mm
③ 68.75mm
④ 78.75mm

36. ② 37. ② 38. ② 39. ② 40. ④

해설 **구부림 곡선 길이**

① $L = R \times \theta \times \dfrac{2\pi}{360}$

　여기서, L : 구부림 곡선길이[m], R : 곡률반경[m], θ : 구부림 각도

② $L = 50 \times 10^{-3} \times 90° \times \dfrac{2\pi}{360} = 0.0785 \times 10^3 = 78.53$

문제 41 다음 펌프 중 시동하기 전에 프라이밍이 필요한 펌프는?

① 기어펌프　　　　　　　② 원심펌프
③ 축류펌프　　　　　　　④ 왕복펌프

해설 **원심펌프 프라이밍(priming)** : 펌프 내부에 액이 없으면 펌프가 공회전만 하므로 공회전을 방지하기 위하여 펌프 내에 액를 충만시키는 것을 프라이밍이라 한다.

문제 42 LP가스 이송설비 중 압축기의 부속장치로서 토출측과 흡입측을 전환시키며 액송과 가스회수를 한 동작으로 할 수 있는 것은?

① 액트랩　　　　　　　　② 액가스분리기
③ 전자밸드　　　　　　　④ 사방밸브

해설 **사방밸브**(샤로밸브) : 토축측과 흡입측을 전환시키며 액송과 가스 회수를 한 동작으로 쉽게 할 수 있다.

문제 43 펌프의 회전수를 1000rpm 에서 1200rpm 으로 변환시키면 동력은 약 몇 배가 되는가?

① 1.3　　　　　　　　　② 1.5
③ 1.7　　　　　　　　　④ 2.0

해설 **펌프의 상사 법칙**

① $\left(\dfrac{L_2}{L_1}\right) = \left(\dfrac{N_2}{N_1}\right)^3$　　여기서, N_1, N_2 : 펌프의 회전수

② $\dfrac{L_2}{L_1} = \left(\dfrac{1200}{1000}\right)^3 = 1.728$

문제 44 다음 가연성 가스검출기 중 가연성가스의 굴절률 차이를 이용하여 농도를 측정하는 것은?

① 열선형　　　　　　　　② 안전등형
③ 검지관형　　　　　　　④ 간섭계형

해답　　　　　　　　　　　　　　　　　　　41. ②　42. ④　43. ③　44. ④

해설 ① **안전등형** : 탄광 내에서 메탄의 발생을 검출하는 데 있어서 가스검출기에서 청색불꽃의 길이로 농도를 알 수 있는 가스 검지기 이다.
② **열선형** : 브리지 회로의 편위전류로서 자동적으로 경보하거나 가스 농도를 지시한다.
③ **반도체식 검지기** : 반도체 소자의 출력은 가스농도에 의하여 얻어지므로 증폭하지 않아도 소형부저등이 울리며 가스 농도의 변화는 전압의 변화를 의미한다.
④ **간섭계형** : 가연성가스의 굴절률 차이를 이용하여 농도를 측정한다.

문제 45
다량의 메탄을 액화시키려면 어떤 액화사이클을 사용해야 하는가?
① 캐스 케이드 사이클 ② 필립스 사이클
③ 캐피자 사이클 ④ 클라우드 사이클

해설 **캐스 케이드 사이클** : 대형의 천연가스 액화 장치 이다.

문제 46
어떤 액의 비중을 측정하였더니 2.5 이었다. 이 액의 액주 6m의 압력은 몇 kg/cm^2인가?
① $15kg/cm^2$ ② $1.5kg/cm^2$
③ $0.15kg/cm^2$ ④ $0.015kg/cm^2$

해설 ① 비중 : $\gamma = \gamma_W \times S = 1000[kgf/m^3] \times 2.5 = 2500[kgf/m^3]$
② 압력 : $P = \gamma h = 2500[kgf/m^3] \times 6m = 15000[kgf/m^2] \div 10^4 = 1.5 kgf/cm^2$
③ 물의 비중량 : $1000[kgf/m^3] = 9800[N/m^3]$
④ $1m^2 = 10^4 cm^2$

문제 47
다음 중 1atm 에 해당하지 않는 것은 ?
① 760mmHg ② 14.7psi
③ 29.92inHg ④ $1013kg/cm^2$

해설 $1atm = 760mmHg = 1.0332kg/cm^2 = 10332kg/m^2$
$= 10.332mAq = 10.332mH_2O = 101325N/m^2 = 101325Pa$

문제 48
밀도의 단위로 옳은 것은?
① g/s^2 ② L/g
③ g/cm^3 ④ lb/in^2

해설 ① **밀도(density)의 단위** : g/L, g/cm^3, kg/m^3
② **부피의 단위** : ㉠ m^3, cm^3, mm^3, km^3, ml, l
㉡ $1ml = 1cm^3$
㉢ $1m^3 = 10^6 cm^3 = 1000 l$

  45. ① 46. ② 47. ④ 48. ③

③ **질량의 단위** : ㉠ g, kg, mg
㉡ 1g = 1000mg, 1kg = 1000g

④ 밀도 = $\dfrac{\text{질량[g]}}{\text{부피[cm}^3\text{]}}$

⑤ 기체의 밀도 = $\dfrac{\text{가스 분자량[g]}}{22.4[L]}$

액체의 밀도 = $\dfrac{\text{액체의 무게[kg]}}{\text{액체의 체적[L]}}$

문제 49 다음 가스 1몰을 완전연소시키고자 할 때 공기가 가장적게 필요한 것은?

① 수소 ② 메탄
③ 아세틸렌 ④ 에탄

해설 ① 수소의 완전 연소 반응식 $H_2 + \dfrac{1}{2}O_2 \rightarrow H_2O$

② 이론 공기량 $A_0 = \dfrac{O_0}{0.21} = \dfrac{0.5}{0.21} = 2.38\,\text{mol}$

문제 50 무색의 복숭아 냄새가 나는 독성가스는?

① Cl_2 ② HCN
③ NH_3 ④ PH_3

해설 ① **시안화수소**(HCN)
 ㉠ 액체는 무색 투명하다.
 ㉡ 독성이 강하고 특유의 복숭아 냄새가 나는 독성가스이면서 가연성 가스이다.
 ㉢ 순수한 것은 안정하나 소량의 수분이나 알카리성 물질을 함유하면 중합이 촉진되고 독성이 매우 강한 가스이다.
② **염소**(Cl_2) : 자극성 냄새가 나며 맹독성이 있는 조연성 기체이다.
③ **암모니아**(NH_3) : ㉠ 자극성을 가진 무색의 기체이다.
 ㉡ 물에 잘 녹으며 냉동기의 냉매로 사용된다.

문제 51 다음 가스 중 기체 밀도가 가장 작은 것은?

① 프로판 ② 메탄
③ 부탄 ④ 아세틸렌

해설 기체의 밀도 = $\dfrac{\text{가스 분자량[g]}}{22.4[L]}$

① 메탄(CH_4) : $\dfrac{16}{22.4} = 0.714\,[\text{g/L}]$ ② 프로판(C_3H_8) : $\dfrac{44}{22.4} = 1.96\,[\text{g/L}]$

③ 부탄(C_4H_{10}) : $\dfrac{58}{22.4} = 2.58\,[\text{g/L}]$ ④ 아세틸렌(C_2H_2) : $\dfrac{26}{22.4} = 1.16\,[\text{g/L}]$

해답 49. ① 50. ② 51. ②

문제 52

다음 중 열(熱)에 대한 설명이 틀린 것은?

① 비열이 큰 물질은 열용량이 크다.   ② 1cal는 약 4.2J 이다.
③ 열은 고온에서 저온으로 흐른다.   ④ 비열은 물보다 공기가 크다.

해설 공기의 비열 : 0.24[kcal/kg"C]
물의 비열 : 1[kcal/kg"C]

문제 53

수소의 성질에 대한 설명 중 틀린 것은?

① 무색, 무미, 무취의 가연성 기체이다.
② 밀도가 아주 작아 확산속도가 빠르다.
③ 열전도율이 작다.
④ 높은 온도일 때에는 강재, 기타 금속재료라도 쉽게 투과 한다.

해설 수소(H_2)의 성질
① 분자량이 작고 밀도가 작을수록 확산속도가 빠르다.
② 열전달율 및 열전도율이 크며 열에 대해 안정하고 높은 온도일 때에는 강재, 기타 금속재료라도 쉽게 투과 한다.

문제 54

다음 각 가스의 성질에 대한 설명으로 옳은 것은?

① 질소는 안정한 가스로서 불활성가스라고도 하고, 고온에서도 금속과 화합하지 않는다.
② 염소는 반응성이 강한 가스로 강재에 대하여 상온에서도 무수(無水) 상태로 현저한 부식성을 갖는다.
③ 암모니아는 동을 부식하고 고온고압에서는 강재를 침식 한다.
④ 산소는 액체 공기를 분류하여 제조하는 반응성이 강한 가스로 그 자신이 잘 연소한다.

해설 ① 질소는 압축가스 이며 무색, 무미, 무취의 불연성 기체이다.
② 염소는 수분 존재시 생성된 염산에 의해 금속을 부식시킨다.
③ 산소는 무색, 무미, 무취이며 자기 자신은 연소하지 않고 다른 가연성 가스의 연소를 도와준다.

문제 55

불완전연소 현상의 원인으로 옳지 않은 것은?

① 가스압력에 비하여 공급 공기량이 부족할 때
② 환기가 불충분한 공간에 연소기가 설치되었을 때
③ 공기와의 접촉혼합이 불충분할 때
④ 불꽃의 온도가 증대되었을 때

해답   52. ④   53. ③   54. ③   55. ④

해설 **불완전 연소**
① 공기량이 부족하거나 공기와의 접촉 혼합이 불충분 할 때
② 배기가스의 배출이 불량일 때
③ 환기가 불충분한 공간에 연소기가 설치되었을 때

문제 56 다음 중 무색, 무취의 가스가 아닌것은?

① O_2
② N_2
③ CO_2
④ O_3

해설 **오존(O_3)** : 산소의 동소체이며 마늘 냄새를 풍기며 자극성 취기를 가진 연한 청색의 기체이다.

문제 57 다음 중 액화석유가스의 일반적인 특성이 아닌 것은?

① 기화 및 액화가 용이하다.
② 공기보다 무겁다.
③ 액상의 액화석유가스는 물보다 무겁다.
④ 증발잠열이 크다.

해설 **액화석유가스의 특징**
① LP가스는 공기보다 무겁다.
② 2액상의 LP가스는 물보다 가볍다.
③ 기화하면 체적이 커진다.
④ 증발잠열이 크다.

문제 58 액화천연가스(LNG)의 폭발성 및 인화성에 대한 설명으로 틀린 것은?

① 다른 지방족 탄화수소에 비해 연소속도가 느리다.
② 다른 지방족 탄화수소에 비해 최소발화에너지가 낮다.
③ 다른 지방족 탄화수소에 비해 폭발하한 농도가 높다.
④ 전기저항이 작으며 유동 등에 의한 정전기 발생은 다른 가연성 탄화수소류보다 크다.

해설 **액화천연가스(LNG)의 특징**
① 주성분 : 메탄
② 최소 발화에너지, 발화점, 폭발하한계 농도가 높다.

문제 59 수돗물의 살균과 섬유의 표백용으로 주로 사용되는 가스는?

① F_2
② Cl_2
③ O_2
④ CO_2

56. ④   57. ③   58. ②   59. ②

해설 표백, 살균, 탈취 등 광범위한 분야에 사용된다. (Cl₂)

문제 60 100℃를 화씨온도로 단위 환산하면 몇 °F인가?
① 212
② 234
③ 248
④ 273

해설 화씨온도
$°F = 1.8℃ + 32 = 1.8 \times 100 + 32 = 212°F$

해답 60. ①

2024년 4월 CBT 시행

문제 01 다음 중 가연성이면서 독성가스인 것은?
① NH₃
② H₂
③ CH₄
④ N₂

해설
① **가연성 가스** : 아세틸렌, 수소, 산화에틸렌, 일산화탄소, 시안화수소, 프로판, 부탄, 메탄, 에탄, 에틸렌, 염화비닐, 황화수소, 암모니아, 브롬화메탄
② **독성 가스** : 포스겐, 염소, 이산화황, 시안화수소, 황화수소, 암모니아, 일산화탄소, 산화에틸렌, 이산화탄소
③ **가연성 가스 & 독성가스** : 아크릴알데히드(CH_2CHCHO), 염화메탄(CH_3Cl), 브롬화메탄(CH_3Br), 산화에틸렌(C_2H_4O), 시안화수소(HCN), 일산화탄소(CO), 암모니아(NH_3), 벤젠(C_6H_6), 황화수소(H_2S), 이황화탄소(CS_2), 아크릴로니트릴(CH_2CHCN), 모노메틸아민(NH_2CH_3), 트리메틸아민[$N(CH_3)_3$]

문제 02 가연성 물질을 공기로 연소시키는 경우 공기 중의 산소농도를 높게 하면 연소속도와 발화온도는 어떻게 변하는가?
① 연소속도는 빠르게 되고, 발화온도는 높아진다.
② 연소속도는 빠르게 되고, 발화온도는 낮아진다.
③ 연소속도는 느리게 되고, 발화온도는 높아진다.
④ 연소속도는 느리게 되고, 발화온도는 낮아진다.

해설
① 연소의 3요소 : 가연물, 산소공급원, 점화원
② 가연물의 연소 시에 산소를 첨가하면 연소가 잘되어 위험한 상태로 진행된다. 즉, 연소속도가 빨라지고 발화온도는 낮아진다.

문제 03 고압가스 특정제조 시설에서 긴급이송설비에 의하여 이송되는 가스를 안전하게 연소시킬 수 있는 장치는?
① 플레어 스택
② 벤트 스택
③ 인터록 기구
④ 긴급차단장치

해설 **플레어 스택**
① 긴급이송설비로 이송되는 가스를 안전하게 연소시킬 수 있는 것으로 한다.
② 플레어 스택에서 발생하는 최대열량에 장시간 견딜 수 있는 재료 및 구조로 되어 있는 것으로 한다.
③ 플레어 스택에서 발생하는 복사열(4000kcal/m^2h)이 다른 제조시설에 나쁜 영향을 미치지 아니하도록 안전한 높이 및 위치에 설치한다.

해답
01. ① 02. ② 03. ①

문제 04
도시가스로 천연가스를 사용하는 경우 가스누출경보기의 검지부 설치위치로 가장 적합한 것은?

① 바닥에서 15cm 이내
② 바닥에서 30cm 이내
③ 천장에서 15cm 이내
④ 천장에서 30cm 이내

해설 가스누출경보기의 검지부의 설치 높이
검지부는 천장으로부터 검지부 하단까지의 거리가 30cm 이하가 되도록 설치한다. 다만, 공기보다 무거운 가스를 사용하는 경우 바닥면으로부터 검지부 상단까지의 거리는 30cm 이하로 한다.

문제 05
다음 중 독성(LC_{50})이 강한 가스는?

① 염소
② 시안화수소
③ 산화에틸렌
④ 불소

해설 LC_{50} 기준(TLV-TWA)
① 염소 : 293(1)
② 시안화수소 : 140(10)
③ 산화에틸렌 : 2900(20)
④ 불소 : 185(0.1)

문제 06
LPG 저장탱크 지하 설치 시 저장탱크실 상부 윗면으로부터 저장탱크 상부까지의 깊이는 얼마 이상으로 하여야 하는가?

① 0.6m
② 0.8m
③ 1m
④ 1.2m

해설 LPG 저장탱크 시설
저장탱크 외면과 저장탱크실 내벽의 이격거리는 다음 그림과 같고, 저장탱크실 상부 윗면은 주위 지면보다 최소 5cm, 최대 30cm까지 높게 설치하고, 저장탱크실 상부 윗면으로부터 저장탱크 상부까지의 깊이는 60cm 이상으로 한다.

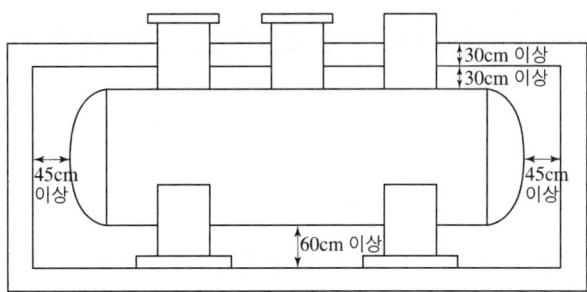

[지하매설 저장탱크 입면도(A)]

해답 04. ④ 05. ② 06. ①

문제 07
차량에 고정된 충전탱크는 그 온도를 항상 몇 ℃ 이하로 유지하여야 하는가?
① 20　　　　　　　　② 30
③ 40　　　　　　　　④ 50

해설 차량에 고정된 충전탱크
40℃ 이하를 유지하여야 하며, 직사광선 또는 발열체로부터 보호되어야 한다.

문제 08
초저온용기나 저온용기의 부속품에 표시하는 기호는?
① AG　　　　　　　　② PG
③ LG　　　　　　　　④ LT

해설 용기 부속품 기호
① AG : 아세틸렌가스를 충전하는 용기의 부속품
② PG : 압축가스를 충전하는 용기의 부속품
③ LT : 초저온용기 및 저온용기의 부속품
④ LPG : 액화석유가스를 충전하는 용기의 부속품

문제 09
상용의 온도에서 사용압력이 1.2MPa인 고압가스 설비에 사용되는 배관의 재료로서 부적합한 것은?
① KS D 3562 (압력배관용 탄소 강관)
② KS D 3570 (고온배관용 탄소 강관)
③ KS D 3507 (배관용 탄소 강관)
④ KS D 3576 (배관용 스테인리스 강관)

해설 상용의 온도에서 사용압력이 1.2MPa인 고압가스 설비에 사용되는 배관
① 배관용 탄소강관(KS D 3507) : 사용압력이 1.2MPa 미만일 것.
② 배관 내 사용압력이 1.2MPa 이상일 경우에는 압력배관용 탄소강관(KS D 3562) 또는 이와 동등 이상의 강도 내식성 및 내열성을 가진 것

문제 10
도시가스 사용시설의 지상배관은 표면 색상을 무슨 색으로 도색하여야 하는가?
① 황색　　　　　　　　② 적색
③ 회색　　　　　　　　④ 백색

해설 도시가스 시설의 배관 설치기준
① 지상배관 : 황색
② 매설배관은 최고사용압력이 저압인 배관은 황색, 중압인 배관은 적색으로 할 것.

해답　07. ③　08. ④　09. ③　10. ①

문제 11
액화석유가스 충전시설 중 충전설비는 그 외면으로부터 사업소 경계까지 몇 m 이상의 거리를 유지하여야 하는가?

① 5
② 10
③ 15
④ 24

해설 액화석유가스 충전 사업 기준
① 저장설비와 충전설비는 그 외면으로부터 사업소경계까지 다음의 기준에서 정한 거리 이상을 유지할 것. 다만, 지하에 저장설비를 설치하는 경우에는 다음 기준에서 정한 사업소경계와의 거리의 2분의 1 이상을 유지할 수 있으며, 저장설비가 지상에 설치된 저장능력이 30톤을 초과하는 용기충전시설의 충전설비는 사업소경계까지 24m 이상의 안전거리를 유지할 수 있다.

저장능력	사업소경계와의 거리
10톤 이하	17m
10톤 초과 20톤 이하	21m
20톤 초과 30톤 이하	24m
30톤 초과 40톤 이하	27m
40톤 초과	30m

② 사업소의 부지는 그 한 면이 폭 8m 이상의 도로에 접할 것.

문제 12
가스의 경우 폭굉(detonation)의 속도는 약 몇 m/s 정도인가?

① 0.03~10
② 10~50
③ 100~600
④ 1,000~3,000

해설 폭굉(detonation)
① 폭굉 : 음속 < 폭발속도 (충격파)
② 폭연 : 음속 > 폭발속도 (충격파)
③ 폭굉의 속도 : 1,000~3,500m/s

문제 13
의료용 가스용기의 도색 구분이 틀린 것은?

① 산소 – 백색
② 액화탄산가스 – 회색
③ 질소 – 흑색
④ 에틸렌 – 갈색

해설
① 산소 : 백색
② 액화탄산가스 : 회색
③ 질소 : 흑색
④ 에틸렌 : 자색
⑤ 헬륨 : 갈색
⑥ 아산화질소 : 청색
⑦ 사이클로프로판 : 주황색
⑧ 기타 : 회색

문제 14
다음 가스 중 위험도(H)가 가장 큰 것은?

① 프로판
② 일산화탄소
③ 아세틸렌
④ 암모니아

11. ④ 12. ④ 13. ④ 14. ③

해설 ① **프로판** : 2.1~9.5vol% (연소범위)

프로판 위험도 : $H = \dfrac{\text{상한} - \text{하한}}{\text{하한}} = \dfrac{9.5 - 2.1}{2.1} = 3.523$

② **일산화탄소** : 12.5~74.2vol% (연소범위)

일산화탄소 위험도 : $H = \dfrac{\text{상한} - \text{하한}}{\text{하한}} = \dfrac{74.2 - 12.5}{12.5} = 4.936$

③ **아세틸렌** : 2.5~81vol% (연소범위)

아세틸렌 위험도 : $H = \dfrac{\text{상한} - \text{하한}}{\text{하한}} = \dfrac{81 - 2.5}{2.5} = 31.4$

④ **암모니아** : 15~28vol% (연소범위)

암모니아 위험도 : $H = \dfrac{\text{상한} - \text{하한}}{\text{하한}} = \dfrac{28 - 15}{15} = 0.866$

문제 15 용기의 안전점검 기준에 대한 설명으로 틀린 것은?

① 용기의 도색 및 표시 여부를 확인
② 용기의 내·외면을 점검
③ 재검사 기간의 도래 여부를 확인
④ 열 영향을 받은 용기는 재검사와 상관이 없이 새 용기로 교환

해설 용기의 안전점검 기준

충전자가 실시하는 용기의 안전점검 및 유지관리의 기준은 다음과 같다.

① 용기의 내면·외면을 점검하여 사용에 지장을 주는 부식·금·주름 등이 있는지를 확인할 것.
② 용기에 도색과 표시가 되어 있는지를 확인할 것.
③ 용기의 스커트에 찌그러짐이 있는지와 사용에 지장이 없도록 적정 간격을 유지하고 있는지를 확인할 것.
④ 유통 중 열 영향을 받았는지를 점검할 것. 열 영향을 받은 용기는 재검사를 할 것.
⑤ 용기캡이 씌워져 있거나 프로텍터가 부착되어 있는지를 확인하고, 용기내장형 액화석유가스 난방기용 용기는 밀봉용 캡이 부착되어 있는지도 확인할 것.
⑥ 재검사기간의 도래 여부를 확인할 것.
⑦ 용기 아랫부분의 부식상태를 확인할 것.
⑧ 밸브의 몸통·충전구나사 및 안전밸브에 사용에 지장을 주는 홈, 주름, 스프링의 부식 등이 있는지를 확인할 것.
⑨ 밸브의 그랜드너트가 이탈하는 것을 방지하기 위하여 고정핀 등을 이용하는 등의 조치가 있는지를 확인할 것.
⑩ 밸브의 개폐 조작이 쉬운 핸들이 부착되어 있는지를 확인할 것.
⑪ 내용적 15L 이하의 용기(용기내장형 가스난방기용 용기와 내용적 1L 이하의 이동식 부탄 연소기용 용기는 제외한다)의 경우에는 "실내보관 금지" 표시 여부를 확인할 것.

문제 16 다음 각 독성가스 누출 시 사용하는 제독제로서 적합하지 않은 것은?

① 염소 : 탄산소다수용액
② 포스겐 : 소석회
③ 산화에틸렌 : 소석회
④ 황화수소 : 가성소다수용액

해답

15. ④   16. ③

해설 독성가스 제독제

가스 종류	제독제	가스 종류	제독제
염소	가성소다 수용액 탄산소다 수용액 소석회	시안화수소	가성소다 수용액
포스겐	가성소다 수용액 소석회	아황산가스	가성소다 수용액 탄산소다 수용액 물
황화수소	가성소다 수용액 탄산소다 수용액	암모니아 산화에틸렌 염화메탄	물

제독 조치 : 제독 조치는 다음의 방법이나 이와 동등 이상의 작용을 하는 조치 중 한 가지 또는 두 가지 이상인 것을 선택하여 한다.
① 물이나 흡수제로 흡수 또는 중화하는 조치
② 흡착제로 흡착 제거하는 조치
③ 저장탱크 주위에 설치된 유도구로 집액구·피트 등으로 고인 액화가스를 펌프 등의 이송설비로 안전하게 제조설비로 반송하는 조치
④ 연소설비(플레어 스택, 보일러 등)에서 안전하게 연소시키는 조치

문제 17 에어졸 시험방법에서 불꽃길이 시험을 위해 채취한 시료의 온도 조건은?

① 24℃ 이상, 26℃ 이하
② 26℃ 이상, 30℃ 미만
③ 46℃ 이상, 50℃ 미만
④ 60℃ 이상, 66℃ 미만

해설 에어졸 시험방법
① 불꽃길이 시험 : 가정용 에어로졸 제품에 대하여 불꽃길이 시험을 실시하고 불꽃이 인지되는 경우 용기에 가연성임을 표시하고 주의사항을 기재하도록 한다.
② 시료채취온도 : 채취된 시료는 온도가 24℃ 이상 26℃ 이하가 되도록 온도를 유지하여 불꽃길이 시험을 실시한다.
③ 온수조 시험 : 에어로졸이 충전된 용기는 46℃ 이상 50℃ 미만의 온수조에서 내용물 누출 여부를 검사하여야 한다.

문제 18 교량에 도시가스 배관을 설치하는 경우 보호조치 등 설계·시공에 대한 설명으로 옳은 것은?

① 교량첨가 배관은 강관을 사용하며, 기계적 접합을 원칙으로 한다.
② 제3자의 출입이 용이한 교량설치 배관의 경우 보행방지철조망 또는 방호철 조망을 설치한다.
③ 지진 발생 시 등 비상 시 긴급차단을 목적으로 첨가배관의 길이가 200m 이상인 경우 교량 양단의 가까운 곳에 밸브를 설치토록 한다.
④ 교량첨가 배관에 가해지는 여러 하중에 대한 합성응력이 배관의 허용응력을 초과하도록 설계한다.

해답 17. ① 18. ②

해설 가스관로의 교량 등에 설치하는 배관의 세부 기술기준
교대는 일반적으로 지면으로부터 높이가 낮고 제3자의 출입이 용이하므로 교량설치배관 부근에 보행방지철조망 또는 방호철조망을 설치한다.

문제 19 고압가스 저장실 등에 설치하는 경계책과 관련된 기준으로 틀린 것은?

① 저장설비·처리설비 등을 설치한 장소의 주위에는 높이 1.5m 이상의 철책 또는 철망 등의 경계표지를 설치하여야 한다.
② 건축물 내에 설치하였거나, 차량의 통행 등 조업시행이 현저히 곤란하여 위해 요인이 가중될 우려가 있는 경우에는 경계책 설치를 생략할 수 있다.
③ 경계책 주위에는 외부사람이 무단출입을 금하는 내용의 경계표지를 보기 쉬운 장소에 부착하여야 한다.
④ 경계책 안에는 불가피한 사유 발생 등 어떠한 경우라도 화기, 발화 또는 인화하기 쉬운 물질을 휴대하고 들어가서는 아니 된다.

해설 저장실 등의 경계책 등
① 저장설비·처리설비 및 감압설비를 설치한 장소 주위에는 높이 1.5m 이상의 철책 또는 철망 등의 경계책을 설치하여 일반인의 출입이 통제되도록 필요한 조치를 하여야 한다. 다만, 건축물 내에 설치하였거나, 차량의 통행 등 조업시행이 현저히 곤란하여 위해 요인이 가중될 우려가 있는 경우에는 경계책 설치를 생략할 수도 있다.
② 경계책 주위에는 외부사람의 무단출입을 금하는 내용의 경계표지를 보기 쉬운 장소에 부착하여야 한다.
③ 경계책 안에는 누구도 화기, 발화 또는 인화하기 쉬운 물질을 휴대하고 들어가서는 아니 된다. 다만, 당해 설비의 정비수리 등 불가피한 사유가 발생한 경우에 한하여는 안전관리책임자의 감독 하에 휴대 조치할 수 있다.

문제 20 독성가스 사용시설에서 처리설비의 저장능력이 45,000kg인 경우 제2종 보호시설까지 안전거리는 얼마 이상 유지하여야 하는가?

① 14m
② 16m
③ 18m
④ 20m

해설 독성, 가연성 가스 보호시설과 안전거리 유지 기준

처리능력 및 저장능력	제1종 보호시설	제2종 보호시설
1만 이하	17m	12m
1만 초과 2만 이하	21m	14m
2만 초과 3만 이하	24m	16m
3만 초과 4만 이하	27m	18m
4만 초과 5만 이하	30m	20m
5만 초과 99만 이하	30m (가연성 가스 저온저장탱크는 $\frac{2}{25}\sqrt{X+10,000}$ m)	20m (가연성 가스 저온저장탱크는 $\frac{2}{25}\sqrt{X+10,000}$ m)
99만 초과	30m (가연성 가스 저온저장탱크는 120m)	20m (가연성 가스 저온저장탱크는 80m)

해답 19. ④ 20. ④

문제 21 아세틸렌의 성질에 대한 설명으로 틀린 것은?

① 색이 없고 불순물이 있을 경우 악취가 난다.
② 융점과 비점이 비슷하여 고체 아세틸렌은 융해하지 않고 승화한다.
③ 발열화합물이므로 대기에 개방하면 분해폭발할 우려가 있다.
④ 액체 아세틸렌보다 고체 아세틸렌이 안정하다.

해설 **아세틸렌의 화학적 성질**
① 압축 시 흡열반응을 하며 산소 없이 분해에 의한 폭발을 할 수 있다.
② 산소와 혼합하면 산화폭발을 발생할 수 있다.

문제 22 고압가스용 이음매 없는 용기의 재검사 시 내압시험 합격 판정의 기준이 되는 영구증가율은?

① 0.1% 이하　　　　② 3% 이하
③ 5% 이하　　　　　④ 10% 이하

해설 **항구(영구)증가율**
① 항구(영구)증가율 = $\dfrac{\text{항구 증가량}}{\text{전 증가량}} \times 100\%$
② 합격 기준 : 10% 이하 합격이다.

문제 23 프로판을 사용하고 있던 버너에 부탄을 사용하려고 한다. 프로판의 경우보다 약 몇 배의 공기가 필요한가?

① 1.2배　　　　② 1.3배
③ 1.5배　　　　④ 2.0배

해설 **탄화수소(C_mH_n)의 완전연소 반응식**
① $C_mH_n + \left(m + \dfrac{n}{4}\right)O_2 \rightarrow mCO_2 + \dfrac{n}{2}H_2O$
② $C_4H_{10} + \left(4 + \dfrac{10}{4}\right)O_2 \rightarrow 4CO_2 + \left(\dfrac{10}{2}\right)H_2O$
③ 프로판(C_3H_8) : $C_3H_8 + 5O_2 \rightarrow 3CO_2 + 4H_2O + 530.60 kcal$
④ $6.5 \div 5 = 1.3$

문제 24 가스의 연소에 대한 설명으로 틀린 것은?

① 인화점은 낮을수록 위험하다.
② 발화점은 낮을수록 위험하다.
③ 탄화수소에서 착화점은 탄소수가 많은 분자일수록 낮아진다.
④ 최소점화에너지는 가스의 표면장력에 의해 주로 결정된다.

해답 　　21. ③　22. ④　23. ②　24. ④

해설 ① 최소점화에너지 : 가스의 온도, 조성, 압력에 따라 다르다
② 최소점화(발화)에너지는 소염거리와 화염온도에 비례하고, 연소속도에 반비례한다.

문제 25

아세틸렌의 취급방법에 대한 설명으로 가장 부적절한 것은?

① 저장소는 화기엄금을 명기한다.
② 가스 출구 동결 시 60℃ 이하의 온수로 녹인다.
③ 산소용기와 같이 저장하지 않는다.
④ 저장소는 통풍이 양호한 구조이어야 한다.

해설 40℃ 이하의 온수나 열습포를 사용한다.

문제 26

가스 폭발을 일으키는 영향 요소로 가장 거리가 먼 것은?

① 온도
② 매개체
③ 조성
④ 압력

해설 가스 폭발을 일으키는 영향 요소
① 온도 ② 압력 ③ 조성 ④ 용기의 모양과 크기

문제 27

어떤 도시가스의 웨버지수를 측정하였더니 36.52MJ/m³이었다. 품질검사기준에 의한 합격 여부는?

① 웨버지수 허용기준보다 높으므로 합격이다.
② 웨버지수 허용기준보다 낮으므로 합격이다.
③ 웨버지수 허용기준보다 높으므로 불합격이다.
④ 웨버지수 허용기준보다 낮으므로 불합격이다.

해설 웨버지수
① 웨버지수 : 51.50~56.52 MJ/m³(0℃, 101.3kPa) [12600~13800kcal/m³]
② 웨버지수 허용기준보다 낮으므로 불합격이다.

문제 28

300kg의 액화프레온12(R-12)가스를 내용적 50L 용기에 충전할 때 필요한 용기의 개수는? (단, 가스정수 C는 0.86이다.)

① 5개
② 6개
③ 7개
④ 8개

해설 ① 용기 1개 충전량 $G = \dfrac{V}{C} = \dfrac{50}{0.86} = 58.139\,kg$

② 용기 개수 : $\dfrac{가스량}{충전량} = \dfrac{300\,kg}{58.139\,kg} = 5.16 ≒ 6개$

25. ② 26. ② 27. ④ 28. ②

문제 29

저장탱크에 의한 액화석유가스 사용시설에서 가스계량기는 화기와 몇 m 이상의 우회거리를 유지해야 하는가?

① 2m
② 3m
③ 5m
④ 8m

해설
① 가스계량기와 화기는 2m 이상 거리를 유지하여야 한다.
② 용기보관실 주위의 2m(우회거리) 이내에는 화기 취급을 하거나 인화성 물질 및 가연성 물질을 두지 않을 것.

문제 30

가스사고가 발생하면 산업통상자원부령에서 정하는 바에 따라 관계기관에 가스사고를 통보해야 한다. 다음 중 사고 통보 내용이 아닌 것은?

① 통보자의 소속, 직위, 성명 및 연락처
② 사고원인자 인적사항
③ 사고발생 일시 및 장소
④ 시설현황 및 피해현황(인명 및 재산)

해설 사고 통보를 할 때에는 다음 각 목의 사항이 통보 내용에 포함되어야 한다. 다만, 속보인 경우에는 ⑤ 및 ⑥의 내용을 생략할 수 있다.
① 통보자의 소속·직위·성명 및 연락처
② 사고발생 일시
③ 사고발생 장소
④ 사고내용
⑤ 시설현황
⑥ 피해현황(인명 및 재산)

문제 31

가스 크로마토그래피의 구성 요소가 아닌 것은?

① 광원
② 컬럼
③ 검출기
④ 기록계

해설 가스 크로마토그래피(gas chromatography)
① 시료를 운반가스에 의하여 각 성분의 크로마토그램을 이용하여 유기화합물에 대한 정성 및 정량분석에 사용된다.
② 시료의 확산속도에 의한 불활성가스를 사용한다.
③ 구성요소 : 컬럼, 검출기, 기록계

문제 32

도시가스공급시설에서 사용되는 안전제어장치와 관계가 없는 것은?

① 중화장치
② 압력안전장치
③ 가스누출검지경보장치
④ 긴급차단장치

해설 도시가스공급시설 안전제어장치 : 압력안전장치, 가스누출검지경보장치, 긴급차단장치

29. ① 30. ② 31. ① 32. ①

문제 33
LPG나 액화가스와 같이 비점이 낮고 내압이 0.4~0.5MPa 이상인 액체에 주로 사용되는 펌프의 메카니컬 시일의 형식은?

① 더블 시일형
② 인사이드 시일형
③ 아웃사이드 시일형
④ 밸런스 시일형

해설 메카니컬 시일의 종류
① 밸런스 시일형 : 펌프의 내압 높은 경우로서 LPG, 액화가스 등 저비점이고 내압이 0.4MPa~0.5MPa 이상인 액체에 사용한다.
② 아웃사이드 시일형 : 구조재, 스프링재의 내식성 문제를 고려할 때 사용한다.

문제 34
유량을 측정하는 데 사용하는 계측기기가 아닌 것은?

① 피토관
② 오리피스
③ 벨로우즈
④ 벤투리

해설 벨로우즈 : 압력 측정

문제 35
기화기의 성능에 대한 설명으로 틀린 것은?

① 온수가열방식은 그 온수의 온도가 90℃ 이하일 것.
② 증기가열방식은 그 증기의 온도가 120℃ 이하일 것.
③ 압력계는 그 최고눈금이 상용압력의 1.5~2배일 것.
④ 기화통 안의 가스액이 토출배관으로 흐르지 않도록 적합한 자동제어장치를 설치할 것.

해설 온수가열방식은 그 온수의 온도가 80℃ 이하일 것.

문제 36
고압장치의 재료로서 가장 적합하게 연결된 것은?

① 액화염소용기 - 화이트 메탈
② 압축기의 베어링 - 13% 크롬강
③ LNG 탱크 - 9% 니켈강
④ 고온고압의 수소반응탑 - 탄소강

해설
① 염소 : 탄소강
② 베어링 : 청동
③ LNG 탱크 : 9% 니켈강
④ 수소 : 크롬강

문제 37
구조에 따라 외치식, 내치식, 편심로터리식 등이 있으며 베이퍼록 현상이 일어나기 쉬운 펌프는?

① 제트 펌프
② 기포 펌프
③ 왕복 펌프
④ 기어 펌프

해답 33. ④ 34. ③ 35. ① 36. ③ 37. ④

해설 기어 펌프(gear pump)
① 펌프의 입구측에서 액이 기화되는 현상이다.
② 펌의 회전수가 크거나 흡입측 배관의 지름이 가늘었을 때 발생한다.
③ 스트레이너에 녹, 먼지가 있을 경우 발생한다.
④ 저장탱크의 긴급차단밸브가 충분히 열려 있지 않은 경우 발생한다.

문제 38 다음 중 터보(turbo)형 펌프가 아닌 것은?

① 원심 펌프 ② 사류 펌프
③ 축류 펌프 ④ 플런저 펌프

해설 **터보형 펌프** : 원심 펌프(볼류트, 터빈 펌프), 축류 펌프, 사류 펌프
용적형 펌프 : 플런저 펌프

문제 39 가스 액화 분리장치에서 냉동 사이클과 액화 사이클을 응용한 장치는?

① 한랭발생장치 ② 정유분출장치
③ 정유흡수장치 ④ 불순물제거장치

해설 **가스액화장치의 구성**
① 정류장치
② 불순물 제거장치
③ 한랭발생장치 : 액체질소를 사용하여 장치가 간단하고 운반과 설치가 편리하다.

문제 40 저압가스 수송배관의 유량 공식에 대한 설명으로 틀린 것은?

① 배관 길이에 반비례한다.
② 가스 비중에 비례한다.
③ 허용압력손실에 비례한다.
④ 관경에 의해 결정되는 계수에 비례한다.

해설 유량 $Q \propto \dfrac{1}{\sqrt{S}}$ 이므로 유량(Q)는 $S^{-\frac{1}{2}}$ 승에 반비례한다.

문제 41 탄소강 중에서 저온취성을 일으키는 원소로 옳은 것은?

① P ② S
③ Mo ④ Cu

해설 ① P(인) : 상온에서 충격치가 저하되며 저온취성의 원인이 된다.
② S(황) : 적열취성인자로서 강의 S함유량은 적은 것이 좋다.
③ Mo(몰리브덴) : 인장강도, 경도 증가
④ Cu(구리) : 내산화성 증가

38. ④ 39. ① 40. ② 41. ①

문제 42 가스의 연소 방식이 아닌 것은?

① 적화식
② 세미분젠식
③ 분젠식
④ 원지식

해설 가스의 연소 방식
① 적화식
② 세미분젠식(semi Bunsen)
③ 분젠식(Bunsen)
④ 전1차 공기식 연소방법

문제 43 양정 90m, 유량이 90m³/h인 송수 펌프의 소요동력은 약 몇 kW인가? (단, 펌프의 효율은 60%이다.)

① 30.6
② 36.8
③ 50.2
④ 56.8

해설 펌프의 소요동력

$$P = \frac{\gamma \times Q \times H}{102 \times \eta} = \frac{1000 \times \frac{90}{3600} \times 90}{102 \times 0.6} = 36.764 \text{kW}$$

문제 44 재료가 일정 온도 이상에서 응력이 작용할 때 시간이 경과함에 따라 변형이 증대되고 때로는 파괴되는 현상을 무엇이라 하는가?

① 피로
② 크리프
③ 에로숀
④ 탈탄

해설 크리프(creep)
재료에 일정 온도 이상에서 응력이 작용할 때 일정한 시간이 경과하면 변형이 갑자기 커지는 현상이다.

문제 45 LP가스 공급 방식 중 강제기화방식의 특징에 대한 설명 중 틀린 것은?

① 기화량 가감이 용이하다.
② 공급가스의 조성이 일정하다.
③ 계량기를 설치하지 않아도 된다.
④ 한랭 시에도 충분히 기화시킬 수 있다.

해설 ① 강제기화방식 : 용기 또는 탱크에서 LP가스 관을 통하여 기화기에 의해서 기화시키는 방식이다.
② 기화장치의 구성요소 중에는 기화부, 제어부, 조압부 등이 있다.
③ 기화기 사용 시 장점은 LP가스 종류에 관계없이 한랭 시에도 충분히 기화시킨다.
④ 계량기는 가스사용량을 측정한다.

해답

42. ④   43. ②   44. ②   45. ③

문제 46. 다음 설명과 관계 있는 법칙은?

"열은 스스로 저온의 물체에서 고온의 물체로 이동하는 것은 불가능하다."

① 에너지 보존의 법칙
② 열역학 제2법칙
③ 평형 이동의 법칙
④ 보일-샤를의 법칙

해설 열역학 법칙
① 열역학 제0법칙 : 열평형의 법칙
  온도가 높은 물질과 낮은 물질인 서로 다른 물체를 접촉시키면 열의 흡수량과 발열량이 같게 되어 온도차가 없어지면 온도가 같게 되어 평형을 이룬다.
② 열역학 제1법칙 : 에너지 보존의 법칙
  에너지의 한 형태의 열과 일은 서로 같고 열은 일과 열로 서로 전환이 가능하다.
③ 열역학 제2법칙 : 에너지 방향성의 법칙
  ㉠ 열은 스스로 다른 물체에 아무런 변화도 주지 않고 저온 물체에서 고온 물체로 이동하지 않는다.
  ㉡ "자연계에 아무런 변화도 남기지 않고 어느 열원의 열을 계속해서 일로 바꿀 수 없다. 즉 고온물체의 열을 계속해서 일로 바꾸려면 저온물체로 열을 버려야만 한다."
  ㉢ 효율이 100%인 열기관은 제작이 불가능하다.
④ 열역학 제3법칙 : 어떠한 방법이라도 어떤 계를 절대온도 0도에 이르게 할 수 없다.

문제 47. 산소(O_2)에 대한 설명 중 틀린 것은?

① 무색, 무취의 기체이며, 물에는 약간 녹는다.
② 가연성 가스이니 그 자신은 연소하지 않는다.
③ 용기의 도색은 일반 공업용이 녹색, 의료용이 백색이다.
④ 저장용기는 무계목 용기를 사용한다.

해설 산소의 물리적 성질
① 기체, 액체, 고체 모두 자성이 있다.
② 무색, 무취, 무미의 기체이다.
③ 강력한 조연성 가스로서 자신은 연소하지 않는다.
④ 물에 잘 녹지 않으나 약간은 물에 녹으며 액화산소는 담녹색(담청색)이다.

문제 48. 다음 중 암모니아 건조제로 사용되는 것은?

① 진한 황산
② 할로겐 화합물
③ 소다석회
④ 황산동 수용액

해설 암모니아 건조제
① 수산화칼륨(CaO)
② 가성소다(NaOH)
③ 산화칼슘(CaO)

참고 진한 황산 : 염소 건조제

46. ② 47. ② 48. ③

문제 49
10L 용기에 들어 있는 산소의 압력이 10MPa이었다. 이 기체를 20L 용기에 옮겨 놓으면 압력은 몇 MPa로 변하는가?

① 2
② 5
③ 10
④ 20

해설
① $P_1 V_1 = P_2 V_2 = K$
② $10 \times 10 = x \times 20$, $x = 5 \text{MPa}$

문제 50
다음 [보기]와 같은 성질을 갖는 것은?

[보기]
- 공기보다 무거워서 누출 시 낮은 곳에 체류한다.
- 기화 및 액화가 용이하며, 발열량이 크다.
- 증발잠열이 크기 때문에 냉매로도 이용된다.

① O_2
② CO
③ LPG
④ C_2H_4

해설 LPG(Liquefied Petroleum Gas)
① 기화열(증발열)이 커서 냉매로 사용한다.
② 주성분 : 부탄, 프로판
③ 비중 : 공기보다 무겁다.

문제 51
다음 압력 중 가장 높은 압력은?

① 1.5kg/cm^2
② $10 \text{mH}_2\text{O}$
③ 745mmHg
④ 0.6atm

해설
① $1.5 \text{kg/cm}^2 = \dfrac{1.5}{1.0332} \times 0.101325 = 0.417 \text{MPa}$

② $10 \text{mH}_2\text{O} = \dfrac{10}{10.332} \times 0.101325 = 0.098 \text{MPa}$

③ $745 \text{mmH}_2\text{O} = \dfrac{745}{760} \times 0.101325 = 0.099 \text{MPa}$

④ $0.6 \text{atm} = \dfrac{0.6}{1} \times 0.101325 = 0.060 \text{MPa}$

⑤ $1 \text{atm} = 0.101325 \text{MPa}$

참고 ① $1 \text{atm} = 760 \text{mmHg} = 760 \text{torr}$
$= 10332 \text{kg/m}^2 = 1.0332 \text{kg/cm}^2 = 10.332 \text{mAq} = 10.332 \text{mH}_2\text{O}$
$= 29.92 \text{inHg} = 1013.25 \text{mbar} = 1.01325 \text{bar} = 101325 \text{N/m}^2$
$= 101325 \text{Pa} = 101.325 \text{kPa} = 0.101325 \text{MPa}$
$= 14.7 \text{PSI} = 14.7 lb/\text{in}^2$

해답 49. ② 50. ③ 51. ①

문제 52 다음 중 게이지압력을 옳게 표시한 것은?

① 게이지압력 = 절대압력 − 대기압
② 게이지압력 = 대기압 − 절대압력
③ 게이지압력 = 대기압 + 절대압력
④ 게이지압력 = 절대압력 + 진공압력

해설 절대압력 = 대기압 + 게이지압력
절대압력 = 대기압 − 진공압
게이지압력 = 절대압력 − 대기압

문제 53 같은 조건일 때 액화시키기 가장 쉬운 가스는?

① 수소
② 암모니아
③ 아세틸렌
④ 네온

해설 임계온도, 비점이 높으면 액화가 쉽다.
① **수소** : 임계온도 : −239.9℃, 비점 : −252.8℃
② **암모니아** : 임계온도 : 132℃, 비점 : −33.4℃
③ **아세틸렌** : 임계온도 : 36℃, 비점 : −83.8℃
④ **네온** : 임계온도 : −267.9℃, 비점 : −248℃

문제 54 가스 분석 시 이산화탄소의 흡수제로 사용되는 것은?

① KOH
② H_2SO_4
③ NH_4Cl
④ $CaCl_2$

해설 흡수제

농도 분석 가스	흡 수 제
CO_2(이산화탄소)	수산화칼륨(KOH) 30% 수용액
O(산소)	알칼리성 피로가롤 용액
CO(일산화탄소)	암모니아성 염화제1구리 용액 산성 염화제1구리 용액

문제 55 연소기 연소상태 시험에 사용되는 도시가스 중 역화하기 쉬운 가스는?

① 13A−1
② 13A−2
③ 13A−3
④ 13A−R

해설 **13A−2** : 프로판(15%), 메탄(55%), 수소(30%) 연소가 느리며 수소가 있어 역화의 우려가 있다.

해답   52. ①   53. ②   54. ①   55. ②

문제 56
나프타(naphtha)의 가스화 효율이 좋으려면?

① 올레핀계 탄화수소 함량이 많을수록 좋다.
② 파라핀계 탄화수소 함량이 많을수록 좋다.
③ 나프텐계 탄화수소 함량이 많을수록 좋다.
④ 방향족계 탄화수소 함량이 많을수록 좋다.

해설 PONA 값에서 분해가 쉽고 가스화가 쉽고 효율이 높은 파라핀계(C_nH_{2n+2}) 탄화수소의 함량이 많은 것이 좋다.

문제 57
순수한 물 1kg을 1℃ 높이는 데 필요한 열량을 무엇이라 하는가?

① 1 kcal
② 1 BTU
③ 1 CHU
④ 1 kJ

해설 **1kcal** (15℃ 기준)
표준대기압에서 순수한 물 1kg을 14.5℃에서 15.5℃로 1℃ 높이는 데 필요한 열량을 말한다.

문제 58
기체의 성질을 나타내는 보일의 법칙(Boyle's law)에서 일정한 값으로 가정한 인자는?

① 압력
② 온도
③ 부피
④ 비중

해설 ① **보일의 법칙**
  ㉠ 온도가 일정할 때 기체의 부피는 압력에 반비례한다.
  ㉡ "기체의 온도를 일정하게 유지할 때 기체가 차지하는 부피는 절대압력에 반비례한다."
② **샤를의 법칙** : 일정한 압력에서 가스의 비체적은 그 온도에 비례한다.
③ **보일-샤를의 법칙** : 일정량의 기체의 부피는 압력에 반비례하고 절대온도에 비례한다.

문제 59
섭씨온도(℃)의 눈금과 일치하는 화씨온도(℉)는?

① 0
② -10
③ -30
④ -40

해설 ① **화씨온도**(fahrenheit) : 1기압(760mmHg)에서 물의 어는점을 32℉, 끓는점을 212℉로 하여 어는점과 끓는점 사이를 180등분한 온도이다.
② **섭씨온도**(centigrade) : 1기압(760mmHg)에서 물의 어는점을 0℃, 끓는점을 100℃로 하여 어는점과 끓는점 사이를 100등분한 온도이다.

해답
56. ② 57. ① 58. ② 59. ④

③ $F = 1.8C + 32 = 1.8 \times (-40) + 32 = -40$

④ $F = \dfrac{9}{5}℃ + 32$

문제 60 다음 중 폭발범위가 가장 넓은 가스는?

① 암모니아
② 메탄
③ 황화수소
④ 일산화탄소

해설 폭발범위
① 암모니아 : 15~28vol%
② 메탄 : 5~15vol%
③ 황화수소 : 4.3~45vol%
④ 일산화탄소 : 12.5~74vol%

해답 60. ④

2024년 6월 CBT 시행

문제 01 아세틸렌은 폭발 형태에 따라 크게 3가지로 분류된다. 이에 해당되지 않는 폭발은?

① 화합폭발
② 중합폭발
③ 산화폭발
④ 분해폭발

해설 ① 아세틸렌(C_2H_2)의 폭발 형태
  ㉠ 화합폭발
  ㉡ 산화폭발
  ㉢ 분해폭발
② 시안화수소(HCN) : 2% 이상 수분 포함 시 중합되어 중합폭발이 일어난다.

문제 02 연소에 대한 일반적인 설명 중 옳지 않은 것은?

① 인화점이 낮을수록 위험성이 크다.
② 인화점보다 착화점의 온도가 낮다.
③ 발열량이 높을수록 착화온도는 낮아진다.
④ 가스의 온도가 높아지면 연소범위는 넓어진다.

해설 연소
① 인화점 : 점화원을 접근시켜 인화하는 최저온도를 말한다.
② 발화점 : 외부의 점화원 없이 착화하는 최저온도를 말한다.
③ 인화점 > 발화점

문제 03 일반도시가스사업 가스공급시설의 입상관 밸브는 분리가 가능한 것으로서 바닥으로부터 몇 m 범위에 설치하여야 하는가?

① 0.5~1.0m
② 1.2~1.5m
③ 1.6~2.0m
④ 2.5~3.0m

해설 가스공급시설 입상관 밸브의 높이 : 바닥으로부터 1.6m 이상 2.0m 이내에 설치한다.

해답 01. ② 02. ② 03. ③

문제 04 액화석유가스 사용시설을 변경하여 도시가스를 사용하기 위해서 실시하여야 하는 안전조치 중 잘못 설명한 것은?

① 일반도시가스사업자는 도시가스를 공급한 이후에 연소기 열량의 변경 사실을 확인하여야 한다.
② 액화석유가스의 배관 양단에 막음조치를 하고 호스는 철거하여 설치하려는 도시가스 배관과 구분되도록 한다.
③ 용기 및 부대설비가 액화석유가스 공급자의 소유인 경우에는 도시가스공급 예정일까지 용기 등을 철거해 줄 것을 공급자에게 요청해야 한다.
④ 도시가스로 연료를 전환하기 전에 액화석유가스 안전공급계약을 해지하고 용기 등의 철거와 안전조치를 확인하여야 한다.

해설 일반도시가스 사업자는 도시가스를 공급하기 전에 사용시설의 연소기 변경 사실을 확인하여야 한다.

문제 05 시안화수소(HCN)의 위험성에 대한 설명으로 틀린 것은?

① 인화온도가 아주 낮다.
② 오래된 시안화수소는 자체 폭발할 수 있다.
③ 용기에 충전한 후 60일을 초과하지 않아야 한다.
④ 호흡 시 흡입하면 위험하나 피부에 묻으면 아무 이상이 없다.

해설 **시안화수소**(HCN)
맹독성이며 흡입, 신체에 접촉하게 되면 빠르게 침투되어 사망에 이를 수 있다.

문제 06 고정식 압축도시가스자동차 충전의 저장설비, 처리설비, 압축가스설비, 외부에 설치하는 경계책의 설치기준으로 틀린 것은?

① 긴급차단장치를 설치할 경우는 설치하지 아니할 수 있다.
② 방호벽(철근콘크리트로 만든 것)을 설치할 경우는 설치하지 아니할 수 있다.
③ 처리설비 및 압축가스설비가 밀폐형 구조물 안에 설치된 경우는 설치하지 아니할 수 있다.
④ 저장설비 및 처리설비가 액확산방지시설 내에 설치된 경우는 설치하지 아니할 수 있다.

해설 **경계표지 및 경계책**
① 방호벽을 설치하거나 처리설비 및 압축가스설비가 밀폐형 구조물 안에 설치된 경우에는 처리설비 및 압축가스설비의 외부에 경계책을 설치하지 아니할 수 있다.
② 긴급차단장치를 설치할 경우에도 설치하여야 한다.

해답 04. ① 05. ④ 06. ①

문제 07
다음 ( ) 안의 Ⓐ와 Ⓑ에 들어갈 명칭은?

"아세틸렌을 용기에 충전하는 때에는 미리 용기에 다공물질을 고루 채워 다공도가 75% 이상, 92% 미만이 되도록 한 후 (Ⓐ) 또는 (Ⓑ)를(을) 고루 침윤시키고 충전하여야 한다."

① Ⓐ 아세톤, Ⓑ 알코올
② Ⓐ 아세톤, Ⓑ 물(H_2O)
③ Ⓐ 아세톤, Ⓑ 디메틸포름아미드
④ Ⓐ 알코올, Ⓑ 물(H_2O)

해설 아세틸렌 용기 충전 용제 : 아세톤[$(CH)_3CO$], 디메틸포름아미드[$HCON(CH_3)_2$]

문제 08
고압가스용 냉동기에 설치하는 안전장치의 구조에 대한 설명으로 틀린 것은?

① 고압차단장치는 그 설정압력이 눈으로 판별할 수 있는 것으로 한다.
② 고압차단장치는 원칙적으로 자동복귀방식으로 한다.
③ 안전밸브는 작동압력을 설정한 후 봉인될 수 있는 구조로 한다.
④ 안전밸브 각 부의 가스통과 면적은 안전밸브의 구경면적 이상으로 한다.

해설 고압차단장치는 원칙적으로 수동복귀방식으로 한다.

문제 09
공기 중에서 폭발하한치가 가장 낮은 것은?

① 시안화수소
② 암모니아
③ 에틸렌
④ 부탄

해설 연소범위
① 시안화수소 : 6~41vol%
② 암모니아 : 15~28vol%
③ 에틸렌 : 2.7~36%
④ 부탄 : 1.8~8.4%

문제 10
도시가스사용시설 중 자연배기식 반밀폐식 보일러에서 배기톱의 옥상돌출부는 지붕면으로부터 수직거리로 몇 cm 이상으로 하여야 하는가?

① 30
② 50
③ 90
④ 100

해설 반밀폐식 보일러의 급·배기설비 설치기준
① 자연배기식
  ㉠ 단독배기통 방식
    ⓐ 배기통의 높이(역풍방지장치 개구부의 하단으로부터 배기통 끝의 개구부 높이를 말한다. 이하 같다)는 다음 식에서 계산한 수치 이상일 것.
    $$h = \frac{0.5 + 0.4n + 0.1l}{\left(\frac{1,000 A_v}{6Q}\right)^2}$$
    ⓑ 배기통의 굴곡수는 4개 이하로 할 것.

해답 07. ③ 08. ② 09. ④ 10. ④

ⓒ 배기통의 입상높이는 원칙적으로 10m 이하로 할 것. 다만, 부득이하여 입상높이가 10m를 초과하는 경우에는 보온조치를 할 것.
ⓓ 배기통의 끝은 옥외로 뽑아낼 것.
ⓔ 배기통의 가로 길이는 5m 이하로서 될 수 있는 한 짧고 물고임이나 배기통 앞끝의 기울기가 없도록 할 것.
ⓕ 배기통은 자중·풍압·적설하중 및 진동 등에 견디게 견고하게 설치할 것.
ⓖ 배기통의 유효단면적은 보일러의 배기통과 접속되는 부분의 유효단면적보다 작지 아니할 것.
ⓗ 배기통의 옥외부분의 가장 낮은 부분은 응축수를 제거할 수 있는 구조로 할 것.
ⓘ 배기통은 점검·유지가 용이한 장소에 설치하되 부득이하여 천장속 등의 은폐부에 설치되는 경우에는 금속 이외의 불연성 재료로 피복하고, 수리나 교체에 필요한 점검구 및 통기구를 설치할 것.
ⓙ 배기톱의 위치는 풍압대를 피하여 바람이 잘 통하는 곳에 설치할 것.
ⓚ 배기톱의 옥상돌출부는 지붕면으로부터 수직거리를 1m 이상으로 하고 배기톱 상단으로부터 수평거리 1m 이내에 건축물이 있는 경우에는 그 건축물의 처마보다 1m 이상 높게 할 것.
ⓛ 배기톱의 모양은 모든 방향의 바람에 관계없이 배기가스를 잘 배출시키는 구조로 다익형, H형, 경사 H형, P형 등으로 할 것.
ⓜ 급기구 및 상부환기구의 유효단면적은 배기통의 단면적 이상으로 할 것.
ⓝ 상부 환기구는 될 수 있는 한 높게 설치하며, 최소한 보일러 역풍방지장치보다 높게 설치할 것.
ⓞ 상부 환기구 및 급기구는 외기와 통기성이 좋은 장소에 개구되어 있을 것.
ⓟ 급기구 또는 상부 환기구는 유입된 공기가 직접 보일러 연소실에 흡입되어 불이 꺼지지 아니하는 구조일 것.
ⓛ 챔버 방식
ⓐ 챔버는 급·배기를 위한 전용실로서 다른 용도로 사용하지 않을 것.
ⓑ 챔버를 구성하는 내부벽면은 밀폐구조일 것.
ⓒ 챔버를 구성하는 내벽(보일러설치벽·측면·차단판·천장·바닥 등) 및 배기구 주변 150mm, 상방 600mm 이내에는 불연성·내식성의 물질일 것.
ⓓ 챔버 급기구의 크기 급기구 유효면적 = 유효개구면적 − 배기통 단면적
ⓔ 차단판의 최하부에 70mm 정도의 공간(보조급기구)을 설치할 것.
ⓕ 배기톱은 급기구면보다 20mm 이상 나와 있을 것.
ⓖ 배기통의 높이는 가로 길이의 0.6배 이상일 것.

문제 11

고압가스 제조설비에 설치하는 가스누출경보 및 자동차단장치에 대한 설명으로 틀린 것은?

① 계기실 내부에도 1개 이상 설치한다.
② 잡가스에는 경보하지 아니하는 것으로 한다.
③ 누출을 검지하여 그 농도를 지시함과 동시에 경보를 울리는 방식으로 한다.
④ 가연성 가스의 제조설비에 격막 갈바니 전지방식의 것을 설치한다.

해설 가스누출 검지경보장치
① 가연성 가스 또는 독성가스의 누출을 검지하여 그 농도를 지시함과 동시에 경보를 울리는 것으로서 그 기능은 가스의 종류에 따라 적절하여야 한다.

해답 11. ④

② 검지경보장치는 접촉연소방식, 격막갈바니전지방식, 반도체방식, 그 밖의 방식에 의하여서 검지엘리먼트의 변화를 전기적 신호에 의해 이미 설정하여 놓은 가스 농도에서 자동적으로 경보하는 것일 것.
③ 이 경우 가연성 가스 경보기는 담배연기 등에, 독성가스용 경보기는 담배연기, 기계 세척 유가스, 등유의 증발가스, 배기가스 및 탄화수소계 가스 등 잡가스에는 경보하지 아니할 것.

문제 12 고압가스 용기의 파열사고 원인으로서 가장 거리가 먼 것은?
① 압축산소를 충전한 용기를 차량에 눕혀서 운반하였을 때
② 용기의 내압이 이상 상승하였을 때
③ 용기 재질의 불량으로 인하여 인장강도가 떨어질 때
④ 균열되었을 때

해설 용기의 파열사고 원인
① 용기의 내압력 부족
② 용기의 내압이 이상 상승하였을 때
③ 용기 재질의 불량으로 인하여 인장강도가 떨어질 때
④ 균열되었을 때

문제 13 공기 중 폭발범위에 따른 위험도가 가장 큰 가스는?
① 암모니아
② 황화수소
③ 석탄가스
④ 이황화탄소

해설 ① **암모니아** : 15~25vol%
  암모니아 위험도 : $H = \dfrac{25-15}{15} = 0.666$
② **황화수소** : 4.3~45vol%
  황화수소 위험도 : $H = \dfrac{45-4.3}{4.3} = 9.465$
③ **석탄가스** : 12.5~74vol%
  석탄가스 위험도 : $H = \dfrac{74-12.5}{12.5} = 4.92$
④ **이황화탄소** : 1.25~44vol%
  이황화탄소 위험도 : $H = \dfrac{44-1.25}{1.25} = 34.2$

문제 14 LP가스 충전설비의 작동상황 점검주기로 옳은 것은?
① 1일 1회 이상
② 1주일 1회 이상
③ 1월 1회 이상
④ 1년 1회 이상

해설 ① 운전 중인 액화석유가스 충전설비 작동상황 점검 : 1일 1회 이상
② 주거용 가스 사용자 : 3월에 1회 이상 자율적 시설 점검

해답 12. ① 13. ④ 14. ①

문제 15 고압가스설비에 장치하는 압력계의 눈금은?
① 상용압력의 2.5배 이상, 3배 이하
② 상용압력의 2배 이상, 2.5배 이하
③ 상용압력의 1.5배 이상, 2배 이하
④ 상용압력의 1배 이상, 1.5배 이하

해설 ① 고압가스법에 압력계의 눈금범위 : 상용압력의 1.5배 이상 2배 이하
② 충전용 주관압력계 기능검사주기 : 매월 1회 이상, 그밖의 압력계 : 3월에 1회 이상

문제 16 도시가스공급시설의 공사계획 승인 및 신고대상에 대한 설명으로 틀린 것은?
① 제조소 안에서 액화가스용 저장탱크의 위치변경 공사는 공사계획 신고대상이다.
② 밸브기지의 위치변경 공사는 공사계획 신고대상이다.
③ 호칭지름이 50mm 이하인 저압의 공급관을 설치하는 공사는 공사계획 신고대상에서 제외한다.
④ 저압인 사용자공급관 50m를 변경하는 공사는 공사계획 신고대상이다.

해설 **공사계획의 신고대상**
① 사업소 외의 가스공급시설
　㉠ 배관
　　사용자공급관을 제외한 공급관 중 최고사용압력이 저압인 공급관을 20m 이상 설치하거나 변경하는 공사. 다만, 다음의 어느 하나에 해당하는 공사를 제외한다.
　　ⓐ 호칭지름이 50mm 이하인 저압의 공급관을 설치하거나 변경하는 공사
　　ⓑ 공사계획의 신고를 한 공사로서 해당 공사구간 안에서 배관의 길이를 줄이거나 배관의 길이를 10분의 1 이내 또는 20m 미만으로 증설하는 공사
　㉡ 정압기지(정압기)
　　ⓐ 방산탑(벤트 스택)의 설치공사 또는 변경공사
　　ⓑ 배관공사(최고사용압력이 저압인 배관을 20m 이상 설치·증설·교체 또는 이설하는 공사만을 말한다)
② 밸브기지의 위치변경 공사는 공사계획 승인대상이다.

문제 17 공정과 설비의 고장형태 및 영향, 고장형태별 위험도 순위 등을 결정하는 안전성 평가기법은?
① 위험과 운전 분석(HAZOP)
② 예비위험 분석(PHA)
③ 결함수 분석(FTA)
④ 이상 위험도 분석(FMECA)

해설 ① **고장형태 영향 분석(FMEA)** : 서브시스템 해저드 해석이나 시스템 해저드 해석을 위해 사용되는 전형적인 정성(定性)적·귀납(歸納)적 해석수법이며 시스템에 영향을 미치는 모든 요소의 고장을 형별(型別)로 해석해서 그 영향을 검토하는 분석을 말한다.
② "**원인결과 분석**(Cause-Consequence Analysis, CCA) **기법**"이란 잠재된 사고의 결과 및 사고의 근본적인 원인을 찾아내고 사고결과와 원인 사이의 상호 관계를 예측하여 위험성을 정량(定量)적으로 평가하는 방법을 말한다.

해답 15. ③ 16. ② 17. ④

③ **"위험과 운전 분석**(Hazard and Operability Studies, HAZOP) **기법"**이란 공정에 존재하는 위험 요소들과 공정의 효율을 떨어뜨릴 수 있는 운전상의 문제점을 찾아내어 그 원인을 제거하는 방법을 말한다.
④ **"결함수 분석**(Fault Tree Analysis, FTA) **기법"**이란 사고의 원인이 되는 장치의 이상이나 고장의 다양한 조합 및 작업자 실수 원인을 연역적으로 분석하는 방법을 말한다.
⑤ **"이상 위험도 분석**(Failure Modes Effects and Criticality Analysis, FMECA) **기법"**이란 공정 및 설비의 고장의 형태 및 영향, 고장형태별 위험도 순위 등을 결정하는 방법을 말한다.

문제 18

다음은 이동식 압축도시가스 자동차충전시설을 점검한 내용이다. 이 중 기준에 부적합한 경우는?

① 이동충전차량과 가스배관구를 연결하는 호스의 길이가 6m이었다.
② 가스배관구 주위에는 가스배관구를 보호하기 위하여 높이 40cm, 두께 13cm인 철근콘크리트 구조물이 설치되어 있었다.
③ 이동충전차량과 충전설비 사이 거리는 8m이었고, 이동충전차량과 충전설비 사이에 강판제 방호벽이 설치되어 있었다.
④ 충전설비 근처 및 충전설비에서 6m 이상 떨어진 장소에 수동 긴급차단장치가 각각 설치되어 있었으며 눈에 잘 띄었다.

해설 이동충전차량과 가스배관구를 연결하는 호스의 길이가 5m 이내로 한다.

문제 19

독성가스 저장시설의 제독 조치로서 옳지 않은 것은?

① 흡수, 중화 조치
② 흡착 제거 조치
③ 이송설비로 대기 중에 배출
④ 연소 조치

해설 **독성가스 저장시설의 제독 조치**
① 독성가스를 흡수하여 중화 조치한다.
② 가연성 가스 성분이 많은 경우 연소 조치하여 2차적 제거로 습식 제거 조치한다.

문제 20

도시가스 배관의 지하매설 시 사용하는 침상재료(bedding)는 배관 하단에서 배관 상단 몇 cm까지 포설하는가?

① 10
② 20
③ 30
④ 40

해설 ① 침상재료(bedding) : 배관에 작용하는 하중을 수직방향 및 횡방향에서 지지하고 하중을 기초 아래로 분산시키기 위하여 배관 하단에서 배관 상단 30cm까지 포설하는 재료를 말한다.
② 침상재료의 기초재료는 모래[가스배관이 금속관인 경우에는 KS F 4009(레드믹스콘크리트) 규정에 의한 염분농도가 0.04% 이하일 것] 또는 19mm 이상의 큰 입자가 포함되지 않은 양질의 흙을 사용할 것. 다만, 유기질토(이탄 등)·실트·점토질 등 연약한 흙은 제외한다.

해답

18. ① 19. ③ 20. ③

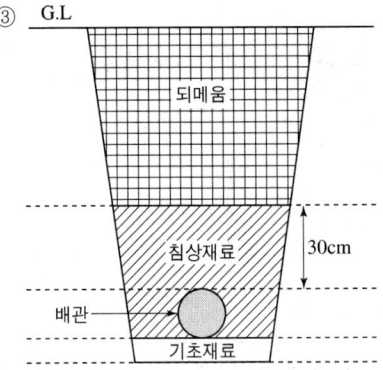

문제 21 시안화수소를 충전한 용기는 충전 후 몇 시간 정치한 뒤 가스의 누출검사를 해야 하는가?

① 6 ② 12
③ 18 ④ 24

해설 시안화수소 저장설비 기준
① 충전용기에 충전하는 시안화수소는 순도가 98% 이상일 것.
② 시안화수소(HCN) 충전한 용기는 24시간 이상 일정한 곳에 놓아 둘 것.
③ 충전 후 60일이 경과되기 전 다른 용기에 충전할 것.
④ 안정제로는 황산, 아황산가스가 있다.
⑤ 1일 1회 이상 질산구리벤젠 등의 시험지로 가스의 누출검사를 한다.

문제 22 폭발 등급은 안전간격에 따라 구분한다. 폭발 등급 Ⅰ급이 아닌 것은?

① 일산화탄소 ② 메탄
③ 암모니아 ④ 수소

해설 폭발성 가스 종류에 의한 분류
① 폭발 1등급 : 안전간격이 0.6mm 이상인 가스로 적용가스로는 폭발등급 2급, 3급을 제외한 모든 가스
② 폭발 2등급 : 안전간격이 0.6mm 미만 ~ 0.4mm 이상인 가스로는 적용가스는 에틸렌, 석탄가스
③ 폭발 3등급 : 안전간격이 0.4mm 미만인 가스로 적용가스로는 수소, 아세틸렌, 이황화탄소, 수성가스

문제 23 염소(Cl_2)의 재해 방지용으로서 흡수제 및 제해제가 아닌 것은?

① 가성소다 수용액 ② 소석회
③ 탄산소다 수용액 ④ 물

해답 21. ④ 22. ④ 23. ④

해설 **독성가스 제독제**

가스 종류	제독제	가스 종류	제독제
염소	가성소다 수용액 탄산소다 수용액 소석회	시안화수소	가성소다 수용액
포스겐	가성소다 수용액 소석회	아황산가스	가성소다 수용액 탄산소다 수용액 물
황화수소	가성소다 수용액 탄산소다 수용액	암모니아 산화에틸렌 염화메탄	물

제독 조치 : 제독 조치는 다음의 방법이나 이와 동등 이상의 작용을 하는 조치 중 한 가지 또는 두 가지 이상인 것을 선택하여 한다.
① 물이나 흡수제로 흡수 또는 중화하는 조치
② 흡착제로 흡착 제거하는 조치
③ 저장탱크 주위에 설치된 유도구로 집액구·피트 등으로 고인 액화가스를 펌프 등의 이송설비로 안전하게 제조설비로 반송하는 조치
④ 연소설비(플레어 스택, 보일러 등)에서 안전하게 연소시키는 조치

문제 24 다음 굴착공사 중 굴착공사를 하기 전에 도시가스사업자와 협의를 하여야 하는 것은?

① 굴착공사 예정지역 범위에 묻혀 있는 도시가스배관의 길이가 110m인 굴착공사
② 굴착공사 예정지역 범위에 묻혀 있는 송유관의 길이가 200m인 굴착공사
③ 해당 굴착공사로 인하여 압력이 3.2kPa인 도시가스배관의 길이가 30m 노출될 것으로 예상되는 굴착공사
④ 해당 굴착공사로 인하여 압력이 0.8MPa인 도시가스배관의 길이가 8m 노출될 것으로 예상되는 굴착공사

해설 **굴착공사 협의서 작성**
① 도시가스배관의 안전에 관하여 협의를 하여야 하는 자는 다음 각 호의 어느 하나에 해당하는 굴착공사를 하려는 자로 한다.
  ㉠ 굴착공사 예정지역 범위에 묻혀 있는 도시가스배관의 길이가 100미터 이상인 굴착공사
  ㉡ 해당 굴착공사로 인하여 최고사용압력이 중압 이상인 배관이 10미터 이상 노출될 것으로 예상되는 굴착공사
② 제1항에 따른 굴착공사를 하려는 자는 법에 따라 굴착공사를 시작하기 전에 별지 제39호 서식에 따라 도시가스사업자와 굴착공사 협의서를 작성하여야 한다.

문제 25 건축물 내 도시가스 매설배관으로 부적합한 것은?

① 동관
② 강관
③ 스테인리스강
④ 가스용 금속 플렉시블 호스

해답 24. ① 25. ②

해설 강관은 부식이 발생하므로 매설배관으로는 부적합하다.

문제 26 고압가스안전관리법의 적용을 받는 가스는?
① 철도 차량의 에어컨디셔너 안의 고압가스
② 냉동능력 3톤 미만인 냉동설비 안의 고압가스
③ 용접용 아세틸렌가스
④ 액화브롬화메탄 제조설비 외에 있는 액화브롬화메탄

해설 고압가스의 종류 및 범위
① 상용(常用)의 온도에서 압력(게이지압력을 말한다)이 1메가파스칼 이상이 되는 압축가스로서 실제로 그 압력이 1메가파스칼 이상이 되는 것 또는 섭씨 35도의 온도에서 압력이 1메가파스칼 이상이 되는 압축가스(아세틸렌가스는 제외)
② 섭씨 15도의 온도에서 압력이 0파스칼을 초과하는 아세틸렌가스
③ 상용의 온도에서 압력이 0.2메가파스칼 이상이 되는 액화가스로서 실제로 그 압력이 0.2메가파스칼 이상이 되는 것 또는 압력이 0.2메가파스칼이 되는 경우의 온도가 섭씨 35도 이하인 액화가스
④ 섭씨 35도의 온도에서 압력이 0파스칼을 초과하는 액화가스 중 액화시안화수소·액화브롬화메탄 및 액화산화에틸렌가스

문제 27 일반도시가스사업자의 가스공급시설 중 정압기의 분해 점검 주기의 기준은?
① 1년에 1회 이상
② 2년에 1회 이상
③ 3년에 1회 이상
④ 5년에 1회 이상

해설 정압기 분해 점검 실시 : 2년에 1회 이상
작동 상황 점검 : 주 1회

문제 28 자동차용 압축천연가스 완속충전설비에서 실린더 내경이 100mm, 실린더의 행정이 200mm, 회전수가 100rpm일 때 처리능력(m³/h)은 얼마인가?
① 9.42
② 8.21
③ 7.05
④ 6.15

해설 이론적 피스톤 처리능력
$V = \dfrac{\pi}{4} \times D^2 \times L \times R \times n \times 60 = \dfrac{\pi}{4} \times (0.1)^2 \times 0.2 \times 100 \times 1 \times 60 = 9.424 \, \text{m}^3/\text{h}$
(여기서, D : 실린더 내경[m], L : 행정[m], R : 회전수[rpm], n : 기통수)

문제 29 다음 중 가연성이면서 유독한 가스는?
① NH_3
② H_2
③ CH_4
④ N_2

26. ③ 27. ② 28. ① 29. ①

해설 ① **가연성 가스** : 아세틸렌, 수소, 산화에틸렌, 일산화탄소, 시안화수소, 프로판, 부탄, 메탄, 에탄, 에틸렌, 염화비닐, 황화수소, 암모니아, 브롬화메탄
② **독성 가스** : 포스겐, 염소, 이산화황, 시안화수소, 황화수소, 암모니아, 일산화탄소, 산화에틸렌, 이산화탄소
③ **가연성 가스 & 독성가스** : 아크릴알데히드(CH_2CHCHO), 염화메탄(CH_3Cl), 브롬화메탄(CH_3Br), 산화에틸렌(C_2H_4O), 시안화수소(HCN), 일산화탄소(CO), 암모니아(NH_3), 벤젠(C_6H_6), 황화수소(H_2S), 이황화탄소(CS_2), 아크릴로니트릴(CH_2CHCN), 모노메틸아민(NH_2CH_3), 트리메틸아민[$N(CH_3)_3$]

문제 30

다음은 어떤 안전설비에 대한 설명인가?

> 설비가 잘못 조작되거나 정상적인 제조를 할 수 없는 경우 자동으로 원재료의 공급을 차단시키는 등 고압가스 제조설비 안의 제조를 제어하는 기능을 한다.

① 긴급이송설비 ② 인터록 기구
③ 안전밸브 ④ 벤트 스택

해설 **인터록 기구**
고압가스시설 또는 그 시설에 속하는 계기를 장치하는 회로에 설치하는 것으로서 온도 및 압력과 그 시설의 상황에 따라 안전 확보를 위한 주요부분에 설비가 잘못 조작되거나 이상이 발생하는 경우에 자동으로 원재료의 공급을 차단 및 가스의 발생을 차단시키는 장치이다.

문제 31

LPG를 탱크로리에서 저장탱크로 이송 시 작업을 중단해야 되는 경우가 아닌 것은?

① 과충전이 된 경우
② 충전기에서 자동차에 충전하고 있을 때
③ 작업 중 주위에 화재 발생 시
④ 누출이 생길 경우

해설 **LPG를 탱크로리 작업 시 중단해야 하는 경우**
① 과충전을 하는 경우 작업을 중단할 것.
② 작업 중 화기 사용 시 또는 화재 발생 시 작업을 중단할 것.
③ 가스 누출 시 작업을 중단할 것.
④ 압축기 사용 시 워터해머(액 압축)의 발생 시 작업을 중단할 것.
⑤ 안전밸브의 작동 시 작업을 중단할 것.

문제 32

다음 배관재료 중 사용온도 350℃ 이하, 압력이 10MPa 이상의 고압관에 사용되는 것은?

① SPP ② SPPH
③ SPPW ④ SPPG

30. ② 31. ② 32. ②

해설 ① 고압배관용 탄소강 강관
　　㉠ SPPH(carbon steel pipes for high pressure services)
　　㉡ 350℃ 이하 10MPa 이상의 암모니아 합성공정, 화학공장배관 등에 사용한다.
② SPP : 배관용 탄소강 강관(사용압력이 낮은 1MPa 이하)
③ SPPW : 수도용 아연도금 강관

문제 33

대형 저장탱크 내를 가는 스테인리스관으로 상하로 움직여 관 내에서 분출하는 가스상태와 액체상태의 경계면을 찾아 액면을 측정하는 액면계로 옳은 것은?

① 슬립튜브식 액면계　　② 유리관식 액면계
③ 클링커식 액면계　　④ 플로트식 액면계

해설 ① 슬립튜브식 액면계 : 대형 용기의 상부에 설치되어 있어 튜브를 상하로 움직여 관 내에서 직접 유출하는 유체로 액면을 측정한다.
② 액면계의 종류
　㉠ 방사선식, ㉡ 기포식, ㉢ 고정 튜브식, ㉣ 슬립튜브식, ㉤ 회전튜브식, ㉥ 차압식,
　㉦ 플로트식, ㉧ 평형반사식, ㉨ 평형투시식, ㉩ 초음파식

문제 34

내압이 0.4~0.5MPa 이상이고, LPG나 액화가스와 같이 낮은 비점의 액체일 때 사용되는 터보식 펌프의 메카니컬 시일 형식은?

① 더블 시일　　② 아웃사이드 시일
③ 밸런스 시일　　④ 언밸런스 시일

해설 메카니컬 시일의 종류
① 밸런스 시일형
　㉠ 펌프의 내압 높은 경우로서 LPG, 액화가스 등 저비점이고 내압이 0.4MPa~0.5MPa 이상인 액체에 사용한다.
　㉡ LPG, 액화가스와 저비점의 액체용 펌프에서 쓰이는 펌프의 축봉장치이다.
② 아웃사이드 시일형 : 구조재, 스프링재의 내식성 문제를 고려할 때 사용한다.

문제 35

3단 토출압력이 2MPa·g이고, 압축비가 2인 4단공기압축기에서 1단 흡입압력은 약 몇 MPa·g인가? (단, 대기압은 0.1MPa로 한다.)

① 0.16 MPa·g　　② 0.26 MPa·g
③ 0.36 MPa·g　　④ 0.46 MPa·g

해설 ① 압축비 $a = \sqrt[n]{\dfrac{P_2}{P_1}} = 2$
② 3단 토출압력 = 2MPa·g
③ 절대압력 = 0.1 + 2 = 2.1MPa (대기압은 0.1MPa로 한다.)
④ 3단 흡입 = $\dfrac{2단\ 토출압력}{압축비} = \dfrac{2.1}{2} = 1.05$ MPa·a

33. ①　34. ③　35. ①

⑤ 2단 흡입 = $\dfrac{1단\ 토출압력}{압축비} = \dfrac{1.05}{2} = 0.525\,\text{MPa} \cdot a$

⑥ 1단 흡입압력 = $\dfrac{토출압력}{압축비} = \dfrac{0.525}{2} = 0.262\,\text{MPa} \cdot a - 0.1\,\text{MPa} \cdot a = 0.16\,\text{MPa} \cdot g$

문제 36
반복하중에 의해 재료의 저항력이 저하하는 현상을 무엇이라고 하는가?
① 교축
② 크리프
③ 피로
④ 응력

해설 피로(fatigue) : 강도의 저하가 발생한다.

문제 37
가연성 가스 검출기 중 탄광에서 발생하는 CH_4의 농도를 측정하는 데 주로 사용되는 것은?
① 간섭계형
② 안전등형
③ 열선형
④ 반도체형

해설 가연성의 가스 검출기
① 안전등형
  ㉠ 탄광 내에서 발생하는 메탄의 검출과 농도를 측정하는데 안전등형 간이 가연성 가스 검정기로 검출한다.
  ㉡ 주로 탄광 내에서 CH_4의 발생을 검출하는 데 사용되며 청염(푸른 불꽃)의 길이로써 그 농도를 알 수 있는 가스 검지기이다.
② 간섭계형
  가스의 굴절률의 차이를 이용하여 가스의 검출과 농도를 측정하는 방법이다.
③ 열선형
  ㉠ 열전도식 : 전기적으로 가열된 열선(필라멘트) 또는 전기저항체로 가스 발생을 검지한다.
  ㉡ 열소식 : 연소에 의한 온도변화에 다른 전기 저항체의 변화를 이용한 것으로 LPG 등 가연성 가스에는 적용할 수 없다.

문제 38
저온액화가스 탱크에서 발생할 수 있는 열의 침입현상으로 가장 거리가 먼 것은?
① 연결된 배관을 통한 열전도
② 단열재를 충전한 공간에 남은 가스분자의 열전도
③ 내면으로부터의 열전도
④ 외면의 열복사

해설 저온액화가스 탱크의 열의 침입현상
① 연결된 배관을 통한 열전도
② 외면으로부터의 열복사
③ 밸브 등에 의한 열전도
④ 단열재를 충전한 공간에 남은 가스분자의 열전도

해답 36. ③ 37. ② 38. ③

문제 39 가연성 가스를 냉매로 사용하는 냉동제조시설의 수액기에는 액면계를 설치한다. 다음 중 수액기의 액면계로 사용할 수 없는 것은?

① 환형 유리관 액면계
② 차압식 액면계
③ 초음파식 액면계
④ 방사선식 액면계

해설 **환형 유리관 액면계**
가연성 가스 또는 독성가스를 냉매로 사용하는 냉매설비 중 수액기에 설치하는 액면계는 환형 유리관 액면계 외의 것을 사용할 것.(즉, 사용하지 못한다.)

문제 40 LP가스 자동차충전소에서 사용하는 디스펜서(dispenser)에 대하여 옳게 설명한 것은?

① LP가스 충전소에서 용기에 일정량의 LP가스를 충전하는 충전기기이다.
② LP가스 충전소에서 용기에 충전하는 가스용적을 계량하는 기기이다.
③ 압축기를 이용하여 탱크로리에서 저장탱크로 LP가스를 이송하는 장치이다.
④ 펌프를 이용하여 LP가스를 저장탱크로 이송할 때 사용하는 안전장치이다.

해설 **디스펜서**(dispenser)
① 용기에 일정량의 LP가스를 충전하는 충전기기이다.
② 디스펜서를 보호하기 위해 경계턱을 설치한다.

문제 41 다음 중 왕복식 펌프에 해당하는 것은?

① 기어 펌프
② 베인 펌프
③ 터빈 펌프
④ 플런저 펌프

해설 **터보형 펌프** : 원심 펌프(볼류트, 터빈 펌프), 축류 펌프, 사류 펌프
왕복 펌프 : 플런저 펌프, 피스톤 펌프, 다이어프램 펌프

문제 42 도시가스의 측정 사항에 있어서 반드시 측정하지 않아도 되는 것은?

① 농도 측정
② 연소성 측정
③ 압력 측정
④ 열량 측정

해설 **농도 측정** : 독성가스에 해당된다.

문제 43 펌프의 실제 송출유량을 Q, 펌프 내부에서의 누설유량을 $0.6Q$, 임펠러 속을 지나는 유량을 $1.6Q$라 할 때 펌프의 체적효율(ηV)은?

① 37.5%
② 40%
③ 60%
④ 62.5%

해답 39. ① 40. ① 41. ④ 42. ① 43. ④

해설 펌프의 체적효율

$$\eta_{th} = 1 - \frac{Q_l}{Q_{th}} = \left(1 - \frac{0.6\,Q}{1.6\,Q}\right) \times 100 = 62.5\%$$

(여기서, Q_l : 누설유량)

문제 44

LP가스 공급방식 중 자연기화 방식의 특징에 대한 설명으로 틀린 것은?

① 기화능력이 좋아 대량 소비 시에 적당하다.
② 가스 조성의 변화량이 크다.
③ 설비장소가 크게 된다.
④ 발열량의 변화량이 크다.

해설 자연기화 방식의 특징
① 가화능력에 한계가 있어 소량 소비에 적당하다.
② 가스 조성의 변화가 크다.
③ 발열량의 변화가 크다.
④ 용기 수량이 많아야 한다.
⑤ 설비 장소가 크게 된다.

문제 45

다음 [보기]에서 설명하는 정압기의 종류는?

[보기]
• Unloading형이다.
• 본체는 복좌밸브로 되어 있어 상부에 다이어프램을 가진다.
• 정특성은 아주 좋으나 안정성은 떨어진다.
• 다른 형식에 비하여 크기가 크다.

① 레이놀드 정압기 ② 엠코 정압기
③ 피셔식 정압기 ④ 엑셀 플로식 정압기

해설 레이놀드식 정압기의 특징
① 언로딩형(unloading)으로 본체에는 복좌밸브가 있고 상부에는 다이어프램이 있다.
② 사용압력은 중압과 저압에 사용한다.

문제 46

도시가스 제조방식 중 촉매를 사용하여 사용온도 400~800°C에서 탄화수소와 수증기를 반응시켜 수소, 메탄, 일산화탄소, 탄산가스 등의 저급 탄화수소로 변환시키는 프로세스는?

① 열분해 프로세스 ② 접촉분해 프로세스
③ 부분연소 프로세스 ④ 수소화분해 프로세스

해설 접촉분해 공정
수증기 개질, 접촉 수증기 개질 등으로 불린다.

해답

44. ①　45. ①　46. ②

문제 47 수소의 공업적 용도가 아닌 것은?

① 수증기의 합성　　　② 경화유의 제조
③ 메탄올의 합성　　　④ 암모니아 합성

해설 **수소의 공업적 용도**
① 주로 암모니아 합성원료로 사용한다.
② 메탄올의 합성원료, 경화유 제조용, 석유화학 공업용 원료로 사용한다.

문제 48 다음 각 온도의 단위환산 관계로서 틀린 것은?

① $0℃ = 273K$　　　② $32°F = 492°R$
③ $0K = -273℃$　　　④ $0K = 460°R$

해설 ① $0°K = -273℃$
② $0°R = -460°F$

문제 49 다음 중 저장소의 바닥부 환기에 가장 중점을 두어야 하는 가스는?

① 메탄　　　② 에틸렌
③ 아세틸렌　　　④ 부탄

해설 **가스의 비중**
① 기체 비중 = $\dfrac{\text{기체 분자량}}{\text{공기의 평균 분자량}(29)}$
② 기체의 비중이 1보다 크면 공기보다 무거워서 바닥에 체류한다.
③ 기체의 비중은 기체의 분자량에 비례한다.
④ 메탄 = $\dfrac{16}{29} = 0.55$
⑤ 에틸렌 = $\dfrac{28}{29} = 0.965$
⑥ 아세틸렌 = $\dfrac{26}{29} = 0.89$
⑦ 부탄 = $\dfrac{58}{29} = 2$

문제 50 고압가스의 성질에 따른 분류가 아닌 것은?

① 가연성 가스　　　② 액화 가스
③ 조연성 가스　　　④ 불연성 가스

해설 **고압가스 성질에 따른 분류** : ① 가연성 가스　② 조연성 가스　③ 불연성 가스
　　　고압가스 상태에 따른 분류 : ① 압축가스　② 액화가스　③ 용해가스

해답 47. ①　48. ④　49. ④　50. ②

문제 51 압력이 일정할 때 기체의 절대온도와 체적은 어떤 관계가 있는가?

① 절대온도와 체적은 비례한다.
② 절대온도와 체적은 반비례한다.
③ 절대온도는 체적의 제곱에 비례한다.
④ 절대온도는 체적의 제곱에 반비례한다.

해설 **샤를의 법칙** : 압력이 일정할 때 그 기체의 체적은 절대온도에 비례한다.

문제 52 100J의 일의 양을 cal 단위로 나타내면 약 얼마인가?

① 24   ② 40
③ 240   ④ 400

해설 ① $1J = 0.24 cal$
② $1 : 0.24 = 100 : X$, $X = 24 cal$

문제 53 표준상태에서 분자량이 44인 기체의 밀도는?

① 1.96 g/L   ② 1.96 kg/L
③ 1.55 g/L   ④ 1.55 kg/L

해설 **기체의 밀도**

기체의 밀도 $= \dfrac{\text{가스 분자량(g)}}{22.4(L)} = \dfrac{44}{22.4} = 1.96 [g/L]$

문제 54 고압가스 종류별 발생 현상 또는 작용으로 틀린 것은?

① 수소 – 탈탄작용   ② 염소 – 부식
③ 아세틸렌 – 아세틸라이드 생성   ④ 암모니아 – 카르보닐 생성

해설 **일산화탄소** : 카르보닐화 반응

문제 55 정압비열(C_p)와 정적비열(C_v)의 관계를 나타내는 비열비(k)를 옳게 나타낸 것은?

① $k = C_p/C_v$ ② $k = C_v/C_p$
③ $k < 1$ ④ $k = C_v - C_p$

해설 **비열비**

① $k = \dfrac{C_P}{C_V} > 1$ ② $C_P > C_V$

해답   51. ① 52. ① 53. ① 54. ④ 55. ①

문제 56

다음 중 수소(H_2)의 제조법이 아닌 것은?

① 공기액화 분리법
② 석유 분해법
③ 천연가스 분해법
④ 일산화탄소 전화법

해설 공기액화 분리법 : 산소의 제조법

문제 57

수은주 760mmHg 압력은 수주로는 얼마가 되는가?

① $9.33mH_2O$
② $10.33mH_2O$
③ $11.33mH_2O$
④ $12.33mH_2O$

해설 1atm = 760mmHg = 760torr
= $10332kg/m^2$ = $1.0332kg/cm^2$ = $10.332mAq$ = $10.332mH_2O$
= 29.92inHg = 1013.25mbar = 1.01325bar = $101325N/m^2$

문제 58

일산화탄소의 성질에 대한 설명 중 틀린 것은?

① 산화성이 강한 가스이다.
② 공기보다 약간 가벼우므로 수상치환으로 포집한다.
③ 개미산에 진한 황산을 작용시켜 만든다.
④ 혈액 속의 헤모글로빈과 반응하여 산소의 운반력을 저하시킨다.

해설 일산화탄소의 화학적 성질
① 환원성이 강한 가스로 금속산화물을 환원시켜 단체 금속을 만든다.
② 공기중에서 연소가 용이하다.
③ 상온에서 포스겐을 생성한다.

문제 59

프로판의 완전연소 반응식으로 옳은 것은?

① $C_3H_8 + 4O_2 \rightarrow 3CO_2 + 2H_2O$
② $C_3H_8 + 5O_2 \rightarrow 3CO_2 + 4H_2O$
③ $C_3H_8 + 2O_2 \rightarrow 3CO_2 + H_2O$
④ $C_3H_8 + O_2 \rightarrow CO_2 + H_2O$

해설 탄화수소(C_mH_n)의 완전연소 반응식

① $C_mH_n + \left(m + \dfrac{n}{4}\right)O_2 \rightarrow mCO_2 + \dfrac{n}{2}H_2O$

② $C_4H_{10} + \left(4 + \dfrac{10}{4}\right)O_2 \rightarrow 4CO_2 + \left(\dfrac{10}{2}\right)H_2O$

③ 프로판(C_3H_8) : $C_3H_8 + 5O_2 \rightarrow 3CO_2 + 4H_2O + 530.60kcal$
     1mol   5mol   3mol   4mol

해답 56. ① 57. ② 58. ① 59. ②

문제 60 다음 중 확산 속도가 가장 빠른 것은?

① O_2
② N_2
③ CH_4
④ CO_2

해설 **그레이엄(Graham)의 확산법칙**

① $\dfrac{V_1}{V_2} = \sqrt{\dfrac{d_2}{d_1}} = \sqrt{\dfrac{M_2}{M_1}}$

② 확산속도의 비는 밀도 또는 분자량의 제곱근에 반비례한다.
즉, 분자량이 작은 기체가 공간에서 확산속도가 커진다.
③ 산소의 분자량 : 32
④ 질소의 분자량 : 28
⑤ 메탄의 분자량 : 16
⑥ 탄산가스의 분자량 : 44

해답 60. ③

2024년 9월 CBT 시행

문제 01 일반도시가스사업 정압기실에 설치되는 기계환기설비 중 배기구의 관경은 얼마 이상으로 하여야 하는가?

① 10cm ② 20cm
③ 30cm ④ 50cm

해설 배기구 관경 : 100mm 이상으로 한다.

문제 02 액화염소가스 1,375kg을 용량 50L인 용기에 충전하려면 몇 개의 용기가 필요한가? (단, 액화염소가스의 정수[C]는 0.8이다.)

① 20 ② 22
③ 35 ④ 37

해설 ① $W[kg] = \dfrac{V[L]}{C}$ (여기서, C : 충전상수)

② $W[kg] = \dfrac{V[L]}{C} = \dfrac{50}{0.8} = 62.5\,kg$ ③ $\dfrac{1375}{62.5} = 22$개

문제 03 차량에 고정된 산소 용기 운반 차량에는 일반인이 쉽게 식별할 수 있도록 표시하여야 한다. 운반차량에 표시하여야 하는 것은?

① 위험고압가스, 회사명 ② 위험고압가스, 전화번호
③ 화기엄금, 회사명 ④ 화기엄금, 전화번호

해설 산소 용기 운반 차량 안내
차량에는 일반인이 쉽게 알아볼 수 있도록 그 차량 앞, 뒤의 보기 쉬운 곳에 붉은 글씨로 "위험고압가스"라는 경계표지와 전화번호를 표시한다.

문제 04 고압가스 품질검사에 대한 설명으로 틀린 것은?

① 품질검사 대상 가스는 산소, 아세틸렌, 수소이다.
② 품질검사는 안전관리책임자가 실시한다.
③ 산소는 동·암모니아 시약을 사용한 오르사트법에 의한 시험결과 순도가 99.5% 이상이어야 한다.
④ 수소는 하이드로설파이드 시약을 사용한 오르사트법에 의한 시험결과 순도가 99.0% 이상이어야 한다.

해답 01. ① 02. ② 03. ② 04. ④

해설 가스 분석법

종류	시약	검사	순도
수소	하이드로 설파이드 피로갈롤	오르사트법	98.5% 이상
산소	동, 암모니아	오르사트법	99.5% 이상
아세틸렌	브롬	뷰렛법	98% 이상
	질산은	정성시험	
	발연황산	오르사트법	

문제 05 압력조정기 출구에서 연소기 입구까지의 호스는 얼마 이상의 압력으로 기밀시험을 실시하는가?

① 2.3 kPa   ② 3.3 kPa
③ 5.63 kPa   ④ 8.4 kPa

해설 기밀시험 압력
① LPG 사용시설 압력 : 8.4kPa 이상으로 기밀시험을 실시한다.
② 도시가스 사용시설 압력 : 8.4kPa 이상 또는 최고사용압력의 1.1배 중 높은 압력 이상으로 기밀시험을 실시한다.

문제 06 도시가스 중압 배관을 매몰할 경우 다음 중 적당한 색상은?

① 회색   ② 청색
③ 녹색   ④ 적색

해설 가스 배관 보호의 색상
① 중압배관 이상 : 적색   ② 저압배관 : 황색

문제 07 도시가스 공급시설을 제어하기 위한 기기를 설치한 계기실의 구조에 대한 설명으로 틀린 것은?

① 계기실의 구조는 내화구조로 한다.
② 내장재는 불연성 재료로 한다.
③ 창문은 망입(網入)유리 및 안전유리 등으로 한다.
④ 출입구는 1곳 이상에 설치하고 출입문은 방폭문으로 한다.

해설 계기실의 구조
① 내화구조로 한다.
② 내장재는 불연성재료일 것. 다만, 바닥재료는 난연성재료를 사용할 수 있다.
③ 출입구는 2곳 이상에 설치하고 출입문은 건축법에 의한 방화문으로 하며, 그 중 1곳은 위험한 장소로 향하지 않도록 설치하여야 한다. 또한 출입문은 쉽게 열리지 않도록 조치를 해 둘 수 있다.
④ 창문은 망입(網入)유리 및 안전유리로 할 것. 또한 운전관리하는 데 있어 안전 확보에 필요한 최소한의 창문을 제외한 창문에 대해서는 제조설비에 인접한 방향으로 향하지 않도록 설치하여야 한다.

해답   05. ④   06. ④   07. ④

문제 08

LPG 저장탱크에 설치하는 압력계는 상용압력 몇 배 범위의 최고눈금이 있는 것을 사용하여야 하는가?

① 1~1.5배
② 1.5~2배
③ 2~2.5배
④ 2.5~3배

해설 압력계의 최고눈금 범위 : 상용압력의 1.5배 이상~2배 이하

문제 09

고압가스 저장능력 산정기준에서 액화가스의 저장탱크 저장능력을 구하는 식은? (단, Q, W는 저장능력, P는 최고충전압력, V는 내용적, C는 가스 종류에 따른 정수, d는 가스의 비중이다.)

① $W = 0.9\,dV$
② $Q = 10\,PV$
③ $W = V/C$
④ $Q = (10P+1)V$

해설 액화가스 저장탱크 저장능력
① $W = 0.9\,dV$
② Q : 저장능력(단위 : m^3)
③ P : 35℃(아세틸렌가스의 경우에는 15℃)에서의 최고충전압력(단위 : MPa)
④ W : 저장능력(단위 : kg)
⑤ d : 상용온도에서의 액화가스의 비중(단위 : kg/l)
⑥ V : 내용적(단위 : l)

문제 10

가연성 가스를 취급하는 장소에서 공구의 재실로 사용하였을 경우 불꽃이 발생할 가능성이 가장 큰 것은?

① 고무
② 가죽
③ 알루미늄합금
④ 나무

해설 알루미늄은 마찰이나 타격에 의해 불꽃이 발생할 수 있다.

문제 11

액화가스를 충전하는 탱크는 그 내부에 액면요동을 방지하기 위하여 무엇을 설치하여야 하는가?

① 방파판
② 안전밸브
③ 액면계
④ 긴급차단장치

해설 방파판
① 액화가스를 수송할 때 차량에 고정된 탱크 내의 액면이 요동하는 것을 방지하기 위하여 탱크 내에 설치한다.
② 탱크 횡단면적의 40% 이상
③ 탱크의 내용적 $5m^3$ 이하에 1개소씩 설치한다.

해답 08. ② 09. ① 10. ③ 11. ①

문제 **12** 고압가스 충전용 밸브를 가열할 때의 방법으로 가장 적당한 것은?

① 60℃ 이상의 더운물을 사용한다. ② 열습포를 사용한다.
③ 가스버너를 사용한다. ④ 복사열을 사용한다.

해설 40℃ 이하의 온수나 열습포를 사용한다.

문제 **13** 과압안전장치 형식에서 용전의 용융온도로서 옳은 것은? (단, 저압부에 사용하는 것은 제외한다.)

① 40℃ 이하 ② 60℃ 이하
③ 75℃ 이하 ④ 105℃ 이하

해설 ① 암모니아 가용전의 용융온도 : 75℃ 이하
② 염소의 가용전의 용융온도 : 65~68℃

문제 **14** 특정고압가스사용시설에서 독성가스 감압설비와 그 가스의 반응설비 간의 배관에 반드시 설치하여야 하는 설비는?

① 안전밸브 ② 역화방지장치
③ 중화장치 ④ 역류방지장치

해설 독성가스의 감압설비와 그 가스의 반응설비 간의 배관에는 역류방지장치를 할 것.

문제 **15** 도시가스도매사업자가 제조소 내에 저장능력이 20만 톤인 지상식 액화천연가스 저장탱크를 설치하고자 한다. 이때 처리능력이 30만m³인 압축기와 얼마 이상의 거리를 유지하여야 하는가?

② 10m ② 24m
③ 30m ④ 50m

해설 이격거리
① 액화천연가스의 저장설비와 처리설비는 그 외면으로부터 사업소경계까지 다음 계산식에 따라 얻은 거리(그 거리가 50m 미만의 경우에는 50m) 이상을 유지할 것.
② $L = C \times \sqrt[3]{143000\,W}$
③ 이 계산식에서 L, C 및 W는 각각 다음의 수치를 표시한다.
  L : 유지하여야 하는 거리(단위 : m)
  C : 저압 지하식 저장탱크는 0.240, 그 밖의 가스저장설비와 처리설비는 0.576
  W : 저장탱크는 저장능력(단위 : 톤)의 제곱근, 그 밖의 것은 그 시설 안의 액화천연가스의 질량
④ $L = C \times \sqrt[3]{143000\,W} = 0.576 \times \sqrt[3]{143000 \times 200000} \fallingdotseq 31$

12. ② 13. ③ 14. ④ 15. ③

문제 16 가스사용시설인 가스보일러의 급·배기방식에 따른 구분으로 틀린 것은?

① 반밀폐형 자연배기식(CF) ② 반밀폐형 강제배기식(FE)
③ 밀폐형 자연배기식(RF)   ④ 밀폐형 강제급·배기식(FF)

해설 밀폐형 자연배기식 : FC

문제 17 다음 중 2중관으로 하여야 하는 가스가 아닌 것은?

① 일산화탄소   ② 암모니아
③ 염화메탄   ④ 염소

해설 2중관으로 하여야 하는 독성가스
포스겐, 염소, 염화메탄, 암모니아, 황화수소, 시안화수소, 아황산가스

문제 18 용기의 재검사 주기에 대한 기준으로 맞는 것은?

① 압력용기는 1년마다 재검사
② 저장탱크가 없는 곳에 설치한 기화기는 2년마다 재검사
③ 500L 이상 이음매 없는 용기는 5년마다 재검사
④ 용접용기로서 신규검사 후 15년 이상 20년 미만인 용기는 3년마다 재검사

해설 용기의 재검사 주기
① 압력용기 재검사 : 4년마다
② 저장탱크가 없는 곳에 설치한 기화기는 재검사 : 3년마다
③ 용접용기로서 신규검사 후 15년 이상 20년 미만인 용기는 재검사 : 2년마다
④ 500L 이상 이음매 없는 용기는 5년마다 재검사 : 5년마다

문제 19 도시가스 공급시설의 안전조작에 필요한 조명등의 조도는 몇 럭스 이상이어야 하는가?

① 100   ② 150
③ 200   ④ 300

해설 가스 공급시설의 안전조작에 필요한 조도는 150lux 이상일 것.

문제 20 암모니아 취급 시 피부에 닿았을 때 조치사항으로 가장 적당한 것은?

① 열습포로 감싸준다.
② 아연화 연고를 바른다.
③ 산으로 중화시키고 붕대로 감는다.
④ 다량의 물로 세척 후 붕산수를 바른다.

해답 16. ③ 17. ① 18. ③ 19. ② 20. ④

해설 오염환자 응급조치 요령

구분	증 상	응급처치
염소 가스	• 눈, 코, 기관지 등에 심한 자극 • 액화염소는 동상 유발 • 허용농도 1ppm, 33ppm은 1시간 이내 50% 사망	흡입 시 신선한 곳으로 옮겨 의복을 벗기고 모포 등으로 보온 후 의사 진단

암모니아
가스
	• 눈, 코, 기관지에 자극
	• 액화암모니아는 피부 동상 유발
	• 허용농도 50ppm,
	  2,500ppm 이상의 경우
	  1시간 이내 100% 사망
		• 흡입 시 2% 붕산액으로 씻고 다량의 구연산 또는 레몬주스를 마신다.
		• 피부오염 : 다량의 물로 세척 후 레몬과 즙, 2% 초산액이나 붕산용액으로 세척
		• 눈 : 물로 씻은 후 2% 붕산용액으로 씻는다.

문제 21 차량에 고정된 탱크 중 독성가스는 내용적을 얼마 이하로 하여야 하는가?

① 12,000 L   ② 15,000 L
③ 16,000 L   ④ 18,000 L

해설 독성가스 차량 탱크의 내용적
① 독성가스 : 12,000L 이하 (암모니아 가스 제외)
② 가연성 가스, 산소 : 18,000L 이하

문제 22 가연성 가스용 가스누출경보 및 자동차단장치의 경보농도설정치의 기준은?

① ±5% 이하   ② ±10% 이하
③ ±15% 이하   ④ ±25% 이하

해설 가스누설검지 경보장치의 기능
경보기의 정밀도는 경보농도 설정치에 대하여 가연성 가스용에 있어서는 ±25%, 독성가스에서는 ±30% 이하로 할 것.

문제 23 저장탱크 방류둑 용량은 저장능력에 상당하는 용적 이상의 용적이어야 한다. 다만, 액화산소 저장탱크의 경우에는 저장능력 상당용적의 몇 % 이상으로 할 수 있는가?

① 40   ② 60
③ 80   ④ 90

해설 방류둑의 용량
① 액화산소 저장탱크의 방류둑 상당용적의 60% 이상으로 한다.
② 액화가스는 저장능력에 상당 용적으로 한다.
③ 집합방류둑 : 최대저장능력 + 잔연 총능력 (10%)
④ 냉동제조는 수액기 내용적의 90% 이상으로 한다.

21. ① 22. ④ 23. ②

문제 24 도시가스사업법에서 정한 특정가스 사용시설에 해당하지 않는 것은?

① 제1종 보호시설 내 월사용예정량 1,000m³ 이상인 가스사용시설
② 제2종 보호시설 내 월사용예정량 2,000m³ 이상인 가스사용시설
③ 월사용예정량 2,000m³ 이하인 가스사용시설 중 많은 사람이 이용하는 시설로 시·도지사가 지정하는 시설
④ 전기사업법, 에너지이용합리화법에 의한 가스사용시설

해설 특정가스 사용시설
① 제1종 보호시설 내 월사용예정량 1,000m³ 이상인 가스사용시설
② 제2종 보호시설 내 월사용예정량 2,000m³ 이상인 가스사용시설
③ 전기사업법, 에너지이용합리화법에 의한 검사대상기기에 해당하는 가스사용시설은 제외한다.

문제 25 LPG 충전·집단공급 저장시설의 공기에 의한 내압시험 시 상용압력의 일정 압력 이상으로 승압한 후 단계적으로 승압시킬 때, 상용압력의 몇 %씩 증가시켜 내압시험압력에 달하였을 때 이상이 없어야 하는가?

① 5%   ② 10%
③ 15%   ④ 20%

해설 LPG 저장시설의 내압시험
① 우선 상용압력 50%까지 승압시킨 후 단계적으로 상용압력 10% 승압한다.
② 누실, 팽창 등의 이상이 없을 시 합격한 것으로 한다.

문제 26 도시가스 배관을 지상에 설치 시 검사 및 보수를 위하여 지면으로부터 몇 cm 이상의 거리를 유지하여야 하는가?

① 10cm   ② 15cm
③ 20cm   ④ 30cm

해설 도시가스 지상 배관 설치 기준
① 지상설치 배관은 지면으로부터 유지 거리 : 30cm 이상
② 주위 상황에 따라 방호조치를 할 것.

문제 27 용기 신규검사에 합격된 용기 부속품 각인에서 초저온용기나 저온용기의 부속품에 해당하는 기호는?

① LT   ② PT
③ MT   ④ UT

해설 ① AG : 아세틸렌가스를 충전하는 용기의 부속품
② PG : 압축가스를 충전하는 용기의 부속품

 24. ④   25. ②   26. ④   27. ①

③ LT : 초저온용기 및 저온용기의 부속품
④ LPG : 액화석유가스를 충전하는 용기의 부속품
⑤ PT : 압축가스 충전용기

문제 28 다음 각 가스의 정의에 대한 설명으로 틀린 것은?

① 압축가스란 일정한 압력에 의하여 압축되어 있는 가스를 말한다.
② 액화가스란 가압·냉각 등의 방법에 의하여 액체상태로 되어 있는 것으로서 대기압에서의 끓는점이 40℃ 이하 또는 상용온도 이하인 것을 말한다.
③ 독성가스란 인체에 유해한 독성을 가진 가스로서 허용농도가 100만분의 3000 이하인 것을 말한다.
④ 가연성 가스란 공기 중에서 연소하는 가스로서 폭발한계의 하한이 10% 이하인 것과 폭발한계의 상한과 하한의 차가 20% 이상인 것을 말한다.

해설 "독성가스"란 아크릴로니트릴·아크릴알데히드·아황산가스·암모니아·일산화탄소·이황화탄소·불소·염소·브롬화메탄·염화메탄·염화프렌·산화에틸렌·시안화수소·황화수소·모노메틸아민·디메틸아민·트리메틸아민·벤젠·포스겐·요오드화수소·브롬화수소·염화수소·불화수소·겨자가스·알진·모노실란·디실란·디보레인·셀렌화수소·포스핀·모노게르만 및 그 밖에 공기 중에 일정량 이상 존재하는 경우 인체에 유해한 독성을 가진 가스로서 허용농도(해당 가스를 성숙한 흰쥐 집단에게 대기 중에서 1시간 동안 계속하여 노출시킨 경우 14일 이내에 그 흰쥐의 2분의 1 이상이 죽게 되는 가스의 농도를 말한다. 이하 같다)가 100만분의 5000 이하인 것을 말한다.

문제 29 압축, 액화 등의 방법으로 처리할 수 있는 가스의 용적이 1일 100m³ 이상인 사업소에는 표준이 되는 압력계를 몇 개 이상 비치하여야 하는가?

① 1개　　　　　　　　　　② 2개
③ 3개　　　　　　　　　　④ 4개

해설 가스의 체적이 1일 100m³ 이상인 사업소는 표준압력계를 2개 이상 비치한다.

문제 30 가연성 가스 및 독성가스의 충전용기 보관실에 대한 안전거리 규정으로 옳은 것은?

① 충전용기 보관실 1m 이내에 발화성 물질을 두지 말 것.
② 충전용기 보관실 2m 이내에 인화성 물질을 두지 말 것.
③ 충전용기 보관실 3m 이내에 발화성 물질을 두지 말 것.
④ 충전용기 보관실 8m 이내에 인화성 물질을 두지 말 것.

해설 ① 용기 보관실 주위의 2m(우회거리) 이내에는 화기 취급을 하거나 인화성 물질 및 가연성 물질을 두지 않을 것.
② 용기 보관실의 전기시설은 방폭구조이며 전기스위치는 용기저장실 또는 충전용기 외

28. ③　29. ②　30. ②

부에 설치한다.
③ 용기 보관실 내에는 분리형 가스 누출경보기를 설치한다.
④ 용기 보관실 내에는 방폭등 외의 조명등을 설치하지 아니한다.

문제 31 배관 속을 흐르는 액체의 속도를 급격히 변화시키면 물이 관벽을 치는 현상이 일어나는데 이런 현상을 무엇이라 하는가?

① 캐비테이션 현상   ② 워터해머링 현상
③ 서징현상   ④ 맥동현상

해설 ① 수격현상(water hammering, 워터해머링) : 유속이 급변하여 심한 압력변화를 갖게 되는 작용이다.
② 맥동현상(서징, surging)의 방지법으로 유량조정밸브를 펌프 송출측 직후에 배치시킨다.
③ 베이퍼로크는 저비점 액체를 이송시킬 때 입구쪽에서 발생되는 액체비등 현상이다.
④ 캐비테이션 현상(cavitation, 공동현상) 방지법
  ㉠ 펌프의 회전수를 낮추어 흡입 비교회전도를 적게 한다.
  ㉡ 양흡입 펌프를 사용한다.

문제 32 증기 압축식 냉동기에서 냉매가 순환되는 경로로 옳은 것은?

① 압축기 → 증발기 → 응축기 → 팽창밸브
② 증발기 → 응축기 → 압축기 → 팽창밸브
③ 증발기 → 팽창밸브 → 응축기 → 압축기
④ 압축기 → 응축기 → 팽창밸브 → 증발기

해설 ① **증기 압축식 냉동기** : 증발기 → 압축기 → 응축기 → 팽창밸브
② **흡수식 냉동기** : 흡수기 → 발생기 → 응축기 → 팽창밸브 → 증발기

문제 33 오리피스미터의 특징에 대한 설명으로 옳은 것은?

① 압력손실이 매우 작다.   ② 침전물이 관벽에 부착되지 않는다.
③ 내구성이 좋다.   ④ 제작이 간단하고 교환이 쉽다.

해설 **오리피스미터**(orifice meter)
① 유량을 측정하며 압력손실이 가장 크다.
② 고압에 적당하다.

문제 34 도시가스의 품질검사 시 가장 많이 사용되는 검사방법은?

① 원자흡광광도법   ② 가스 크로마토그래피법
③ 자외선, 적외선 흡수분광법   ④ ICP법

해답 31. ② 32. ④ 33. ④ 34. ②

해설 **가스 크로마토그래피법**(gas chromatography)
① 전처리한 시료를 운반가스에 의하여 크로마토관 내에서 분리시켜 각 성분을 크로마토그램을 사용하여 목적성분을 분석한다.
② 물리적 분석법이다.
③ 도시가스의 품질검사 시 가장 많이 사용된다.

문제 35 고압가스안전관리법령에 따라 고압가스 판매시설에서 갖추어야 할 계측설비가 바르게 짝지어진 것은?

① 압력계, 계량기
② 온도계, 계량기
③ 압력계, 온도계
④ 온도계, 가스분석계

해설 **고압가스 판매시설의 계측설비**
① 가스 압력계
② 가스 계량기

문제 36 연소기의 설치방법으로 틀린 것은?

① 환기가 잘 되지 않는 곳에는 가스온수기를 설치하지 아니한다.
② 밀폐형 연소기는 급기구 및 배기통을 설치하여야 한다.
③ 배기통의 재료는 불연성 재료로 한다.
④ 개방형 연소기가 설치된 실내에는 환풍기를 설치한다.

해설 **연소기의 설치 방법**
① 반밀폐형 연소기는 급기구 및 배기통을 설치할 것.
② 밀폐형 연소기는 급기와 배기가 혼합되므로 설치하지 아니한다.
③ 환기가 잘 되지 아니한 곳에는 설치하지 아니한다.

문제 37 도시가스 정압기에 사용되는 정압기용 필터의 제조기술 기준으로 옳은 것은?

① 내가스 성능시험의 질량변화율은 5~8%이다.
② 입·출구 연결부는 플랜지식으로 한다.
③ 기밀시험은 최고사용압력 1.25배 이상의 수압으로 실시한다.
④ 내압시험은 최고사용압력 2배의 공기압으로 실시한다.

해설 기밀시험압력은 공기압으로 내압시험압력은 수압으로 한다.

35. ① 36. ② 37. ②

문제 38

압력조정기의 종류에 따른 조정압력이 틀린 것은?

① 1단 감압식 저압조정기 : 2.3~3.3kPa
② 1단 감압식 준저압조정기 : 5~30kPa 이내에서 제조자가 설정한 기준압력의 ±20%
③ 2단 감압식 2차용 저압조정기 : 2.3~3.3kPa
④ 자동절체식 일체형 저압조정기 : 2.3~3.3kPa

해설 액화석유가스 압력조정기의 종류에 따른 입구압력 및 조정압력

종류	입구압력(MPa)	조정압력(kPa)
1단감압식 저압조정기	0.07~1.56	2.30~3.30
1단감압식 준저압조정기	0.1~1.56	5.0~30.0 이내에서 제조자가 설정한 기준압력의 ±20%
2단감압식 1차용 조정기 (용량 100kg/h 이하)	0.1~1.56	57.0~83.0
2단감압식 1차용 조정기 (용량 100kg/h 초과)	0.3~1.56	57.0~83.0
2단감압식 2차용 저압조정기	0.01~0.1 또는 0.025~0.1	2.30~3.30
2단감압식 2차용 준저압조정기	조정압력 이상~0.1	5.0~30.0 이내에서 제조자가 설정한 기준압력의 ±20%
자동절체식 일체형 저압조정기	0.1~1.56	2.55~3.30
자동절체식 일체형 준저압조정기	0.1~1.56	5.0~30.0 이내에서 제조자가 설정한 기준압력의 ±20%
그 밖의 압력조정기	조정압력 이상~1.56	5kPa를 초과하는 압력범위에서 상기 압력조정기의 종류에 따른 조정압력에 해당하지 않는 것에 한하며, 제조자가 설정한 기준압력의 ±20%일 것.

문제 39

용기의 내용적이 105L인 액화암모니아 용기에 충전할 수 있는 가스의 충전량은 약 몇 kg인가? (단, 액화암모니아의 가스정수 C 값은 1.86이다.)

① 20.5 ② 45.5
③ 56.5 ④ 117.5

 ① $W[\text{kg}] = \dfrac{V[\text{L}]}{C}$ (여기서, C : 충전상수) ② $W[\text{kg}] = \dfrac{V[\text{L}]}{C} = \dfrac{105}{1.86} = 56.5 \text{kg}$

문제 40

가스미터의 설치장소로서 가장 부적당한 곳은?

① 통풍이 양호한 곳
② 전기공작물 주변의 직사광선이 비치는 곳
③ 가능한 한 배관의 길이가 짧고 꺾이지 않는 곳
④ 화기와 습기에서 멀리 떨어져 있고 청결하며 진동이 없는 곳

38. ④ 39. ③ 40. ②

해설 가스미터 설치장소
① 통풍이 양호한 곳 ② 가능한 한 배관의 길이가 짧고 꺾이지 않는 곳
③ 검침, 수리 등의 작업하기 좋은 장소
④ 화기와 습기에서 멀리 떨어져 있고 청결한 장소
⑤ 복사열을 가급적 받지 않은 장소

문제 41 구조가 간단하고 고압, 고온 밀폐탱크의 압력까지 측정이 가능하여 가장 널리 사용되는 액면계는?
① 크린카식 액면계   ② 벨로우즈식 액면계
③ 차압식 액면계   ④ 부자식 액면계

해설 플로트(부자)식 액면계
① 액면 위에 떠있는 플로트(float)가 움직이는 변위로 액위를 측정하는 방식이다.
② 구조가 간단하다.
③ 고온, 고압에서 측정이 가능하여 가장 널리 사용한다.

문제 42 도시가스시설 중 입상관에 대한 설명으로 틀린 것은?
① 입상관이 화기가 있을 가능성이 있는 주위를 통과하여 불연재료로 차단조치를 하였다.
② 입상관의 밸브는 분리 가능한 것으로서 바닥으로부터 1.7m의 높이에 설치하였다.
③ 입상관의 밸브를 어린아이들이 장난을 못하도록 3m의 높이에 설치하였다.
④ 입상관의 밸브 높이가 1m이어서 보호상자 안에 설치하였다.

해설 도시가스 시설 입상관 기준
입상관의 밸브의 설치 높이 : 바닥으로부터 1.6m 이상 2m 이내이다.

문제 43 사용 압력이 2MPa, 관의 인장강도가 20kg/mm²일 때의 스케줄 번호(Sch No)는? (단, 안전율은 4로 한다.)
① 10   ② 20
③ 40   ④ 80

해설 스케줄 번호
① 스케줄 번호(schedule number) $= 10 \times \dfrac{P}{S} = 10 \times \dfrac{인장강도}{허용응력} = 10 \times \dfrac{20\,kg/cm^2}{5} = 40$
② 허용응력 $=$ 인장강도 $\times \dfrac{1}{안전율} = 20 \times \dfrac{1}{4} = 5$
③ $1\,kg/cm^2 = 0.1\,MPa$

41. ④ 42. ③ 43. ③

문제 44 액주식 압력계에 사용되는 액체의 구비조건으로 틀린 것은?

① 화학적으로 안정되어야 한다.
② 모세관 현상이 없어야 한다.
③ 점도와 팽창계수가 작아야 한다.
④ 온도변화에 의한 밀도변화가 커야 한다.

해설 액주식 압력계 구비조건
① 화학적으로 안정되어야 한다.
② 모세관 현상이 없어야 한다.
③ 점도와 팽창계수가 작아야 한다.
④ 온도변화에 의한 밀도변화가 작아야 한다.
⑤ 액면을 수평으로 하여야 한다.

문제 45 부취제 주입용기를 가스압으로 밸런스시켜 중력에 의해서 부취제를 가스 흐름 중에 주입하는 방식은?

① 적하 주입방식
② 펌프 주입방식
③ 위크증발식 주입방식
④ 미터연결 바이패스 주입방식

해설 적하 주입방식
① 간단하며 유량변동이 적은 소규모 부취에 사용한다.
② 부취제의 양 : 가스 양의 $\frac{1}{1000}$의 양이다.

문제 46 절대영도로 표시한 것 중 가장 거리가 먼 것은?

① -273.15℃
② 0 K
③ 0 R
④ 0°F

해설 ① 0K = -273C
② K = 273 + C
③ 0R = -460F
④ R = F + 460

문제 47 압력단위를 나타낸 것은?

① kg/cm^2
② KL/m^2
③ $kcal/mm^2$
④ kV/km^2

해설 1atm = 760mmHg = 760
  = 101325 Pa = 101.325 kPa = 0.101325 MPa
  = 14.7PSI = 14.7lb/in^2

해답 44. ④ 45. ① 46. ④ 47. ①

문제 48 "효율이 100%인 열기관은 제작이 불가능하다."라고 표현되는 법칙은?

① 열역학 제0법칙
② 열역학 제1법칙
③ 열역학 제2법칙
④ 열역학 제3법칙

해설 열역학 법칙
① 열역학 제0법칙 : 열평형의 법칙
  온도가 높은 물질과 낮은 물질인 서로 다른 물체를 접촉시키면 열의 흡수량과 발열량이 같게 되어 온도차가 없어지면 온도가 같게 되어 평형을 이룬다.
② 열역학 제1법칙 : 에너지 보존의 법칙
  에너지의 한 형태의 열과 일은 서로 같고 열은 일과 열로 서로 전환이 가능하다.
③ 열역학 제2법칙 : 에너지 방향성의 법칙
  ㉠ 열은 스스로 다른 물체에 아무런 변화도 주지 않고 저온 물체에서 고온 물체로 이동하지 않는다.
  ㉡ "자연계에 아무런 변화도 남기지 않고 어느 열원의 열을 계속해서 일로 바꿀 수 없다. 즉 고온물체의 열을 계속해서 일로 바꾸려면 저온물체로 열을 버려야만 한다."
  ㉢ 효율이 100%인 열기관은 제작이 불가능하다.
④ 열역학 제3법칙 : 어떠한 방법이라도 어떤 계를 절대온도 0도에 이르게 할 수 없다.

문제 49 일산화탄소 전화법에 의해 얻고자 하는 가스는?

① 암모니아
② 일산화탄소
③ 수소
④ 수성가스

해설 일산화탄소 전화법
① 순수한 수소 제조 시에 일산화탄소에서 수소를 발생시키는 것으로 수소의 생성을 2배로 할 수 있어 매우 경제적이라 할 수 있다.
② $CO + H_2O \rightarrow CO_2 + H_2 + 9.8 \text{kcal/mol}$

문제 50 공급가스인 천연가스 비중이 0.6이라 할 때 45m 높이의 아파트 옥상까지 압력손실은 약 몇 mmH_2O인가?

① 18.0
② 23.3
③ 34.9
④ 27.0

해설 배관 내의 압력 손실
$h = 1.293 \times (1-S) \times H$
$h = 1.293 \times (1-0.6) \times 45 = 23.27 \text{mmH}_2\text{O}$
(여기서, h : 가스의 압력손실[mmH_2O], S : 가스 비중, H : 높이[m])

48. ③ 49. ③ 50. ②

문제 51 염소(Cl_2)에 대한 설명으로 틀린 것은?

① 황록색의 기체로 조연성이 있다.
② 강한 자극성의 취기가 있는 독성기체이다.
③ 수소와 염소의 등량 혼합기체를 염소폭명기라 한다.
④ 건조 상태의 상온에서 강재에 대하여 부식성을 갖는다.

해설 염소의 성질
① 염소는 상온에서 쉽게 액화할 수 있으며 염소의 비점이 −34.04℃이며 분자량이 크고 끓는점(액화점)이 높다.
② 수분 존재 시 염산이 발생하므로 금속에 대한 부식성을 나타낸다.

문제 52 A의 분자량은 B의 분자량의 2배이다. A와 B의 확산속도의 비는?

① $\sqrt{2} : 1$
② $4 : 1$
③ $1 : 4$
④ $1 : \sqrt{2}$

해설 그레이엄(Graham)의 확산법칙
① $\dfrac{V_1}{V_2} = \sqrt{\dfrac{d_2}{d_1}} = \sqrt{\dfrac{M_2}{M_1}}$
② 확산속도의 비는 밀도 또는 분자량의 제곱근에 반비례한다.
즉, 분자량이 작은 기체가 공간에서 확산속도가 커진다.
③ $\dfrac{V_1}{V_2} = \sqrt{\dfrac{d_2}{d_1}} = \sqrt{\dfrac{M_2}{M_1}} = \sqrt{\dfrac{1}{2}}$
④ 확산속도 : $1 : \sqrt{2}$

문제 53 순수한 물의 증발잠열은?

① 539 kcal/kg
② 79.68 kcal/kg
③ 539 cal/kg
④ 79.68 cal/kg

해설 물의 증발잠열
① 물질의 온도변화가 없고 상태가 변화될 경우에 필요한 열량을 말한다.
② 물의 증발잠열 : 539kcal/kg
③ 수증기 응축잠열 : 539kcal/kg

문제 54 주기율표의 0족에 속하는 불활성 가스의 성질이 아닌 것은?

① 상온에서 기체이며, 단원자 분자이다.
② 다른 원소와 잘 화합한다.
③ 상온에서 무색, 무미, 무취의 기체이다.
④ 방전관에 넣어 방전시키면 특유의 색을 낸다.

해설 0족 원소 : 불활성 가스이며 다른 원소와 화합하지 않는다.

51. ④ 52. ④ 53. ① 54. ②

2024년도 시행

문제 55 게이지압력 1520mmHg는 절대압력으로 몇 기압인가?

① 0.33atm
② 3atm
③ 30atm
④ 33atm

해설 절대압력
① 절대압력 = 대기압 + 게이지압력
② 절대압력 = 1atm + 2atm = 3atm
③ 1atm : 760mmHg = X : 1520, $X = \dfrac{1520}{760} = 2\,\text{atm}$

문제 56 부탄(C_4H_{10}) 가스의 비중은?

① 0.55
② 0.9
③ 1.5
④ 2

해설 가스의 비중
① 기체 비중 = $\dfrac{\text{기체 분자량}}{\text{공기의 평균 분자량}(29)}$
② 부탄의 원자량
  $C_4 = 12 \times 4 = 48$
  $H_{10} = 1 \times 10 = 10$
③ $C_4(48) + H_{10}(10) = 58$
④ 기체 비중 = $\dfrac{\text{기체 분자량}}{\text{공기의 평균 분자량}(29)} = \dfrac{58}{29} = 2$

문제 57 도시가스는 무색, 무취이기 때문에 누출 시 중독 및 사고를 미연에 방지하기 위하여 부취제를 첨가하는데 그 첨가비율의 용량이 얼마의 상태에서 냄새를 감지할 수 있어야 하는가?

① 0.1%
② 0.01%
③ 0.2%
④ 0.02%

해설 부취제 감지 함량
① 부취제의 양 : 가스 양의 $\dfrac{1}{1000}$ 의 양이다.
② $\dfrac{1}{1000} \times 100\% = 0.1\%$

문제 58 LPG 1L가 기화해서 약 250L의 가스가 된다면 10kg의 액화 LPG가 기화하면 가스 체적은 얼마나 되는가? (단, 액화 LPG의 비중은 0.50이다.)

① $1.25\,\text{m}^3$
② $5.0\,\text{m}^3$
③ $10.0\,\text{m}^3$
④ $25\,\text{m}^3$

해답

55. ② 56. ④ 57. ① 58. ②

해설 ① 가스 용량 $= \dfrac{10}{0.5} = 20L$
② 기화 가스 $= 250 \times 20 = 5,000L = 5m^3$
③ $1m^3 = 1,000L$

문제 59

시안화수소 충전에 대한 설명 중 틀린 것은?

① 용기에 충전하는 시안화수소는 순도가 98% 이상이어야 한다.
② 시안화수소를 충전한 용기는 충전 후 24시간 이상 정치한다.
③ 시안화수소는 충전 후 30일이 경과되기 전에 다른 용기에 옮겨 충전하여야 한다.
④ 시안화수소 충전용기는 1일 1회 이상 질산구리 벤젠 등의 시험지로 가스누출 검사를 한다.

해설 **시안화수소 충전**
① 시안화수소는 충전 후 60일이 경과되기 전에 다른 용기에 옮겨 충전하여야 한다.
② 저장 시는 1일 1회 이상 질산구리벤젠지로 누출검사를 한다.

문제 60

다음 중 절대압력을 정하는 데 기준이 되는 것은?

① 게이지압력　　　　　　② 국소 대기압
③ 완전진공　　　　　　　④ 표준 대기압

해설 **절대압력**
① 절대압력 : 완전진공 상태를 0으로 기준하여 측정하여 나타낸 압력이다.
② 절대압력 = 대기압 + 게이지 압력
③ 게이지압력 : 압력계로 측정한 압력이다.

59. ③　60. ③

가스기능사 **필기**

기출문제

2025

2025년 1월 CBT 시행

문제 01
도시가스의 매설 배관에 설치하는 보호판은 누출가스가 지면으로 확산되도록 구멍을 뚫는데 그 간격의 기준으로 옳은 것은?

① 1m 이하 간격
② 2m 이하 간격
③ 3m 이하 간격
④ 5m 이하 간격

해설 도시가스 매설 배관 보호판 기준
도시가스 배설 배관 위의 별도의 검지공을 설치하지 않을 경우 대신 배관의 보호를 위해 배관 정상부에 설치하는 보호판에 3m 이하의 간격으로 직경 30mm 이상, 50mm 이하의 구멍을 뚫어 노면으로 누출가스가 확산되도록 해야 한다.

참고 보호판의 재료 · 구조 및 설치기준
도시가스 배관 보호를 위한 보호판 설치기준은 다음과 같다.
① 보호판의 재료는 KS D 3503(일반구조용 압연강재) 또는 이와 동등 이상의 성능이 있는 것으로 한다.
② 보호판에는 직경 30mm 이상 50mm 이하의 구멍을 3m 이하의 간격으로 뚫어 누출된 가스가 지면으로 확산이 되도록 하여야 한다.
③ 보호판은 배관의 정상부에서 30cm 이상 높이에 설치하고, 보호판의 재질이 금속제인 경우에는 보호판과 보호판을 가접하거나 연결철재고리로 고정 또는 겹침설치하는 등에 의하여 보호판과 보호판이 이격되지 않도록 한다. 다만, 매설깊이를 확보할 수 없어 보호관 등을 사용한 경우에는 보호판을 설치하지 아니할 수 있다.
④ 보호판은 쇼트브라스팅 등으로 내 · 외면의 이물질을 완전히 제거하고, 방청도료(primer)를 1회 이상 도포한 후, 도막두께가 80㎛ 이상 되도록 에폭시 타입 도료를 2회 이상 코팅하거나, 이와 동등 이상의 방청 및 코팅효과를 가져야 한다.
⑤ 보호판

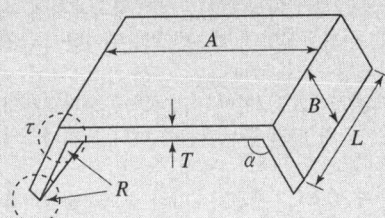

문제 02
처리능력이 1일 35,000m³인 산소 처리설비로 전용공업지역이 아닌 지역일 경우 처리설비 외면과 사업소 밖에 있는 병원과는 몇 m 이상 안전거리를 유지하여야 하는가?

① 16m
② 17m
③ 18m
④ 20m

해답 01. ③ 02. ③

해설 안전거리 기준

구 분	처리능력 및 저장능력	제1종 보호시설	제2종 보호시설
산소의 처리설비 및 저장설비	1만 이하	12m	8m
	독성가스 또는 가연성 가스의 처리설비 및 저장설비	14m	9m
	그 밖의 가스의 처리설비 및 저장설비	16m	11m
	3만 초과 4만 이하	18m	13m
	4만 초과	20m	14m

문제 03 도시가스사업자는 굴착공사정보지원센터로부터 굴착계획의 통보내용을 통지받은 때에는 얼마 이내에 매설된 배관이 있는지를 확인하고 그 결과를 굴착공사정보지원센터에 통지하여야 하는가?

① 24시간 ② 36시간
③ 48시간 ④ 60시간

해설 도시가스배관 매설상황 확인 등

제52조(도시가스배관 매설상황 확인 등)
① 굴착공사자는 법 제30조의3 제1항에 따라 도시가스배관이 묻혀 있는지에 관하여 법 제30조의2에 따른 굴착공사정보지원센터(이하 "정보지원센터"라 한다)에 확인을 요청할 때에는 다음 각 호의 사항이 포함된 굴착계획을 정보지원센터에 통보하여야 한다.
  ㉠ 굴착공사 발주자의 회사명
  ㉡ 굴착공사자의 회사명 및 공사 담당자의 인적사항
  ㉢ 굴착공사의 종류·위치 및 공사 예정일자
② 제1항에 따라 굴착계획을 통보하려는 자가「도로법」제40조에 따른 도로점용 허가를 받은 경우로서 그 허가관청이 굴착계획에 관한 정보를 정보지원센터에 제공한 경우에는 굴착공사자가 굴착계획을 통보한 것으로 본다.
③ 정보지원센터는 제1항에 따라 굴착계획을 통보받으면 굴착공사자에게 접수번호를 내주어야 한다. 다만, 제2항에 따라 허가관청이 굴착계획에 관한 정보를 정보지원센터에 제공한 경우에는 정보통신망에 접수번호를 부여하여 굴착공사자가 정보통신망을 통하여 이를 확인하게 할 수 있다.
④ 정보지원센터는 법 제30조의3 제2항에 따라 굴착공사자로부터 굴착계획을 통보받으면 즉시 정보통신망을 통하여 그 통보내용을 해당 도시가스사업자에게 알려주어야 한다.
⑤ 도시가스사업자는 법 제30조의3 제3항에 따라 정보지원센터로부터 굴착계획의 통보내용을 통지받은 때에는 그 때부터 24시간 이내에 매설된 배관이 있는지를 확인하고 그 결과를 정보지원센터에 통지하여야 한다. 이 경우 토요일 및「관공서의 공휴일에 관한 규정」제2조에 따른 공휴일 통지시간에 포함하지 아니한다.
⑥ 제1항에 따라 통보된 굴착계획의 유효기간은 15일로 하고, 굴착계획을 정보지원센터에 통보한 날 또는 굴착공사 예정일로부터 15일이 지난날까지 제52조의2에 따라 굴착공사 현장 위치 및 도시가스배관 매설 위치를 표시하지 아니한 경우 굴착공사자는 굴착계획을 다시 통보하여야 한다. 〈개정 2009.9.25.〉

해답

03. ①

문제 04. 공기 중에서 폭발범위가 가장 좁은 것은?

① 메탄 ② 프로판
③ 수소 ④ 아세틸렌

해설 연소 범위
- 암모니아 : 15~28
- 메탄 : 5~15
- 아세틸렌 : 2.5~81
- 수소 : 4~75
- 에틸렌 : 2.7~36
- 에탄 : 3~12.4
- n-부탄 : 1.8~8.4
- 일산화탄소 : 12.5~74
- 프로판 : 2.1~9.5
- 벤젠 : 1.4~7.1

문제 05. 용기에 의한 액화석유가스 저장소에서 실외저장소 주위의 경계 울타리와 용기 보관장소 사이에는 얼마 이상의 거리를 유지하여야 하는가?

① 2m ② 8m
③ 15m ④ 20m

해설 용기에 의한 저장소
① 시설기준
  ㉠ 배치기준
   ⓐ 저장설비와 가스설비는 그 외면으로부터 화기(그 설비 안의 것은 제외한다)를 취급하는 장소까지 8m 이상의 우회거리를 두거나, 화기를 취급하는 장소와의 사이에는 그 저장설비와 가스설비로부터 누출된 가스가 유동하는 것을 방지하기 위한 적절한 조치를 마련할 것.
   ⓑ 용기보관실과 용기보관실외의 용기저장소(이하 "실외저장소"라 하며, 내용적 30L 이하의 용기만을 저장할 수 있다)의 안전거리는 다음 기준에 따를 것.
     ㉮ 용기보관실은 그 외면으로부터 보호시설까지 제1호 가목 1)의 표에 따른 안전거리를 유지할 것.
     ㉯ 실외저장소에서 용기를 집적하여 저장하는 경우에는 실외저장소의 경계로부터 보호시설까지 제1호 가목 1)의 표에 따른 안전거리를 유지할 것.
   ⓒ 실외저장소 주위의 경계 울타리와 용기보관장소 사이에는 20m 이상의 거리를 유지할 것.

문제 06. 다음 중 고압가스 특정제조 허가의 대상이 아닌 것은?

① 석유정제시설에서 고압가스를 제조하는 것으로서 그 저장능력이 100톤 이상인 것
② 석유화학공업시설에서 고압가스를 제조하는 것으로서 그 처리능력이 1만세제곱미터 이상인 것
③ 철강공업시설에서 고압가스를 제조하는 것으로서 그 처리능력이 1만세제곱미터 이상인 것
④ 비료제조시설에서 고압가스를 제조하는 것으로서 그 저장능력이 100톤 이상인 것

해답 04. ② 05. ④ 06. ③

해설 **고압가스 특정제조 허가의 대상**
영 제3조 제1항 제1호의 규정에 의한 고압가스 특정제조 허가의 대상은 다음 각 호와 같다.
① 석유정제업자의 석유정제시설 또는 그 부대시설에서 고압가스를 제조하는 것으로서 그 저장능력이 100톤 이상인 것
② 석유화학공업자(석유화학공업 관련사업자를 포함한다)의 석유화학공업시설(석유화학 관련시설을 포함한다) 또는 그 부대시설에서 고압가스를 제조하는 것으로서 그 저장능력이 100톤 이상이거나 처리능력이 1만세제곱미터 이상인 것
③ 철강공업자의 철강공업시설 또는 그 부대시설에서 고압가스를 제조하는 것으로서 그 처리능력이 10만세제곱미터 이상인 것
④ 비료생산업자의 비료제조시설 또는 그 부대시설에서 고압가스를 제조하는 것으로서 그 저장능력이 100톤 이상이거나 처리능력이 10만세제곱미터 이상인 것
⑤ 그 밖에 산업자원부장관이 정하는 시설에서 고압가스를 제조하는 것으로서 그 저장능력 또는 처리능력이 산업자원부장관이 정하는 규모 이상인 것

문제 07 가연성 가스의 제조설비 중 전기설비를 방폭성능을 가지는 구조로 갖추지 아니하여도 되는 가스는?
① 암모니아 ② 염화메탄
③ 아크릴알데히드 ④ 산화에틸렌

해설 **고압가스 제조의 시설**(사고예방설비기준)
① 고압가스설비에는 그 설비 안의 압력이 상용압력을 초과하는 경우 즉시 그 압력을 상용압력 이하로 되돌릴 수 있는 안전장치를 설치하는 등 필요한 조치를 할 것.
② 독성가스 및 공기보다 무거운 가연성 가스의 제조시설에는 가스가 누출될 경우 이를 신속히 검지(檢知)하여 효과적으로 대응할 수 있도록 하기 위하여 필요한 조치를 할 것.
③ 가연성 가스 또는 독성가스의 고압가스설비 중 내용적이 5천L 이상인 액화가스 저장탱크, 특수반응설비[⑧에 따른 특수반응설비를 말한다]와 그 밖의 고압가스설비로서 그 고압가스설비에서 발생한 사고가 다른 가스설비에 영향을 미칠 우려가 있는 것에는 긴급할 때 가스를 효과적으로 차단할 수 있는 조치를 하고, 필요한 곳에는 역류방지밸브 및 역화방지장치 등 필요한 설비를 설치할 것.
④ 가연성 가스(암모니아, 브롬화메탄 및 공기 중에서 자기 발화하는 가스는 제외한다)의 가스설비 중 전기설비는 그 설치장소 및 그 가스의 종류에 따라 적절한 방폭성능을 가지는 것일 것.
⑤ 가연성 가스의 가스설비실 및 저장설비실에는 누출된 고압가스가 머물지 않도록 환기구를 갖추는 등 필요한 조치를 할 것.
⑥ 저장탱크 및 배관에는 그 저장탱크 및 배관이 부식되는 것을 방지하기 위하여 필요한 조치를 할 것.
⑦ 가연성 가스 제조설비에는 그 설비에서 발생한 정전기가 점화원(點火源)으로 되는 것을 방지하기 위하여 필요한 조치를 할 것.
⑧ 폭발 등의 위해(危害)가 발생할 가능성이 큰 특수반응설비(암모니아 2차 개질로, 에틸렌 제조시설의 아세틸렌수첨탑, 산화에틸렌 제조시설의 에틸렌과 산소 또는 공기와의 반응기, 사이크로헥산 제조시설의 벤젠수첨반응기, 석유 정제 시의 중유 직접수첨탈황반응기 및 수소화분해반응기, 저밀도 폴리에틸렌중합기 또는 메탄올합성반응탑을 말한다)에는 그 위해의 발생을 방지하기 위하여 내부반응 감시설비 및 위험사태 발생 방지설비의 설치 등 필요한 조치를 할 것.

해답 07. ①

⑨ 가연성 가스 또는 독성가스의 제조설비 또는 이들 제조설비와 관련 있는 계장회로에는 제조하는 고압가스의 종류·온도·압력과 제조설비의 상황에 따라 안전 확보를 위한 주요 부문에 설비가 잘못 조작되거나 정상적인 제조를 할 수 없는 경우에 자동으로 원재료의 공급을 차단시키는 등 제조설비 안의 제조를 제어할 수 있는 장치를 설치할 것.

문제 08

가스도매사업 제조소의 배관장치에 설치하는 경보장치가 울려야 하는 시기의 기준으로 잘못된 것은?

① 배관 안의 압력이 상용압력의 1.05배를 초과한 때
② 배관 안의 압력이 정상운전 때의 압력보다 15% 이상 강하한 경우 이를 검지한 때
③ 긴급차단밸브의 조작회로가 고장난 때 또는 긴급차단밸브가 폐쇄된 때
④ 상용압력이 5MPa 이상인 경우에는 상용압력에 0.5MPa를 더한 압력을 초과한 때

해설 배관의 운전상태 감시장치
배관장치에는 다음 각 호와 같이 이상상태가 발생한 경우에 그 상황을 경보하는 장치(이하 "경보장치"라 한다)를 설치하여야 한다.
① 경보장치의 경보 수신부는 당해 경보장치가 경보를 울리는 때에 지체없이 필요한 조치를 할 수 있는 장소에 설치하여야 한다.
② 경보장치는 다음의 경우에 울리는 것이어야 한다.
  ㉠ 배관 내의 압력이 상용압력의 1.05배(상용압력이 4MPa 이상인 경우에는 상용압력에 0.2MPa를 더한 압력)를 초과한 때
  ㉡ 배관 내의 압력이 정상운선 시의 입력보다 15% 이상 강하한 경우 이를 검지한 때
  ㉢ 긴급차단밸브의 조작회로가 고장난 때 또는 긴급차단밸브가 폐쇄된 때

문제 09

다음 중 상온에서 가스를 압축, 액화상태로 용기에 충선시키기가 가장 어려운 가스는?

① C_3H_8 ② CH_4
③ Cl_2 ④ CO_2

해설 가스 상태에 따른 분류
① 압축가스 : 비등점이 또는 임계온도가 낮아 상온에서 압축, 액화하기 어려워 기체상태로 충전되어 취급되는 고압가스이다.
수소(H_2), 질소(N_2), 산소(O_2), 일산화탄소(CO), 헬륨(He), 네온(Ne), 아르곤(Ar)
② 액화가스 : 상온에 가압 또는 냉각에 의해 쉽게 액화가 용이한 가스로 용기 내에 액체상태로 충전되어 취급되는 고압가스이다.
이산화탄소(CO_2), 황화수소(H_2S), 시안화수소(HCN), 프로판(C_3H_8), 부탄(C_4H_{10}), 염소(Cl_2), 암모니아(NH_3)
③ 용해가스 : 가스를 용매에 용해시켜 용기에 다공 물질과 가스를 잘 녹이는 용제 아세톤, 디메틸포름아미드 등을 넣어 충전, 취급되는 고압가스이다.
아세틸렌(C_2H_2)

08. ④ 09. ②

문제 10
일반도시가스사업의 가스공급시설기준에서 배관을 지상에 설치할 경우 가스 배관의 표면 색상은?

① 흑색
② 청색
③ 적색
④ 황색

해설 가스도매사업의 가스공급시설의 시설의 기준
① 표시 기준
　㉠ 배관의 안전을 확보하기 위하여 매설된 배관의 주위에는 그 배관이 매설되어 있음을 명확하게 알 수 있도록 표시할 것.
　㉡ 배관의 외부에 사용가스명, 최고사용압력 및 도시가스의 흐름방향을 표시할 것. 다만, 지하에 매설하는 경우에는 흐름방향을 표시하지 아니할 수 있다.
　㉢ 도시가스배관의 표면색상은 지상배관은 황색으로, 매설배관은 최고사용압력이 저압인 배관은 황색, 중압인 배관은 적색으로 할 것. 다만, 지상배관 중 건축물의 내·외벽에 노출된 것으로서 바닥(2층 이상 건물의 경우에는 각 층의 바닥을 말한다)으로부터 1m의 높이에 폭 3cm의 황색띠를 2중으로 표시한 경우에는 표면색상을 황색으로 하지 아니할 수 있다.

문제 11
가스도매사업의 가스공급시설 중 배관을 지하에 매설할 때의 기준으로 틀린 것은?

① 배관은 그 외면으로부터 수평거리로 건축물까지 1.0m 이상을 유지한다.
② 배관은 그 외면으로부터 지하의 다른 시설물과 0.3m 이상의 거리를 유지한다.
③ 배관을 산과 들에 매설할 때는 지표면으로부터 배관의 외면까지의 매설깊이를 1m 이상으로 한다.
④ 배관은 지반 동결로 손상을 받지 아니하는 깊이로 매설한다.

해설 배관의 설치
① 지하매설
　배관을 지하에 매설하는 경우에는 다음 기준에 적합하게 할 것.
　㉠ 배관은 그 외면으로부터 수평거리로 건축물까지 1.5m 이상을 유지할 것.
　㉡ 배관은 그 외면으로부터 지하의 다른 시설물과 0.3m 이상의 거리를 유지할 것.
　㉢ 지표면으로부터 배관의 외면까지의 매설깊이는 산이나 들에서는 1m 이상, 그 밖의 지역에서는 1.2m 이상으로 할 것. 다만, 방호구조물 안에 설치하는 경우에는 그러하지 아니하다.
　㉣ 배관은 지반의 동결에 의하여 손상을 받지 아니하는 깊이로 매설할 것.
　㉤ 성토하였거나 절토한 경사면 부근에 배관을 매설하는 경우에는 흙이나 돌 등이 흘러내려서 안전 확보에 지장이 오지 아니하도록 매설할 것.
　㉥ 배관입상부·지반급변부 등 지지조건이 급변하는 곳에는 곡관의 삽입·지반의 개량, 그 밖의 필요한 조치를 할 것.
　㉦ 굴착 및 되메우기는 안전 확보를 위하여 적절한 방법으로 실시할 것.

해답 10. ④　11. ①

문제 12

운반 책임자를 동승시키지 않고 운반하는 액화석유가스용 차량에서 고정된 탱크에 설치하여야 하는 장치는?

① 살수장치
② 누설방지장치
③ 폭발방지장치
④ 누설경보장치

해설 폭발방지장치의 설치기준(재료)

폭발방지장치의 열전달 매체인 다공성 알루미늄박판(이하 "폭발방지제"라 한다) 및 지지구조물은 다음 각 호의 기준에 적합한 것이어야 한다.
① 폭발방지제는 알루미늄합금박판에 일정 간격으로 슬릿(slit)을 내고 이것을 팽창시켜 다공성 벌집형으로 한 것이어야 한다.
② 폭발방지제의 지지구조물의 재질은 다음 각 목의 기준에 적합한 것이어야 한다.
   ㉠ 후프링의 재질은 기존 탱크의 재질과 같은 것 또는 이와 동등 이상의 것으로서 액화석유가스에 대하여 내식성을 가지며 열적 성질이 탱크 동체의 재질과 유사한 것이어야 한다.
   ㉡ 지지봉은 KS D 3507(배관용 탄소강관)에 적합한 것(최저 인장강도 $30kg/mm^2$) 이어야 한다.
   ㉢ 그 밖의 지지구조물의 부품 재질은 안전 확보상 충분히 기계적 강도 및 액화석유가스에 대한 내식성을 가지는 것이어야 한다.

문제 13

수소의 특징에 대한 설명으로 옳은 것은?

① 조연성 기체이다.
② 폭발범위가 넓다.
③ 가스의 비중이 커서 확산이 느리다.
④ 저온에서 탄소와 수소취성을 일으킨다.

해설 수소의 성질
① 무색, 무미, 무취의 가연성 기체이다.
② 모든 기체 중에서 가장 가볍고 확산속도가 가장 빠르다.
③ 최소의 밀도이며 고온에서 탄소와 수소 취성을 일으킨다.

문제 14

다음 중 제1종 보호시설이 아닌 것은?

① 가설건축물이 아닌 사람을 수용하는 건축물로서 사실상 독립된 부분의 연면적이 $1500m^2$인 건축물
② 문화재보호법에 의하여 지정문화재로 지정된 건축물
③ 수용능력이 100인(人) 이상인 공연장
④ 어린이집 및 어린이놀이시설

해설 제1종 보호시설
① 다음 중 어느 하나에 해당하는 건축물(㉣의 경우에는 공작물을 포함한다)
   ㉠ 「초·중등교육법」 제2조에 따른 학교 및 「고등교육법」 제2조에 따른 학교
   ㉡ 「유아교육법」 제2조 제2호에 따른 유치원

해답

12. ③ 13. ② 14. ③

ⓒ 「영유아보육법」 제2조 제3호에 따른 어린이집
ⓔ 「어린이놀이시설 안전관리법」 제2조 제2호에 따른 어린이놀이시설
ⓜ 「노인복지법」 제36조 제1항 제2호에 따른 경로당
ⓗ 「청소년활동진흥법」 제10조 제1호에 따른 청소년수련시설
ⓢ 「학원의 설립·운영 및 과외교습에 관한 법률」 제2조 제1호에 따른 학원
ⓞ 「의료법」 제3조 제2항 제1호 및 제3호에 따른 의원급 의료기관 및 병원급 의료기관
ⓩ 「도서관법」 제2조 제1호에 따른 도서관
ⓧ 「전통시장 및 상점가 육성을 위한 특별법」 제2조 제1호에 따른 전통시장
ⓚ 「공중위생관리법」 제2조 제1항 제2호 및 제3호에 따른 숙박업 및 목욕장업의 시설
ⓔ 「영화 및 비디오물의 진흥에 관한 법률」 제2조 제10호에 따른 영화상영관
ⓟ 「건축법 시행령」 별표 1 제6호에 따른 종교시설
ⓗ 「장사 등에 관한 법률」 제29조 제1항에 따른 장례식장

② 사람을 수용하는 건축물(「건축법」 제2조 제1항 제2호에 따른 건축물을 말하며, 가설 건축물과 「건축법 시행령」 별표 1 제18호 가목에 따른 창고는 제외한다)로서 사실상 독립된 부분의 연면적이 1천m² 이상인 것
③ 「건축법 시행령」 별표 1 제5호 가목·나목 및 라목에 따른 공연장·예식장 및 전시장에 해당하는 건축물, 그 밖에 이와 유사한 시설로서 「소방시설 설치유지 및 안전관리에 관한 법률 시행령」 별표 4에 따라 산정된 수용인원이 300명 이상인 건축물
④ 「사회복지사업법」 제2조 제4호에 따른 사회복지시설로서 사회복지시설 신고증에 따른 수용 정원이 20명 이상인 건축물
⑤ 「문화재보호법」 제2조 제2항에 따른 지정문화재로 지정된 건축물

문제 15 가연성 가스와 동일 차량에 적재하여 운반할 경우 충전용기의 밸브가 서로 마주 보지 않도록 적재해야 할 가스는?

① 수소 ② 산소
③ 질소 ④ 아르곤

해설 독성가스 외 용기 운반 차량
① 적재 및 하역 작업
  ㉠ 충전용기는 이륜차에 적재하여 운반하지 않을 것. 다만, 다음 ⓐ부터 ⓒ까지에 모두 해당하는 경우에는 액화석유가스 충전 용기를 이륜차(자전거는 제외한다. 이하 같다)에 적재하여 운반할 수 있다.
    ⓐ 차량이 통행하기 곤란한 지역의 경우 또는 시·도지사가 이륜차에 의한 운반이 가능하다고 지정하는 경우
    ⓑ 이륜차가 넘어질 경우 용기에 손상이 가지 않도록 제작된 용기운반 전용적재함을 장착한 경우
    ⓒ 적재하는 충전용기의 충전량이 20kg 이하이고, 적재하는 충전용기의 수가 2개 이하인 경우
  ㉡ 염소와 아세틸렌·암모니아 또는 수소는 한 차량에 적재하여 운반하지 않을 것.
  ㉢ 가연성 가스와 산소를 동일 차량에 적재하여 운반하는 경우에는 그 충전용기의 밸브가 서로 마주보지 않도록 적재할 것.
  ㉣ 충전용기와 「위험물 안전관리법」 제2조 제1항 제1호에서 정하는 위험물과는 동일 차량에 적재하여 운반하지 아니할 것.

15. ②

문제 16
천연가스의 발열량이 10400kcal/Sm³이다. SI 단위인 MJ/Sm³으로 나타내면?
① 2.47　　② 43.68
③ 2476　　④ 43680

해설
① 1cal = 4.2J, 1kcal = 4.2kJ
② 1kJ = 10^{-3} MJ
③ $(10400 \times 4.2) \times 10^{-3} = 43.68$ MJ/Sm³

문제 17
다음 중 연소의 3요소가 아닌 것은?
① 가연물　　② 산소공급원
③ 점화원　　④ 인화점

해설 연소의 3요소
① 가연물　② 산소공급원　③ 점화원

문제 18
다음 중 허가 대상 가스용품이 아닌 것은?
① 용접절단기용으로 사용되는 LPG 압력조정기
② 가스용 폴리에틸렌 플러그형 밸브
③ 가스소비량이 132.6kW인 연료전지
④ 도시가스정압기에 내장된 필터

해설 허가 대상 가스용품의 종류
별표 3에 따른 허가 대상 가스용품은 다음과 같이 분류한다.
① 압력조정기
　㉠ 액화석유가스 압력조정기
　　ⓐ 일반용 액화석유가스 압력조정기(연소기의 부품으로 사용하는 것은 제외한다)
　　ⓑ 액화석유가스 자동차용 압력조정기
　　ⓒ 용기내장형 가스난방기용 압력조정기
　　ⓓ 용접 절단기용 액화석유가스 압력조정기
　㉡ 도시가스 압력조정기(정압기용 압력조정기·도시가스용 압력조정기를 말한다).
　　다만, 연소기의 부품으로 사용하는 것은 제외한다.
② 가스누출자동차단장치
　㉠ 가스누출경보차단장치　㉡ 가스누출자동차단기
③ 정압기용 필터(정압기에 내장된 것은 제외한다)
④ 매몰형 정압기
⑤ 호스
　㉠ 고압호스
　　ⓐ 일반용 고압고무호스(투윈호스·측도관을 말한다)
　　ⓑ 자동차용 고압고무호스
　　ⓒ 자동차용 비금속호스
　㉡ 저압호스
　　ⓐ 염화비닐호스　ⓑ 금속플렉시블호스　ⓒ 고무호스　ⓓ 수지호스

해답 16. ②　17. ④　18. ④

⑥ 배관용 밸브
  ㉠ 가스용 폴리에틸렌 밸브(볼밸브 및 플러그밸브를 말한다)
  ㉡ 매몰용접형 가스용 볼밸브
  ㉢ 그 밖의 배관용 밸브
⑦ 콕(퓨즈콕, 상자콕 및 주물연소기용 노즐콕 및 업무용 대형연소기용 노즐콕만을 말한다)
⑧ 배관이음관
  ㉠ 전기절연이음관
  ㉡ 전기융착폴리에틸렌이음관
  ㉢ 이형질이음관(금속관과 폴리에틸렌관을 연결하기 위한 것을 말한다)
  ㉣ 퀵카플러
  ㉤ 세이프티 커플링
⑨ 강제혼합식 가스버너(별표 3 제10호에 따른 연소기와 제5호 나목에서 정한 연소기에 부착하는 것은 제외한다)
⑩ 연소기

연소기 종류	가스소비량		사용압력 (kPa)
	전가스소비량	버너 1개의 소비량	
① 레인지	16.7kW(14,400kcal/h) 이하	5.8kW(5,000kcal/h) 이하	3.3 이하
② 오븐	5.8kW(5,000kcal/h) 이하	5.8kW(5,000kcal/h) 이하	
③ 그릴	7.0kW(6,000kcal/h) 이하	4.2kW(3,600kcal/h) 이하	
④ 오븐레인지	22.6kW(19,400kcal/h) 이하 [오븐부는 5.8kW(5,000kcal/h) 이하]	4.2kW(3,600kcal/h) 이하 [오븐부는 5.8kW(5,000kcal/h) 이하]	
⑤ 밥솥	5.6kW(4,800kcal/h) 이하	5.6kW(4,800kcal/h) 이하	
⑥ 온수기·온수보일러·난방기·냉난방기 및 의류건조기	232.6kW(20만kcal/h) 이하	—	
⑦ 주물연소기	232.6kW(20만kcal/h) 이하		30 이하
⑧ 업무용 대형연소기	㉠ 위 연소기 종류마다의 전가스소비량 또는 버너 1개의 소비량을 초과하는 것 ㉡ 튀김기, 국솥, 그리들, 브로일러, 소독조, 다단식취반기 등		
⑨ 이동식 부탄 연소기, 이동식 프로판 연소기, 부탄 연소기 및 숯불구이 점화용 연소기	232.6kW(20만kcal/h) 이하	—	—
⑩ 그 밖의 연소기	232.6kW(20만kcal/h) 이하	—	—

[비고] 이동식 프로판 연소기는 「고압가스 안전관리법 시행규칙」 별표 10에 따라 재충전이 가능하도록 제조된 액화석유가스(주성분이 프로판인 경우를 말한다) 용기에만 사용할 수 있는 연소기를 말한다.

⑪ 다기능가스안전계량기(가스계량기에 가스누출 차단장치 등 가스안전기능을 수행하는 가스안전장치가 부착된 가스용품을 말한다)
⑫ 로딩암
⑬ 연료전지[가스소비량이 232.6kW(20만kcal/h) 이하인 것을 말한다]
⑭ 다기능보일러[온수보일러에 전기를 생산하는 기능 등 여러 가지 복합기능을 수행하는 장치가 부착된 가스용품으로서 가스소비량이 232.6kW(20만 kcal/h) 이하인 것을 말한다]

문제 19
가연성 가스 충전용기 보관실의 벽 재료의 기준은?

① 불연재료
② 난연재료
③ 가벼운 재료
④ 불연 또는 난연재료

해설 **고압가스 저장 사용의 시설기준**(저장설비기준)
가연성 가스 및 산소의 충전용기 보관실의 벽은 그 저장설비의 보호와 그 저장설비를 사용하는 시설의 안전 확보를 위하여 불연재료(不燃材料)를 사용하고, 가연성 가스의 충전용기 보관실의 지붕은 가벼운 불연재료 또는 난연재료(難燃材料)를 사용할 것. 다만, 액화암모니아 충전용기 보관실의 지붕은 가벼운 재료를 사용하지 아니할 수 있다.

문제 20
고압가스안전관리법상 독성가스는 공기 중에 일정량 이상 존재하는 경우 인체에 유해한 독성을 가진 가스로서 허용농도(해당 가스를 성숙한 흰쥐 집단에게 대기 중에서 1시간 동안 계속하여 노출시킨 경우 14일 이내에 그 흰쥐의 2분의 1 이상이 죽게 되는 가스의 농도를 말한다)가 얼마인 것을 말하는가?

① 100만분의 2000 이하
② 100만분의 3000 이하
③ 100만분의 4000 이하
④ 100만분의 5000 이하

해설 "독성가스"란 아크릴로니트릴·아크릴알데히드·아황산가스·암모니아·일산화탄소·이황화탄소·불소·염소·브롬화메탄·염화메탄·염화프렌·산화에틸렌·시안화수소·황화수소·모노메틸아민·디메틸아민·트리메틸아민·벤젠·포스겐·요오드화수소·브롬화수소·염화수소·불화수소·겨자가스·알진·모노실란·디실란·디보레인·세렌화수소·포스핀·모노게르만 및 그 밖에 공기 중에 일정량 이상 존재하는 경우 인체에 유해한 녹성을 가신 가스로시 허용농도(해당 가스를 성숙한 흰쥐 집단에게 대기 중에서 1시간 동안 계속하여 노출시킨 경우 14일 이내에 그 흰쥐의 2분의 1 이상이 죽게 되는 가스의 농도를 말한다. 이하 같다)가 100만분의 5000 이하인 것을 말한다.

문제 21
고압가스 저장의 시설에서 가연성 가스 시설에 설치하는 유동방지 시설의 기준은?

① 높이 2m 이상의 내화성 벽으로 한다.
② 높이 1.5m 이상의 내화성 벽으로 한다.
③ 높이 2m 이상의 불연성 벽으로 한다.
④ 높이 1.5m 이상의 불연성 벽으로 한다.

해설 **누출된 가연성 가스의 유동방지 시설기준**
가연성 가스의 가스설비 또는 사용시설에 관련된 저장설비, 기화장치 및 이들 사이의 배관(이하 "가스설비등"이라 한다)에서 누출된 가연성 가스가 화기를 취급하는 장소로 유동하는 것을 방지하기 위한 시설기준은 다음 각 호에 의한다.
① 가스설비등에서 누출된 가연성 가스가 화기를 취급하는 장소로 유동하는 것을 방지하기 위한 시설은 높이 2m 이상의 내화성 벽으로 하여야 하며, 가스설비등과 화기를 취급하는 장소와의 사이는 우회수평거리로 8m 이상으로 한다.
② 화기를 사용하는 장소가 불연성 건축물 내에 있는 경우 가스설비 등으로부터 수평거

해답 19. ① 20. ④ 21. ①

리 8m 이내에 있는 그 건축물의 개구부는 방화문 또는 망입유리를 사용하여 폐쇄하고, 사람이 출입하는 출입문은 2중문으로 한다.

문제 22

고압가스 용기 재료의 구비조건이 아닌 것은?

① 내식성, 내마모성을 가질 것.
② 무겁고 충분한 강도를 가질 것.
③ 용접성이 좋고 가공 중 결함이 생기지 않을 것.
④ 저온 및 사용온도에 견디는 연성과 점성 강도를 가질 것.

해설 고압가스 용기 재료 구비조건
① 경량이고 충분한 강도를 가질 것.
② 내식성, 내마모성을 가질 것.
③ 가공성, 용접성이 좋을 것.
④ 저온 및 사용온도에 견디는 연성과 점성 강도를 가질 것.
⑤ 용접성이 좋고 가공 중 결함이 생기지 않을 것.

문제 23

LPG 충전소에는 시설의 안전 확보 상 "충전 중 엔진 정지"를 주위의 보기 쉬운 곳에 설치해야 한다. 이 표지판의 바탕색과 문자색은?

① 흑색 바탕에 백색 글씨
② 흑색 바탕에 황색 글씨
③ 백색 바탕에 흑색 글씨
④ 황색 바탕에 흑색 글씨

해설 ① **충전 중 엔진 정지** : 황색 바탕에 흑색 글씨
② **화기엄금** : 백색 바탕에 적색 글씨

참고 주유취급소의 표지 및 게시판
주유취급소에는 규정에 준하여 위험물 주유취급소라는 뜻을 표시한 표지 및 방화에 관하여 필요한 사항을 기재한 게시판을 설치하고, 황색 바탕에 흑색 문자로 "주유중 엔진정지"라고 표시한 게시판과 적색 바탕에 백색 문자로 "화기엄금"이라고 표시한 게시판을 따로 설치하여야 한다.

문제 24

도시가스 배관의 지름이 15mm인 배관에 대한 고정장치의 설치간격은 몇 m 이내마다 설치하여야 하는가?

① 1
② 2
③ 3
④ 4

해설 배관의 고정장치 설치 기준
① 배관은 움직이지 아니하도록 건축물에 고정부착하는 조치를 한다.
② 관경(호칭지름) 13mm 미만 : 1m마다
③ 관경(호칭지름) 13mm 이상 33mm 미만 : 2m마다
④ 관경(호칭지름) 33mm 이상의 : 3m마다
⑤ 고정장치 사이에는 절연조치를 한다.

해답

22. ②　23. ④　24. ②

문제 25 가스 운반 시 차량 비치 항목이 아닌 것은?

① 가스 표시 색상
② 가스 특성(온도와 압력과의 관계, 비중, 색깔 냄새)
③ 인체에 대한 독성 유무
④ 화재, 폭발의 위험성 유무

해설 고압가스 운반 시 재해 발생 또는 확대를 방지하기 위한 조치사항

가연성 가스, 산소 및 독성가스의 운전자가 운반중 재해방지를 위하여 가스의 종류, 차량의 종류 및 적재상태에 따라 휴대하여야 할 필요한 조치 및 주의사항은 다음의 항목으로서 이를 차량에 비치할 것.

① 가스의 명칭 및 성상
   ㉠ 가스의 명칭
   ㉡ 가스의 특성(온도와 압력과의 관계, 비중, 색깔, 냄새)
   ㉢ 화재, 폭발의 위험성 유무
   ㉣ 인체에 대한 독성 유무
② 운반중의 주의사항
   ㉠ 점검부분과 방법
   ㉡ 휴대품의 종류와 수량
   ㉢ 경계표지 부착
   ㉣ 온도상승방지 조치
   ㉤ 주차 시 주의
   ㉥ 안전운행 요령
③ 충전용기 등을 적재한 경우는 짐을 내릴 때의 주의사항
④ 사고 발생 시 응급조치
   ㉠ 가스 누출이 있는 경우에는 그 누출부분의 확인 및 수리를 할 것.
   ㉡ 가스 누출 부분의 수리가 불가능한 경우
      ⓐ 상황에 따라 안전한 장소로 운반할 것.
      ⓑ 부근의 화기를 없앨 것.
      ⓒ 착화된 경우 용기파열 등의 위험이 없다고 인정될 때는 소화할 것.
      ⓓ 독성가스가 누출한 경우에는 가스를 제독할 것.
      ⓔ 부근에 있는 사람을 대피시키고, 통행인은 교통통제를 하여 출입을 금지시킬 것.
      ⓕ 비상연락망에 따라 관계업소에 원조를 의뢰할 것.
      ⓖ 상황에 따라 안전한 장소로 대피할 것.
      ⓗ 구급조치

문제 26 고압가스판매자가 실시하는 용기의 안전점검 및 유지관리의 기준으로 틀린 것은?

① 용기 아랫부분의 부식 상태를 확인할 것.
② 완성검사 도래 여부를 확인할 것.
③ 밸브의 그랜드너트가 고정핀으로 이탈 방지를 위한 조치가 되어 있는지의 여부를 확인할 것.
④ 용기 캡이 씌워져 있거나 프로텍터가 부착되어 있는지의 여부를 확인할 것.

해답 25. ① 26. ②

해설 고압가스제조자 또는 고압가스판매자가 실시하는 용기의 안전점검 및 유지·관리기준은 다음과 같다.
① 용기의 내·외면을 점검하여 사용할 때에 위험한 부식·금·주름 등이 있는 것인지의 여부를 확인할 것.
② 용기는 도색 및 표시가 되어 있는지의 여부를 확인할 것.
③ 용기의 스커트에 찌그러짐이 있는지, 사용할 때에 위험하지 않도록 적정 간격을 유지하고 있는지의 여부를 확인할 것.
④ 유통 중 열영향을 받았는지의 여부를 점검할 것. 이 경우 열영향을 받은 용기는 재검사를 받아야 한다.
⑤ 용기 캡이 씌워져 있거나 프로텍터가 부착되어 있는지의 여부를 확인할 것.
⑥ 재검사기간의 도래 여부를 확인할 것.
⑦ 용기 아랫부분의 부식 상태를 확인할 것.
⑧ 밸브의 몸통·충전구나사·안전밸브에 사용에 지장을 주는 흠, 주름, 스프링의 부식 등이 있는지의 여부를 확인할 것.
⑨ 밸브의 그랜드너트가 고정핀 등에 의하여 이탈 방지를 위한 조치가 있는지 여부를 확인할 것.
⑩ 밸브의 개폐 조작이 쉬운 핸들이 부착되어 있는지 여부를 확인할 것.
⑪ 용기에는 충전가스의 종류에 맞는 용기부속품이 부착되어 있는지 여부를 확인할 것.
⑫ 용기에 충전된 고압가스(가연성 가스 및 독성가스만 해당한다)를 판매한 자는 판매에서 회수까지 그 이력을 추적 관리하여 용기 방치 등으로 인한 안전관리에 저해되지 않도록 할 것.

문제 27 독성가스인 암모니아의 저장탱크에는 그 가스의 용량이 그 저장탱크 내용적의 몇 %를 초과하지 않아야 하는가?
① 80%   ② 85%
③ 90%   ④ 95%

해설 **독성가스의 저장·충전 및 제독 조치 기준**(과충전 방지)
독성가스를 저장탱크에 충전할 때 독성가스가 저장탱크 내용적의 90%를 초과하면 자동적으로 이를 검지할 수 있도록 다음 방법에 의한 조치를 하여야 한다.
① 저장탱크에 충전된 독성가스의 용량이 90%에 이르렀을 때 이를 검지하는 방법은 그 액면 또는 액두압을 검지하는 것이거나 이에 갈음할 수 있는 유효한 방법일 것.
② 제1호의 방법에 의하여 그 용량이 검지되었을 때는 지체없이 경보(부자 등 음향으로 하는 것)를 울리는 것일 것.
③ 제2호의 경보는 당해 충전작업관계자가 상주하는 장소 및 작업장소에서 명확하게 들을 수 있는 것일 것.

문제 28 액화 암모니아 10kg을 기화시키면 표준상태에서 약 몇 m³의 기체로 되는가?
① 80%   ② 5%
③ 13%   ④ 26%

해설
① $PV = GRT$, $V = \dfrac{GRT}{P} = \dfrac{10 \times \dfrac{8.314}{17} \times (273+0)}{17} = 13.176 \, \text{m}^3$
   표준상태 : 0℃, 1기압
② $T = 273 + ℃$

해답 27. ③   28. ③

문제 29 용기에 의한 고압가스 판매시설의 충전용기 보관실 기준으로 옳지 않은 것은?

① 가연성 가스 충전용기 보관실은 불연성 재료나 난연성의 재료를 사용한 가벼운 지붕을 설치한다.
② 공기보다 무거운 가연성 가스의 용기보관실에는 가스누출검지경보장치를 설치한다.
③ 충전용기 보관실은 가연성 가스가 새어나오지 못하도록 밀폐구조로 한다.
④ 용기보관실의 주변에는 화기 또는 인화성 물질이나 발화성 물질을 두지 않는다.

해설 용기에 의한 고압가스 판매(사고예방설비기준)
가연성 가스의 용기보관실에는 누출된 고압가스가 체류하지 않도록 환기구를 갖추는 등 필요한 조치를 마련할 것.

문제 30 도시가스 배관의 용어에 대한 설명으로 틀린 것은?

① 배관이란 본관, 공급관, 내관 또는 그 밖의 관을 말한다.
② 본관이란 도시가스제조사업소의 부지 경계에서 정압기까지 이르는 배관을 말한다.
③ 사용자 공급관이란 공급관 중 정압기에서 가스사용자가 구분하여 소유하는 건축물의 외벽에 설치된 계량기까지 이르는 배관을 말한다.
④ 내관이란 가스사용자가 소유하거나 점유하고 있는 토지의 경계에서 연소기까지 이르는 배관을 말한다.

해설 ① "사용자공급관"이란 제3호 가목에 따른 공급관 중 가스사용자가 소유하거나 점유하고 있는 토지의 경계에서 가스사용자가 구분하여 소유하거나 점유하는 건축물의 외벽에 설치된 계량기의 전단밸브(계량기가 건축물의 내부에 설치된 경우에는 그 건축물의 외벽)까지 이르는 배관을 말한다.
② 제3호. "공급관"이란 다음 각 목의 것을 말한다.
㉠ 공동주택, 오피스텔, 콘도미니엄, 그 밖에 안전관리를 위하여 산업통상자원부장관이 필요하다고 인정하여 정하는 건축물(이하 "공동주택등"이라 한다)에 도시가스를 공급하는 경우에는 정압기에서 가스사용자가 구분하여 소유하거나 점유하는 건축물의 외벽에 설치하는 계량기의 전단밸브(계량기가 건축물의 내부에 설치된 경우에는 건축물의 외벽)까지 이르는 배관
㉡ 공동주택등 외의 건축물 등에 도시가스를 공급하는 경우에는 정압기에서 가스사용자가 소유하거나 점유하고 있는 토지의 경계까지 이르는 배관
㉢ 가스도매사업의 경우에는 정압기지에서 일반도시가스사업자의 가스공급시설이나 대량수요자의 가스사용시설까지 이르는 배관
㉣ 나프타부생가스·바이오가스제조사업 및 합성천연가스제조사업의 경우에는 해당 사업소의 본관 또는 부지 경계에서 가스사용자가 소유하거나 점유하고 있는 토지의 경계까지 이르는 배관

29. ③ 30. ③

문제 31 측정압력이 0.01~10kg/cm² 정도이고, 오차가 ±1~2% 정도이며 유체 내의 먼지 등의 영향이 적으나, 압력 변동에 적응하기 어렵고 주위온도 오차에 의한 충분한 주의를 요하는 압력계는?

① 전기저항 압력계
② 벨로즈(Bellows) 압력계
③ 부르동(bourdon)관 압력계
④ 피스톤 압력계

해설 **벨로즈(bellows) 압력계**
① 진공압 및 차압에 사용한다.
② 주위온도의 오차에 의한 충분한 주의를 하여야 한다.
③ 액화하기 쉬운 기체의 압력 측정 시 도입관을 보온하여 기화점 이상으로 유지한다.

문제 32 1단 감압식 저압조정기의 조정압력(출구압력)은?

① 2.3~3.3 kPa
② 5~30 kPa
③ 32~83 kPa
④ 57~83 kPa

해설 액화석유가스 압력조정기의 종류에 따른 입구압력 및 조정압력

종 류	입구압력(MPa)	조정압력(kPa)
1단감압식 저압조정기	0.07~1.56	2.30~3.30
1단감압식 준저압조정기	0.1~1.56	5.0~30.0 이내에서 제조자가 설정한 기준압력의 ±20%
2단감압식 1차용 조정기 (용량 100kg/h 이하)	0.1~1.56	57.0~83.0
2단감압식 1차용 조정기 (용량 100kg/h 초과)	0.3~1.56	57.0~83.0
2단감압식 2차용 저압조정기	0.01~0.1 또는 0.025~0.1	2.30~3.30
2단감압식 2차용 준저압조정기	조정압력 이상 ~0.1	5.0~30.0 이내에서 제조자가 설정한 기준압력의 ±20%
자동절체식 일체형 저압조정기	0.1~1.56	2.55~3.30
자동절체식 일체형 준저압조정기	0.1~1.56	5.0~30.0 이내에서 제조자가 설정한 기준압력의 ±20%
그 밖의 압력조정기	조정압력 이상 ~1.56	5kPa를 초과하는 압력범위에서 상기 압력조정기의 종류에 따른 조정압력에 해당하지 않는 것에 한하며, 제조자가 설정한 기준압력의 ±20%일 것.

문제 33 초저온 저장탱크에 주로 사용되며, 차압에 의하여 측정하는 액면계는?

① 시창식
② 햄프슨식
③ 부자식
④ 회전 튜브식

해설 **차압식 액면계**(햄프슨식 액면계)
① 액화산소와 같은 극저온의 저장조의 상·하부를 U자관에 연결하여 차압에 의하여 액면을 측정하는 방법이다.
② 초저온 저장탱크에 사용되는 액면계는 차압식이다.

31. ② 32. ① 33. ②

문제 34

분말진공 단열법에서 충진용 분말로 사용되지 않는 것은?

① 탄화규소   ② 펄라이트
③ 규조토   ④ 알루미늄 분말

해설 저온장치의 분말진공 단열법
내부 충진물질 : 펄라이트, 규조토, 알루미늄 분말

문제 35

압축기에서 다단 압축을 하는 목적으로 틀린 것은?

① 소요 일량의 감소   ② 이용 효율의 증대
③ 힘의 평형 향상   ④ 토출온도 상승

해설 다단 압축의 목적
① 압축기를 2대 이상 직렬로 연결하여 압축일 감소와 체적 효율의 증가라는 좋은 결과를 얻기 위하여 실시한다.
② 소요 일량의 감소
③ 이용 효율의 증대
④ 힘의 평형 양호

문제 36

1000L의 액산 탱크에 액산을 넣어 방출밸브를 개방하여 12시간 방치하였더니 탱크 내의 액산이 4.8kg 방출되었다면 1시간당 탱크에 침입하는 열량은 약 몇 kcal인가? (단, 액산의 증발잠열은 60kcal/kg이다.)

① 12   ② 24
③ 70   ④ 150

해설 침입열량

$$\text{침입열량} = \frac{\text{증발잠열량}}{\text{시간}} = \frac{4.8[\text{kg}] \times 60[\text{kcal/kg}]}{12[\text{h}]} = 24[\text{kcal/h}]$$

문제 37

도시가스용 압력조정기에 대한 설명으로 옳은 것은?

① 유량 성능은 제조자가 제시한 설정압력의 ±10% 이내로 한다.
② 합격표시는 바깥지름이 5mm의 "k"자 각인을 한다.
③ 입구 측 연결배관 관경은 50A 이상의 배관에 연결되어 사용되는 조정기이다.
④ 최대 표시유량 300Nm³/h 이상인 사용처에 사용되는 조정기이다.

해설 도시가스용 압력조정기
① 도시가스용 압력조정기 : 도시가스정압기 이외에 설치되는 압력조정기로서 입구측 구경이 50A 이하이고 최대표시유량이 300Nm³/h 이하인 것을 말한다.
② 정압기용 압력조정기 : 도시가스정압기에 설치되는 압력조정기로서 출구압력에 따라 아래와 같이 구분한다.

해답 34. ① 35. ④ 36. ② 37. ②

㉠ 중　압 : 0.1~1MPa 미만
㉡ 준저압 : 4~100kPa 미만
㉢ 저　압 : 1~4kPa 미만
③ 검사에 합격된 제품에는 다음과 같이 합격표시(각인)를 한다.
㉠ 도시가스용 압력조정기 합격표시 K자 각인 ○ 바깥지름 : 5mm
㉡ 정압기용 압력조정기 합격표시 K자 각인 ○ 바깥지름 : 10mm

문제 38

오리피스 유량계는 어떤 형식의 유량계인가?

① 차압식　　　　② 면적식
③ 용적식　　　　④ 터빈식

해설 **오리피스 유량계**
유체의 압력 감소는 유속이 증가되는 것으로 베르누이 정리를 이용하여 유량을 측정한다.

문제 39

질소를 취급하는 금속재료에서 내질화성을 증대시키는 원소는?

① Ni　　　　② Al
③ Cr　　　　④ Ti

해설 **니켈** : 질화되는 금속에 내질화성(耐窒化性)을 증가시킨다.

문제 40

다음 각 가스에 의한 부식현상 중 틀린 것은?

① 암모니아에 의한 강의 질화
② 황화수소에 의한 철의 부식
③ 일산화탄소에 의한 금속의 카르보닐화
④ 수소원자에 의한 강의 탈수소화

해설 **고온 부식의 종류**
수소 취성 및 탈탄 : 탄소강이 고압의 수소와 만나면 수소에 의한 탈탄작용으로 침식된다.

참고 **고온 부식의 종류**
수소 취성 및 탈탄, 산화, 황화, 침탄 및 카보닐화, 질화, 수소취화, 바나듐 어택 등이 있다.

문제 41

다음 중 아세틸렌과 치환반응을 하지 않는 것은?

① Cu　　　　② Ag
③ Hg　　　　④ Ar

해설 **아세틸렌 치환반응**
구리, 은 및 수은 등의 금속과 반응하여 금속아세틸라이드가 생성된다.

해답　38. ①　39. ①　40. ④　41. ④

참고 아세틸렌하고 구리나 은 같은 금속이 치환반응을 한다.
예를 들어 아세틸렌하고 염화구리가 치환반응을 하면 구리아세틸리드하고 염화수소가 생성된다.

문제 42
비점이 점차 낮은 냉매를 사용하여 저비점의 기체를 액화하는 사이클은?
① 클라우드 액화 사이클
② 플립스 액화 사이클
③ 캐스케이드 액화 사이클
④ 캐피자 액화 사이클

해설 **캐스케이드식**(다원액화방식)(Cascade Cycle)
① 공기 액화 사이클 중 비점이 점차 낮은 냉매를 사용하여 저비점의 기체를 액화하는 사이클이다.
② 천연가스의 액화 공정으로 프로판, 에틸렌, 메탄을 냉매로 서서히 천연가스의 온도를 내려서 액화하는 사이클이다.

문제 43
유체가 5m/s의 속도로 흐를 때 이 유체의 속도수두는 약 몇 m인가? (단, 중력가속도는 9.8m/s²이다.)
① 0.98
② 1.28
③ 12.2
④ 14.1

해설 **속도수두**
① $V = \sqrt{2gh}$
② $H = \dfrac{V^2}{2g} = \dfrac{5^2}{2 \times 9.8} = 1.2755\,\mathrm{m}$

문제 44
빙점 이하의 낮은 온도에서 사용되며 LPG 탱크, 저온에도 인성이 감소되지 않는 화학공업 배관 등에 주로 사용되는 관의 종류는?
① SPLT
② SPHT
③ SPPH
④ SPPS

해설 **강관의 종류**

규격 명칭	KS 기호 (JIS)
배관용 탄소강 강관 (S : steel, P : pipe, P : piping)	SPP (SGP)
압력 배관용 탄소강 강관 (S : steel, P : pipe, P : pressure, S : service)	SPPS (STPG)
고압 배관용 탄소강 강관 (S : steel, P : pipe, P : pressure, H : high)	SPPH (STS)

해답 42. ③ 43. ② 44. ①

규격 명칭	KS 기호 (JIS)
고온 배관용 탄소강 강관 (S : steel, P : pipe, H : high, T : temperature)	SPHT (STPT)
배관용 아크 용접 탄소강 강관 (S : steel, P : pipe, W : welding)	SPW (STPY)
배관용 합금강 강관 (S : steel, P : pipe, A : alloy)	SPA (STPA)
배관용 오스테나이트 스테인리스 강관 (steel tube stainless)	STS XT (SUS-TP)
저온 배관용 강관 (S : steel, P : pipe, L : low, T : temperature)	SPLT (STPL)
수도용 아연도금 강관 (S : steel, P : pipe, P : piping, W : water)	SPPW (SGPW)
수도용 도복장 강관 (S : steel, T : tube, P : pipe, W : water, A : asphalt, C : coltar)	STPW-A STPW-C

문제 45 고압가스용 이음매 없는 용기에서 내력비란?

① 내력과 압궤강도의 비를 말한다.
② 내력과 파열강도의 비를 말한다.
③ 내력과 압축강도의 비를 말한다.
④ 내력과 인장강도의 비를 말한다.

해설 "내력비"란 내력과 인장강도의 비를 말한다.

문제 46 섭씨온도로 측정할 때 상승된 온도가 5℃이었다. 이 때 화씨온도로 측정하면 상승온도는 몇 도인가?

① 7.5
② 8.3
③ 9.0
④ 41

해설 1눈금 차 온도 상승률
① 섭씨온도(℃) : 1기압에서 물의 어는점을 0℃, 끓는점을 100℃로 정하고 100등분하고 1등분을 1℃로 정한 온도이다.
② 화씨온도(℉) : 1기압에서 물의 어는점을 32℉, 끓는점을 212℃로 정하고 180등분하고 1등분을 1℉로 정한 온도이다.
③ 1 눈금 차 비율 : 1℃∝1.8℉(1℃≠1.8℉)
$5 \times 1.8 = 9$

문제 47 어떤 물질의 고유의 양으로 측정하는 장소에 따라 변함이 없는 물리량은?

① 질량
② 중량
③ 부피
④ 밀도

45. ④ 46. ③ 47. ①

해설 질량
① 물질이 가지는 고유한 양이다.
② 측정 장소에 관계없이 일정하다.

문제 48 하버-보시법으로 암모니아 44g을 제조하려면 표준상태에서 수소는 약 몇 L가 필요한가?
① 22
② 44
③ 87
④ 100

해설 하법-보시법(암모니아 반응식)
① $3H_2 + N_2 \rightarrow 2NH_3$
  $3 \times 22.4 \qquad 2 \times 17$
  $X \qquad\qquad 44$
② $(3 \times 22.4) : (2 \times 17) = X : 44$
  $X = \dfrac{(3 \times 22.4) \times 44}{(2 \times 17)} = 86.9647$

문제 49 기체연료의 연소 특성으로 틀린 것은?
① 소형의 버너도 매연이 적고, 완전연소가 가능하다.
② 하나의 연료 공급원으로부터 다수의 연소로와 버너에 쉽게 공급된다.
③ 미세한 연소 조정이 어렵다.
④ 연소율의 가변범위가 넓다.

해설 기체연료의 연소 특성
① 연소효율이 높아 적은 양의 공기로 완전연소가 가능하다.
② 미세한 연소 조절 및 점화, 소화가 쉽다.
③ 회분 및 매연이 매우 적다.
④ 초기시설 비용이 고가이다.

문제 50 비중이 13.6인 수은은 76cm의 높이를 갖는다. 비중이 0.5인 알코올로 환산하면 그 수주는 몇 m인가?
① 20.67
② 15.2
③ 13.6
④ 5

해설 수두(높이)
① 비중 $S = \dfrac{\gamma}{\gamma_W}$ (여기서, γ : 비중량, γ_W : (물의 비중량) $1{,}000[\text{kg/m}^3]$)
② 물의 비중량 $\gamma = S \times \gamma_W = 13.6 \times 1000 = 13600$
③ 알코올의 비중량 $\gamma = S \times \gamma_W = 0.5 \times 1000 = 500$
④ $\gamma_1 h_1 = \gamma_2 h_2$

해답 48. ③ 49. ③ 50. ①

$$(13.6 \times 1000) \times (76 \times 10^{-2}) = (0.5 \times 1000) \times h_2$$

$$h_2 = \frac{13.6 \times 1000 \times 76 \times 10^{-2}}{0.5 \times 1000} = 20.672 \text{m}$$

⑤ $h_2 = \dfrac{\gamma_1 h_1}{\gamma_2}$

문제 51 SNG에 대한 설명으로 가장 적당한 것은?

① 액화석유가스
② 액화천연가스
③ 정유가스
④ 대체천연가스

해설 **대체천연가스**(SNG)
① 합성천연가스(Synthetic Natural Gas) 또는 대체천연가스(Substitute Natural Gas)이다.
② 석탄원료의 주성분인 탄소와 수소에 천연가스의 주성분인 메탄을 합성한 것이다.

문제 52 액체는 무색투명하고, 특유의 복숭아 향을 가진 맹독성 가스는?

① 일산화탄소
② 포스겐
③ 시안화수소
④ 메탄

해설 **시안화수소**(HCN)
① 쉽게 액화되고 액체는 무색투명하며 복숭아 냄새를 가진 가연성 기체이다.
② 액체는 휘발성이 매우 크며 물에 잘 녹는다.

문제 53 단위 체적당 물체의 질량은 무엇을 나타내는 것인가?

① 중량
② 비열
③ 비체적
④ 밀도

해설 **밀도**(density)
① 단위 체적당 질량이다.
② 단위 : g/L, kg/m³
③ 기체의 밀도 = $\dfrac{\text{가스 분자량 [g]}}{22.4 \text{[L]}}$

문제 54 다음 중 지연성 가스로만 구성되어 있는 것은?

① 일산화탄소, 수소
② 질소, 아르곤
③ 산소, 이산화질소
④ 석탄가스, 수성가스

해설 **조연성**(지연성) **가스**
① 자기 자신은 연소하지 않고 다른 가연성 가스의 연소를 도와주는 역할을 한다.
② 산소(O_2), 오존(O_3), 염소(Cl_2), 불소(F_2), 일산화질소(NO), 아산화질소(N_2O), 공기

---

51. ④ 52. ③ 53. ④ 54. ③

문제 55 메탄가스의 특성에 대한 설명으로 틀린 것은?

① 메탄은 프로판에 비해 연소에 필요한 산소량이 많다.
② 폭발하한농도가 프로판보다 높다.
③ 무색, 무취이다.
④ 폭발상한농도가 부탄보다 높다.

해설 메탄가스의 성질
① 완전연소 반응식
  ㉠ 부탄(C_4H_{10}) : $C_4H_{10} + 6.5O_2 \rightarrow 4CO_2 + 5H_2O + 687.64$ kcal
  ㉡ 프로판(C_3H_8) : $C_3H_8 + 5O_2 \rightarrow 3CO_2 + 4H_2O + 530.60$ kcal
  ㉢ 메탄(CH_4) : $CH_4 + 2O_2 \rightarrow CO_2 + 2H_2O + 212.80$ kcal
② 산소량
  메탄 : 2몰(mol), 부탄 : 6.5몰(mol), 프로판 : 5몰(mol)

문제 56 암모니아의 성질에 대한 설명으로 옳지 않은 것은?

① 가스일 때 공기보다 무겁다.
② 물에 잘 녹는다.
③ 구리에 대하여 부식성이 강하다.
④ 자극성 냄새가 있다.

해설 비중(specific gravity)
① 기체 비중 = $\dfrac{\text{기체 분자량}}{\text{공기의 평균 분자량}} = \dfrac{17}{29} = 0.586$
② 기체의 비중의 값(0.586)이 1보다 작으면 공기보다 가볍다.

문제 57 수소에 대한 설명으로 틀린 것은?

① 상온에서 자극성을 가지는 가연성 기체이다.
② 폭발범위는 공기 중에서 약 4~75%이다.
③ 염소와 반응하여 폭명기를 형성한다.
④ 고온·고압에서 강재 중 탄소와 반응하여 수소취성을 일으킨다.

해설 수소의 성질
① 무색, 무미, 무취의 가연성 기체이다.
② 모든 기체 중에서 가장 가볍고 확산속도가 가장 빠르다.
③ 최소의 밀도이며 고온에서 탄소와 수소취성을 일으킨다.

문제 58 다음 중 표준상태에서 가스상 탄화수소의 점도가 가장 높은 가스는?

① 에탄(C_2H_6)   ② 메탄(CH_4)
③ 부탄(C_4H_{10}) ④ 프로판(C_3H_8)

55. ① 56. ① 57. ① 58. ②

해설 기체 점도
① 에탄(기체) : 0.00852 mPa · s
② 메탄(기체) : 0.01118 mPa · s
③ 부탄(기체) : 0.00735 mPa · s
④ 프로판(기체) : 0.00790 mPa · s

문제 59 도시가스의 원료인 메탄가스를 완전연소시켰다. 이 때 어떤 가스가 주로 발생되는가?
① 부탄
② 암모니아
③ 콜타르
④ 이산화탄소

해설 탄화수소계 가연성 가스의 완전연소식
① 부탄(C_4H_{10}) : $C_4H_{10} + 6.5O_2 \rightarrow 4CO_2 + 5H_2O + 687.64$kcal
② 프로판(C_3H_8) : $C_3H_8 + 5O_2 \rightarrow 3CO_2 + 4H_2O + 530.60$kcal
③ 메탄(CH_4) : $CH_4 + 2O_2 \rightarrow CO_2 + 2H_2O + 212.80$kcal
④ 메탄은 연소반응을 하여 이산화탄소(CO_2), 수증기(H_2O)를 발생한다.

문제 60 표준대기압 하에서 물 1kg의 온도를 1℃ 올리는 데 필요한 열량은 얼마인가?
① 0 kcal
② 1 kcal
③ 80 kcal
④ 539 kcal/kg · ℃

해설 비열
① 물 1kg의 온도를 1℃ 올리는 데 필요한 열량 : kcal/kg · ℃
② 물 1 lb의 온도를 1F 올리는 데 필요한 열량 : BTU/lb · F
③ 물 1F의 온도를 1℃ 올리는 데 필요한 열량 : CHU/lb · ℃

59. ④ 60. ②

2025년 4월 CBT 시행

문제 01 액화석유가스의 안전관리 및 사업법에서 정한 용어에 대한 설명으로 틀린 것은?

① 저장설비란 액화석유가스를 저장하기 위한 설비로서 각종 저장탱크 및 용기를 말한다.
② 저장탱크란 액화석유가스를 저장하기 위하여 지상 또는 지하에 고정 설치된 탱크로서 그 저장능력이 3톤 이상인 탱크를 말한다.
③ 용기집합설비란 2개 이상의 용기를 집합하여 액화석유가스를 저장하기 위한 설비를 말한다.
④ 충전용기란 액화석유가스 충전 질량의 90% 이상이 충전되어 있는 상태의 용기를 말한다.

해설 용어의 정의
이 규칙에서 사용하는 용어의 뜻은 다음과 같다.
① "저장설비"란 액화석유가스를 저장하기 위한 설비로서 저장탱크, 마운드형 저장탱크, 소형저장탱크 및 용기(용기집합설비와 충전용기보관실을 포함한다. 이하 같다)를 말한다.
② "저장탱크"란 액화석유가스를 저장하기 위하여 지상 또는 지하에 고정 설치된 탱크로서 그 저장능력이 3톤 이상인 탱크를 말한다.
③ "마운드형 저장탱크"란 액화석유가스를 저장하기 위하여 지상에 설치된 원통형 탱크에 흙과 모래를 사용하여 덮은 탱크로서「액화석유가스의 안전관리 및 사업법 시행령」(이하 "영"이라 한다) 제3조 제1항 제1호 마목에 따른 자동차에 고정된 탱크 충전사업 시설에 설치되는 탱크를 말한다.
④ "소형저장탱크"란 액화석유가스를 저장하기 위하여 지상 또는 지하에 고정 설치된 탱크로서 그 저장능력이 3톤 미만인 탱크를 말한다.
⑤ "용기집합설비"란 2개 이상의 용기를 집합(集合)하여 액화석유가스를 저장하기 위한 설비로서 용기·용기집합장치·자동절체기(사용 중인 용기의 가스공급압력이 떨어지면 자동적으로 예비용기에서 가스가 공급되도록 하는 장치를 말한다)와 이를 접속하는 관 및 그 부속설비를 말한다.
⑥ "자동차에 고정된 탱크"란 액화석유가스의 수송·운반을 위하여 자동차에 고정 설치된 탱크를 말한다.
⑦ "충전용기"란 액화석유가스 충전 질량의 2분의 1 이상이 충전되어 있는 상태의 용기를 말한다.
⑧ "잔가스용기"란 액화석유가스 충전 질량의 2분의 1 미만이 충전되어 있는 상태의 용기를 말한다.
⑨ "가스설비"란 저장설비 외의 설비로서 액화석유가스가 통하는 설비(배관은 제외한다)와 그 부속설비를 말한다.
⑩ "충전설비"란 용기 또는 자동차에 고정된 탱크에 액화석유가스를 충전하기 위한 설비로서 충전기와 저장탱크에 부속된 펌프 및 압축기를 말한다.
⑪ "용기가스소비자"란 용기에 충전된 액화석유가스를 연료로 사용하는 자를 말한다. 다만, 다음 각 목의 자는 제외한다.

해답 01. ④

㉠ 액화석유가스를 자동차연료용, 용기내장형 가스난방기용, 이동식 부탄연소기용, 공업용 또는 선박용으로 사용하는 자
㉡ 액화석유가스를 이동하면서 사용하는 자
⑫ "공급설비"란 용기가스소비자에게 액화석유가스를 공급하기 위한 설비로서 다음 각 목에서 정하는 설비를 말한다.
㉠ 액화석유가스를 부피단위로 계량하여 판매하는 방법(이하 "체적판매방법"이라 한다)으로 공급하는 경우에는 용기에서 가스계량기 출구까지의 설비
㉡ 액화석유가스를 무게단위로 계량하여 판매하는 방법(이하 "중량판매방법"이라 한다)으로 공급하는 경우에는 용기
⑬ "소비설비"란 용기가스소비자가 액화석유가스를 사용하기 위한 설비로서 다음 각 목에서 정하는 설비를 말한다.
㉠ 체적판매방법으로 액화석유가스를 공급하는 경우에는 가스계량기 출구에서 연소기까지의 설비
㉡ 중량판매방법으로 액화석유가스를 공급하는 경우에는 용기 출구에서 연소기까지의 설비

문제 02
방호벽을 설치하지 않아도 되는 곳은?
① 아세틸렌가스 압축기와 충전장소 사이
② 판매소의 용기 보관실
③ 고압가스 저장설비와 사업소 안의 보호시설과의 사이
④ 아세틸렌가스 발생장치와 당해 가스충전용기 보관장소 사이

해설 **방호벽 설치**
아세틸렌가스 또는 압력이 9.8MPa 이상인 압축가스를 용기에 충전하는 경우
① 압축기와 그 충전장소 사이
② 압축기와 그 가스충전용기 보관장소 사이
③ 충전장소와 그 가스충전용기 보관장소 사이 및 충전장소와 그 충전용 주관밸브 조작 밸브 사이에 각각 방호벽을 설치할 것.

문제 03
공기와 혼합된 가스가 압력이 높아지면 폭발범위가 좁아지는 가스는?
① 메탄　　　　　　　　　　② 프로판
③ 일산화탄소　　　　　　　④ 아세틸렌

해설 **연소범위**(폭발범위)
① 가스압력이 높아지면 일반적으로 하한계 값은 거의 변화지 않으며 상한계 값이 넓어지므로, 즉 고온, 고압이면 연소범위는 넓어진다.
② 압력이 높아지면 일산화탄소는 연소범위가 좁아진다.
③ 수소는 10atm까지는 좁아지며 그 이상의 압력에서 연소범위가 넓어진다.

문제 04
천연가스 지하 매설 배관의 퍼지용으로 주로 사용되는 가스는?
① N_2　　　　　　　　　　② Cl_2
③ H_2　　　　　　　　　　④ O_2

02. ④　03. ③　04. ①

해설 **퍼지용 가스**
① 배관이나 플랜트 설비 등의 이상, 유지·보수할 경우 내부에 함유하고 있는 가연성 가스 또는 독성가스를 다른 설비로 이송, 방출, 산화, 반응폭주를 발생하지 않도록 안정된 기체로 중화 처리하는 작업에 사용되는 가스를 퍼지용 가스(purge gas)라 정의한다.
② 질소는 불활성이며 화학적으로 안정되어 질소가스를 지하 매설 배관용 퍼지용 가스 및 치환용 가스로 사용한다.

문제 05 산소압축기의 내부 윤활유제로 주로 사용되는 것은?
① 석유
② 물
③ 유지
④ 황산

해설 **내부 윤활제**(압축기 윤활유)
① 산소 : 물 또는 10% 이하의 묽은 글리세린수
② 공기, 수소, 아세틸렌 : 양질의 광유
③ 염소 : 농황산
④ LP 가스 : 식물성유

문제 06 지하에 매설된 도시가스 배관의 전기방식 기준으로 틀린 것은?
① 전기방식전류가 흐르는 상태에서 토양 중에 있는 배관 등의 방식전위 상한 값은 포화황산동 기준전극으로 −0.85V 이하일 것.
② 전기방식전류가 흐르는 상태에서 자연전위와의 전위변화가 최소한 −300 mV 이하일 것.
③ 배관에 대한 전위 측정은 가능한 한 배관 가까운 위치에서 실시할 것.
④ 전기방식시설의 관대지전위 등을 2년에 1회 이상 점검할 것.

해설 **배관의 전기 방식**(전기방식의 기준)
① 배관의 부식 방지를 위한 전위상태는 다음 제1호 또는 제2호에 적합하게 설치·유지되어야 한다.
  ㉠ 전기방식전류가 흐르는 상태에서 토양중에 있는 배관 등의 방식전위 상한 값은 포화황산동 기준전극으로 −0.85V 이하(황산염환원 박테리아가 번식하는 토양에서는 −0.95V 이하)이어야 하고, 방식전위 하한 값은 전기철도 등의 간섭영향을 받는 곳을 제외하고는 포화황산동 기준전극으로 −2.5V 이상이 되도록 노력한다.
  ㉡ 전기방식전류가 흐르는 상태에서 자연전위와의 전위변화가 최소한 −300mV 이하이어야 한다.(다른 금속과 접촉하는 배관은 제외한다.)
  ㉢ 배관에 대한 전위측정은 가능한 가까운 위치에서 기준전극으로 실시한다.
② 전기방식시설의 유지관리
  도시가스사업자는 전기방식시설의 효과적인 유지관리를 위하여 다음 각 호에 따른 측정 및 점검을 실시하여 이상이 발견될 경우에는 지체없이 정상기능 유지에 필요한 조치를 강구하고 그 실시기록을 작성하여 보존하여야 한다.
  ㉠ 전기방식시설의 관대지전위(管對地電位) 등을 1년에 1회 이상 점검하여야 한다.
  ㉡ 외부전원법에 의한 전기방식시설은 외부전원점 관대지전위(管對地電位), 정류기의 출력, 전압, 전류, 배선의 접속상태 및 계기류 확인 등을 3개월에 1회 이상 점검

05. ② 06. ④

하여야 한다.
ⓒ 배류법에 의한 전기방식시설은 배류점 관대지전위(管對地電位), 배류기의 출력, 전압, 전류, 배선의 접속상태 및 계기류 확인 등을 3개월에 1회 이상 점검하여야 한다.
ⓓ 절연부속품, 역전류방지장치, 결선(bond) 및 보호절연체의 효과는 6개월에 1회 이상 점검하여야 한다.
ⓔ 가스가 누출되어 체류할 우려가 있는 밸브 박스 등의 장소에서는 가스 누출 여부를 확인한 후 전위 측정을 하여야 한다.

문제 07

충전용기 등을 적재한 차량의 운반 개시 전용기 적재상태의 점검내용이 아닌 것은?

① 차량의 적재중량 확인
② 용기 고정상태 확인
③ 용기 보호캡의 부착 유무 확인
④ 운반계획서 확인

해설 충전용기 등을 적재한 차량의 운반개시전 점검사항은 다음 표와 같다.

구분	점검 항목	점검 방법	점검 내용	판정 기준
용기	적재 상태	눈 및 발포액	① 차량의 적재중량 확인 ② 용기 고정상태 확인 ③ 용기 보호캡의 부착 유무 확인 ④ 용기 및 밸브 등에서 가스 누설 확인	① 규정을 초과하지 않을 것. ② 로프 등으로 견고하게 묶여 있을 것. ③ 캡이 확실히 부착되어 있을 것. ④ 가스 누설이 없을 것.
휴대 용품	소화기	눈	정착상황 및 안전 봉인·안전핀 등 확인	봉인된 상태로 핀이 확실하게 꽂혀 있을 것.
	자재 및 휴대공구(독성가스인 경우는 보호구, 제독제 포함)		운반계획서 등에 기재된 자재, 공구, 누설방지 용구 등(독성가스인 경우는 보호구, 자재, 소석회 등을 포함)이 완비되어 있는가 확인	소정의 위치에 각 자재, 공구 등이 잘 보관되어 있어 비상시에 사용이 가능할 것.
	차바퀴 고정목		수량 확인	규정치수 이상의 것으로 2개 이상 있을 것.
	운반계획서 및 비상연락망 카드		① 운반계획서의 확인 ② 비상연락망 카드의 확인	① 운반계획서는 운반책임자가 휴대하고 있을 것. ② 비상연락망 카드는 당해 가스에 합치되는 것으로 훼손되지 않았을 것.
표시	경계표시	눈	위험 "고압가스" 경계표지 등의 부착 등 상태의 확인	경계표지의 문자가 선명하고 보기 쉬운 장소에 부착되어 있을 것.
그 밖의 것	정지표지판	눈	보유 유무 확인	보유하고 있을 것.

문제 08

도시가스 사용시설에서 안전을 확보하기 위하여 최고사용압력의 1.1배 또는 얼마의 압력 중 높은 압력으로 실시하는 기밀시험에 이상이 없어야 하는가?

① 5.4 kPa
② 6.4 kPa
③ 7.4 kPa
④ 8.4 kPa

07. ④ 08. ④

해설 도시가스 사용시설(연소기 제외) 기밀시험 압력
최고사용압력의 1.1배 또는 8.4kPa 중 높은 압력 이상으로 실시하는 기밀시험에 이상이 없어야 한다.

참고 LPG 사용시설 기준 : 기밀시험 압력 8.4kPa 이상

문제 09
다음 각 폭발의 종류와 그 관계로서 맞지 않는 것은?
① 화학 폭발 : 화약의 폭발
② 압력 폭발 : 보일러의 폭발
③ 촉매 폭발 : C_2H_2의 폭발
④ 중합 폭발 : HCN의 폭발

해설 ① 촉매 폭발
수소와 염소의 혼합물에 빛, 열 등이 가해졌을 때 발생되는 폭발로 염소폭염기가 있다.
$H_2 + Cl_2 \rightarrow H_2O + 68.3$ kcal/mol
② 아세틸렌 : 분해폭발, 산화폭발

문제 10
일반도시가스사업의 설치하는 가스공급시설 중 정압기의 설치에 대한 설명으로 틀린 것은?
① 건축물 내부에 설치된 도시가스사업자의 정압기로서 가스누출경보기와 연동하여 작동하는 기계환기설비를 설치하고 1일 1회 이상 안전점검을 실시하는 경우에는 건축물의 내부에 설치할 수 있다.
② 정압기에 설치되는 가스방출관의 방출구는 주위에 불 등이 없는 안전한 위치로서 지면으로부터 3m 이상의 높이에 설치하여야 하며, 전기시설물과의 접촉 등으로 사고의 우려가 있는 장소에서는 5m 이상의 높이로 설치한다.
③ 정압기에 설치하는 가스차단장치는 정압기의 입구 및 출구에 설치한다.
④ 정압기는 2년에 1회 이상 분해점검을 실시하고 필터는 가스공급 개시 후 1월 이내 및 가스공급 개시 후 매년 1회 이상 분해점검을 실시한다.

해설 일반도시가스사업의 가스공급시설의 시설
정압기에는 안전밸브 및 가스방출관을 설치하고 가스방출관의 방출구는 주위에 불 등이 없는 안전한 위치로서 지면으로부터 5m 이상의 높이에 설치할 것. 다만, 전기시설물과의 접촉 등으로 사고의 우려가 있는 장소에서는 3m 이상으로 할 수 있다.

문제 11
아세틸렌(C_2H_2)에 대한 설명으로 틀린 것은?
① 폭발범위는 수소보다 넓다.
② 공기보다 무겁고 황색의 가스이다.
③ 공기와 혼합되지 않아도 폭발하는 수가 있다.
④ 구리, 은, 수은 및 그 합금과 폭발성 화합물을 만든다.

해설 아세틸렌(C_2H_2)
무색, 무취의 가연성 기체로 폭발한계가 가장 넓으며 공기보다 가볍다.

 09. ③ 10. ② 11. ②

문제 12

고압가스 충전용기는 항상 몇 ℃ 이하의 온도를 유지하여야 하는가?

① 10℃ ② 30℃
③ 40℃ ④ 50℃

해설 **고압가스 용기보관장소**(충전용기)
① 충전용기는 항상 40℃ 이하의 온도를 유지하고, 직사광선을 받지 않도록 조치할 것.
② 충전용기와 잔가스용기는 각각 구분하여 용기보관장소에 놓을 것.
③ 용기보관장소의 주위 2m 이내에는 화기 또는 인화성 물질이나 발화성 물질을 두지 아니할 것.
④ 가연성 가스 용기보관장소에는 방폭형 휴대용 손전등 외의 등화를 휴대하고 들어가지 아니할 것.

문제 13

용기에 의한 고압가스 운반 기준으로 틀린 것은?

① 3000kg의 액화 조연성 가스를 차량에 적재하여 운반할 때에는 운반책임자가 동승하여야 한다.
② 허용농도가 500ppm인 액화 독성가스 1000kg을 차량에 적재하여 운반할 때에는 운반책임자가 동승하여야 한다.
③ 충전용기와 위험물 안전관리법에서 정하는 위험물과는 동일 차량에 적재하여 운반할 수 없다.
④ 300m^3의 압축 가연성 가스를 차량에 적재하여 운반할 때에는 운전자가 운반책임자의 자격을 가진 경우에는 자격이 없는 사람을 동승시킬 수 있다.

해설 **운반책임자 동승 기준**
다음 표에 정하는 기준 이상의 고압가스를 차량에 적재하여 운반할 경우에는 운반책임자를 동승시켜 운반에 대한 감독 또는 지원을 하도록 할 것.
다만, 운전자가 운반책임자의 자격을 가진 경우에는 운반책임자의 자격이 없는 사람을 동승시킬 수 있다.

가스의 종류		기　준
압축가스	가연성 가스	300m^3 이상
	조연성 가스	600m^3 이상
액화가스	가연성 가스	3천kg 이상(납붙임용기 및 접합용기의 경우는 2천kg 이상)
	조연성 가스	6천kg 이상

문제 14

공기 중으로 누출 시 냄새로 쉽게 알 수 있는 가스로만 나열된 것은?

① Cl_2, NH_3 ② CO, Ar
③ C_2H_2, CO ④ O_2, Cl_2

해설 ① 암모니아(NH_3) : 자극성을 지닌 무색의 기체이다.
② 염소(Cl_2) : 액화염소는 담황색을 띠는 강한 자극성 냄새가 있는 조연성 기체이다.
③ 아세틸렌(C_2H_2) : 무색, 무취의 가연성 기체이다.

해답　12. ③　13. ①　14. ①

④ 일산화탄소(CO) : 무색, 무취로 공기보다 가볍다.
⑤ 아르곤(Ar) : 무색, 무취이다.
⑥ 산소(O_2) : 무색, 무취이다.

문제 15
신규검사 후 20년이 경과한 용접용기(액화석유가스용 용기는 제외한다)의 재검사 주기는?

① 3년마다　　　　② 2년마다
③ 1년마다　　　　④ 6개월마다

해설 용기 및 특정설비의 재검사기간
① 용기
용기의 재검사기간은 다음 표와 같다. 다만, 재검사기간이 되었을 때에 소화용 충전용기 또는 고정장치된 시험용 충전용기의 경우에는 충전된 고압가스를 모두 사용한 후에 재검사한다.

용기의 종류		신규검사 후 경과년수		
		15년 미만	15년 이상 20년 미만	20년 이상
		재검사 주기		
용접용기 (액화석유가스용 용접용기는 제외한다)	500L 이상	5년마다	2년마다	1년마다
	500L 미만	3년마다	2년마다	1년마다
액화석유가스용 용접용기	500L 이상	5년마다	2년마다	1년마다
	500L 미만	5년마다		2년마다
이음매 없는 용기 또는 복합재료용기	500L 이상	5년마다		
	500L 미만	신규검사 후 경과연수가 10년 이하인 것은 5년마다, 10년을 초과한 것은 3년마다		
액화석유가스용 복합재료용기		5년마다(설계조건에 반영되고, 산업통상자원부장관으로부터 안전한 것으로 인정을 받은 경우에는 10년마다)		
용기 부속품	용기에 부착되지 아니한 것	2년마다		
	용기에 부착된 것	검사 후 2년이 지나 용기부속품을 부착한 해당 용기의 재검사를 받을 때마다		

문제 16
액화석유가스 저장탱크 벽면의 국부적인 온도상승에 따른 저장탱크의 파열을 방지하기 위하여 저장탱크 내벽에 설치하는 폭발방지장치의 재료로 맞는 것은?

① 다공성 철판　　　　② 다공성 알루미늄판
③ 다공성 아연판　　　　④ 오스테나이트계 스테인리스판

해설 폭발방지장치의 설치기준
액화석유가스저장탱크(이하 "저장탱크"라 한다)의 외벽이 화염에 의하여 국부적으로 가열될 경우 그 저장탱크 벽면의 열을 신속히 흡수·분산시킴으로써 탱크 벽면의 국부적인 온도상승에 의한 탱크의 파열을 방지하기 위하여 탱크 내벽에 설치하는 다공성 벌집형 알루미늄합금박판에 대하여 적용한다.

15. ③　16. ②

문제 17 최대지름이 6m인 가연성 가스 저장탱크 2개가 서로 유지하여야 할 최소 거리는?

① 0.6m ② 1m
③ 2m   ④ 3m

해설 고압가스 저장설비기준 안전거리
① 가연성 가스 저장탱크(저장능력이 300m³ 또는 3톤 이상인 탱크만을 말한다)와 다른 가연성 가스 저장탱크 또는 산소저장탱크 사이에는 두 저장탱크 최대지름을 더한 길이의 4분의 1 이상의 거리를 유지하는 등 하나의 저장탱크에서 발생한 위해요소가 다른 저장탱크로 전이되지 않도록 하고, 저장탱크를 지하 또는 실내에 설치하는 경우에는 그 저장탱크 설치실 안에서의 가스폭발을 방지하기 위하여 필요한 조치를 마련할 것.

② 6m + 6m = 12m $12m \times \dfrac{1}{4} = 3m$

문제 18 다음 중 연소의 형태가 아닌 것은?

① 분해연소 ② 확산연소
③ 증발연소 ④ 물리연소

해설 연소의 형태 : 분해연소, 확산연소, 증발연소, 표면연소, 자기연소

문제 19 고압가스 일반제조시설 중 에어졸의 제조 기준에 대한 설명으로 틀린 것은?

① 에어졸의 분사제는 독성가스를 사용하지 아니한다.
② 35℃에서 그 용기의 내압이 0.8MPa 이하로 한다.
③ 에어졸 제조설비는 화기 또는 인화성 물질과 5m 이상의 우회거리를 유지한다.
④ 내용적이 30m³ 이상인 용기는 에어졸의 제조에 재사용하지 아니한다.

해설 에어졸의 제조 기준
① 에어졸의 제조는 그 성분배합비(분사제의 조성 및 분사제와 원액과의 혼합비를 말한다) 및 1일에 제조하는 최대수량을 정하고 이를 준수할 것.
② 에어졸의 분사제는 독성가스를 사용하지 아니할 것.
③ 인체에 사용하거나 가정에서 사용하는 에어졸의 분사제는 가연성 가스가 아닐 것. 다만, 산업자원부장관이 정하여 고시하는 경우에는 그러하지 아니하다.
④ 에어졸의 제조는 다음의 기준에 적합한 용기에 의할 것.
  ㉠ 용기의 내용적이 1ℓ 이하이어야 하며, 내용적이 100cm³를 초과하는 용기의 재료는 강 또는 경금속을 사용한 것일 것.
  ㉡ 금속제의 용기는 그 두께가 0.125mm 이상이고 내용물에 의한 부식을 방지할 수 있는 조치를 한 것이어야 하며, 유리제 용기에 있어서는 합성수지로 그 내면 또는 외면을 피복한 것일 것.
  ㉢ 용기는 50℃에서 용기 안의 가스압력의 1.5배의 압력을 가할 때에 변형되지 아니하고, 50℃에서 용기 안의 가스압력의 1.8배의 압력을 가할 때에 파열되지 아니하는 것일 것. 다만, 1.3MPa의 압력을 가할 때에 변형되지 아니하고, 1.5MPa의 압력을 가할 때에 파열되지 아니하는 것은 그러하지 아니할 것.

해답 17. ④ 18. ④ 19. ③

㉣ 내용적이 100cm³를 초과하는 용기는 그 용기의 제조자의 명칭 또는 기호가 표시되어 있을 것.
㉤ 사용중 분사제가 분출하지 아니하는 구조의 용기는 사용 후 그 분사제인 고압가스를 그 용기로부터 용이하게 배출하는 구조의 것일 것.
㉥ 내용적이 30cm³ 이상인 용기는 에어졸의 제조에 재사용하지 아니할 것.
⑤ 에어졸 제조설비 및 에어졸 충전용기 저장소는 화기 또는 인화성 물질과 8m 이상의 우회거리를 유지할 것.
⑥ 에어졸의 제조는 건물의 내면을 불연재료로 입힌 충전실에서 하여야 하며 충전실 안에서는 담배를 피우거나 화기를 사용하지 아니할 것.
⑦ 충전실 안에는 작업에 필요한 물건외의 물건을 두지 아니할 것.
⑧ 에어졸은 35℃에서 그 용기의 내압이 0.8MPa 이하이어야 하고, 에어졸의 용량이 그 용기 내용적의 90% 이하일 것.
⑨ 에어졸을 충전하기 위한 충전용기·밸브 또는 충전용 지관을 가열하는 때에는 열습포 또는 40℃ 이하의 더운 물을 사용할 것.
⑩ 에어졸이 충전된 용기는 그 전수에 대하여 온수시험 탱크에서 그 에어졸의 온도를 46℃ 이상 50℃ 미만으로 하는 때에 그 에어졸이 누출되지 아니하도록 할 것.
⑪ 에어졸이 충전된 용기(내용적이 30cm³ 이상인 것에 한한다)의 외면에는 그 에어졸을 제조한 자의 명칭·기호·제조번호 및 취급에 필요한 주의사항(사용 후 폐기 시의 주의사항을 포함한다)을 명시할 것.
⑫ 에어졸을 충전하기 위한 접합 또는 납붙임용기는 신규제작 용기일 것.

문제 20
가스누출검지경보장치의 설치에 대한 설명으로 틀린 것은?
① 통풍이 잘 되는 곳에 설치한다.
② 가스의 누출을 신속하게 검지하고 경보하기에 충분한 개수 이상 설치한다.
③ 장치의 기능은 가스의 종류에 적절한 것으로 한다.
④ 가스가 체류할 우려가 있는 장소에 적절하게 설치한다.

해설 누출된 가스가 특별히 체류하기 쉬운 장소에 설치해야 한다.

문제 21
가스 용기의 취급 및 주의사항에 대한 설명으로 틀린 것은?
① 충전 시 용기는 용기 재검사 기간이 지나지 않았는지 확인한다.
② LPG 용기나 밸브를 가열할 때는 뜨거운 물(40℃ 이상)을 사용한다.
③ 충전한 후에는 용기밸브의 누출 여부를 확인한다.
④ 용기 내에 잔류물이 있을 때에는 잔류물을 제거하고 충전한다.

해설 LPG 용기나 밸브를 가열할 때는 열습포 또는 40℃ 이하의 더운물을 사용하여 녹인다.

문제 22
용기 신규검사에 합격된 용기 부속품 기호 중 압축가스를 충전하는 용기 부속품의 기호는?
① AG
② PG
③ LG
④ LT

20. ① 21. ② 22. ②

해설 **용기 부속품에 대한 표시**
용기 부속품의 제조자 또는 수입자는 용기 부속품의 보기 쉬운 곳에 다음 사항을 각인할 것. 다만, 각인하기가 곤란한 것의 경우에는 다른 금속박판에 각인한 것을 그 용기 부속품에 부착함으로써 그 용기 부속품에 대한 각인에 갈음할 수 있다.
① 부속품 제조업자의 명칭 또는 약호
② ⑥의 규정에 의한 부속품의 기호와 번호
③ 질량(기호 : W, 단위 : kg)
④ 부속품 검사에 합격한 연월
⑤ 내압시험압력(기호 : TP, 단위 : MPa)
⑥ 용기 종류별 부속품의 기호
  ㉠ 아세틸렌가스를 충전하는 용기의 부속품 : AG
  ㉡ 압축가스를 충전하는 용기의 부속품 : PG
  ㉢ 액화석유가스 외의 액화가스를 충전하는 용기의 부속품 : LG
  ㉣ 액화석유가스를 충전하는 용기의 부속품 : LPG
  ㉤ 초저온용기 및 저온용기의 부속품 : LT

문제 23 일반 액화석유가스 압력조정기에 표시하는 사항이 아닌 것은?
① 제조자명이나 그 약호
② 제조번호나 로트번호
③ 입구압력(기호 : P, 단위 : MPa)
④ 검사 연월일

해설 **표시**
① 품명
② 제조자명 또는 그 약호
③ 제조번호 또는 롯드번호
④ 제조국(수입품)
⑤ 제조연월
⑥ 품질보증기간
⑦ 입구압력(기호 : P, 단위 : MPa)
⑧ 조정압력(기호 : R, 단위 : kPa, MPa)
⑨ 핸들의 조임 및 풀림 방향(핸들연결식)
⑩ 용량(기호 : Q, 단위 : kg/h)
⑪ 가스흐름방향
⑫ 권장사용기간

문제 24 산화에틸렌 취급 시 주로 사용되는 제독제는?
① 가성소다 수용액
② 탄산소다 수용액
③ 소석회 수용액
④ 물

해설 **산화에틸렌 취급 안전관리**
① 독성가스 제독제

가스 종류	제독제	가스 종류	제독제
염소	가성소다 수용액 탄산소다 수용액 소석회	시안화수소	가성소다 수용액
포스겐	가성소다 수용액 소석회	아황산가스	가성소다 수용액 탄산소다 수용액 물
황화수소	가성소다 수용액 탄산소다 수용액	암모니아 산화에틸렌 염화메탄	물

해답 23. ④ 24. ④

② 제독조치 : 제독조치는 다음의 방법이나 이와 동등 이상의 작용을 하는 조치 중 한 가지 또는 두 가지 이상인 것을 선택하여 한다.
  ㉠ 물이나 흡수제로 흡수 또는 중화하는 조치
  ㉡ 흡착제로 흡착 제거하는 조치
  ㉢ 저장탱크 주위에 설치된 유도구로 집액구·피트 등으로 고인 액화가스를 펌프 등의 이송설비로 안전하게 제조설비로 반송하는 조치
  ㉣ 연소설비(플레어 스택, 보일러 등)에서 안전하게 연소시키는 조치
③ 염소는 물과 반응 시 염산이 생성되므로 부식의 우려가 있어 부적합하다.

문제 25
고압가스 설비에 설치하는 압력계의 최고눈금에 대한 측정범위의 기준으로 옳은 것은?

① 상용압력의 1.0배 이상, 1.2배 이하
② 상용압력의 1.5배 이상, 1.5배 이하
③ 상용압력의 1.5배 이상, 2.0배 이하
④ 상용압력의 2.0배 이상, 3.0배 이하

해설 온도계 및 압력계는 계량법에 의한 검사합격품이어야 하며, 압력계의 최고눈금은 상용압력의 1.5배 내지 2배 이하의 것일 것.

문제 26
0종 장소에는 원칙적으로 어떤 방폭구조의 것으로 하여야 하는가?

① 내압방폭구조
② 본질안전방폭구조
③ 특수방폭구조
④ 안전증방폭구조

해설 방폭구조 전기기계·기구의 선정 기준

폭발위험장소의 분류		방폭구조 전기기계·기구의 선정기준
가스폭발 위험장소	0종 장소	본질안전방폭구조(ia) 그 밖에 관련 공인 인증기관이 0종 장소에서 사용이 가능한 방폭구조로 인증한 방폭구조
	1종 장소	내압방폭구조(d) 압력방폭구조(p) 충전방폭구조(q) 유입방폭구조(o) 안전증방폭구조(e) 본질안전방폭구조(ia, ib) 몰드방폭구조(m) 그 밖에 관련 공인 인증기관이 1종 장소에서 사용이 가능한 방폭구조로 인증한 방폭구조
	2종 장소	0종 장소 및 1종 장소에 사용가능한 방폭구조 비점화방폭구조(n) 그 밖에 2종 장소에서 사용하도록 특별히 고안된 비방폭형 구조

해답 25. ③ 26. ②

문제 27

도시가스 사용시설에서 PE배관은 온도가 몇 ℃ 이상이 되는 장소에 설치하지 아니하는가?

① 25℃
② 30℃
③ 40℃
④ 60℃

해설 가스용 폴리에틸렌관(이하 "관"이라 한다)은 다음 각 호에 적합하게 설치하여야 한다.
① 관은 매몰하여 시공하여야 한다. 다만, 지상배관의 연결을 위하여 금속관을 사용하여 보호조치를 한 경우에는 지면에서 30cm 이하로 노출하여 시공할 수 있다.
② 관의 굴곡허용반경은 외경의 20배 이상으로 하여야 한다. 다만, 굴곡반경이 외경의 20배 미만일 경우에는 엘보를 사용한다.
③ 관의 매설위치를 지상에서 탐지할 수 있는 탐지형 보호포·로케팅 와이어[전선(나전선은 제외한다)의 굵기는 8mm^2 이상)] 등을 설치하여야 한다.
④ 관은 온도가 40℃ 이상이 되는 장소에 설치하지 아니하여야 한다. 다만, 파이프 슬리브 등을 이용하여 단열 조치를 한 경우에는 그러하지 아니하다.
⑤ 관의 시공은 규정에 의한 폴리에틸렌융착원양성교육을 이수한 자가 실시하여야 한다.

참고 폴리에틸렌관(PE)
① 온도가 40℃ 이상이 되는 장소에 설치하지 아니한다.
② 내식성이 강해 지하 매몰배관에 사용된다.

문제 28

충전용 주관의 압력계는 정기적으로 표준 압력계로 그 기능을 검사하여야 한다. 다음 중 검사의 기준으로 옳은 것은?

① 매월 1회 이상
② 3개월에 1회 이상
③ 6개월에 1회 이상
④ 1년에 1회 이상

해설 압력계의 검사
충전용 주관(主管)의 압력계는 매월 1회 이상, 그 밖의 압력계는 1년에 1회 이상 표준이 되는 압력계로 그 기능을 검사할 것.

문제 29

방류둑의 내측 및 그 외면으로부터 몇 m 이내에 그 저장탱크의 부속설비 외의 것을 설치하지 못하도록 되어 있는가?

① 3m
② 5m
③ 8m
④ 10m

해설 방류둑 설치 기준
방류둑의 내측과 그 외면으로부터 10m 이내에는 그 저장탱크의 부속설비 외의 것을 설치하지 말 것.

27. ③ 28. ① 29. ④

문제 30

가스의 성질에 대하여 옳은 것으로만 나열된 것은?

㉮ 일산화탄소는 가연성이다.
㉯ 산소는 조연성이다.
㉰ 질소는 가연성도 조연성도 아니다.
㉱ 아르곤은 공기 중에 함유되어 있는 가스로서 가연성이다.

① ㉮, ㉯, ㉱
② ㉮, ㉯, ㉰
③ ㉯, ㉰, ㉱
④ ㉮, ㉰, ㉱

해설 아르곤(Ar)
① 불활성 가스이다.
② 희가스라고도 하며 주기율표상의 0족에 속하는 원소이다.
③ 가연성 가스 : 폭발한계 하한 값이 10% 이하 또는 상한과 하한의 값의 차가 20% 이상인 가스이다.

문제 31

부취제를 외기로 분출하거나 부취설비로부터 부취제가 흘러나오는 경우 냄새를 감소시키는 방법으로 가장 거리가 먼 것은?

① 연소법
② 수동조절
③ 화학적 산화 처리
④ 활성탄에 의한 흡착

해설 부취제의 누설 시 제거방법
① 화학적 산화 처리
② 활성탄에 의한 흡착법
③ 연소법

참고 부취제
무색, 무취이므로 누설 시 쉽게 발견 할 수 없고 위험하므로 누설을 쉽게 알 수 있게 하기 위하여 냄새 나는 물질을 가스와 혼합하여 쉽게 발견할 수 있게 하는 물질을 말한다.

문제 32

고압가스 매설배관에 실시하는 전기방식 중 외부 전원법의 장점이 아닌 것은?

① 과방식의 염려가 없다.
② 전압, 전류의 조정이 용이하다.
③ 전식에 대해서도 방식이 가능하다.
④ 전극의 소모가 적어서 관리가 용이하다.

해설 외부 전원법(cathodic protection)의 특징
① 자동화 방식이 가능하다.
② 전극의 소모가 적어 관리가 용이하다.
③ 소요전류의 관계없이 설계할 수 있다.
④ 과방식의 우려가 크다.
⑤ 초기설치비 많다.
⑥ 설계가 복잡하다.

30. ② 31. ② 32. ①

⑦ 땅속에 애노드에 강제전압을 가하여 피방식 금속제를 캐소드로 하는 전기방식법이다.

> **참고** 희생양극법(유전양극법)의 특징
> ① 비교적 간편하며 가격이 저가이다.
> ② 과방식의 염려가 없다
> ③ 타 매설물에 간섭이 거의 없으며 땅속에 저전위 금속 마그네슘(Mg)을 매설한다.
> ④ 애노드는 부식하고 캐소드는 방식되므로 양극의 소모가 발생하므로 보충할 것.

문제 33

압력배관용 탄소강관의 사용압력 범위로 가장 적당한 것은?

① 1~2MPa ② 1~10MPa
③ 10~20MPa ④ 10~50MPa

해설 사용압력
① SPPS : 압력 배관용 탄소강관 (350℃ 이하 사용, 압력 1~10MPa)
② SPPH : 고압 배관용 탄소강관 (350℃ 이하 사용, 압력 10MPa 이상)

문제 34

정압기(governor)의 기능을 모두 옳게 나열한 것은?

① 감압 기능 ② 정압 기능
③ 감압 기능, 정압 기능 ④ 감압 기능, 정압 기능, 폐쇄 기능

해설 정압기(governor)의 특성
① 감압 기능 : 고압의 가스를 소요 압력에 맞게 감압하는 기능을 가지고 있다.
② 정압 기능 : 1차 압력과 2차 압력을 일정하게 유지해 주는 정압 기능을 가지고 있다.
③ 폐쇄 기능 : 가스의 흐름이 없을 때는 밸브를 완전히 차단하여 2차 압력의 상승을 방지하는 폐쇄 기능을 한다.

문제 35

고압식 액화분리장치의 작동 개요에 대한 설명이 아닌 것은?

① 원료 공기는 여과기를 통하여 압축기로 흡입하여 약 150~200kg/cm^{2}으로 압축시킨다.
② 압축기를 빠져나온 원료 공기는 열교환기에서 약간 냉각되고 건조기에서 수분이 제거된다.
③ 압축 공기는 수세정탑을 거쳐 축냉기로 송입되어 원료공기와 불순 질소류가 서로 교환된다.
④ 액체 공기는 상부 정류탑에서 약 0.5atm 정도의 압력으로 정류된다.

해설 저압식 공기액화분리장치의 작동 개요
① 저압식 공기액화분리장치의 복식 정류탑에서는 하부탑에서 약 5atm의 압력 하에서 원료 공기가 정류되고 동탑 상부에서는 90% 정도의 액체질소가, 탑 하부에서는 40% 정도의 액체공기가 분리된다.
② 압축 공기는 수세정탑을 거쳐 축냉기로 송입되어 원료 공기와 불순 질소류가 서로 교환된다.

해답 33. ② 34. ④ 35. ③

문제 36
정압기의 분해점검 및 고장에 대비하여 예비 정압기를 설치하여야 한다. 다음 중 예비 정압기를 설치하지 않아도 되는 경우는?

① 캐비닛형 구조의 정압기실에 설치된 경우
② 바이패스관이 설치되어 있는 경우
③ 단독사용자에게 가스를 공급하는 경우
④ 공동사용자에게 가스를 공급하는 경우

해설 예비 정압기
① 정압기의 분해점검 및 고장에 대비하여 예비 정압기를 설치하고 이상압력 발생 시에는 자동으로 기능이 전환되는 구조로 한다.(단, 단독사용자에게 가스를 공급하는 경우에는 그러하지 아니한다.)
② 정압기에 바이패스(by-pass)관을 설치하는 경우에는 밸브를 설치하고 밸브에 시건 조치를 한다.

문제 37
부유 피스톤형 압력계에서 실린더 지름 0.02m, 추와 피스톤의 무게가 20000g 일 때 이 압력계에 접속된 부르동관의 압력계 눈금이 7kg/cm²를 나타내었다. 이 부르동관 압력계의 오차는 약 몇 %인가?

① 5
② 10
③ 15
④ 20

해설 부르동관 압력계
① 오차 = $\dfrac{\text{측정값} - \text{참값}}{\text{참값}} \times 100\% = \dfrac{7 - 6.3661}{6.3661} \times 100\% = 5.957\%$
② 참값 : 부유 피스톤형 압력계 압력
$P = \dfrac{W+W'}{A} = \dfrac{20}{\dfrac{\pi}{4} \times d^2} = \dfrac{20}{\dfrac{\pi}{4} \times 2^2} = 6.3661 \, kg_f/m^2$

문제 38
저비점(低沸點) 액체용 펌프 사용상의 주의사항으로 틀린 것은?

① 밸브와 펌프 사이에 기화가스를 방출살 수 있는 안전밸브를 설치한다.
② 펌프의 흡입, 토출관에는 신축 조인트를 장치한다.
③ 펌프는 가급적 저장용기(貯槽)로부터 멀리 설치한다.
④ 운전개시 전에는 펌프를 청정(淸淨)하여 건조한 다음 펌프를 충분히 예냉(豫冷)한다.

해설 펌프 사용상의 주의사항
펌프는 가급적 저장용기(貯槽)로부터 가깝게 설치한다.

해답 36. ③ 37. ② 38. ③

문제 39 금속재료의 저온에서의 성질에 대한 설명으로 가장 거리가 먼 것은?

① 강은 암모니아 냉동기용 재료로서 적당하다.
② 탄소강은 저온도가 될수록 인장강도가 감소한다.
③ 구리는 액화분리장치용 금속재료로서 적당하다.
④ 18-8 스테인리스강은 우수한 저온장치용 재료이다.

해설 탄소강의 저온 특성
① 탄소강의 저온도에서는 인장강도, 항복점은 증가한다.
② 저온에서는 재료가 약해지는 저온취성이 발생한다.

문제 40 상용압력 15MPa, 배관 내경 15mm, 재료의 인장강도 480N/mm², 관 내면 부식여유 1mm, 안전율 4, 외경과 내경의 비가 1.2 미만인 경우 배관의 두께는?

① 2mm
② 3mm
③ 4mm
④ 5mm

해설 배관 두께
① 외경과 내경의 비가 1.2 미만

$$t = \frac{PD}{2\frac{f}{s} - P} + C$$

여기서, D : 안지름(내경에서 부식여유에 상당하는 부분을 뺀 부분의 수치)[mm]
P : 배관의 상용압력
C : 부식여유수치[mm]
f : 최소 인장강도
s : 안전율

② $t = \dfrac{PD}{2\dfrac{f}{s} - P} + C = \dfrac{15 \times 15}{2 \times \dfrac{480}{4} - 15} + 1 = 2\text{mm}$

③ 외경과 내경의 비가 1.2 이상

$$t = \frac{D}{2}\left(\sqrt{\frac{\frac{f}{s}+P}{\frac{f}{s}-P}} - 1\right) + C$$

문제 41 수소불꽃을 이용하여 탄화수소의 누출을 검지할 수 있는 가스누출검출기는?

① FID
② OMD
③ 접촉연소식
④ 반도체식

해설 수소이온화 검출기(FID, Flame Ionization Detector)
탄화수소에서의 감응 최고이며 H_2, O_2, CO, CO_2, SO_2 등은 검출할 수 없다.

해답 39. ② 40. ① 41. ①

문제 42. 압축기에 사용하는 윤활유 선택 시 주의사항으로 틀린 것은?

① 인화점이 높을 것.
② 잔류탄소의 양이 적을 것.
③ 점도가 적당하고 항유화성이 적을 것.
④ 사용가스와 화학반응을 일으키지 않을 것.

해설 윤활유 주의사항
① 응고점이 낮고 인화점이 높아야 한다.
② 사용가스와 화학반응을 일으키지 않을 것.
③ 점도가 적당하고 항유성이 클 것.
④ 쉽게 열분해되지 않은 열에 대한 안전성이 높을 것.
⑤ 산, 수분 등 이러한 물질의 불순물이 적을 것.

문제 43. 공기에 의한 전열은 어느 압력까지 내려가면 급히 압력에 비례하여 적어지는 성질을 이용하는 저온장치에 사용되는 진공 단열법은?

① 고진공 단열법
② 분말진공 단열법
③ 다층진공 단열법
④ 자연진공 단열법

해설 가스설비의 저온 단열법의 종류
① 상압 단열법 : 단열이 필요한 공간에 분말 또는 단열재를 채워 사용하는 방법이다.
② 진공 단열법 : 공기의 열전도율보다 낮은 열전도율을 얻기 위해 단열공간을 진공으로 하여 사용하는 방법이다.
 ㉠ 고진공 단열법 : 공기에 의한 전열이 $10^{-3} \sim 10^{-4}$ 이하의 압력까지 내려가면 급히 압력에 비례하여 적어지는 성질을 이용하는 저온장치에 사용되는 진공단열법이다.
 ㉡ 분말진공 단열법 : 공업용, 대형장치에 사용하는 방법으로 필요한 단열공간에 미세한 분말을 채우고 다시 압력을 낮추어 분말의 지름을 크게 하여 진공단열효과를 얻는 방법이다.
 ㉢ 다층 진공 단열법 : 양면간에 복사방지용 실드 판으로서 알루미늄박과 스페이서로서의 글라스울을 서로 다수 포개어 고진공 중에 두는 단열방법이다.

문제 44. 1단 감압식 저압조정기의 성능에서 조정기 최대 폐쇄압력은?

① 2.5kPa 이하
② 3.5kPa 이하
③ 4.5kPa 이하
④ 5.5kPa 이하

해설 1단 감압식 저압조정기의 성능
① 조정기의 입구압력이 다음에 규정한 압력일 때는 그 최대폐쇄압력이 다음에 적합할 것
 ㉠ 1단감압식 저압조정기, 2단감압식 2차용 조정기 및 자동절체식 일체형 조정기는 3.5kPa 이하
 ㉡ 2단감압식 1차용조정기와 자동절체식 분리형 조정기는 0.095MPa 이하
 ㉢ 1단감압식 준저압조정기, 자동절체식 일체형 준저압조정기 및 그 밖의 압력조정기는 조정압력의 1.25배 이하

해답 42. ③ 43. ① 44. ②

② 조정압력이 3.3kPa 이하인 조정기의 안전장치의 작동압력은 다음에 적합할 것
  ㉠ 작동표준압력 : 7kPa
  ㉡ 작동개시압력 : 5.6kPa~8.4kPa
  ㉢ 작동정지압력 : 5.04kPa~8.4kPa

문제 45 백금-백금로듐 열전대 온도계의 온도 측정 범위로 옳은 것은?

① -180~350℃
② -20~800℃
③ 0~1650℃
④ 300~2000℃

해설 열전대의 종류 및 특성

종류	약호	측정범위	(+)극	(-)극
백금-백금로듐	PR	0~1600℃	Rh : 13%, Pt : 87%	순백금
크로멜-알루멜	CA	-20~1200℃	크로멜 (Ni : 90%, Cr : 10%)	알루멜 (Ni : 94%, Mn : 2%, Al : 3%, Si : 1%)
철-콘스탄탄	IC	-20~800℃	순철	콘스탄탄 (Cu : 55%, Ni : 45%)
구리-콘스탄탄	CC	-180~360℃	순동	콘스탄탄

문제 46 비열에 대한 설명 중 틀린 것은?

① 단위는 kcal/kg·℃이다.
② 비열비는 항상 1보다 크다.
③ 정적비열은 정압비열보다 크다.
④ 물의 비열은 얼음의 비열보다 크다.

해설 비열비(k)

① $k = \dfrac{C_P}{C_V} > 1$
② 정압비열(C_P)은 정적비열(C_V)보다 크다.
  $C_P > C_V$
  (여기서, 정압비열 : C_P, 정적비열 : C_V)

문제 47 다음 화합물 중 탄소의 함유율이 가장 많은 것은?

① CO_2
② CH_4
③ C_2H_4
④ CO

해설 탄소의 함유율

① 이산화탄소 $= \dfrac{12}{12+32} = 0.272$
② 메탄 $= \dfrac{12}{12+4} = 0.75$
③ 에틸렌 $= \dfrac{12 \times 2}{24+4} = 0.857$
④ 일산화탄소 $= \dfrac{12}{12+16} = 0.428$

해답 45. ③ 46. ③ 47. ③

문제 48
수소(H_2)에 대한 설명으로 옳은 것은?
① 3중 수소는 방사능을 갖는다.   ② 밀도가 크다.
③ 금속재료를 취하시키지 않는다.   ④ 열전달률이 아주 작다.

해설 **수소의 성질**
① 무색, 무미, 무취의 가연성 기체이다.
② 모든 기체 중에서 가장 가볍고 확산속도가 가장 빠르다.
③ 최소의 밀도이며 고온에서 탄소와 수소취성을 일으킨다.
④ 삼중수소(三重水素) 또는 트리튬(tritium)은 수소의 동위원소이며 방사능(activity)을 지닌다.

문제 49
샤를의 법칙에서 기체의 압력이 일정할 때 모든 기체의 부피는 온도가 1℃ 상승함에 따라 0℃ 때의 부피보다 어떻게 되는가?
① 22.4배씩 증가한다.   ② 22.4배씩 감소한다.
③ $\frac{1}{273}$ 씩 증가한다.   ④ $\frac{1}{273}$ 씩 감소한다.

해설 **샤를의 법칙(Charles law)**
일정한 압력에서 일정량의 기체의 부피는 온도가 1℃ 상승함에 따라 0℃ 때의 부피보다 $\frac{1}{273}$ 만큼씩 증가한다.

문제 50
다음 중 가장 높은 온도는?
① $-35\,°C$ ② $-45\,°F$
③ $213K$ ④ $450\,°R$

 ① $\frac{℃}{100} = \frac{°F - 32}{180}$, $\frac{℃}{100} = \frac{-45 - 32}{180}$, $℃ = \frac{-77 \times 100}{180} = -42.777$
② $°K = 273 + ℃$, $213 = 273 + ℃$ $℃ = 213 - 273 = -60$
③ $R = 1.8K$
  ㉠ $K = \frac{R}{1.8} = \frac{450}{1.8} = 250$
  ㉡ $°K = 273 + ℃$, $250 = 273 + ℃$, $℃ = 250 - 273 = -23$

문제 51
현열에 대한 가장 적절한 설명은?
① 물질이 상태변화 없이 온도가 변할 때 필요한 열이다.
② 물질이 온도변화 없이 상태가 변할 때 필요한 열이다.
③ 물질이 상태, 온도 모두 변할 때 필요한 열이다.
④ 물질이 온도변화 없이 압력이 변할 때 필요한 열이다.

48. ① 49. ③ 50. ④ 51. ①

해설 열량
① 현열(감열) : 물질의 상태변화 없이 온도가 변할 때 필요한 열이다.
② 잠열(숨은열) : 물질이 온도변화 없이 상태가 변할 때 필요한 열이다.

문제 52

일산화탄소와 염소가 반응하였을 때 주로 생성되는 것은?

① 포스겐　　　　　　　　　② 카르보닐
③ 포스핀　　　　　　　　　④ 사염화탄소

해설 포스겐($COCl_2$) 반응식
CO(일산화탄소) + Cl_2(염소) → $COCl_2$

문제 53

다음 보기에서 압력이 높은 순서대로 나열된 것은?

| ㉠ 100atm　　㉡ 2kg/mm²　　㉢ 15m 수은주 |

① ㉠ > ㉡ > ㉢　　　　　　② ㉡ > ㉢ > ㉠
③ ㉢ > ㉡ > ㉠　　　　　　④ ㉡ > ㉠ > ㉢

해설 압력
① $1atm = 760mmHg = 10.332mAq = 10.332mH_2O$
② $1atm = 760mmHg = 0.76mHg = 76cmHg$
③ $1atm = 760mmHg = 760torr$
　　　　$= 1.0332kgf/cm^2 = 10.332mAq = 10.332mH_2O$
　　　　$= 29.92inHg = 1013.25mbar = 1.01325bar$
　　　　$= 101325N/m^2$
④ $1atm : 1.0332 = 100 : X$,　$X = 103.32kgf/cm^2$
⑤ $1cm^2 = 10^2 mm^2$,　$2kg/mm^2 \times \dfrac{1mm^2}{\dfrac{1}{10^2}cm^2} = (2 \times 10^2)kg/cm^2 = 200kg/cm^2$
⑥ $0.76mHg : 1.0332kgf/cm^2 = 15mHg$,　$X = 20.392kgf/cm^2$

문제 54

산소에 대한 설명으로 옳은 것은?

① 안전밸브는 파열판식을 주로 사용한다.
② 용기는 탄소강으로 된 용접용기이다.
③ 의료용 용기는 녹색으로 도색한다.
④ 압축기 내부 윤활유는 양질의 광유를 사용한다.

해설 산소의 안전관리
이음매 없는 용기는
① 산소, 수소, 질소, 알곤, 천연가스 등의 압축가스 또는 이산화탄소 등의 고압액화가스를 충전하는 데 사용한다.
② 가스의 색깔

해답

52. ①　53. ④　54. ①

종류	가스의 종류	색깔의 구분
가연성 가스 및 독성가스 용기	액화석유가스	회색
	수 소	주황색
	아세틸렌	황색
	액화암모니아	백색
	액화염소	갈색
	그 밖의 가스	회색
의료용 가스 용기	산 소	백색
	액화탄산가스	회색
	질 소	흑색
	아산화질소	청색
	헬 륨	갈색
	에틸렌	자색
	사이크론프로판	주황색
	그 밖의 가스	회색
그 밖의 가스 용기	산 소	녹색
	액화탄산가스	청색
	질 소	회색
	소방용 용기	소방법에 의한 도색
	그 밖의 가스	회색

③ 윤활유
　㉠ 산소 압축기 : 물 또는 10% 정도의 묽은 글리세린수를 사용한다.
　㉡ 수소 압축기 : 양질의 광유를 사용한다.
　㉢ LP 가스 압축기 : 식물성유를 사용한다.
　㉣ 아세틸렌 압축기 : 양질의 광유를 사용한다.
　㉤ 염소 압축기 : 진한 황산을 사용한다.

문제 55

다음 가스 중 가장 무거운 것은?

① 메탄　　　　　　　　　② 프로판
③ 암모니아　　　　　　　④ 헬륨

해설 가스의 분자량(무게)
① 무게 : 분자량이 큰 가스일수록 무겁다.
② 메탄(CH_4) : $12+4=16$
③ 프로판(C_3H_8) : $12 \times 3 + 1 \times 8 = 44$
④ 암모니아(NH_3) : $14 + 1 \times 3 = 17$
⑤ 헬륨(He) : 4

문제 56

대기압 하에서 0℃ 기체의 부피가 500mL이었다. 이 기체의 부피가 2배 될 때의 온도는 몇 ℃인가? (단, 압력은 일정하다.)

① -100　　　　　　　　② 32
③ 273　　　　　　　　　④ 500

55. ②　56. ③

해설 보일-샤를의 법칙

① $\dfrac{P_1 V_1}{T_1} = \dfrac{P_2 V_2}{T_2}$, $P_1 = P_2 =$ 압력 일정

② $\dfrac{V_1}{T_1} = \dfrac{V_2}{T_2}$, $\dfrac{500}{273+0} = \dfrac{(2 \times 500)}{T_2}$, $T_2 = 546 \text{K}$

$T_2 = 546 - 273 = 273℃$, $T = 273 + ℃$

문제 57
다음에 설명하는 열역학 법칙은?

> 어떤 물체의 외부에서 일정량의 열을 가하면 물체는 이 열량의 일부분을 소비하여 외부에 대하여 일을 하고 남은 부분은 전부 내부에너지로 내부에 저장되고, 그 사이에 소비된 열은 발생되는 일과 같다.

① 열역학 제0법칙 ② 열역학 제1법칙
③ 열역학 제2법칙 ④ 열역학 제3법칙

해설 열역학 법칙
① 열역학 제0법칙 : 열평형의 법칙
  온도가 높은 물질과 낮은 물질인 서로 다른 물체를 접촉시키면 열의 흡수량과 발열량이 같게 되어 온도차가 없어지면 온도가 같게 되어 평형을 이룬다.
② 열역학 제1법칙 : 에너지 보존의 법칙
  에너지의 한 형태의 열과 일은 서로 같고 열은 일과 열로 서로 전환이 가능하다.
③ 열역학 제2법칙 : 에너지 방향성의 법칙
  ㉠ 열은 스스로 다른 물체에 아무런 변화도 주지 않고 저온 물체에서 고온 물체로 이동하지 않는다.
  ㉡ "자연계에 아무런 변화도 남기지 않고 어느 열원의 열을 계속해서 일로 바꿀 수 없다. 즉 고온물체의 열을 계속해서 일로 바꾸려면 저온물체로 열을 버려야만 한다."
  ㉢ 효율이 100%인 열기관은 제작이 불가능하다.
④ 열역학 제3법칙 : 어떠한 방법이라도 어떤 계를 절대온도 0도에 이르게 할 수 없다.

문제 58
다음 중 불연성 가스는?

① CO_2 ② C_3H_6
③ C_2H_2 ④ C_2H_4

해설 불연성 가스
① 가스 자신도 연소하지 않으며 다른 가연성 가스의 연소도 도와주지 않는 가스이다.
② 질소(N_2), 이산화탄소(CO_2), 프레온, 불활성 가스

문제 59
에틸렌(C_2H_4)이 수소와 반응할 때 일으키는 반응은?

① 환원반응 ② 분해반응
③ 제거반응 ④ 첨가반응

해답

57. ② 58. ① 59. ④

해설 **에틸렌 첨가 반응**
① 에틸렌은 이중결합이 끊어지면서 여러 가지의 첨가 반응이 일어난다.
② 에틸렌은 수소 첨가 반응하여 에테인을 만든다.

문제 60 황화수소의 주된 용도는?
① 도료
② 냉매
③ 형광 물질 원료
④ 합성고무

해설 **황화수소의 용도**
① 석유 정제과정이나 형광물질 원료 등의 제조과정에서 발생한다.
② 공업약품, 염료, 의약품 등의 원료로 사용한다.

해답
60. ③

2025년 6월 CBT 시행

문제 01 압축 또는 액화 그 밖의 방법으로 처리할 수 있는 가스의 용적이 1일 100m³ 이상인 사업소는 압력계를 몇 개 이상 비치하도록 되어 있는가?

① 1 ② 2
③ 3 ④ 4

해설 시설별 경미한 사항
① 고압가스 특정제조시설
  ㉠ 아세트알데히드·이소프렌·에틸렌·염화비닐·산화에틸렌·산화프로필렌·프로판·프로필렌·부탄·부틸렌·부타디엔의 제조시설(계기실의 입구 바닥면의 위치가 지상에서 2.5m 이상인 제조시설 또는 누출된 가스가 계기실에 침입할 우려가 없는 제조시설은 제외한다)의 계기실에 출입문을 이중으로 설치하지 않은 경우
  ㉡ 사업소 및 저장설비에 적절한 경계표지와 경계책을 설치하지 않은 경우
  ㉢ 독성가스 제조시설에 다른 제조시설과 구분하여 그 외부로부터 독성가스 제조시설임을 쉽게 식별할 수 있는 조치(펌프·밸브 및 이음부분과 그 밖에 독성가스가 누출될 수 있는 장소에는 위험표지)를 하지 않은 경우
  ㉣ 가연성 가스 또는 독성가스의 저장탱크(내용적 5천L 미만의 것은 제외한다)에 부착된 배관(액상의 가스를 밖으로 내보내거나 옮겨 넣는 것만 해당하며, 저장탱크와 배관과의 접속부분을 포함한다)에 그 저장탱크의 외면으로부터 5m 이상 떨어진 위치에서 조작할 수 있도록 설치된 긴급차단장치의 온도센서를 부착하지 않은 경우
  ㉤ 배관을 지상에 설치하는 경우 보기 쉬운 곳에 고압가스 배관임을 표시하여야 하는 것 중 배관의 이상을 발견한 자에게 연락처로 연락하여 줄 것을 부탁하는 내용의 표지판을 설치하지 않은 경우
  ㉥ 독성가스의 제조시설에 풍향계를 설치하지 않은 경우
  ㉦ 사업소 사이를 연결하여 설치된 배관에 사람이 통행할 수 있는 통행시설을 갖추지 않은 경우
  ㉧ 압축·액화나 그 밖의 방법으로 처리할 수 있는 가스의 용적이 1일 100m³ 이상인 사업소에「국가표준기본법」에 따라 제품인증을 받은 압력계를 2개 이상 갖추어 두지 않은 경우
  ㉨ 가연성 가스 또는 산소의 가스설비 부근에 작업에 필요한 양 이상의 연소하기 쉬운 물질을 둔 경우

참고 압축·액화나 그 밖의 방법으로 처리할 수 있는 가스의 용적이 1일 100m³ 이상인 사업소에「국가표준기본법」에 따라 제품인증을 받은 압력계를 2개 이상 갖추어야 한다.

문제 02 고압가스의 충전용기는 항상 몇 ℃ 이하의 온도를 유지하여야 하는가?

① 15 ② 20
③ 30 ④ 40

01. ②　02. ④

해설 **고압가스 용기보관장소**(충전용기)
① 충전용기는 항상 40℃ 이하의 온도를 유지하고, 직사광선을 받지 않도록 조치할 것.
② 충전용기와 잔가스용기는 각각 구분하여 용기보관장소에 놓을 것.
③ 용기보관장소의 주위 2m 이내에는 화기 또는 인화성 물질이나 발화성 물질을 두지 아니할 것.
④ 가연성 가스 용기보관장소에는 방폭형 휴대용 손전등 외의 등화를 휴대하고 들어가지 아니할 것.

문제 03 암모니아 200kg을 내용적 50L 용기에 충전할 경우 필요한 용기의 개수는? (단, 충전 정수를 1.86으로 한다.)

① 4개   ② 6개
③ 8개   ④ 12개

해설 용기 개수
① 충전량(W) : $W[\text{kg}] = \dfrac{V[\text{L}]}{C}$
[여기서, C : 충전상수(암모니아 1.86, 부탄 2.0, 프로판 2.35)]
$W[\text{kg}] = \dfrac{V[\text{L}]}{C} = \dfrac{50[\text{L}]}{1.86} = 26.881[\text{kg}]$
② 용기 수 $= \dfrac{\text{가스량}}{\text{용기 1개당 충전량}} = \dfrac{200}{26.881} = 7.44(\text{절상}) \uparrow ≒ 8$개

문제 04 가스도매사업자 가스공급시설의 시설기준 및 기술기준에 의한 배관의 해저 설치의 기준에 대한 설명으로 틀린 것은?

① 배관은 원칙적으로 다른 배관과 교차하지 아니한다.
② 두 개 이상의 배관을 동시에 설치하는 경우에는 배관이 서로 접촉하지 아니하도록 필요한 조치를 한다.
③ 배관이 부양하거나 이동할 우려가 있는 경우에는 이를 방지하기 위한 조치를 한다.
④ 배관은 원칙적으로 다른 배관과 20m 이상의 수평거리를 유지한다.

해설 해저 설치
배관을 해저에 설치하는 경우에는 다음 각 호의 기준에 적합하게 할 것.
① 배관은 해저면 밑에 매설할 것. 다만, 닻내림 등에 의한 배관 손상의 우려가 없거나 그 밖에 부득이한 경우에는 그러하지 아니하다.
② 배관은 원칙적으로 다른 배관과 교차하지 아니할 것.
③ 배관은 원칙적으로 다른 배관과 30m 이상의 수평거리를 유지할 것.
④ 두 개 이상의 배관을 동시에 설치하는 경우에는 배관이 서로 접촉하지 아니하도록 필요한 조치를 할 것.
⑤ 배관의 입상부에는 방호시설물을 설치할 것.
⑥ 배관을 매설하는 경우에는 해저면으로부터 배관 외면까지의 깊이는 닻내림 시험의 결과, 토질, 되메우기하는 재료, 선박교통 사정 등을 참작하여 안전한 거리를 유지할

해답 03. ③ 04. ④

것. 이 경우 그 배관을 매설하는 해저에 대하여 준설계획이 있는 경우에는 그 준설 후의 해저면 밑 0.6m를 해저면으로 본다.
⑦ 패일 우려가 있는 장소에 매설하는 배관에는 그 패임을 방지하기 위한 조치를 할 것.
⑧ 굴착 및 되메우기는 안전이 유지되도록 적절한 방법으로 실시할 것.
⑨ 해저면 밑에 배관을 매설하지 아니하고 설치하는 경우에는 해저면을 고르게 하여 배관이 해저면에 닿도록 할 것.
⑩ 배관이 부양하거나 이동할 우려가 있는 경우에는 이를 방지하기 위한 조치를 할 것.

문제 05 도시가스 제조시설의 플레어 스택 기준에 적합하지 않은 것은?

① 스택에서 방출된 가스가 지상에서 폭발한계에 도달하지 아니하도록 할 것.
② 연소능력은 긴급이송설비로 이송되는 가스를 안전하게 연소시킬 수 있을 것.
③ 스택에서 발생하는 최대열량에 장시간 견딜 수 있는 재료 및 구조로 되어 있을 것.
④ 폭발을 방지하기 위한 조치가 되어 있을 것.

해설 플레어 스택
다음의 기준에 따라 플레어 스택을 설치할 것.
① 긴급이송설비에 의하여 이송되는 가스를 안전하게 연소시킬 수 있는 것일 것.
② 플레어 스택에서 발생하는 복사열이 다른 제조시설에 나쁜 영향을 미치지 아니하도록 안전한 높이 및 위치에 설치할 것.
③ 플레어 스택에서 발생하는 최대열량에 장시간 견딜 수 있는 재료 및 구조로 되어 있을 것.
④ 파일럿 버너를 항상 점화하여 두는 등 플레어 스택에 관련된 폭발을 방지하기 위한 조치가 되어 있을 것.

문제 06 초저온 용기에 대한 정의로 옳은 것은?

① 임계온도가 50℃ 이하인 액화가스를 충전하기 위한 용기
② 강판과 동판으로 제조된 용기
③ −50℃ 이하인 액화가스를 충전하기 위한 용기로서 용기내의 가스온도가 상용의 온도를 초과하지 않도록 한 용기
④ 단열재로 피복하여 용기 내의 가스온도가 상용의 온도를 초과하도록 조치된 용기

해설 용어의 정의
① "차량에 고정된 탱크"란 고압가스의 수송·운반을 위하여 차량에 고정 설치된 탱크를 말한다.
② "초저온용기"란 섭씨 영하 50도 이하의 액화가스를 충전하기 위한 용기로서 단열재를 씌우거나 냉동설비로 냉각시키는 등의 방법으로 용기 내의 가스온도가 상용 온도를 초과하지 아니하도록 한 것을 말한다.
③ "저온용기"란 액화가스를 충전하기 위한 용기로서 단열재를 씌우거나 냉동설비로 냉

05. ① 06. ③

각시키는 등의 방법으로 용기 내의 가스온도가 상용의 온도를 초과하지 아니하도록 한 것 중 초저온용기 외의 것을 말한다.
④ "충전용기"란 고압가스의 충전질량 또는 충전압력의 2분의 1 이상이 충전되어 있는 상태의 용기를 말한다.
⑤ "잔가스용기"란 고압가스의 충전질량 또는 충전압력의 2분의 1 미만이 충전되어 있는 상태의 용기를 말한다.

문제 07

독성가스의 제독제로 물을 사용하는 가스는?
① 염소
② 포스겐
③ 황화수소
④ 산화에틸렌

해설 제독제
① 독성가스 제독제

가스 종류	제독제	가스 종류	제독제
염소	가성소다 수용액 탄산소다 수용액 소석회	시안화수소	가성소다 수용액
포스겐	가성소다 수용액 소석회	아황산가스	가성소다 수용액 탄산소다 수용액 물
황화수소	가성소다 수용액 탄산소다 수용액	암모니아 산화에틸렌 염화메탄	물

② 제독조치 : 제독조치는 다음의 방법이나 이와 동등 이상의 작용을 하는 조치 중 한 가지 또는 두 가지 이상인 것을 선택하여 한다.
  ㉠ 물이나 흡수제로 흡수 또는 중화하는 조치
  ㉡ 흡착제로 흡착 제거하는 조치
  ㉢ 저장탱크 주위에 설치된 유도구로 집액구·피트 등으로 고인 액화가스를 펌프 등의 이송설비로 안전하게 제조설비로 반송하는 조치
  ㉣ 연소설비(플레어 스택, 보일러 등)에서 안전하게 연소시키는 조치
③ 염소는 물과 반응 시 염산이 생성되므로 부식의 우려가 있어 부적합하다.

참고 암기법
① 염소 : 소석회, 가성소다, 탄산소다 수용액 : 염소 가탄
② 포스겐 : 소석회, 가성소다 수용액 : 포석 가수
③ 황화수소 : 가성소다, 탄산소다 수용액 : 황가 탄수
④ 시안화수소 : 가성소다 수용액 : 시성수
⑤ 암모니아, 산화에틸렌, 염화메탄 : 물(다량)

문제 08

특정설비 중 압력용기의 재검사 주기는?
① 3년마다
② 4년마다
③ 5년마다
④ 10년마다

해답 07. ④ 08. ②

해설 용기 및 특정설비의 재검사기간

특정설비의 종류		재검사 주기		
		신규검사 후 경과년수		
		15년 미만	15년 이상 20년 미만	20년 이상
차량에 고정된 탱크		5년마다	2년마다	1년마다
		해당 탱크를 다른 차량으로 이동하여 고정할 경우에는 이동하여 고정한 때마다		
저장탱크		① 5년(재검사에 불합격되어 수리한 것은 3년, 다만, 음향방출시험에 의하여 안전성이 확인된 경우에는 5년으로 한다)마다. 다만, 검사주기가 속하는 해에 음향방출시험 등의 신뢰성이 있다고 인정하는 방법에 의하여 안전성이 확인된 경우에는 검사주기를 2년간 연장할 수 있다. ② 다른 장소로 이동하여 설치한 저장탱크(「액화석유가스의 안전관리 및 사업관리법 시행규칙」제2조 제1항 제3호에 따른 소형저장탱크는 제외한다)는 이동하여 설치한 때마다		
안전밸브 및 긴급차단장치		검사 후 2년을 경과하여 해당 안전밸브 또는 긴급차단장치가 설치된 저장탱크 또는 차량에 고정된 탱크의 재검사 시마다		
기화장치	저장탱크와 함께 설치된 것	검사 후 2년을 경과하여 해당 탱크의 재검사 시마다		
	저장탱크가 없는 곳에 설치된 것	3년마다		
	설치되지 아니한 것	2년마다		
압력용기		4년마다. 다만, 압력용기의 내부에 대한 재검사주기는 산업통상자원부장관이 정하여 고시하는 기법에 따라 산정하여 그 적합성을 인정받는 경우 그 주기로 할 수 있다.		

[비고]
1. 재검사를 받아야 하는 연도에 업소가 자체정기보수를 하고자 하는 경우에는 자체정기보수 시까지 재검사기간을 연장할 수 있다.
2. 「기업활동 규제완화에 관한 특별조치법 시행령」제19조 제1항에 따라 동시검사를 받고자 하는 경우에는 재검사를 받아야 하는 연도 내에서 사업자가 희망하는 시기에 재검사를 받을 수 있다.

문제 09 아세틸렌 제조설비의 방호벽 설치기준으로 틀린 것은?

① 압축기와 충전용 주관밸브 조작밸브 사이
② 압축기와 가스충전용기 보관장소 사이
③ 충전장소와 가스충전용기 보관장소 사이
④ 충전장소와 충전용 주관밸브 조작밸브 사이

해설 방호벽 설치
① 아세틸렌가스 또는 압력이 9.8MPa 이상인 압축가스를 용기에 충전하는 경우
  ㉠ 압축기와 그 충전장소 사이
  ㉡ 압축기와 그 가스충전용기보관장소 사이
  ㉢ 충전장소와 그 가스충전용기보관장소 사이 및 충전장소와 그 충전용 주관밸브 조작밸브 사이에 각각 방호벽을 설치할 것

09. ①

문제 10 용기 파열사고의 원인으로 가장 거리가 먼 것은?
① 용기의 내압력 부족
② 용기내 규정압력의 초과
③ 용기내에서 폭발성 혼합가스에 의한 발화
④ 안전밸브의 작동

해설 **안전밸브의 기능**
용기의 파열사고의 방지의 기능을 가지고 있다.

문제 11 액화산소 저장탱크 저장능력이 $1000m^3$일 때 방류둑의 용량은 얼마 이상으로 설치하여야 하는가?
① $400m^3$
② $500m^3$
③ $600m^3$
④ $1000m^3$

해설 **방류둑의 용량**
① 액화산소 저장탱크의 방류둑 상당용적의 60% 이상으로 한다.
  액화산소 방류둑 용량 = $1000m^3 \times 0.6 = 600m^3$
② 액화가스는 저장능력에 상당용적 이상의 용적으로 한다.
③ 집합방류둑 : 최대저장능력 + 잔여 총능력(10%)
④ 냉동제조는 수액기 내용적의 90% 이상으로 한다.

문제 12 당해 설비 내의 압력이 상용압력을 초과할 경우 즉시 상용압력 이하로 되돌릴 수 있는 안전장치의 종류에 해당하지 않는 것은?
① 안전밸브
② 감압밸브
③ 바이패스밸브
④ 파열판

해설 **고압가스의 안전장치**
안전밸브, 릴리프 밸브, 파열판, 바이패스 밸브, 자동제어장치

참고 **고압가스의 고압용 밸브**
① 안전밸브, 체크밸브, 스톱밸브, 감압밸브, 제어밸브
② 감압밸브(pressure reducing valve) : 설정압력이 높을 때 압력을 감압하고 설정압력을 일정하게 유지하는 밸브이다.

문제 13 일반도시가스 배관을 지하에 매설하는 경우에는 표지판을 설치해야 하는데 몇 m 간격으로 1개 이상을 설치해야 하는가?
① 100m
② 200m
③ 500m
④ 1000m

해답 10. ④ 11. ③ 12. ② 13. ②

해설 **도시가스 배관의 표지판 간격**
① 가스 도매 사용(제조소, 공급소의 배관시설) : 500m, (기타의 배관시설) : 500m
② 일반도시가스 사용(제조소, 공급소의 배관시설) : 500m, (기타의 밖의 배관시설) : 200m

문제 **14** 도시가스 보일러 중 전용 보일러실에 반드시 설치하여야 하는 것은?
① 밀폐식 보일러
② 옥외에 설치하는 가스보일러
③ 반밀폐형 자연배기식 보일러
④ 전용급기통을 부착시키는 구조로 검사에 합격한 강제배기식 보일러

해설 **가스보일러 설치**
가스보일러 종류에 관계없이 적용되는 공통 설치기준은 다음 각 호와 같다.
① 바닥설치형 가스보일러는 그 하중에 충분히 견디는 구조의 바닥면 위에 설치하고, 벽걸이형 가스보일러는 그 하중에 충분히 견디는 구조의 벽면에 견고하게 설치하여야 한다.
② 가스보일러를 설치하는 주위는 가연성 물질 또는 인화성 물질을 저장ㆍ취급하는 장소가 아니어야 하며 조작ㆍ연소ㆍ확인 및 점검수리에 필요한 간격을 두어 설치하여야 한다.
③ 가스보일러는 전용보일러실(보일러실 안의 가스가 거실로 들어가지 아니하는 구조로서 보일러실과 거실 사이의 경계벽은 출입구를 제외하고는 내화구조의 벽으로 한 것을 말한다. 이하 같다)에 설치하여야 한다. 다만, 다음 각 목의 경우에는 그러하지 아니하다.
　㉠ 밀폐식 보일러
　㉡ 가스보일러를 옥외에 설치한 경우
　㉢ 전용급기통을 부착시키는 구조로 검사에 합격한 강제배기식 보일러
④ 전용보일러실에는 환기팬이 설치되어 있지 아니하여야 한다.
⑤ 가스보일러는 지하실 또는 반지하실에 설치하지 아니하여야 한다. 다만, 밀폐식 보일러 및 급배기시설을 갖춘 전용보일러실에 설치된 반밀폐식 보일러의 경우에는 그러하지 아니하다.
⑥ 가스보일러의 가스접속배관은 금속배관 또는 가스용품검사에 합격한 가스용 금속플렉시블 호스를 사용하고, 가스의 누출이 없도록 확실히 접속하여야 한다.

문제 **15** 산소압축기의 내부 윤활제로 적당한 것은?
① 광유　　　　　　　　　② 유지류
③ 물　　　　　　　　　　④ 황산

해설 **내부 윤활제**(압축기 윤활유)
① 산소 : 물 또는 10% 이하의 묽은 글리세린수
② 공기, 수소, 아세틸렌 : 양질의 광유
③ 염소 : 농황산
④ LP 가스 : 식물성유

해답　14. ③　15. ③

문제 16
고압가스 용기 제조의 시설기준에 대한 설명으로 옳은 것은?

① 용접용기 동판의 최대두께와 최소두께와의 차이는 평균 두께의 5% 이하로 한다.
② 초저온 용기는 고압배관용 탄소강관으로 제조한다.
③ 아세틸렌 용기에 충전하는 다공질물은 다공도가 72% 이상 95% 미만으로 한다.
④ 용접 용기에는 그 용기의 부속품을 보호하기 위하여 프로텍터 또는 캡을 고정식 또는 체인식으로 부착한다.

해설 고압가스 용기 제조의 시설기준 및 기술기준
① 고압가스용 용접용기 동판의 최대 두께와 최소 두께와의 차이는 평균두께의 10% 이하
② 초저온 용기는 오스테나이트계 스테인리스강 또는 알루미늄합금으로 제조한다.
③ 아세틸렌 용기에 충전하는 다공질물은 다공도가 75% 이상 92% 미만으로 한다.
④ 용기에는 용기부속품의 보호를 위한 프로텍터 또는 캡을 고정식 또는 체인식으로 부착할 것. 이 경우 액화석유가스용기의 프로텍터의 재료는 KS D 3503(일반구조용 압연강재) 제2종의 규격에 적합한 것. 또는 이와 동등 이상의 화학적 성분 및 기계적 성질을 갖는 것을 사용할 것.

문제 17
도시가스 배관 이음부와 전기점멸기, 전기접속기와는 몇 cm 이상의 거리를 유지해야 하는가?

① 10cm
② 15cm
③ 30cm
④ 40cm

해설 도시가스 이격거리
① 배관 이음부 ⇔ 전기계량기 및 전기개폐기 : 60cm 이상
② 배관 이음부 ⇔ 굴뚝, 전기점멸기 및 전기접속기 : 15cm 이상
③ 배관 이음부 ⇔ 절연 조치를 하지 않는 전선 : 15cm 이상
④ 배관 이음부 ⇔ 절연전선 : 10cm 이상

문제 18
용기 종류별 부속품의 기호 표시로서 틀린 것은?

① AG : 아세틸렌가스를 충전하는 용기의 부속품
② PG : 압축가스를 충전하는 용기의 부속품
③ LG : 액화석유가스를 충전하는 용기의 부속품
④ LT : 초저온 용기 및 저온 용기의 부속품

해설 용기부속품에 대한 표시
용기부속품의 제조자 또는 수입자는 용기부속품의 보기 쉬운 곳에 다음 사항을 각인할 것. 다만, 각인하기가 곤란한 것의 경우에는 다른 금속박판에 각인한 것을 그 용기부속품에 부착함으로써 그 용기부속품에 대한 각인에 갈음할 수 있다.
① 부속품 제조업자의 명칭 또는 약호

16. ④ 17. ② 18. ③

② ⑥의 규정에 의한 부속품의 기호와 번호
③ 질량(기호 : W, 단위 : kg)
④ 부속품검사에 합격한 연월
⑤ 내압시험압력(기호 : TP, 단위 : MPa)
⑥ 용기 종류별 부속품의 기호
  ㉠ 아세틸렌가스를 충전하는 용기의 부속품 : AG
  ㉡ 압축가스를 충전하는 용기의 부속품 : PG
  ㉢ 액화석유가스 외의 액화가스를 충전하는 용기의 부속품 : LG
  ㉣ 액화석유가스를 충전하는 용기의 부속품 : LPG
  ㉤ 초저온용기 및 저온용기의 부속품 : LT

문제 19

독성가스 제독작업에 필요한 보호구의 보관에 대한 설명으로 틀린 것은?

① 독성가스가 누출할 우려가 있는 장소에 가까우면서 관리하기 쉬운 장소에 보관한다.
② 긴급 시 독성가스에 접하고 반출할 수 있는 장소에 보관한다.
③ 정화통 등의 소모품은 정기적 또는 사용 후에 점검하여 교환 및 보충한다.
④ 항상 청결하고 그 기능이 양호한 장소에 보관한다.

해설 독성가스 제독작업의 보호구 보관
① 긴급 시 독성가스에 접하지 아니하고 반출할 수 있는 장소에 보관한다.
② 사용 훈련 및 사용 방법을 작업원에게 3개월에 1회 이상 사용 훈련을 실시한다.
③ 보호구의 점검, 변동사항, 장착훈련를 기록 및 보존한다.
④ 독성가스가 누출할 우려가 있는 장소에 가까우면서 관리하기 쉬운 장소에 보관한다.
⑤ 정화통 등의 소모품은 정기적 또는 사용 후에 점검하여 교환 및 보충한다.
⑥ 항상 청결하고 그 기능이 양호한 장소에 보관한다.

문제 20

일반 공업용 용기의 도색의 기준으로 틀린 것은?

① 액화염소-갈색
② 액화암모니아-백색
③ 아세틸렌-황색
④ 수소-회색

해설 가스 용기의 도색
① 수소 : 주황색
② 용도에 따른 용기의 색깔

종 류	가스의 종류	색깔의 구분
가연성 가스 및 독성가스 용기	액화석유가스	회색
	수 소	주황색
	아세틸렌	황색
	액화암모니아	백색
	액화염소	갈색
	그 밖의 가스	회색
의료용 가스 용기	산 소	백색
	액화탄산가스	회색
	질 소	흑색

해답 19. ② 20. ④

종류	가스의 종류	색깔의 구분
	아산화질소	청색
	헬륨	갈색
	에틸렌	자색
	사이크론프로판	주황색
	그 밖의 가스	회색
그 밖의 가스 용기	산소	녹색
	액화탄산가스	청색
	질소	회색
	소방용 용기	소방법에 의한 도색
	그 밖의 가스	회색

문제 21

액화석유가스의 안전관리 및 사업법에 규정된 용어의 정의에 대한 설명으로 틀린 것은?

① 저장설비라 함은 액화석유가스를 저장하기 위한 설비로서 저장탱크, 마운드형 저장탱크, 소형저장탱크 및 용기를 말한다.
② 자동차에 고정된 탱크라 함은 액화석유가스의 수송, 운반을 위하여 자동차에 고정 설치된 탱크를 말한다.
③ 소형저장탱크라 함은 액화석유가스를 저장하기 위하여 지상 또는 지하에 고정 설치된 탱크로서 그 저장능력이 3톤 미만인 탱크를 말한다.
④ 가스설비라 함은 저장설비 외의 설비로서 액화석유가스가 통하는 설비(배관을 포함한다)와 그 부속설비를 말한다.

해설 용어의 정의
① "잔가스용기"란 액화석유가스 충전질량의 2분의 1 미만이 충전되어 있는 상태의 용기를 말한다.
② "가스설비"란 저장설비 외의 설비로서 액화석유가스가 통하는 설비(배관은 제외한다)와 그 부속설비를 말한다.
③ "충전설비"란 용기 또는 자동차에 고정된 탱크에 액화석유가스를 충전하기 위한 설비로서 충전기와 저장탱크에 부속된 펌프 및 압축기를 말한다.

문제 22

1%에 해당하는 ppm의 값은?

① 10^2 ppm
② 10^3 ppm
③ 10^4 ppm
④ 10^5 ppm

해설 Parts per million(ppm)
① 1ppm : $\frac{1}{10^6}$
② 1% = $\frac{1}{100}$ = 0.01이다.
③ 그러므로 $0.01 \times 10^6 = 10^4$ ppm이 나온다.

21. ④ 22. ③

[별해]
ppm(parts per million)
① 용액 $100\% = 10^6$ ppm
② $100\% : 10^6$ ppm $= 1\% : X$

$$X = \frac{10^6 \times 1}{100} = 10^4 \text{ ppm}$$

> 참고
> ① 1ppb(parts per billion) : $\frac{1}{10^9}$
> ② 1ppm(parts per millon) : $\frac{1}{10^6}$
> ③ $1\% = 10^4$ ppm

문제 23

가스 배관의 시공 신뢰성을 높이는 일환으로 실시하는 비파괴검사 방법 중 내부선원법, 이중벽 이중상법 등을 이용하는 방법은?

① 초음파탐상시험
② 자분탐상시험
③ 방사선투과시험
④ 침투탐상방법

해설 방사선투과시험(radiographic examination)
① 신뢰성 향상, 제조기술의 개선, 제조원가의 절약 등을 목적으로 하며 금속 재료의 제품 또는 용접부에 X선 또는 γ선을 투과하여 결함을 찾아내는 검사법이다.
② 방사선투과시험 : 내부선원법, 이중벽 이중상법

> 참고 용접부의 검사 등
> ① 용접시공법의 확인은 KS B 6732(압력용기 용접시공법 확인 시험방법)를 준용한다.
> ② 배관 등의 용접부는 전부에 대하여 외관검사 및 방사선투과시험을 하고, 정한 기준에 합격한 것일 것. 다만, 방사선투과시험을 실시하기 곤란한 곳은 초음파탐상시험 및 자분탐상시험(또는 침투탐상시험)을 하여야 한다.

문제 24

차량에 고정된 저장탱크로 염소를 운반할 때 용기의 내용적(L)은 얼마 이하가 되어야 하는가?

① 10000
② 12000
③ 15000
④ 18000

해설 차량에 고정된 탱크에 의한 운반 기준
① 경계표시 : 차량의 앞뒤 보기 쉬운 곳에 각각 붉은 글씨로 위험고압가스라는 경계표시를 한다.
② 탱크의 내용적
  ㉠ 가연성 가스(액화석유가스 제외) 및 산소탱크의 내용적 : 18000L
  ㉡ 독성가스(액화암모니아 제외)의 탱크의 내용적 : 12000L
  ㉢ 다만, 철도 차량 또는 견인되어 운반되는 차량에 고정하며 운반하는 탱크를 제외한다.

23. ③ 24. ②

참고 **독성가스**
아크릴로니트릴·아크릴알데히드·아황산가스·암모니아·일산화탄소·이황화탄소·불소·염소·브롬화메탄·염화메탄·염화프렌·산화에틸렌·시안화수소·황화수소·모노메틸아민·디메틸아민·트리메틸아민·벤젠·포스겐·요오드화수소·브롬화수소·염화수소·불화수소·겨자가스·알진·모노실란·디실란·디보레인·세렌화수소·포스핀·모노게르만 및 그 밖에 공기 중에 일정량 이상 존재하는 경우 인체에 유해한 독성을 가진 가스로서 허용농도(해당 가스를 성숙한 흰쥐 집단에게 대기 중에서 1시간 동안 계속하여 노출시킨 경우 14일 이내에 그 흰쥐의 2분의 1 이상이 죽게 되는 가스의 농도를 말한다)가 100만분의 5000 이하인 것을 말한다.

문제 25 일산화탄소와 공기의 혼합가스는 압력이 높아지면 폭발범위는 어떻게 되는가?
① 변함없다. ② 좁아진다.
③ 넓어진다. ④ 일정치 않다.

해설 연소범위(폭발범위)
① 가스압력이 높아지면 일반적으로 하한계 값은 거의 변하지 않으며 상한계 값이 넓어지므로 즉 고온, 고압이면 연소범위는 넓어진다.
② 예외적으로 압력이 높아지면 일산화탄소는 연소범위가 좁아진다.
③ 수소는 10atm까지는 좁아지며 그 이상의 압력에서 연소범위가 넓어진다.

문제 26 도시가스 배관을 폭 8m 이상의 도로에서 지하에 매설 시 지표면으로부터 배관의 외면까지의 매설깊이의 기준은?
① 0.6m 이상 ② 1.0m 이상
③ 1.2m 이상 ④ 1.5m 이상

해설 도시가스 배관의 매설 깊이
배관을 매설하는 경우에는 설치환경에 따라 다음 기준에 따른 적절한 매설깊이나 설치간격을 유지할 것.
① 공동주택 등의 부지 안에서는 0.6m 이상
② 폭 8m 이상의 도로에서는 1.2m 이상. 다만, 도로에 매설된 최고사용압력이 저압인 배관에서 횡으로 분기하여 수요가에게 직접 연결되는 배관의 경우에는 1m 이상으로 할 수 있다.
③ 폭 4m 이상 8m 미만인 도로에서는 1m 이상. 다만, 다음 어느 하나에 해당하는 경우에는 0.8m 이상으로 할 수 있다.

문제 27 도시가스시설의 설치공사 또는 변경공사를 하는 때에 이루어지는 주요 공정 시공감리 대상은?
① 도시가스사업자 외의 가스공급시설설치자의 배관 설치공사
② 가스도매사업자의 가스공급시설 설치공사
③ 일반도시가스사업자의 정압기 설치공사
④ 일반도시가스사업자의 제조소 설치공사

해답 25. ② 26. ③ 27. ①

해설 **주요 공정 시공감리 대상**
주요 공정 시공감리와 일부 공정 시공감리의 대상은 다음과 같이 구분한다.
① 주요 공정 시공감리 대상
  ㉠ 일반도시가스사업자 및 도시가스사업자 외의 가스공급시설설치자의 배관(그 부속시설을 포함)
  ㉡ 나프타부생가스·바이오가스제조사업자 및 합성천연가스제조사업자의 배관(그 부속시설을 포함)
② 일부 공정 시공감리 대상
  ㉠ 가스도매사업자의 가스공급시설
  ㉡ 일반도시가스사업자, 나프타부생가스·바이오가스제조사업자, 합성천연가스제조사업자 및 도시가스사업자 외의 가스공급시설설치자의 가스공급시설 중 제1호의 시설을 제외한 가스공급시설
  ㉢ 시공감리의 대상이 되는 사용자공급관(그 부속시설을 포함) 〈시행규칙 제21조 참고〉

문제 28 고압가스 공급자의 안전점검 항목이 아닌 것은?
① 충전용기의 설치위치
② 충전용기의 운반방법 및 상태
③ 충전용기와 화기와의 거리
④ 독성가스의 경우 흡수장치, 제해장치 및 보호구 등에 대한 적합 여부

해설 **공급자의 안전점검기준**
① 점검기준
  ㉠ 충전용기의 설치위치
  ㉡ 충전용기와 화기와의 거리
  ㉢ 충전용기 및 배관의 설치상태
  ㉣ 충전용기, 충전용기로부터 압력조정기·호스 및 가스사용기기에 이르는 각 접속부와 배관 또는 호스의 가스 누출 여부 및 그 가스의 적합 여부
  ㉤ 독성가스의 경우 흡수장치·제해장치 및 보호구 등에 대한 적합 여부
  ㉥ 역화방지장치의 설치 여부(용접 또는 용단 작업용으로 액화석유가스를 사용하는 시설에 산소를 공급하는 자에 한정한다)
  ㉦ 시설기준에의 적합 여부(정기점검만을 말한다)

문제 29 액화석유가스 판매업소의 우전용기 보관실에 강제통풍장치 설치 시 통풍능력의 기준은?
① 바닥면적 $1m^2$당 $0.5m^3$/분 이상
② 바닥면적 $1m^2$당 $1.0m^3$/분 이상
③ 바닥면적 $1m^2$당 $1.5m^3$/분 이상
④ 바닥면적 $1m^2$당 $2.0m^3$/분 이상

해설 **통풍구조 및 강제통풍시설**
(통풍구조등) 액화석유가스의 저장설비·가스설비실 및 충전용기 보관실 등에 있어서 당해 가스가 누출하였을 때 그 가스가 체류하지 아니하도록 하는 구조는 다음 각 호의 기준에 적합한 것이어야 한다.
① 바닥면에 접하고 또한 외기에 면하여 설치된 환기구의 통풍가능면적의 합계가 바닥

28. ② 29. ①

면적 1m²마다 300cm²(철망 등을 부착할 때에는 철망이 차지하는 면적을 뺀 면적으로 한다)의 비율로 계산한 면적 이상(1개소 환기구의 면적은 2,400cm² 이하로 한다)일 것. 이 경우 사방을 방호벽 등으로 설치할 경우에는 환기구를 2방향 이상으로 분산 설치하여야 한다.
② 제1호의 규정에 의한 통풍구조를 설치할 수 없는 경우에는 다음 각 목의 기준에 적합한 강제통풍장치를 설치하여야 한다.
㉠ 통풍능력이 바닥면적 1m²마다 0.5m³/분 이상으로 할 것.
㉡ 흡입구는 바닥면 가까이에 설치할 것.
㉢ 배기가스 방출구를 지면에서 5m 이상의 높이에 설치할 것.

문제 30
다음 중 동일 차량에 적재하여 운반할 수 없는 경우는?
① 산소와 질소
② 질소와 탄산가스
③ 탄산가스와 아세틸렌
④ 염소와 아세틸렌

해설 혼합적재의 금지
① 염소와 아세틸렌·암모니아 또는 수소는 동일 차량에 적재하여 운반하지 아니할 것.
② 가연성 가스와 산소를 동일 차량에 적재하여 운반하는 때에는 그 충전용기의 밸브가 서로 마주보지 아니하도록 적재할 것.
③ 충전용기와 소방법이 정하는 위험물과는 동일 차량에 적재하여 운반하지 아니할 것.

문제 31
액화가스의 이송 펌프에서 발생하는 캐비테이션 현상을 방지하기 위한 대책으로서 틀린 것은?
① 흡입 배관을 크게 한다.
② 펌프의 회전수를 크게 한다.
③ 펌프의 설치위치를 낮게 한다.
④ 펌프의 흡입구 부근을 냉각한다.

해설 공동현상(cavitation) 방지법
① 임펠러 회전수를 감소시킨다.
② 양수량을 감소시킨다.
③ 2대 이상의 펌프를 사용한다.
④ 흡입 배관을 크게 한다.
⑤ 펌프의 설치위치를 낮게 한다.
⑥ 펌프의 흡입구 부근을 냉각한다.

문제 32
다음 중 대표적인 차압식 유량계는?
① 오리피스미터
② 로터미터
③ 마노미터
④ 습식 가스미터

해설 차압식 유량계
① 액체, 기체, 스팀 등 거의 모든 유체의 유량 측정이 가능하다.
② 관로의 수축부가 있어야 하므로 압력손실이 비교적 높은 편이다.
③ 다른 유량계에 비하여 정확도는 떨어진다.
④ 가동부가 없어 수명이 길고 내구성도 좋으나 마모에 의한 오차가 있다.
⑤ 구조가 간단한다.
⑥ 종류 : 벤투리미터, 오리피스미터, 플로노즐 등이 있다.

해답 30. ④ 31. ② 32. ①

문제 33
공기액화분리기 내의 CO_2를 제거하기 위해 NaOH 수용액을 사용한다. 1.0kg의 CO_2를 제거하기 위해서는 약 몇 kg의 NaOH를 가해야 하는가?

① 0.9
② 1.8
③ 3.0
④ 3.8

해설 공기액화분리기
① 반응식 : $2NaOH + CO_2 \rightarrow Na_2CO_3 + H_2O$
② $2NaOH + CO_2 \rightarrow Na_2CO_3 + H_2O$
   2mol   1mol
③ $2NaOH + CO_2 \rightarrow Na_2CO_3 + H_2O$
   $2 \times 40kg : 44kg = X : 1kg$
④ $X = \dfrac{(2 \times 40) \times 1}{44} = 1.8181\,kg$
④ 분자량(NaOH) : Na(23)+O(16)+H(1)=40

문제 34
왕복동 압축기 용량 조정 방법 중 단계적으로 조절하는 방법에 해당되는 것은?

① 회전수를 변경하는 방법
② 흡입 주밸브를 폐쇄하는 방법
③ 타임드 밸브 제어에 의한 방법
④ 클리어런스 밸브에 의해 용적 효율을 낮추는 방법

해설 왕복동 압축기 용량 제어 방법
① 연속적 조절 방법
   ㉠ 흡입 주밸브를 폐쇄하는 방법
   ㉡ 바이패스 밸브를 이용하여 압축가스 흡입측으로 복귀하는 방법
   ㉢ 타임드 밸브 제어에 의한 방법
   ㉣ 회전수를 변경하는 방법
② 단계적 조절 방법
   ㉠ 클리어런스 밸브에 의해 용적 효율을 낮추는 방법
   ㉡ 언로드 장치에 의한 흡입밸브 개방하는 방법

문제 35
LP가스에 공기를 희석시키는 목적이 아닌 것은?

① 발열량 조절
② 연소효율 증대
③ 누설 시 손실 감소
④ 재액화 촉진

해설 LP 가스 공기혼합공급 방식의 공기혼합 목적
① 재액화 방지
② 발열량 조절
③ 연소효율 증대
④ 누설 시 손실량 감소

33. ② 34. ④ 35. ④

문제 36 다음 중 정압기의 부속설비가 아닌 것은?

① 불순물 제거장치
② 이상압력상승 방지장치
③ 검사용 맨홀
④ 압력기록장치

해설 정압기 부속설비
① 불순물 제거장치(필터) ② 이상압력상승 방지장치
③ 압력기록장치 ④ 안전밸브
⑤ 원격감시장치 ⑥ 가스누출검지통보설비

문제 37 금속재료 중 저온재료로 적당하지 않은 것은?

① 탄소강
② 황동
③ 9% 니켈강
④ 18-8 스테인리스강

해설 일반적으로 탄소강은 온도의 저하와 함께 강도가 증가하고 연신율, 단면수축률 등이 감소하지만 특히 충격치의 저하가 심하다.

문제 38 다음 중 터보 압축기에서 주로 발생할 수 있는 현상은?

① 수격작용(water hammer)
② 베이퍼 록(vapor lock)
③ 서징(surging)
④ 캐비테이션(cavitation)

해설 터보형 압축기(turbo compressor)의 특징(원심식 압축기)
① 서징(surging) 현상에 주의해야 한다.
② 고속회전을 하며 설치면적이 작다.
③ 윤활유가 필요 없다.
④ 연속적으로 토출하므로 맥동이 낮다.

문제 39 파이프 커터로 강관을 절단하면 거스러미(burr)가 생긴다. 이것을 제거하는 공구는?

① 파이프 벤더
② 파이프 렌치
③ 파이프 바이스
④ 파이프 리머

해설 파이프 리머(pipe reamer)
① 파이프 커터로 절단 후 파이프의 날카로운 곳을 제거하고 부드럽게 다듬질하는 공구이다.
② 파이프 벤더 : 금속관을 구부리는 공구이다.
③ 파이프 렌치 : 금속관을 커플링할 때 금속관을 조인 것
④ 파이프 바이스 : 금속관을 절취하거나 나사를 낼 때 또는 금속관을 고정하는 데 쓰이는 공구이다.

참고 거스러미 : 강관을 절단한 부분의 표면이 가시처럼 얇게 터져 일어나는 부분

해답 36. ③ 37. ① 38. ③ 39. ④

문제 40

고속회전하는 임펠러의 원심력에 의해 속도에너지를 압력에너지로 바꾸어 압축하는 형식으로서 유량이 크고 설치면적이 적게 차지하는 압축기의 종류는?

① 왕복식　　　　　　② 터보식
③ 회전식　　　　　　④ 흡수식

해설 **터보형 압축기**(turbo compressor)**의 특징**(원심식 압축기)
① 서징(surging) 현상에 주의해야 한다.
② 고속회전을 하며 설치면적이 작다.
③ 윤활유가 필요 없다.
④ 연속적으로 토출하므로 맥동이 낮다.
⑤ 대용량에 적당하며 효율이 나쁘다.

문제 41

가스 홀더의 압력을 이용하여 가스를 공급하며 가스제조공장과 공급지역이 가깝거나 공급면적이 좁을 때 적당한 가스 공급 방법은?

① 저압공급방식　　　　　　② 중앙공급방식
③ 고압공급방식　　　　　　④ 초고압공급방식

해설 **도시가스 공급 방식**
① 저압공급방식
　㉠ 0.1MPa 미만의 압력으로 공급되는 방식으로 가스 홀더의 자체 압력에 의해 공급되며 가스 제조공장과 공급지역이 가깝거나 공급면적이 좁을 때 적당한 가스 공급 방식이다.
　㉡ 가스 공급라인이 간단하므로 유지관리가 편리하다.
　㉢ 가스 홀더의 자체 압력을 사용하므로 압송 비용이 감소된다.
　㉣ 정전 시에도 사용 가능하므로 공급의 안전성이 높다.
　㉤ 공급량이 소규모이거나 공급량이 작은 곳에 알맞다.
　㉥ 공급량이 대규모이거나 대용량이면 비경제적이다.
② 중앙공급방식
　㉠ 가스제조소에서 압송기를 사용하여 중압의 가스를 송출하고 공급지역에 설치된 지구정압기로 공급압력을 저압으로 조정하여 수용가에 공급하는 방식이다.
　㉡ 0.1MPa 이상 1MPa 미만의 압력으로 공급하며 가스공급량 대량 또는 공급지역이 넓어 저압공급방식보다 도관 설치비용을 절감할 수 있을 때 적용하는 방식이다.
　㉢ 정전, 고장 등 발생 시 안정성 있게 공급할 수 있으며 중압도관을 경제적으로 설계할 수 있다.
　㉣ 단시간의 정전이 발생하여도 영향을 받지 않고 가스를 공급할 수 있다.
③ 고압공급방식
　㉠ 1MPa 이상의 압력으로 공급되는 방식으로 대량의 가스를 수송할 수 있어 배관시공비가 감소되며 경제적이다.
　㉡ 작은 구경의 배관으로 대량의 가스를 수송할 수 있다.
　㉢ 유지관리가 복잡하고 어렵다.
　㉣ 장거리 수송에 적합하며 방음 조치가 있어야 한다.
　㉤ 고압, 중압, 저압이라는 2단계 감압, 정압을 하여야 한다.

해답 40. ②　41. ①

문제 42 가스 종류에 따른 용기의 재질로서 부적합한 것은?

① LPG : 탄소강
② 암모니아 : 동
③ 수소 : 크롬강
④ 염소 : 탄소강

해설 가스 용기의 재질
① LPG : 탄소강
② 암모니아 : 탄소강
③ 수소 : 크롬강, 망간
④ 염소 : 탄소강
⑤ 산소 : 크롬강, 망간
⑥ 아세틸렌 : 탄소강
⑦ 염소 : 탄소강

문제 43 오르자트법으로 시료가스를 분석할 때의 성분 분석 순서로서 옳은 것은?

① $CO_2 \rightarrow O_2 \rightarrow CO$
② $CO \rightarrow CO_2 \rightarrow O_2$
③ $O_2 \rightarrow CO \rightarrow CO_2$
④ $O_2 \rightarrow CO_2 \rightarrow CO$

해설 오르자트법(Orsat)
① CO_2, O_2, CO 이 가스를 순서대로 성분을 측정하여 흡수제 흡수시켜 순서대로 가스 농도를 분석하는 방식이다.
② 시료가스 분석 순서 : $CO_2 \rightarrow O_2 \rightarrow CO$

참고 헴펠법(Hempel)
시료 가스 분석 흡수 순서 : $CO_2 \rightarrow C_mH_n \rightarrow O_2 \rightarrow CO$

문제 44 수소염 이온화식(FID) 가스 검출기에 대한 설명으로 틀린 것은?

① 감도가 우수하다.
② CO_2와 NO_2는 검출할 수 없다.
③ 연소하는 동안 시료가 파괴된다.
④ 무기화합물의 가스 검지에 적합하다.

해설 수소염이온화 검출기(flame ionization detector, FID)
① 탄화수소에서의 감응 최고이며 H_2, O_2, CO, CO_2, SO_2 등에서의 감응은 없다.
② FID는 수소 불꽃 속에 탄화수소가 들어가면 불꽃의 전기전도도가 증대하는 현상을 이용한 것이다.
③ 가스검지기로서의 검지감도는 가장 높고 원리적으로는 1ppm의 가스농도의 검지가 가능하다.
④ FID에 의한 탄화수소의 상대감도는 탄소수에 비례한다.
⑤ 구성요소로는 시료가스, 노즐, 컬렉터 전극, 증폭부, 농도지시계 등이 있다.

42. ② 43. ① 44. ④

문제 45
다음 [보기]와 관련 있는 분석방법은?

[보기]
- 쌍극자모멘트의 알짜변화
- 진동 짝지움
- Nernst 백열등
- Fourier 변환분광계

① 질량분석법 ② 흡광광도법
③ 적외선 분광분석법 ④ 킬레이트 적정법

해설 기기분석법
① 적외선분광분석법
 ㉠ 화합물이 가지는 고유의 흡수 정도의 원리를 이용하여 정성 및 정량 분석에 이용하는 분석방법이다.
 ㉡ 분자의 진동중 쌍극자모멘트의 알짜변화에 의해 적외선의 흡수의 원리를 이용한 것이다.
② 전기량에 의한 적정법
 패러데이 법칙의 원리를 이용하여 전기량을 분석하는 방법이다.
③ 저온증밀 증류법
 증류온도 및 유출 가스의 분압에서 시료가스의 조성을 구하는 방법이다.
④ 질량분석법
 시료량이 미량으로 고농도에서 저농도까지 광범위하게 분석하는 방법이다.
⑤ 가스 크로마토그래피
 칼럼 및 시험은 핵심 구성요소이며 캐리어 가스 파이프라인 시스템으로 검증과 기록 장치로 이루어져 있다.

문제 46
표준상태에서 1000L의 체적을 갖는 가스 상태의 부탄은 약 몇 kg인가?

① 2.6 ② 3.1
③ 5.0 ④ 6.1

해설
 ① $PV = \dfrac{W}{M}RT$ (표준상태 : 1atm, 0℃)

② $W = \dfrac{PVM}{RT} = \dfrac{1 \times 1000 \times 58}{0.082 \times (273+0)} = 2590.905[g] \times \dfrac{1}{1000} = 2.59095[kg]$

③ $PV = \dfrac{W}{M}RT$

여기서, P : 압력(1atm = 760mmHg)
V : 부피[m³][L]
M : 분자량[kg/kmol][g/mol]
W : 무게[kg][g]
R : 기체상수[0.082atm · L/mol · °K][0.082atm · m³/kmol · °K]
T : 절대온도(K = 273+℃)[K]

해답 45. ③ 46. ①

문제 47

다음 중 일반 기체상수(R)의 단위는?

① kg·m/kmol·K
② kg·m/kcal·K
③ kg·m/m³·K
④ kcal/kg·℃

해설 기체상수(R)

① $PV = GRT$

② $R = \dfrac{P \times V}{G \times T} = \dfrac{10332[\text{kgf/cm}^2] \times 22.4[\text{m}^3]}{1[\text{kmol}] \times 273[\text{K}]} = 847.75[\text{kgf·m/kmol·K}]$

참고

① $R = \dfrac{PV}{nT} = \dfrac{101325[\text{N/m}^2] \times 0.0224[\text{m}^3]}{1[\text{mol}] \times 273[\text{K}]} = 8.314[\text{Nm/mol·K}] = 8.314[\text{J/mol·K}]$

② $R = 8.314[\text{Nm/mol·K}] = 8.314[\text{J/mol·K}] = 1.987[\text{cal/mol·K}]$

문제 48

열역학 제1법칙에 대한 설명이 아닌 것은?

① 에너지 보존의 법칙이라고 한다.
② 열은 항상 고온에서 저온으로 흐른다.
③ 열과 일은 일정한 관계로 상호 교환된다.
④ 제1종 영구기관이 영구적으로 일하는 것은 불가능하다는 것을 알려준다.

해설 열역학 법칙

① 열역학 제0법칙 : 열평형의 법칙
온도가 높은 물질과 낮은 물질인 서로 다른 물체를 접촉시키면 열의 흡수량과 발열량이 같게 되어 온도차가 없어지면 온도가 같게 되어 평형을 이룬다.

② 열역학 제1법칙 : 에너지 보존의 법칙
에너지의 한 형태의 열과 일은 서로 같고 열은 일과 열로 서로 전환이 가능하다.

③ 열역학 제2법칙 : 에너지 방향성의 법칙
㉠ 열은 스스로 다른 물체에 아무런 변화도 주지 않고 저온 물체에서 고온 물체로 이동하지 않는다.
㉡ "자연계에 아무런 변화도 남기지 않고 어느 열원의 열을 계속해서 일로 바꿀 수 없다. 즉 고온 물체의 열을 계속해서 일로 바꾸려면 저온 물체로 열을 버려야만 한다."
㉢ 효율이 100%인 열기관은 제작이 불가능하다.

④ 열역학 제3법칙 : 어떠한 방법이라도 어떤 계를 절대온도 0도에 이르게 할 수 없다.

문제 49

표준상태의 가스 1m³를 완전연소시키기 위하여 필요한 최소한의 공기를 이론 공기량이라고 한다. 다음 중 이론 공기량으로 적합한 것은? (단, 공기 중에 산소는 21% 존재한다.)

① 메탄 : 9.5배
② 메탄 : 12.5배
③ 프로판 : 15배
④ 프로판 : 30배

47. ① 48. ② 49. ①

해설 **이론 공기량**

① $A_0 = \dfrac{O_0}{0.232}$ (질량), $A_0 = \dfrac{O_0}{0.21}$ (체적)

② A_0 : 이론 공기량, O_0 : 이론 산소량

③ 메탄의 완전연소 반응식

$$CH_4 + 2O_2 \rightarrow CO_2 + 2H_2O$$
$$22.4 \quad 2 \times 22.4$$
$$1 \quad : \quad O_0$$

④ $22.4 : 2 \times 22.4 = 1 : O_0$

⑤ 이론 산소량 $O_0 = \dfrac{1 \times (2 \times 22.4)}{22.4} = 2$

⑥ 이론공기량 $A_0 = \dfrac{O_0}{0.21} = \dfrac{2}{0.21} = 9.523 \, m^3$

메탄은 $1m^3$당 이론 공기량이 $9.523m^3$이 소요된다.

⑦ 프로판의 완전연소 반응식

$$C_3H_8 + 5O_2 \rightarrow 3CO_2 + 4H_2O$$
$$22.4 \quad : \quad 5 \times 22.4$$
$$1 \quad : \quad O_0$$

⑧ $22.4 : 5 \times 22.4 = 1 : O_0$

⑨ 이론 산소량 $O_0 = \dfrac{1 \times (5 \times 22.4)}{22.4} = 5$

⑩ 이론공기량 $A_0 = \dfrac{O_0}{0.21} = \dfrac{5}{0.21} = 23.809 \, m^3$

프로판은 $1m^3$당 이론 공기량이 $23.809m^3$이 소요된다.

문제 50 다음 중 액화가 가장 어려운 가스는?

① H_2 ② He
③ N_2 ④ CH_4

해설 **액화**

① 액체가 되는 현상으로 비점(끓는점)이 낮을수록 액화가 어렵고 높을수록 쉽다.
② 액화(liquefaction) : 기체가 압축되어 액체로 변화는 상태
③ 가스의 비점

종 류	boiling point(끓는점)
메탄(CH_4)	-161.5℃
질소(N_2)	-195.8℃
수소(H_2)	-252.8℃
헬륨(He)	-268.9℃

참고 **헬륨(He)의 성질**

① 기구용(氣球用) 가스로 사용되며 불연성이므로 수소보다 안전하다.
② 혈액의 용해도가 작기 때문에 잠수용(潛水用) 통기가스로 사용한다.
③ 산소 흡입에 사용된다.
④ 헬륨이 모든 물질 중에서 비점(끓는점)이 가장 낮아서 액화가 어렵다.
⑤ 열전도성이 높으며 다른 물질과 반응하지 않은 불활성 물질이다.
⑥ 극저온(極低溫)을 얻기 위한 냉각에 사용된다.

해답 50. ②

문제 51 다음 중 아세틸렌의 발생 방식이 아닌 것은?

① 주수식 : 카바이드에 물을 넣는 방법
② 투입식 : 물에 카바이드를 넣는 방법
③ 접촉식 : 물과 카바이드를 소량씩 접촉시키는 방법
④ 가열식 : 카바이드를 가열하는 방법

해설 아세틸렌 발생 방식
① 주수식 : 카바이드에 물을 넣는 방법
② 투입식 : 물에 카바이드를 넣는 방법
③ 접촉식(침지식) : 물과 카바이드를 소량씩 접촉시키는 방법

문제 52 이상기체의 등온과정에서 압력이 증가하면 엔탈피(H)는?

① 증가한다. ② 감소한다.
③ 일정하다. ④ 증가하다가 감소한다.

해설 등온변화
온도가 일정하므로 내부에너지, 엔탈피는 일정하다.

문제 53 1kW의 열량을 환산한 것으로 옳은 것은?

① 536kcal/h ② 632kcal/h
③ 720kcal/h ④ 860kcal/h

해설 열량
① $1[J] = 0.24[cal]$, $1[kJ] = 0.24[kcal]$
② $1[kW] = 1000[W] = 10^3[W]$
③ $W = P \times t [J]$
④ $W = P \times t = 1000[W] \times (60 \times 60)[s] = 3.6 \times 10^6 [J]$
⑤ $3.6 \times 10^6 \times 0.24 = 864 ≒ 860[kcal/h]$

문제 54 섭씨온도와 화씨온도가 같은 경우는?

① $-40℃$ ② $32℉$
③ $273℃$ ④ $45℉$

해설 온도
① $℃ = ℉ = -40$
② $\dfrac{℃}{100} = \dfrac{℉-32}{180}$, $\dfrac{-40}{100} = \dfrac{℉-32}{180}$, $℉ = \dfrac{-77 \times 100}{180} + 32 = -40$
③ $°K = 273 + ℃$
④ $°R = 1.8K$
여기서, ℃ : 섭씨온도, ℉ : 화씨온도, K : 절대온도, °R : 랭킹온도

51. ④ 52. ③ 53. ④ 54. ①

문제 55

다음 중 1기압(1atm)과 같지 않은 것은?

① 760mmHg
② 0.9807bar
③ 10.332mH$_2$O
④ 101.3kPa

해설 압력

$1atm = 760mmHg = 760torr$
$= 10332kgf/m^2 = 10.332mAq = 10.332mH_2O$
$= 29.92inHg = 1013.25mbar = 1.01325bar$
$= 101325N/m^2 = 101325Pa = 101.325kPa = 0.101325MPa$

문제 56

어떤 기구가 1atm, 30℃에서 10000L의 헬륨으로 채워져 있다. 이 기구가 압력이 0.6atm이고 온도가 -20℃인 고도까지 올라갔을 때 부피는 약 몇 L가 되는가?

① 10000
② 12000
③ 14000
④ 16000

해설 ① $\dfrac{P_1 V_1}{T_1} = \dfrac{P_2 V_2}{T_2}$　② $\dfrac{1 \times 10000}{(273+30)} = \dfrac{0.6 \times V_2}{(273-20)}$, $V_2 = 13916.3916 [L]$

참고 $V_2 = \dfrac{P_1 V_1 T_2}{P_2 T_1} = \dfrac{1 \times 10000 \times (273-20)}{0.6 \times (273+30)} = 13916.3916$

문제 57

다음 중 절대온도 단위는?

① K
② °R
③ °F
④ °C

해설 Kelvin temperature(켈빈 온도)
① 절대온도는 켈빈(Lord Kelvin)의 창안에 의한 온도 눈금에서 물의 어는점을 273.15℃로 하는 온도를 말한다.
② K : 절대온도

참고 ① ℃ : 섭씨온도(Celsius temperature scale)
② K : 절대온도(Kelvin temperature)
③ °F : 화씨온도(Fahrenheit's temperature scale)
④ °R : 랭킨온도(Rankine temperature)
⑤ $\dfrac{℃}{100} = \dfrac{°F - 32}{180}$
⑥ $K = 273 + ℃$
⑦ $°R = 460 + °F = 1.8K$

55. ②　56. ③　57. ①

문제 58
이상기체를 정적 하에서 가열하면 압력과 온도의 변화는?

① 압력 증가, 온도 일정
② 압력 일정, 온도 증가
③ 압력 증가, 온도 상승
④ 압력 일정, 온도 상승

해설 이상기체 정적 반응
① 정적 상태에서 가열하면 압력 증가, 온도 상승이 일어난다.
② 정적 : 체적이 일정한 상태, 즉 안정한 상태이다.

문제 59
산소의 물리적인 성질에 대한 설명으로 틀린 것은?

① 산소는 약 $-183℃$에서 액화한다.
② 액체산소는 청색으로 비중이 약 1.13이다.
③ 무색, 무취의 기체이며 물에는 약간 녹는다.
④ 강력한 조연성 가스이므로 자신이 연소한다.

해설 산소의 성질
① 무색, 무미, 무취의 조연성 기체이다.
② 조연성 가스로서 자신은 불연성이며, 즉 자기 자신은 연소하지 않으며 다른 가스의 연소를 도와주는 역할을 한다.
③ 공기 중에 약 21%를 차지한다.

문제 60
도시가스의 주원류인 메탄(CH_4)의 비점은 약 얼마인가?

① $-50℃$
② $-82℃$
③ $-120℃$
④ $-162℃$

해설 비점(끓는점)
① 도시가스의 주성분 : 메탄(CH_4), 비점(boiling point)은 $-161.5℃$
② LPG의 주성분 : 프로판, 부탄

58. ③ 59. ④ 60. ④

2025년 9월 CBT 시행

문제 01 플레어 스택에 대한 설명으로 틀린 것은?

① 플레어 스택에서 발생하는 복사열이 다른 제조시설에 나쁜 영향을 미치지 아니하도록 안전한 높이 및 위치에 설치한다.
② 플레어 스택에서 발생하는 최대열량에 장시간 견딜 수 있는 재료 및 구조로 되어 있는 것으로 한다.
③ 파일럿 버너를 항상 점화하여 두는 등 플레어 스택에 관련된 폭발을 방지하기 위한 조치가 되어 있는 것으로 한다.
④ 특수반응설비 또는 이와 유사한 고압가스설비에는 그 특수반응설비 또는 고압가스설비마다 설치한다.

해설 플레어 스택
① 다음의 기준에 따라 플레어 스택을 설치할 것.
　㉠ 긴급이송설비에 의하여 이송되는 가스를 안전하게 연소시킬 수 있는 것일 것.
　㉡ 플레어 스택에서 발생하는 복사열이 다른 제조시설에 나쁜 영향을 미치지 아니하도록 안전한 높이 및 위치에 설치할 것.
　㉢ 플레어 스택에서 발생하는 최대열량에 장시간 견딜 수 있는 재료 및 구조로 되어 있을 것.
　㉣ 파일럿 버너를 항상 점화하여 두는 등 플레어 스택에 관련된 폭발을 방지하기 위한 조치가 되어 있을 것.
② 특수반응설비 또는 이와 유사한 고압가스설비에는 당해 설비 안의 내용물을 설비 밖으로 긴급하고도 안전하게 이송할 수 있는 설비를 설치할 것.
③ 긴급이송설비에 부속된 처리설비는 이송되는 설비 내의 내용물을 다음과 같은 방법으로 처리할 수 있어야 한다.
　㉠ 플레어 스택에서 안전하게 연소시켜야 한다.
　㉡ 안전한 장소에 설치되어 저장탱크 등에 임시 이송할 수 있어야 한다.
　㉢ 벤드 스택에서 안전하게 방출시킬 수 있어야 한다.
　㉣ 독성가스는 제독 조치 후 안전하게 폐기시킬 것.(고압가스제조시설에 한한다)

문제 02 초저온용기의 단열성능시험에서 침입열량 산식은 다음과 같이 구해진다. 여기서 "q"가 의미하는 것은?

$$Q = \frac{Wq}{H \triangle t V}$$

① 침입열량　　　　　　　② 측정시간
③ 기화된 가스량　　　　　④ 시험용 가스의 기화잠열

해답

01. ④　02. ④

해설 단열성능 시험

$$Q = \frac{Wq}{H \triangle t V}$$

① Q : 침입열량[kcal/lh℃]
② W : 측정중의 기화 가스량[kg]
③ H : 측정시간[h]
④ $\triangle t$: 시험용 저온 액화가스의 비점과 외기와의 온도차[℃]
⑤ V : 용기 내용적[l]
⑥ q : 시험용 액화가스의 기화잠열[kcal/kg]

문제 03 고압가스용 저장탱크 및 압력용기 제조시설에 대하여 실시하는 내압검사에서 압력용기 등의 재질이 주철인 경우 내압시험압력의 기준은?

① 설계압력의 1.2배의 압력
② 설계압력의 1.5배의 압력
③ 설계압력의 2배의 압력
④ 설계압력의 3배의 압력

해설 저장탱크 및 압력용기 제조시설 내압시험
주철제에 대해서는 설계압력의 2배의 압력을 기준으로 한다.

문제 04 가스도매사업시설에서 배관 지하 매설의 설치기준으로 옳은 것은?

① 산과 들 이외의 지역에서 배관의 매설깊이는 1.5m 이상
② 산과 들에서의 배관의 매설깊이는 1m 이상
③ 배관은 그 외면으로부터 수평거리로 건축물까지 1.2m 이상 거리 유지
④ 배관은 그 외면으로부터 지하의 다른 시설물과 1.2m 이상 거리 유지

해설 지하 매설 배관 설치 기준
① 산과 들 이외의 지역에서 배관의 매설깊이는 1.2m 이상
② 산과 들의 지역에서 배관의 매설깊이는 1m 이상
③ 배관은 그 외면으로부터 수평거리로 건축물까지 1.5m 이상 거리 유지
④ 배관은 그 외면으로부터 지하의 다른 시설물과 0.3m 이상 거리 유지

문제 05 일반도시가스의 배관을 철도 부지 밑에 매설할 경우 배관의 외면과 지표면과의 거리는 몇 m 이상으로 하여야 하는가?

① 1.0m
② 1.2m
③ 1.3m
④ 1.5m

해설 철도 부지 매설 배관
① 배관의 외면에서 궤도 중심까지 : 4m 이상
② 배관 외면에서 철도 부지 경계까지 : 1m 이상
③ 배관 외면에서 지표면까지 : 1.2m 이상

해답 03. ③ 04. ② 05. ②

문제 06
도시가스 배관의 매설심도를 확보할 수 없거나 타 시설물과 이격거리를 유지하지 못하는 경우 등에는 보호관을 설치한다. 압력이 중압 배관일 경우 보호관의 두께 기준은?

① 3mm
② 4mm
③ 5mm
④ 6mm

해설 도시가스 배관의 보호판 두께

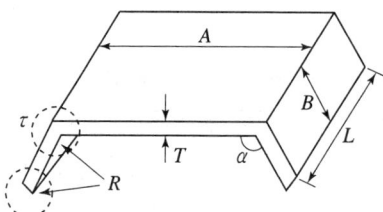

① 고압 배관용(T) : 6mm 이상
② 중압 배관용(T) : 4mm 이상

문제 07
자연발화의 열의 발생 속도에 대한 설명으로 틀린 것은?

① 발열량이 큰 쪽이 일어나기 쉽다.
② 표면적이 적을수록 일어나기 쉽다.
③ 초기 온도가 높은 쪽이 일어나기 쉽다.
④ 촉매물질이 존재하면 반응속도가 빨라진다.

해설 자연발화의 조건
① 습도가 높을 것. ② 표면적이 넓고, 발열량이 많을 것.
③ 열전도도가 낮을 것. ④ 발화되는 물질의 온도보다 주위 온도가 높을 것.

문제 08
가연성 가스의 지상 저장탱크의 경우 외부에 바르는 도료의 색깔은 무엇인가?

① 청색
② 녹색
③ 은·백색
④ 검정색

해설 가연성 저장탱크 표시
가연성 고압가스 저장탱크 외부에는 은·백색 도료를 바르고 주위에서 보기 쉽도록 가스의 명칭을 붉은색 문자로 표시하여야 한다.

문제 09
산화에틸렌 충전용기에는 질소 또는 탄산가스를 충전하는데 그 내부가스 압력의 기준으로 옳은 것은?

① 상온에서 0.2MPa 이상
② 35℃에서 0.2MPa 이상
③ 40℃에서 0.4MPa 이상
④ 45℃에서 0.4MPa 이상

해답 06. ② 07. ② 08. ③ 09. ④

해설 산화에틸렌(C_2H_4O)의 충전용기 기준
① 충전 전에 미리 그 내부가스를 질소가스 또는 탄산가스로 바꾼 후에 충전하여야 한다.
② 저장탱크 또는 용기의 내부에는 산 또는 알칼리를 함유하지 않은 상태이어야 한다.
③ 질소가스 또는 탄산가스로 치환한 후의 저장탱크는 5℃ 이하로 유지하여야 한다.
④ 저장탱크 및 충전용기에는 45도에서 그 내부가스의 압력이 0.4Mpa 이상이 되도록 질소가스 또는 탄산가스를 충전하여야 한다.

문제 10
다음 중 보일러 중독사고의 주원인이 되는 가스는?
① 이산화탄소 ② 일산화탄소
③ 질소 ④ 염소

해설 연료가 불완전 연소 시 발생하는 일산화탄소에 중독사고가 발생하며 헤모글로빈(Hb)의 중독으로 뇌에 산소 공급을 못하는 현상이 일어난다.

문제 11
인화온도가 약 -30℃이고 발화온도가 매우 낮아 전구 표면이나 증기 파이프 등의 열에 의해 발화할 수 있는 가스는?
① CS_2 ② C_2H_2
③ C_2H_4 ④ C_3H_8

해설 이황화탄소(CS_2)의 성질
① 인화점 : -30℃(밀폐식)
② 발화점 : 90℃
③ 인화점이 매우 낮아서 쉽게 열에 의해 쉽게 연소할 수 있다.

문제 12
발열량이 9500kcal/m³이고 가스 비중이 0.65인(공기1) 가스의 웨버지수는 약 얼마인가?
① 6175 ② 9500
③ 11780 ④ 14615

해설 $WI = \dfrac{H_g}{\sqrt{d}} = \dfrac{9500}{\sqrt{0.65}} = 11783.2997$

문제 13
고압가스 제조허가의 종류가 아닌 것은?
① 고압가스 특수제조 ② 고압가스 일반제조
③ 고압가스 충전 ④ 냉동 제조

해설 고압가스 제조허가 등의 종류 및 기준 등
법 제4조 제1항에 따른 고압가스 제조허가의 종류와 그 대상범위는 다음 각 호와 같다.

해답 10. ② 11. ① 12. ③ 13. ①

① 고압가스 특정제조
산업통상자원부령으로 정하는 시설에서 압축·액화 또는 그 밖의 방법으로 고압가스를 제조(용기 또는 차량에 고정된 탱크에 충전하는 것을 포함한다)하는 것으로서 그 저장능력 또는 처리능력이 산업통상자원부령으로 정하는 규모 이상인 것
② 고압가스 일반제조
고압가스 제조로서 제1호에 따른 고압가스 특정제조의 범위에 해당하지 아니하는 것
③ 고압가스 충전
용기 또는 차량에 고정된 탱크에 고압가스를 충전할 수 있는 설비로 고압가스를 충전하는 것으로서 다음 각 목의 어느 하나에 해당하는 것. 다만, 제1호에 따른 고압가스 특정제조 또는 제2호에 따른 고압가스 일반제조의 범위에 해당하는 것은 제외한다.
㉠ 가연성 가스(액화석유가스와 천연가스는 제외한다) 및 독성가스의 충전
㉡ ㉠ 외의 고압가스(액화석유가스와 천연가스는 제외한다)의 충전으로서 1일 처리능력이 10세제곱미터 이상이고 저장능력이 3톤 이상인 것
④ 냉동제조
1일의 냉동능력(이하 "냉동능력"이라 한다)이 20톤 이상(가연성 가스 또는 독성가스 외의 고압가스를 냉매로 사용하는 것으로서 산업용 및 냉동·냉장용인 경우에는 50톤 이상, 건축물의 냉·난방용인 경우에는 100톤 이상)인 설비를 사용하여 냉동을 하는 과정에서 압축 또는 액화의 방법으로 고압가스가 생성되게 하는 것. 다만, 다음 각 목의 어느 하나에 해당하는 자가 그 허가받은 내용에 따라 냉동제조를 하는 것은 제외한다.
㉠ 제1호에 따른 고압가스 특정제조의 허가를 받은 자
㉡ 제2호에 따른 고압가스 일반제조의 허가를 받은 자
㉢ 「도시가스사업법」에 따른 도시가스사업의 허가를 받은 자

문제 14

아세틸렌 용기에 대한 다공물질 충전검사 적합 판정 기준은?

① 다공물질은 용기 벽을 따라서 용기안지름의 1/200 또는 1mm를 초과하는 틈이 없는 것으로 한다.
② 다공물질은 용기 벽을 따라서 용기안지름의 1/200 또는 3mm를 초과하는 틈이 없는 것으로 한다.
③ 다공물질은 용기 벽을 따라서 용기안지름의 1/100 또는 5mm를 초과하는 틈이 없는 것으로 한다.
④ 다공물질은 용기 벽을 따라서 용기안지름의 1/100 또는 10mm를 초과하는 틈이 없는 것으로 한다.

해설 아세틸렌 충전용기
① 다공질물의 다공도는 다공질물을 용기에 충전한 상태로 온도 20℃에 있어서의 아세톤, 디메틸포름아미드 또는 물의 흡수량으로 측정한다.
② 다공질물
㉠ 아세틸렌을 충전하는 용기는 밸브 바로 밑의 가스 취입·취출부분을 제외하고 다공질물을 빈틈없이 채운 것으로서 다음의 다공질물 성능시험에 합격한 것일 것. 다만, 다공질물이 고형일 경우에는 아세톤 또는 디메틸포름아미드를 충전한 다음 용기벽을 따라 용기 직경의 1/200 또는 3mm를 초과하지 아니하는 틈이 있는 것은 무방하다.
㉡ 다공질물은 아세톤, 디메틸포름아미드 또는 아세틸렌에 의해 침식되는 성분이 포함되지 아니할 것.

해답

14. ②

문제 15 비등액체팽창증기폭발(BLEVE)이 일어날 가능성이 가장 낮은 곳은?

① LPG 저장탱크
② LNG 저장탱크
③ 액화가스 탱크로리
④ 천연가스 지구정압기

해설 비등액체팽창증기폭발(BLEVE)이 일어날 가능성이 높은 구조
① 가연성 액체가 들어있는 탱크 주위에서 화재가 발생하는 경우
② 화재 시 열에 의하여 탱크벽이 가열되는 경우
③ 액면 이하의 탱크벽은 액에 의해 냉각되나 액의 온도는 올라가고, 액면 위 공간의 압력이 증가한다.
④ 열을 제거시킬 액이 없고 증기만 존재하는 탱크의 벽이나 천장까지 화염이 도달하면 화염과 접촉하는 부위 금속의 온도가 상승하여 구조적 강도를 잃게 된다.
⑤ 약해진 탱크 부위가 내부의 고압에 의해 파열되어 내부의 고압액체의 일부가 누출되면서 급격히 기화하여 증기운을 형성하고 여기에 착화되어 폭발한다.

참고 천연가스 지구 정압기
수용가에서 사용할 수 있도록 압력을 낮추어 주는 것을 말한다.

문제 16 가스누출자동차단장치의 구성요소에 해당하지 않는 것은?

① 지시부
② 검지부
③ 차단부
④ 제어부

해설 가스누출자동차단장치 설치
① 집단공급시설 및 사용시설에 설치하는 가스누출자동차단장치의 설치에 대하여 적용한다.
② 이 절에서 사용하는 용어는 다음 각 호와 같다.
㉠ "검지부"라 함은 누출된 가스를 검지하여 제어부로 신호를 보내는 기능을 가진 것을 말한다.
㉡ "차단부"라 함은 제어부로부터 보내진 신호에 따라 가스의 유로를 개폐하는 기능을 가진 것을 말한다.
㉢ "제어부"라 함은 차단부에 자동차단신호를 보내는 기능, 차단부를 원격 개폐할 수 있는 기능 및 경보 기능을 가진 것을 말한다.

문제 17 다음 가스의 용기보관실 중 그 가스가 누출된 때에 체류하지 않도록 통풍구를 갖추고, 통풍이 잘 되지 않는 곳에는 강제환기시설을 설치하여야 하는 곳은?

① 질소 저장소
② 탄산가스 저장소
③ 헬륨 저장소
④ 부탄 저장소

해설 통풍구조 및 강제통풍시설
① (구조) 가연성 가스의 제조설비 설치실, 용기보관실 및 사용설비 설치실에서 당해 가스가 누출하였을 때 그 가스가 체류하지 아니하도록 하는 구조는 다음 각 호의 기준에 의할 것.
㉠ 공기보다 가벼운 가연성 가스는 가스의 성질, 처리 또는 저장하는 가스의 양, 설비

해답 15. ④ 16. ① 17. ④

의 특성 및 실의 넓이 등을 고려하여 충분한 면적을 가진 2방향 이상의 개구부 또는 강제통풍장치를 하거나 이들을 병설하여 통풍을 양호하게 한 구조일 것.
ⓒ 공기보다 무거운 가연성 가스는 가스의 성질, 처리 또는 저장하는 가스의 양, 설비의 특성 및 실의 넓이 등을 고려하여 충분한 면적을 갖고 또한 바닥면에 접하여 개구한 2방향 이상의 개구부 또는 바닥면 가까이에 흡입구를 갖춘 강제통풍장치를 하거나 이들을 병설하여 주로 바닥면에 접한 부분의 통풍을 양호하게 한 구조로 할 것.

문제 18. 고압가스 안전관리법의 적용을 받는 고압가스의 종류 및 범위로서 틀린 것은?

① 상용의 온도에서 압력이 1MPa 이상이 되는 압축가스
② 섭씨 35도의 온도에서 압력이 0MPa을 초과하는 아세틸렌가스
③ 상용의 온도에서 압력이 0.2MPa 이상이 되는 액화가스
④ 섭씨 35도의 온도에서 압력이 0Pa을 초과하는 액화가스 중 액화시안화수소

해설 **고압가스의 종류 및 범위**
고압가스 안전관리법에 따라 법의 적용을 받는 고압가스의 종류 및 범위는 다음 각 호와 같다.
① 상용(常用)의 온도에서 압력(게이지압력을 말한다. 이하 같다)이 1메가파스칼 이상이 되는 압축가스로서 실제로 그 압력이 1메가파스칼 이상이 되는 것 또는 섭씨 35도의 온도에서 압력이 1메가파스칼 이상이 되는 압축가스(아세틸렌가스는 제외한다)
② 섭씨 15도의 온도에서 압력이 0파스칼을 초과하는 아세틸렌가스
③ 상용의 온도에서 압력이 0.2메가파스칼 이상이 되는 액화가스로서 실제로 그 압력이 0.2메가파스칼 이상이 되는 것 또는 압력이 0.2메가파스칼이 되는 경우의 온도가 섭씨 35도 이하인 액화가스
④ 섭씨 35도의 온도에서 압력이 0파스칼을 초과하는 액화가스 중 액화시안화수소·액화브롬화메탄 및 액화산화에틸렌가스 [전문개정 2008.6.20]

문제 19. LP가스 저장탱크 지하에 설치하는 기준에 대한 설명으로 틀린 것은?

① 저장탱크실 상부 윗면으로부터 저장탱크 상부까지의 깊이는 1m 이상으로 한다.
② 저장탱크 주위 빈 공간에는 세립분을 함유하지 않는 것으로서 손으로 만졌을 때 물이 손에서 흘러내리지 않는 상태의 모래를 채운다.
③ 저장탱크를 2개 이상 인접하여 설치하는 경우에는 상호간에 1m 이상의 거리를 유지한다.
④ 저장탱크실은 천장, 벽 및 바닥의 두께가 각각 30cm 이상의 방수조치를 한 철근콘크리트 구조로 한다.

해설 **액화석유가스 저장탱크 설치 방법**
① 저장탱크 주위 빈공간에는 세립분을 함유하지 않은 마른 모래를 채운다.
② 저장탱크를 묻는 장소에는 주위의 지상에 경계표지를 설치한다.
③ 저장탱크를 2개 이상 인접하여 설치하는 경우 상호간의 유지거리를 1m 이상이다.
④ 저장탱크실 상부 윗면으로부터 저장탱크 상부까지의 깊이는 60cm 이상으로 한다.

해답 18. ② 19. ①

문제 20

다음 중 사용신고를 하여야 하는 특정고압가스에 해당하지 않는 것은?

① 게르만
② 삼불화질소
③ 사불화규소
④ 오불화붕소

해설 특정고압가스

제20조(사용신고 등)
① 수소·산소·액화암모니아·아세틸렌·액화염소·천연가스·압축모노실란·압축디보레인·액화알진, 그 밖에 대통령령으로 정하는 고압가스(이하 "특정고압가스"라 한다)를 사용하려는 자로서 일정 규모 이상의 저장능력을 가진 자 등 산업통상자원부령으로 정하는 자는 특정고압가스를 사용하기 전에 미리 시장·군수 또는 구청장에게 신고하여야 한다.
② 특정고압가스는 다음 각 호의 것으로 한다.
  ㉠ 포스핀   ㉡ 셀렌화수소   ㉢ 게르만   ㉣ 디실란
  ㉤ 오불화비소   ㉥ 오불화인   ㉦ 삼불화인   ㉧ 삼불화질소
  ㉨ 삼불화붕소   ㉩ 사불화유황   ㉪ 사불화규소

문제 21

LPG 자동차에 고정된 용기충전시설에서 저장탱크의 물분무장치는 최대수량을 몇 분 이상 연속해서 방사할 수 있는 수원에 접속되어 있도록 하여야 하는가?

① 20분
② 30분
③ 40분
④ 60분

해설 물분무장치 등의 수원
① 물분무장치 등은 동시에 방사할 수 있는 최대수량을 30분 이상 연속하여 방사할 수 있는 수원에 접속되어 있어야 한다.
② 물분무장치 등에 연결된 입상배관에는 겨울철 동결 등을 방지할 수 있는 구조이거나 적절한 조치를 하여야 한다.

문제 22

용기의 설계 단계 검사 항목이 아닌 것은?

① 단열 성능
② 내압 성능
③ 작동 성능
④ 용접부의 기계적 성능

해설 용기 제조의 시설·기술·검사 기준과 용기의 재검사 기준
설계 단계 검사는 용기가 안전하게 설계되었는지를 명확하게 판정할 수 있도록 이 표에 따른 기술기준과 다음의 성능 중 필요한 항목에 대하여 적절한 방법으로 실시할 것.
① 재료의 기계적·화학적 성능
② 용접부의 기계적 성능
③ 단열 성능
④ 내압 성능
⑤ 기밀 성능
⑥ 그 밖에 용기의 안전 확보에 필요한 성능

해답 20. ④ 21. ② 22. ③

문제 23 액화석유가스가 공기 중에 얼마의 비율로 혼합되었을 때 그 사실을 알 수 있도록 냄새가 나는 물질을 섞어 용기에 충전하여야 하는가?

① $\dfrac{1}{1,000}$
② $\dfrac{1}{10,000}$
③ $\dfrac{1}{100,000}$
④ $\dfrac{1}{1,000,000}$

해설 액화석유가스의 냄새 측정
액화석유가스에 첨가하는 냄새 나는 물질의 측정에 대하여 정의한다.
① (측정방법) 액화석유가스의 「공기중의 혼합비율이 용량으로 1000분의 1의 상태에서 감지할 수 있는 냄새」는 다음 방법 중 어느 한 가지 측정방법 또는 이들과 동등 이상의 정확도를 가진 측정 방법으로 측정하여 액화석유가스가 혼합되어 있음을 감지할 수 있는 냄새로 한다.
　㉠ 오더(odor) 미터법(냄새 측정 기법)
　㉡ 주사기법
　㉢ 냄새주머니법
　㉣ 무취실법

참고 부취제 첨가
액화석유가스에는 공기중의 혼합비율이 용량으로 1/1,000 상태에서 감지할 수 있도록 부취제를 첨가하여 충전한다.

문제 24 도시가스사용시설에서 도시가스 배관의 표시 등에 대한 기준으로 틀린 것은?

① 지하에 매설하는 배관은 그 외부에 사용가스명, 최고사용압력, 가스의 흐름 방향을 표기한다.
② 지상배관은 부식방지 도장 후 황색으로 도색한다.
③ 지하매설배관은 최고사용압력이 저압인 배관은 황색으로 한다.
④ 지하매설배관은 최고사용압력이 중압 이상인 배관은 적색으로 한다.

해설 배관 및 배관설비
배관은 안전을 확보하기 위하여 배관임을 명확하게 알아볼 수 있도록 다음 기준에 따라 도색 및 표시를 할 것.
① 배관은 그 외부에 사용가스명, 최고사용압력 및 도시가스 흐름방향을 표시할 것. 다만, 지하에 매설하는 배관의 경우에는 흐름방향을 표시하지 아니할 수 있다.
② 지상배관은 부식방지 도장 후 표면색상을 황색으로 도색하고, 지하매설배관은 최고사용압력이 저압인 배관은 황색으로, 중압 이상인 배관은 붉은색으로 할 것. 다만, 지상배관의 경우 건축물의 내·외벽에 노출된 것으로서 바닥(2층 이상의 건물의 경우에는 각 층의 바닥을 말한다)에서 1m의 높이에 폭 3cm의 황색띠를 2중으로 표시한 경우에는 표면색상을 황색으로 하지 아니할 수 있다.

해답 23. ① 24. ①

문제 25

특정고압가스 사용시설에서 용기의 안전조치 방법으로 틀린 것은?

① 고압가스의 충전용기는 항상 40℃ 이하를 유지하도록 한다.
② 고압가스의 충전용기 밸브는 서서히 개폐한다.
③ 고압가스의 충전용기 밸브 또는 배관을 가열할 때에는 열습포나 40℃ 이하의 더운 물을 사용한다.
④ 고압가스의 충전용기를 사용한 후에는 밸브를 열어 둔다.

해설 충전 용기 관리
① 고압가스의 충전용기는 항상 40℃ 이하를 유지하도록 한다.
② 고압가스의 충전용기는 넘어짐 등으로 인한 충격을 방지하는 조치를 하여야 하며 사용한 후에는 밸브를 닫아야 한다.
③ 고압가스의 충전용기 밸브 또는 배관을 가열할 때에는 열습포나 40℃ 이하의 더운 물을 사용한다.

문제 26

액화가스를 충전하는 차량에 고정된 탱크는 그 내부에 액면요동을 방지하기 위하여 액면요동 방지 조치를 하여야 한다. 다음 중 액면요동 방지 조치로 올바른 것은?

① 방파판   ② 액면계
③ 온도계   ④ 스톱밸브

해설 방파판
① 액화가스를 수송할 때 차량에 고정된 탱크 내의 액면이 요동하는 것을 방지하기 위하여 탱크 내에 설치한다.
② 탱크 횡단면적의 40% 이상
③ 탱크의 내용적 5m³ 이하에 1개소씩 설치한다.

문제 27

암모니아 충전용기로서 내용적이 1000L 이하인 것은 부식여유 두께의 수치가 (A)mm이고, 염소 충전용기로서 내용적이 1000L 초과하는 것은 부식여유 두께의 수치가 (B)mm이다. A와 B에 알맞은 부식여유치는?

① A : 1, B : 3   ② A : 2, B : 3
③ A : 1, B : 5   ④ A : 2, B : 5

해설 부식의 수치
① 염소의 충전용기 내용적이 1000l 이하일 때 3mm 이상의 부식여유를 둔다.
② 염소의 충전용기 내용적이 1000l 초과에서 5mm 이상의 부식여유를 둔다.
③ 암모니아의 충전용기 내용적이 1000l 초과 : 2mm 이상의 부식여유를 둔다.
④ 암모니아의 충전용기 내용적이 1000l 이하 : 1mm 이상의 부식여유를 둔다.

해답 25. ④ 26. ① 27. ③

문제 28

아르곤(Ar)가스 충전용기의 도색은 어떤 색상으로 하여야 하는가?

① 백색   ② 녹색
③ 갈색   ④ 회색

해설 충전용기의 도색

종 류	가스의 종류	색깔의 구분
가연성 가스 및 독성가스 용기	액화석유가스	회색
	수 소	주황색
	아세틸렌	황색
	액화암모니아	백색
	액화염소	갈색
	그 밖의 가스	회색
의료용 가스 용기	산 소	백색
	액화탄산가스	회색
	질 소	흑색
	아산화질소	청색
	헬 륨	갈색
	에틸렌	자색
	사이크론프로판	주황색
	그 밖의 가스	회색
그 밖의 가스 용기	산 소	녹색
	액화탄산가스	청색
	질 소	회색
	소방용 용기	소방법에 의한 도색
	그 밖의 가스	회색

※ 아르곤(Ar)가스 : 회색이다.(그 밖의 가스에 해당된다.)

문제 29

인체용 에어졸 제품의 용기에 기재하여야 할 사항으로 틀린 것은?

① 불 속에 버리지 말 것.
② 가능한 한 인체에서 10cm 이상 떨어져서 사용할 것.
③ 온도가 40℃ 이상 되는 장소에 보관하지 말 것.
④ 특정부위에 계속하여 장시간 사용하지 말 것.

해설 에어졸 제품 기재사항

에어졸의 종류	용기에 기재하여야 할 사항	
	연소성	주의사항
① 불꽃길이 시험에 의한 화염이 인지되지 않는 것으로서 가연성 가스를 사용하지 않는 것		고압가스를 사용하여 위험하므로 다음의 주의를 지킬 것. • 온도가 40℃ 이상 되는 장소에 보관하지 말 것. • 불 속에 버리지 말 것. • 사용 후 잔가스가 없도록 하여 버릴 것. • 밀폐된 장소에 보관하지 말 것.

해답 28. ④   29. ②

에어졸의 종류	용기에 기재하여야 할 사항	
	연소성	주의사항
② 제1호 이외의 것	가연성 (화기주의)	고압가스를 사용한 가연성 제품으로서 위험하므로 다음의 주의를 지킬 것. • 불꽃을 향하여 사용하지 말 것. • 난로, 풍로 등 화기 부근에서 사용하지 말 것. • 화기를 사용하고 있는 실내에서 사용하지 말 것. • 온도 40℃ 이상의 장소에 보관하지 말 것. • 밀폐된 실내에서 사용한 후에는 반드시 환기를 실시할 것. • 불 속에 버리지 말 것. • 사용 후 잔가스가 없도록 하여 버릴 것. • 밀폐된 장소에 보관하지 말 것.

[비고]
인체용 에어졸의 제품은 상기 내용 외에 "인체용" 및 다음의 주의사항을 추가로 표시할 것.
1. 특정부위에 계속하여 장기간 사용하지 말 것.
2. 가능한 한 인체에서 20cm 이상 떨어져서 사용할 것.

문제 30

지하에 매몰하는 도시가스 배관의 재료로 사용할 수 없는 것은?

① 가스용 폴리에틸렌관
② 압력 배관용 탄소강관
③ 압축식 폴리에틸렌 피복강관
④ 분말용착식 폴리에틸렌 피복강관

해설 지하에 매몰 배관
① 가스용 폴리에틸렌관
② 압축식 폴리에틸렌 피복강관
③ 분말용착식 폴리에틸렌 피복강관

참고 폴리에틸렌관(PE)
① 온도가 40℃ 이상이 되는 장소에 설치하지 아니한다.
② 내식성이 강해 지하 매몰배관에 사용된다.

문제 31

연소에 필요한 공기를 전부 2차 공기로 취하며 불꽃의 길이가 길고, 온도가 가장 낮은 연소방식은?

① 분젠식
② 세미분젠식
③ 적화식
④ 전 1차 공기식

해설 적화식
① 연소에 필요한 공기는 모두 2차 공기로 취한다.
② 가스를 대기 중에 분출하여 연소하는 형식이다.
③ 역화현상과 소화 시 소음이 발생하지 않는다.
④ 공기의 조절이 불필요하다.

30. ② 31. ③

문제 32 압축천연가스자동차 충전소에 설치하는 압축가스설비의 설계압력이 25MPa인 경우 이 설비에 설치하는 압력계의 지시눈금은?

① 최소 25.0MPa까지 지시할 수 있는 것
② 최소 27.5MPa까지 지시할 수 있는 것
③ 최소 37.5MPa까지 지시할 수 있는 것
④ 최소 50.0MPa까지 지시할 수 있는 것

해설 압력계
① 압축장치의 토출압력, 압축가스설비의 저장압력, 충전설비의 충전압력을 지시하기 위한 압력계를 각각 설치할 것.
② 압력계의 지시눈금은 압력계가 부착되는 설비의 설계압력의 최소 150퍼센트까지 지시할 수 있을 것.
③ 압력계 지시 눈금 = 설계압력 × 1.5 = 25 × 1.5 = 37.5

문제 33 저온, 고압의 액화석유가스 저장 탱크가 있다. 이 탱크를 퍼지하여 수리 점검 작업할 때에 대한 설명으로 옳지 않은 것은?

① 공기로 재치환하여 산소 농도가 최소 18%인지 확인한다.
② 질소가스로 충분히 퍼지하여 가연성 가스의 농도가 폭발하한계의 1/4 이하가 될 때까지 치환을 계속한다.
③ 단시간에 고온으로 가열하면 탱크가 손상될 우려가 있으므로 국부가열이 되지 않게 한다.
④ 가스는 공기보다 가벼우므로 상부 맨홀을 열어 자연적으로 퍼지가 되도록 한다.

해설 액화석유가스는 공기보다 무겁다.

문제 34 공기액화분리장치에는 다음 중 어떤 가스 때문에 가연성 물질을 단열재로 사용할 수 없는가?

① 질소
② 수소
③ 산소
④ 아르곤

해설 불연성 단열재를 사용한다.

문제 35 도시가스사용시설의 정압기실에 설치된 가스누출경보기의 점검주기는?

① 1일 1회 이상
② 1주일 1회 이상
③ 2주일 1회 이상
④ 1개월 1회 이상

해설 가스누출경보기
정압기실에 설치된 가스누출경보기는 1주일에 1회 이상 작동상황을 점검하고 작동 불량 시는 즉시 교체 또는 수리하여 항상 정상적인 작동이 되도록 하여야 한다.

32. ③   33. ④   34. ③   35. ②

문제 36
도시가스 공급 시설이 아닌 것은?
① 압축기　　② 홀더
③ 정압기　　④ 용기

해설 액화석유가스 저장설비
"저장설비"란 액화석유가스를 저장하기 위한 설비로서 저장탱크, 마운드형 저장탱크, 소형저장탱크 및 용기(용기집합설비와 충전용기보관실을 포함한다. 이하 같다)를 말한다.

문제 37
저압식(Linde-Frankl식) 공기액화분리장치의 정류탑 하부의 압력은 어느 정도인가?
① 1기압　　② 5기압
③ 10기압　　④ 20기압

해설 저압식(Linde-Frankl식) 공기액화분리장치
저압식 공기액화분리장치의 복식 정류탑에서는 하부 탑에서 약 5atm의 압력 하에서 원료공기가 정류되고, 동탑 상부에서는 98% 정도의 액체질소가, 탑 하부에서는 40% 정도의 액체공기가 분리된다.

참고 공기액화분리장치
① 상부 정류탑 : 질소(N_2) 얻음.
② 하부 정류탑 : 산소(O_2) 얻음.

문제 38
액주식 압력계에 대한 설명으로 틀린 것은?
① 경사관식은 정도가 좋다.
② 단관식은 차압계로도 사용된다.
③ 링 밸런스식은 저압가스의 압력 측정에 적당하다.
④ U자관은 메니스커스의 영향을 받지 않는다.

해설 메니스커스(Meniscus) 현상
① U자관은 메니스커스, 모세관 현상의 영향을 받는다.
② 메니스커스 : 모세관 현상에 의해 관 속의 액면이 오목 또는 볼록해지는 현상이다.

문제 39
액화산소, LNG 등에 일반적으로 사용될 수 있는 재질이 아닌 것은?
① Al 및 Al합금　　② Cu 및 Cu합금
③ 고장력 주철강　　④ 18-8 스테인리스강

해설 액화산소, LNG 사용 재질
① Al 및 Al합금
② Cu 및 Cu합금
③ 18-8 스테인리스강

해답　36. ④　37. ②　38. ④　39. ③

문제 40. 암모니아 용기의 재료로 주로 사용되는 것은?

① 동
② 알루미늄합금
③ 동합금
④ 탄소강

해설 탄소강
① LPG, 염소, 암모니아 등 비교적 압력이 낮은 가스의 용접용기 재료로 사용한다.
② 암모니아는 동 및 황동에 부식을 발생시킨다.

문제 41. 이동식 부탄연소기의 용기 연결방법에 따른 분류가 아닌 것은?

① 용기이탈식
② 분리식
③ 카세트식
④ 직결식

해설 이동식 부탄연소기 종류
① 용기의 결합 방법에 따라 직결식, 분리식, 카세트식이 있다.
② 이동과 사용이 편한 카세트식을 가장 많이 사용하며 사고가 가장 많이 발생하고 있다.

문제 42. 저온장치에서 열의 침입 원인으로 가장 거리가 먼 것은?

① 내면으로부터의 열전도
② 연결배관 등에 의한 열전도
③ 지지 요크 등에 의한 열전도
④ 단열재를 넣은 공간에 남은 가스의 분자 열전도

해설 저온장치의 열의 침입 원인
① 연결배관 등에 의한 열전도
② 외면으로부터 열복사
③ 밸브 등에 의한 열전도
④ 지지 요크 등에 의한 열전도
⑤ 단열재를 넣은 공간에 남은 가스의 분자 열전도

문제 43. 고압가스 제조설비에서 정전기의 발생 또는 대전 방지에 대한 설명으로 옳은 것은?

① 가연성 가스 제조설비의 탑류, 벤트 스택 등은 단독으로 접지한다.
② 제조장치 등에 본딩용 접속선은 단면적이 $5.5mm^2$ 미만의 단선을 사용한다.
③ 대전 방지를 위하여 기계 및 장치에 절연재료를 사용한다.
④ 접지저항치 총합이 100Ω 이하의 경우에는 정전기 제거 조치가 필요하다.

해설 제조설비의 정전기 제거 조치
가연성 가스 제조설비[접지저항치의 총합이 100Ω(피뢰설비를 설치한 것은 총합 10Ω) 이하의 것을 제외한다] 등에서 발생하는 정전기를 제거하는 조치는 다음 각 호의 기준에 의한다.
① 탑류, 저장탱크, 열교환기, 회전기계, 벤트 스택 등은 단독으로 되어 있어야 한다. 다만, 기계가 복잡하게 연결되어 있는 경우 및 배관 등으로 연속되어 있는 경우에는 본딩용 접속선으로 접속하여 접지하여야 한다.

해답 40. ④ 41. ① 42. ① 43. ①

② 본딩용 접속선 및 접지접속선은 단면적 5.5mm² 이상의 것(단선은 제외한다)을 사용하고 경납붙임, 용접, 접속금구 등을 사용하여 확실히 접속하여야 한다.
③ 접지저항치는 총합 100Ω(피뢰설비를 설치한 것은 총합 10Ω) 이하로 하여야 한다.

문제 44
저장탱크 내부의 압력이 외부의 압력보다 낮아져 그 탱크가 파괴되는 것을 방지하기 위한 설비와 관계없는 것은?
① 압력계
② 진공안전밸브
③ 압력경보설비
④ 벤트스택

해설 부압을 방지하는 조치
① (조치설비) 저장탱크 내부의 압력이 외부의 압력보다 낮아져 저장탱크가 파괴되는 것을 방지하기 위한 조치로서 다음 각 호의 설비를 갖추어야 한다.
㉠ 압력계
㉡ 압력경보설비
㉢ 그 밖의 것(다음 중 어느 한 개 이상의 설비)
　ⓐ 진공안전밸브
　ⓑ 다른 저장탱크 또는 시설로부터의 가스도입배관(균압관)
　ⓒ 압력과 연동하는 긴급차단장치를 설치한 냉동제어설비
　ⓓ 압력과 연동하는 긴급차단장치를 설치한 송액설비

문제 45
LP가스 저압배관 공사를 완료하여 기밀시험을 하기 위해 공기압을 1000mmH₂O로 하였다. 이 때 관지름 25mm, 길이 30m로 할 경우 배관의 전체 부피는 약 몇 L인가?
① 5.7L
② 12.7L
③ 14.7L
④ 23.7L

해설 부피
① $V = A \times L = \pi r^2 = \left(\dfrac{\pi}{4}D^2\right) \times L$
② $V = \dfrac{\pi}{4} \times D^2 \times L = \dfrac{\pi}{4} \times (25 \times 10^{-3})^2 \times 30 = 0.014726 \times 10 = 14.726 \,[\text{L}]$

문제 46
이상기체의 정압비열(C_P)과 정적비열(C_V)에 대한 설명 중 틀린 것은? (단, k는 비열비이고, R은 이상기체 상수이다.)
① 정적비열과 R의 합은 정압비열이다.
② 비열비(k)는 $\dfrac{C_P}{C_V}$로 표현된다.
③ 정적비열은 $\dfrac{R}{k-1}$로 표현된다.
④ 정압비열은 $\dfrac{k-1}{k}$으로 표현된다.

44. ④ 45. ③ 46. ④

해설 비열비(k)

① $k = \dfrac{C_P}{C_V} > 1$

② 정압비열(C_P)은 정적비열(C_V)보다 크다.
  $C_P > C_V$
  (여기서, 정압비열 : C_P, 정적비열 : C_V)

③ $C_P - C_V = R$

④ $C_P = \dfrac{K}{K-1} R$

⑤ $C_V = \dfrac{R}{K-1}$

문제 47 부탄가스의 주된 용도가 아닌 것은?

① 산화에틸렌 제조 ② 자동차 연료
③ 라이터 연료 ④ 에어졸 제조

해설 부탄(C_4H_{10})
① 액화석유가스로서 연료로 사용한다.
② 석유화학 원료로서 부텐이나 부타디엔의 제조에도 사용된다.
③ 가스라이터 연료의 주성분으로 사용된다.

문제 48 LNG의 주성분은?

① 메탄 ② 에탄
③ 프로판 ④ 부탄

해설 ① 액화천연가스(LNG, Liquefied Natural Gas)
  주성분 : 메탄
② 액화석유가스(LPG, Liquefied Petroleum Gas)
  주성분 : 프로판과 부탄

문제 49 부양기구의 수소 대체용으로 사용되는 가스는?

① 아르곤 ② 헬륨
③ 질소 ④ 공기

해설 헬륨(He)
① 기구용(氣球用) 가스로 사용되며 불연성이므로 수소보다 안전하다.
② 혈액의 용해도가 작기 때문에 잠수용(潛水用) 통기가스로 사용한다.
③ 산소 흡입에 사용된다.
④ 최근에는 끓는점이 낮아서 극저온(極低溫)을 얻기 위한 냉각에 사용된다.

해답 47. ① 48. ① 49. ②

문제 50
착화원이 있을 때 가연성 액체나 고체의 표면에 연소하한계 농도의 가연성 혼합기가 형성되는 최저온도는?

① 인화온도 ② 임계온도
③ 발화온도 ④ 포화온도

해설 온도
① 인화점 : 점화원을 접근시켜 인화하는 최저온도를 말한다.
② 발화점 : 외부의 점화원 없이 착화하는 최저온도를 말한다.
③ 인화점 〉 발화점

문제 51
황화수소에 대한 설명으로 틀린 것은?

① 무색이다. ② 유독하다.
③ 냄새가 없다. ④ 인화성이 아주 강하다.

해설 황화수소
① 독성이 강하고 무색으로 계란 썩는 냄새가 나는 가연성 기체이다.
② 공기중에서 연소가 쉽다.

문제 52
표준상태에서 산소의 밀도[g/L]는?

① 0.7 ② 1.43
③ 2.72 ④ 2.88

해설 밀도
① 기체의 밀도 = $\dfrac{가스 분자량[g]}{22.4[L]} = \dfrac{32}{22.4} = 1.428[g/L]$
산소의 분자량(O_2) : $16 \times 2 = 32$
② 액체의 밀도 = $\dfrac{액체의 체적[L]}{액체의 무게[kg]}$

문제 53
다음 중 가장 낮은 압력은?

① 1atm ② $1kg/cm^2$
③ $10.33mH_2O$ ④ 1MPa

해설 압력
① $1atm = 760mmHg = 10.332mAq = 10.332mH_2O$
② $1atm = 760mmHg = 0.76mHg = 76cmHg$
③ $1atm = 760mmHg = 760torr$
　　　$= 1.0332kgf/cm^2 = 10.332mAq = 10.332mH_2O$
　　　$= 29.92inHg = 1013.25mbar = 1.01325bar$
　　　$= 101325N/m^2$

50. ①　51. ③　52. ②　53. ②

④ 1atm=760mmHg=101325N/m²=101325Pa=101.325kPa=0.101325MPa
⑤ 1atm=760mmHg=1.0332kgf/cm²=10332kgf/m²=10.332mAq=10.332mH₂O
⑥ 1atm=760mmHg=1.0332kgf/cm²=10.332mAq=10.332mH₂O
⑦ 0.101325MPa : 1.0332kgf/cm² = 1MPa : X

$$X = \frac{1.0332 \times 1}{0.101325} = 10.19689$$

문제 54

시안화수소를 충전한 용기는 충전 후 얼마를 정치해야 하는가?

① 4시간
② 8시간
③ 16시간
④ 24시간

해설 시안화수소 저장설비 기준
① 충전용기에 충전하는 시안화수소는 순도가 98% 이상일 것.
② 시안화수소(HCN) 충전한 용기는 24시간 이상 일정한 곳에 놓아 둘 것.
③ 충전 후 60일이 경과되기 전 다른 용기에 충전할 것.
④ 안정제로는 황산, 아황산가스가 있다.
⑤ 1일 1회 이상 질산구리벤젠 등의 시험지로 가스의 누출검사를 한다.
⑥ 시안화수소를 충전한 용기는 충전 후 24시간 정치한 뒤 가스의 누출검사를 실시한다.

문제 55

메탄(CH_4)의 공기 중 폭발범위 값에 가장 가까운 것은?

① 5%~15.4%
② 3.2%~12.5%
③ 2.4%~9.5%
④ 1.9%~8.4%

해설 연소 범위
- 암모니아 : 15~28
- 에탄 : 3~12.4
- 메탄 : 5~15
- n-부탄 : 1.8~8.4
- 아세틸렌 : 2.5~81
- 일산화탄소 : 12.5~74
- 수소 : 4~75
- 프로판 : 2.1~9.5
- 에틸렌 : 2.7~36
- 벤젠 : 1.4~7.1

문제 56

다음 가스 중 비중이 가장 적은 것은?

① CO
② C_3H_8
③ Cl_2
④ NH_3

해설 기체의 비중
① 기체의 비중 = $\dfrac{\text{기체의 분자량}}{\text{공기의 평균 분자량}} = \dfrac{\text{기체의 분자량}}{29}$
② 분자량
㉠ 일산화탄소(CO) : 12+16=28
㉡ 프로판(C_3H_8) = 12×3+1×8=44
㉢ 염소(Cl_2) = 35.5×2=71
㉣ 암모니아(NH_3) = 14+3×1=17

54. ④ 55. ① 56. ④

③ 기체의 비중은 기체의 분자량과 비례하므로 분자량의 값이 작을수록 비중이 작아진다.
  ㉠ 암모니아(NH_3) 비중 = $\dfrac{기체의 분자량}{29}$ = $\dfrac{17}{29}$ = 0.586
  ㉡ 일산화탄소(CO) 비중 = $\dfrac{기체의 분자량}{29}$ = $\dfrac{28}{29}$ = 0.965
  ㉢ 프로판(C_3H_8) 비중 = $\dfrac{기체의 분자량}{29}$ = $\dfrac{44}{29}$ = 1.517
  ㉣ 염소(Cl_2) 비중 = $\dfrac{기체의 분자량}{29}$ = $\dfrac{71}{29}$ = 2.448
④ 액체의 비중 = $\dfrac{액체의 밀도}{물의 밀도}$

문제 57

포스겐의 화학식은?

① $COCl_2$
② $COCl_3$
③ PH_2
④ PH_3

해설 포스겐($COCl_2$)
① 염화카보닐이라고 하며 맹독성 가스로 자극적인 풀냄새가 나타난다.
② 활성탄을 촉매로 일산화탄소와 염소가 반응한다.
  CO(일산화탄소) + Cl_2(염소) → $COCl_2$(포스겐)

문제 58

표준상태에서 부탄가스의 비중은 약 얼마인가? (단, 부탄의 분자량은 58이다.)

① 1.6
② 1.8
③ 2.0
④ 2.2

해설 부탄가스의 비중
① 기체의 비중 = $\dfrac{기체의 분자량}{공기의 평균 분자량}$ = $\dfrac{기체의 분자량}{29}$
② 부탄의 분자량(C_4H_{10}) : $12 \times 4 + 1 \times 10 = 58$
③ 부탄의 비중(C_4H_{10}) = $\dfrac{기체의 분자량}{29}$ = $\dfrac{58}{29}$ = 2

문제 59

다음 중 헨리의 법칙에 잘 적용되지 않는 가스는?

① 암모니아
② 수소
③ 산소
④ 이산화탄소

해설 헨리의 법칙(Henry's law)
① 1803년 윌리엄 헨리가 발견한 기체 법칙이다.
② 동일한 온도에서 같은 양의 액체에 녹을 수 있는 기체의 양은 기체의 부분압과 정비례한다.
③ 기체의 압력이 클수록 액체 용매에 잘 용해된다.
④ 물에 잘 용해되지 않은 가스가 헨리의 법칙 적용 대상이다.
  일산화탄소(CO), 이산화탄소(CO_2), 일산화질소(NO), 이산화질소(NO_2), 메탄(CH_4), 황화수소(H_2S)

57. ①   58. ③   59. ①

⑤ 물에 잘 용해되는 가스는 헨리의 법칙 적용 제외 대상이다.
염소(Cl_2), 염화수소(HCl), 이산화황(SO_2), 암모니아(NH_3), 불화수소(HF), 4불화규소(SiF_4)

문제 60

아세틸렌(C_2H_2)에 대한 설명 중 틀린 것은?

① 공기보다 무거워 낮은 곳에 체류한다.
② 카바이드(CaC_2)에 물을 넣어 제조한다.
③ 공기 중 폭발범위는 약 2.5~81%이다.
④ 흡열화합물이므로 압축하면 폭발을 일으킬 수 있다.

해설 **아세틸렌(C_2H_2)의 성질**
공기보다 가벼운 무색 무취의 가연성 기체로 폭발한계값이 가장 크다.

해답

60. ①

가스기능사 필기

초판 발행	2011년 4월 1일
개정2판 발행	2012년 4월 5일
개정3판 발행	2013년 1월 15일
개정4판 발행	2014년 5월 15일
개정5판 발행	2015년 1월 15일
개정6판 발행	2016년 1월 25일
개정7판 발행	2017년 1월 30일
개정8판 발행	2018년 1월 20일
개정9판 발행	2019년 1월 5일
개정10판 발행	2020년 1월 5일
개정11판 발행	2021년 1월 5일
개정12판 발행	2022년 1월 5일
개정13판 발행	2023년 1월 5일
개정14판 발행	2024년 1월 5일
개정15판 발행	2025년 1월 10일
개정16판 발행	2026년 1월 10일

우수회원인증	
닉네임	
신청일	

필히 (**파랑**, **빨강**)볼펜 사용. **화이트** 사용 금지

지은이 ▪ 가스연구회
펴낸이 ▪ 홍세진
펴낸곳 ▪ 세진북스

주소 ▪ (우)10207 경기도 고양시 일산서구 산율길 56(구산동 145-1)
전화 ▪ 031-924-3092
팩스 ▪ 031-924-3093
홈페이지 ▪ http://www.sejinbooks.kr

출판등록 ▪ 제 315-2008-042호(2008.12.9)
ISBN ▪ 979-11-5745-778-6　13570

값 ▪ **20,000원**

▪ 이 책의 출판권은 도서출판 세진북스가 가지고 있습니다.
▪ 이 책의 일부 또는 전체에 대한 무단 복제와 전재를 금합니다.

세진북스에는 당신과 나
그리고 우리의 미래가 있습니다.